"十二五"职业教育国家规划教材修订版
经全国职业教育教材审定委员会审定

高等职业教育新形态一体化教材

应用高等数学

（第三版）

主　编　邵晓锋　张克新　姚先文
副主编　付中华　苏京燕　陈彬

高等教育出版社·北京

内容提要

　　本书是"十二五"职业教育国家规划教材修订版,本书在编写过程中广泛吸取了近年来全国高职高专院校高等数学教学改革的成果。 本书内容在阐述上简明扼要,注重直观描述与实际背景,注重增强学生应用数学的意识和数学能力的培养,全书以数学实验作为解决问题的计算工具,充分体现以应用为目的,兼顾学生可持续发展需要的原则,公共部分为各专业必修内容,其余内容供不同专业选用和参考。

　　全书共分十二章,建议学时：64~120 学时。 内容主要包括：极限与连续、导数与微分、导数的应用、不定积分、定积分、常微分方程初步、多元函数微积分学、级数、傅里叶级数与拉普拉斯变换、线性代数与线性规划初步、概率初步、数理统计初步、附录和参考文献。 各专业公共必修部分建议 64 学时,其余内容供不同专业选用和参考,全部学完建议 120 学时。 数学实验部分可分章讲授,也可集中讲授,建议4学时。 本书配有电子教案、微课教学视频等配套数字化资源。

　　本书可作为高等职业技术学院、高等专科学校、成人高校及本科院校开办的二级学院的各专业教材,也可作为具有高中文化程度的读者自学用书。

图书在版编目(CIP)数据

　　应用高等数学／邵晓锋,张克新,姚先文主编.--
3 版.--北京：高等教育出版社,2020.9
　　ISBN 978－7－04－054597－5

　　Ⅰ.①应… Ⅱ.①邵… ②张… ③姚… Ⅲ.①高等数学-高等职业教育-教材 Ⅳ.①O13

　　中国版本图书馆 CIP 数据核字(2020)第 120258 号

应用高等数学
YINGYONG GAODENG SHUXUE

策划编辑	杨　波	责任编辑	马玉珍	封面设计	王　洋	版式设计	杨　树
插图绘制	于　博	责任校对	张　薇	责任印制	朱　琦		

出版发行	高等教育出版社	网　　址	http://www.hep.edu.cn	
社　　址	北京市西城区德外大街 4 号		http://www.hep.com.cn	
邮政编码	100120	网上订购	http://www.hepmall.com.cn	
印　　刷	三河市骏杰印刷有限公司		http://www.hepmall.com	
开　　本	787mm×1092mm　1/16		http://www.hepmall.cn	
印　　张	21.5	版　　次	2010 年 8 月第 1 版	
字　　数	500 千字		2020 年 9 月第 3 版	
购书热线	010-58581118	印　　次	2020 年 9 月第 1 次印刷	
咨询电话	400-810-0598	定　　价	42.80 元	

第三版前言

《应用高等数学》(第二版)自出版以来得到了使用院校的大力支持和一致好评,同时,在使用过程中希望能结合当前高职高专生源变化和职业教育不断深化改革的要求对教材进行修订完善,并提出了许多有益的建议,在此,深表感谢!

在本次修订中,我们保留了原教材的体系和风格,及其通俗易懂、便于自学等优点,注意吸收了当前教学改革中的一些成功经验,对一些内容和资源做了适当精简、合并和补充,特别是增加了大量微视频,供学生自学使用,使之成为更适应高职高专教育发展需要的教材。修订主要做了如下工作:

1. 进一步突出了高等数学知识的应用,增加了一些实际应用例题和习题。

2. 补充了少量必需的基本初等函数的基础知识。

3. 增加了少量常用的知识点。

4. 替换了难度较大的例题和习题。

5. 增补了一些与知识点对应的易于理解的例题和习题。

6. 增加了大量的数字化教学资源,每个主要知识点都补充了相应的微课教学视频,供学生自学使用。

修订后的教材有如下特点:

1. 教材内容更加符合学生实际。教材内容充分体现文化基础课在培养学生素质教育和打造可持续发展方面的作用,不断强化为专业服务的功能。注重增加各知识点的直观描述与实际背景的介绍,注重加强学生数学意识和能力的培养,进一步简化繁琐的数学理论推导和证明,降低了难度。增加数学文化方面的阅读材料。在语言表达上力求简明扼要,浅显易懂,便于同学们自学。

2. 更加注重中高职课程的衔接。根据《国家中长期教育改革和发展规划纲要(2010—2020年)》和《教育部关于推进中等和高等职业教育协调发展的指导意见》精神,探索系统培养技能型人才,增强职业教育服务经济社会发展、促进学生全面发展的能力,教材修订能适应、促进中高职衔接。

3. 更加注重数字化资源配套建设。本次修订增加了数字化教学资源的配置,为混合式教学模式的使用奠定基础。

4. 更加突出针对培养对象改革创新。教材修订突出学生数学修养的提升,注重促进学生可持续发展,加强数学软件 MATLAB 的应用,培养学生改革创新的能力。

5. 更加正视学情的变化。随着高职招生结构的多元化,入学新生数学基础差异较大，在教材修订过程中有针对性地采取了降低教学内容和例题、习题的难度，增补易于理解的例题和习题等措施。

兄弟院校的同行，对本书的修订提出了不少具体意见，修订时我们都做了认真考虑。高等教育出版社杨波和马玉珍编辑对教材的使用情况做了大量的调研工作，对教材修订提出了不少建设性的意见，付出了辛勤的劳动，在此向他们表示诚挚的谢意。

本版修订工作由黄冈职业技术学院邵晓锋、张克新以及湖北国土资源职业学院姚先文主持完成。

由于编者水平所限，再版中难免存在不足之处，恳请广大专家、同行和读者批评指正。

编　者

2020 年 3 月

第二版前言

本书是在第一版的基础上,经过三年的教学使用以后,应广大高职高专院校的教学要求,结合教育部有关文件精神进行修订再版的。在修订中,我们保留了原教材的体系和风格,通俗易懂便于自学等优点,同时注意吸收当前教材改革中一些成功的经验,对一些内容做了适当精简和合并,使之成为更适应高职高专教育发展需要的教材。修订后的教材有如下特点:

1. 教材建设与时俱进。"高等数学"是一门文化基础课,承担着培养学生素质和可持续发展的任务,具有其他课程所不可替代的作用。《应用高等数学(第二版)》以"贴近学生,贴近实际,贴近专业"为指导思想,贯穿"因材施教""以人为本"的理念,注重数学方法的学习和引导,加强数学思维的培养,强化数学文化的学习。

2. 教材的社会影响力不断扩大。本教材自第一版出版以来,已连续三年用于高职高专教学,教材使用面广、效果好、影响大。实践表明它符合职业教育发展规律和高端技能型人才成长规律,随着教学改革的不断深入,需要对它进一步完善和修订。

3. 注重了中高职课程的衔接。根据《国家中长期教育改革和发展规划纲要(2010—2020年)》和《教育部关于推进中等和高等职业教育协调发展的指导意见》精神,探索系统培养技能型人才,增强职业教育服务经济社会发展、促进学生全面发展的能力的需要,修订使之能适应、促进中高职衔接。

4. 注重数字化资源配套建设。本次修订加强了课件、学生学习的各种资源的建设,构建一个开放式的学习、交流平台。

5. 突出针对培养对象改革创新。教材修订突出对学生数学修养的教育,注重学生可持续发展的教育,加强数学软件 MATLAB 的应用,培养学生改革创新的能力。

6. 正视学情的变化。近年来全国高考人数的逐年下降,直接导致高职生源的下降,新生入学分数线不断下移将不可避免,为应对这种情况,有必要对教材进行进一步修订和完善。

7. 特色突出。重新审定教材内容,充分体现文化基础课在培养学生素质教育和可持续发展方面的作用,注意加强与中职教学内容的衔接,不断强化为专业服务的功能,注重增加各知识点的直观描述与实际背景的介绍,注重加强学生数学意识和能力的培养,进一步简化烦琐的数学理论推导和证明,降低难度,增加数学文化方面的阅读材料,在语言表达上力求简明扼要,浅显易懂,便于同学们自学。

8. 构建了常态化的教师培训平台。在高等教育出版社的大力支持下,与国家、省级以及其他教育研究机构密切配合,每年定期开展教师培训、观摩、教学比赛和教学研讨活动,教师平时在教学过程中可通过教学资源网站和 QQ 群进行在线交流和指导,做到互相学习、取长补短,共同提高。

兄弟院校的同行,对本书的修订提出了不少具体意见,修订时我们都做了认真考虑。高等教育出版社对教材的使用情况做了大量的调研工作,对教材修订提出了不少建设性的意见。在此向他们表示诚挚的谢意。

本次教材修订工作由主编张克新主持完成。参加本次教材修订工作的还有:邵晓锋、邓乐斌、向健极、熊应竹、易同贸、袁黎明、胡桂荣、付中华、黄莉、吴坚、汤名权、彭佩、江楚义、李华、李国梅、翁菊香、李春梅。

在本教材的修订过程中,得到了黄冈职业技术学院、郧阳师范高等专科学校、武汉城市职业学院、长江工程职业技术学院、武汉商业服务学院、湖北开放职业学院、武汉电力职业技术学院、恩施职业技术学院、湖北交通职业技术学院的大力支持与帮助。高等教育出版社的王玲玲编辑为本教材修订再版付出了辛勤的劳动,在此一并向他们表示衷心的感谢。

由于编者水平所限,书中不妥之处在所难免,恳请广大专家、同行、读者批评指正。

编　者

2013 年 10 月

第一版前言

本教材是全国高职高专教育"十一五"规划教材,是根据教育部最新制定的《高职高专教育高等数学课程教学基本要求》和《关于加强高职高专教育教材建设的若干意见》的精神,在广泛调查研究的基础上,结合我国高职高专教育发展的实际情况编写而成的。

在编写过程中,紧紧围绕高职高专教育人才的培养目标,充分体现基础课以应用为目的,以必需、够用为度的原则,讲清基本概念,注重直观描述与实际背景,不追求理论体系的系统性和完整性,简化理论证明,深入浅出,通俗易懂。教材自始至终贯穿应用MATLAB 处理复杂计算问题的指导思想,以培养学生应用数学的能力。

教材内容包括:一元微积分、多元微积分、级数与拉普拉斯变换、常微分方程、线性方程组、概率论初步、数理统计初步。每节末都配有适量的习题,每章末都配有复习题供学生练习以利于复习、巩固和提高。

全书由张克新统稿任主编,邓乐斌、邵晓锋、袁黎明参加了部分章节的统稿。张克新、卢舸、胡桂荣、付中华、吴纯、熊应竹、易同贸、邓乐斌、袁黎明、李国梅、翁菊香、粟勤农、邵晓锋、李华等人参加了教材的编写工作。

本教材的编写得到了黄冈职业技术学院、郧阳师范高等专科学校、武汉交通职业学院、武汉城市职业学院、武汉商业服务学院、湖北开放职业学院、长江工程职业技术学院、武汉电力职业技术学院、恩施职业技术学院的大力支持与帮助,武汉职业技术学院朱永银教授在百忙之中对教材书稿进行了认真细致的审阅,提出了许多宝贵的修改意见。高等教育出版社邓雁城编辑为教材顺利出版付出了辛勤的劳动,在此谨向他们表示衷心感谢。

由于编者水平所限,而且时间紧迫,教材中一定存在很多不妥之处,恳请读者和使用本书的教师不吝赐教,以便再版时修正。

编　者
2010 年 6 月

目 录

公共必修部分

第一章　极限与连续

函数是高等数学研究的主要对象,是高等数学中最重要的概念之一,极限是高等数学中研究问题的基本方法,而函数的连续则是研究的条件.本章在介绍数学软件 MATLAB 使用的基础上,复习高中学习的函数概念与性质,着重介绍函数的极限和函数的连续性等基本概念、性质及运算法则.

第一节　预备知识:MATLAB 使用入门

MATLAB 是一种功能非常强大的科学计算软件.MATLAB 是由美国 MathWorks 公司推出的一套用于科学计算的、高效率的高级计算机编程语言.它具有功能强大、良好的开放性和易学易用等优点,受到了广大高校老师、学生、科研人员和工程技术人员的一致好评.为了便于同学们尽快地掌握它,本节主要介绍 MATLAB9.6 的初步知识.

一、MATLAB 窗口环境

当 MATLAB9.6 安装完毕并首次启动时,展现在屏幕上的界面为 MATLAB 的默认界面,如图 1-1 所示.

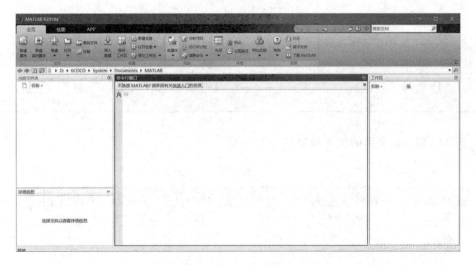

图 1-1　MATLAB 的默认界面

微视频

MATLAB基本操作

启动 MATLAB9.6 后,将进入 MATLAB9.6 的集成环境.MATLAB9.6 的集成环境包括 MATLAB 主窗口、当前目录窗口(当前文件夹)、工作空间窗口(工作区)、详细信息窗口、命令行窗口.

MATLAB 主窗口是 MATLAB 的主要工作界面.主窗口除了嵌入一些子窗口外,还主要包括菜单栏和工具栏,用它们可直接进行文本管理和编辑,或选择 Help 检索帮助信息等.MATLAB 的菜单及选择方式与 Windows 下各种软件环境中的文件管理方式相同,可以创建新文件或打开一个已经存在的 M 文件,利用文件编辑器对文件进行编辑和修改.

二、MATLAB 的命令形式

MATLAB 命令窗口中的"≫"为命令提示符,表示 MATLAB 正处于准备状态.在命令提示符后输入 MATLAB 认可的任何命令,按回车键都可执行其操作.如"3+5""9-6""5*7""3/7""sqrt(8)"等按回车键后可显示其结果,犹如在一张纸上排列公式和求解问题一样高效率,因此 MATLAB 也被称为"科学演算纸"式的科学工程计算语言.

1. MATLAB 常用的预定义变量(表 1-1)

表 1-1

预定义变量	含义	预定义变量	含义
ans	用于结果的缺省变量名	NaN	不定值
pi	圆周率 π	i 或 j	-1 的平方根 $=\sqrt{-1}$
eps	计算机的最小数 $=2.220\ 4\times10^{-16}$	realmin	最小可用正实数 $=2.225\ 1\times10^{-308}$
Inf	无穷大 ∞	realmax	最大可用正实数 $=1.797\ 7\times10^{308}$

2. MATLAB 常用的关系运算符(表 1-2)

表 1-2

数学关系	MATLAB 运算符	数学关系	MATLAB 运算符
小于	<	大于	>
小于或等于	<=	大于或等于	>=
等于	==	不等于	~=

3. MATLAB 常用的算术运算符(表 1-3)

表 1-3

	数学表达式	MATLAB 运算符	MATLAB 表达式
加	$a+b$	+	a+b
减	$a-b$	−	a-b
乘	$a\times b$	*	a*b
除	$a\div b$	/或\	a/b 或 b\a
幂	a^b	^	a^b

4. MATLAB 常用的函数(表1-4)

表1-4

函数名	解释	MATLAB 命令	函数名	解释	MATLAB 命令
三角函数	$\sin x$	sin(x)	反三角函数	$\arcsin x$	asin(x)
	$\cos x$	cos(x)		$\arccos x$	acos(x)
	$\tan x$	tan(x)		$\arctan x$	atan(x)
	$\cot x$	cot(x)		$\text{arccot } x$	acot(x)
	$\sec x$	sec(x)		$\text{arcsec } x$	asec(x)
	$\csc x$	csc(x)		$\text{arccsc } x$	acsc(x)
幂函数	x^a	x^a	对数函数	$\ln x$	log(x)
	$\sqrt{x}$	sqrt(x)		$\log_2 x$	log2(x)
指数函数	a^x	a^x		$\log_{10} x$	log10(x)
	e^x	exp(x)	绝对值函数	$\lvert x \rvert$	abs(x)

下面我们通过一些具体的例子来体验 MATLAB 语言简洁和高效的特点.

例1 输入:

x = 258 * 369

运行结果如下(只需按 Enter 键即可):

x =

  95202

例2 求方程 $x^4 + 5x^3 + 11x^2 - 20 = 0$ 的根.

输入如下命令:

p = [1,5,11,0,-20];   (建立多项式系数向量)

x = roots(p)   (求根)

运行结果如下:

x =

  -2.0347+2.2829i

  -2.0347-2.2829i

  -2.0000

  1.0693

例3 作函数 $y = x^3 + x^2 - 3x + 1$ 的图形.

输入命令如下:

fplot('x^3+x^2-3*x+1',[-3,3])   (fplot('fun',[a,b])是 MATLAB

中绘制区间[a,b]上一元函数 y =

fun 的图形）

运行结果如图 1-2 所示.

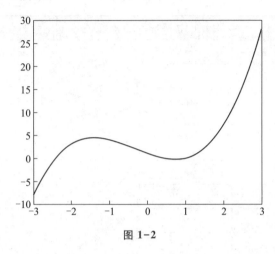

图 1-2

例 4 作正弦函数 $y = \sin x$ 在区间 $[0, 2\pi]$ 上的图形.

输入命令如下：

x=0:pi/1800：2*pi；（pi 是 MATLAB 预先定义的变量,代表圆周率 π,pi/1 800 为步长）

y=sin(x)；

plot(x,y) （plot( )是 MATLAB 中绘制二维图形函数）

运行结果如图 1-3 所示.

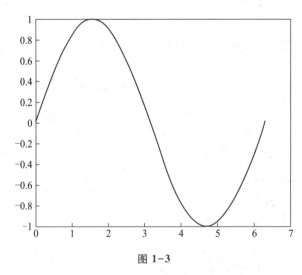

图 1-3

习题 1-1

1. 上机熟悉 MATLAB 的各种常用命令.

2. 用 MATLAB 计算：$x = 1 - \dfrac{1}{2} + \dfrac{1}{3} - \dfrac{1}{4} + \dfrac{1}{5} - \dfrac{1}{6}$.

3. 用 MATLAB 绘出函数 $y = 3x^2 + 1$ 的图形.

第二节 函数

一、函数的概念

在研究问题时,常常会发现变量的变化并不是孤立的,而是相互联系、相互依赖地按照一定的规律在变化,先看下面的例子.

例 1 圆的面积 S 与该圆的半径 r 相互的关系为

$$S = \pi r^2, \quad 0 < r < +\infty.$$

半径 r 在区间 $(0, +\infty)$ 内任取一值,按上式就可以计算出圆面积 S 的对应数值.

例 2 某集团公司一下属工厂每天最多能生产 A 产品 2 000 件,生产此种产品的固定成本为 10 000 元,每生产一件产品,成本增加 50 元,则每天总成本 s(单位:元)与每天的产量 x(单位:件)之间的关系为

$$s = 10\ 000 + 50x, \text{其中 } 0 \le x \le 2\ 000 \text{ 或 } x \in [0, 2\ 000].$$

产量 x 在 $[0, 2\ 000]$ 上任取一值,由上式可计算出成本 s.

以上两个例子的实际意义虽然不同,但却具有共同的特性,它们都表达了两个变量之间相互变化的关系即对应规律,根据这种对应规律,当其中一个变量在其变化范围内任意取定一个数值时,另一变量总有唯一确定的值与之对应,这两个变量之间的关系,我们称为函数关系,定义如下:

定义 1 设有两个变量 x 和 y,若变量 x 在其变化范围 D 内任取一个确定的数值时,变量 y 按照一定的规律 f 有唯一确定的值与其对应,则称 y 为 x 的**函数**,记为

$$y = f(x).$$

其中 x 称为**自变量**,y 称为**因变量**(或**函数**),f 称为**对应规律**(或**对应法则**).(对应规律也常用 $F, G, S, T, \Phi, \Psi, \cdots$ 表示.)

使函数 $y = f(x)$ 有定义或有实际意义的自变量 x 的全体取值范围称为**函数的定义域**,记为 D,一般用区间表示.

函数 $y = f(x)$ 在 $x = x_0$ 的值,称为 $y = f(x)$ 在 $x = x_0$ 的**函数值**,记为 $f(x_0)$ 或 $y\big|_{x=x_0}$.

x 选取 D 中每一值所对应的函数值的全体称为**函数的值域**,记为 W,一般也用区间表示(值域随定义域而定).

由函数定义,例 1 中圆面积 S 是圆半径 r 的函数,可记为 $S = f(r)$,对应规律为 $S = \pi r^2$ 或 $f(r) = \pi r^2$,定义域 $D = (0, +\infty)$.例 2 中产品的总成本 s 是产量 x 的函数,可记为 $s = s(x)$,对应规律为 $s = 10\ 000 + 50x$ 或 $s(x) = 10\ 000 + 50x$,定义域为 $D = [0, 2\ 000]$.

例 3 求下列函数的定义域：

(1) $y=x^2-3x+1$；　　　　　(2) $y=\dfrac{x}{x^2-1}$；

(3) $y=\sqrt{x^2-3x+2}$；　　　　(4) $y=\ln(5x-4)$．

解 （1）无论 x 取什么值，由关系式 $y=x^2-3x+1$，y 都有确定的值与之对应，所以函数 $y=x^2-3x+1$ 的定义域 $D_1=(-\infty,+\infty)$．

（2）要使 y 有定义，须 $x^2-1\neq0$，即 $x\neq\pm1$．所以 $y=\dfrac{x}{x^2-1}$ 的定义域 $D_2=(-\infty,-1)\cup(-1,1)\cup(1,+\infty)$．

（3）要使 y 有定义，须 $x^2-3x+2\geq0$，即 $x\leq1$ 或 $x\geq2$，所以 $y=\sqrt{x^2-3x+2}$ 的定义域 $D_3=(-\infty,1]\cup[2,+\infty)$．

（4）要使 y 有定义，须 $5x-4>0$，即 $x>\dfrac{4}{5}$，所以 $y=\ln(5x-4)$ 的定义域 $D_4=\left(\dfrac{4}{5},+\infty\right)$．

例 4 设 $f(x)=\sqrt{4+x^2}$，求 $f(-1)$，$f\left(\dfrac{1}{a}\right)$ $(a>0)$．

解 $f(-1)=\sqrt{4+(-1)^2}=\sqrt5$，$f\left(\dfrac{1}{a}\right)=\sqrt{4+\left(\dfrac{1}{a}\right)^2}=\sqrt{\dfrac{4a^2+1}{a^2}}=\dfrac{1}{a}\sqrt{4a^2+1}$．

（一）关于函数

1. 确定函数的两要素

函数由两个要素确定：一是函数的定义域，二是函数的对应规律．例如，$y=1$ 与 $y=\sin^2x+\cos^2x$ 表示相同的函数，而 $y=\dfrac{x^2}{x}$ 与 $y=x$ 不是同一函数，因为它们的定义域不同．

2. 函数的表示法

函数常用解析法、表格法和图示法三种表示法．

解析法 用解析表达式表示一个函数就称为函数的解析法.高等数学中讨论的函数，大多由解析法表示.用解析法表示函数，不一定总是用一个式子表示，也可以分段用几个式子来表示一个函数.例如函数

$$f(x)=\begin{cases}x-1,&x\leq0,\\x+1,&x>0,\end{cases}$$

这是用两个解析式子给定的一个函数，其定义域是 $(-\infty,+\infty)$，当自变量在区间 $(-\infty,0]$ 内取值时，对应的函数值按 $y=x-1$ 计算（例如 $f(-3)=-3-1=-4$），当 x 在区间 $(0,+\infty)$ 内取值时，函数值按 $y=x+1$ 计算（例如 $f(4)=4+1=5$），它的图像如图 1-4．

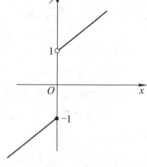

图 1-4

表格法 把自变量所取的值和对应的函数值列成表,用以表示函数关系,称为函数的表格法,如对数表、三角函数表、立方表等.

图示法 用坐标系下的一条(或多条)曲线表示函数,称为函数的图示法.

函数的三种表示法各有优缺点,在实际应用时,三种方法经常配合使用.

(二)单值函数与多值函数

在函数的定义中,要求对定义域 D 内的每一 x 值, y 有唯一确定的值与之对应,若对定义域 D 内的每一 x 值, y 有多个值与之对应,就不符合函数的定义,但为了方便,我们称 y 是 x 的多值函数,而把符合函数定义的函数称为单值函数.今后如果不加声明,函数均指单值函数.有时,可把多值函数拆成单值函数,例如 $y=\pm\sqrt{1-x^2}$ 就是一多值(双值)函数.可以把它拆成两个单值函数 $y=\sqrt{1-x^2}$ 和 $y=-\sqrt{1-x^2}$.

二、函数的基本特性

1. 有界性

设函数 $y=f(x)$ 在区间 I 上有定义,如果存在正数 M,使得任一 $x\in I$ 所对应的函数值都满足不等式

$$|f(x)|\leq M,$$

那么称函数 $f(x)$ 在 I 上**有界**.如果这样的正数 M 不存在,那么称函数 $f(x)$ 在 I 上**无界**.例如,函数 $f(x)=\sin x$ 在 $(-\infty,+\infty)$ 上有界,因为 $|\sin x|\leq 1$ 对任何 $x\in(-\infty,+\infty)$ 都成立.而函数 $f(x)=\dfrac{1}{x}$ 在开区间 $(0,1)$ 内是无界的,因为不存在正数 M,使 $\left|\dfrac{1}{x}\right|\leq M$ 对于 $(0,1)$ 内的一切 x 都成立,如图 1-5.

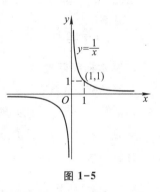

图 1-5

2. 单调性

设函数 $y=f(x)$ 在区间 I 上有定义,如果对于区间 I 内任意两点 x_1,x_2,当 $x_1<x_2$ 时,有

$$f(x_1)<f(x_2)(\text{或}f(x_1)>f(x_2)),$$

那么称函数 $f(x)$ 在区间 I 上**单调增加(或单调减少)**.单调增加和单调减少的函数统称为**单调函数**.单调增加的函数在区间 I 内是一条从左到右上升的曲线,单调减少的函数在区间 I 内是一条从左到右下降的曲线.

例如,函数 $y=x^2$ 在 $[0,+\infty)$ 内单调增加,在 $(-\infty,0]$ 内单调减少.又如 $y=x^3$ 在 $(-\infty,+\infty)$ 内是单调增加的.

3. 奇偶性

设函数 $y=f(x)$ 的定义域 D 关于原点对称.如果对于任何 $x\in D$,都有

$$f(-x)=f(x)(\text{或}f(-x)=-f(x)),$$

那么称 $f(x)$ 为偶函数(或奇函数).偶函数的图形关于 y 轴对称,奇函数的图形关于原点

对称(如图 1-6).

例如,$y = x^2$ 与 $y = \cos x$ 在 $(-\infty, +\infty)$ 上是偶函数,$y = x^3$ 与 $y = \sin x$ 在 $(-\infty, +\infty)$ 上是奇函数. 而 $y = x + 1 + \cos x$ 既非奇函数也非偶函数.

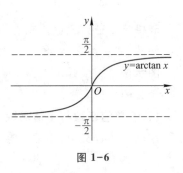

图 1-6

4. 周期性

设函数 $y = f(x)$ 的定义域为 D,如果存在一常数 $l \neq 0$,使得对任何 $x \in D$ 有 $x \pm l \in D$,且总有
$$f(x \pm l) = f(x),$$
那么称 $f(x)$ 为**周期函数**,l 称为 $f(x)$ 的**周期**. 周期函数的周期通常是指它的最小正周期. 周期为 l 的函数,在其定义域内长度为 l 的区间上,函数图形具有相同的形状,如图 1-7.

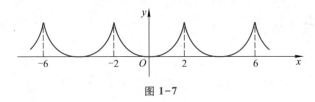

图 1-7

例如,函数 $\sin x$, $\cos x$ 都是以 2π 为周期的周期函数.

三、初等函数

1. 基本初等函数

常数函数　$y = C$(C 为常数);

幂函数　$y = x^a$(a 为实数);

指数函数　$y = a^x$($a > 0, a \neq 1$);

对数函数　$y = \log_a x$($a > 0, a \neq 1$);

三角函数　$y = \sin x, y = \cos x, y = \tan x, y = \cot x\left(\cot x = \dfrac{1}{\tan x}\right), y = \sec x\left(\sec x = \dfrac{1}{\cos x}\right),$ $y = \csc x\left(\csc x = \dfrac{1}{\sin x}\right)$;

反三角函数　$y = \arcsin x, y = \arccos x, y = \arctan x, y = \text{arccot}\, x$.

在中学数学里已经介绍了上述大多数函数的主要特性和图形,下面主要介绍一下反函数和反三角函数.

2. 反函数

定义 2　设函数 $f(x)$ 的定义域为 D,值域为 M,若对于值域 M 内的任意的 y,在定义域 D 内有唯一确定的 x 与之对应,则 x 是 y 的函数,称为函数 $y = f(x)$ 的**反函数**,记为 $x = f^{-1}(y)$. 其定义域为 M,值域为 D.

习惯以 x 为自变量,将 $x = f^{-1}(y)$ 中的 x 与 y 对换得 $y = f^{-1}(x)$.

反函数

微视频

初等函数

由上述定义可知：

（1）反函数的定义域为原来函数的值域，反函数的值域为原来函数的定义域.

（2）要使函数 $y=f(x)$ 在 D 内存在反函数，必须函数 $y=f(x)$ 在 D 内单调增加（减少），即在 D 内 x 与 y 是一一对应的关系.例如：函数 $y=x^2$，定义域为 $(-\infty,+\infty)$，值域为 $[0,+\infty)$.对于 y 取定的非负值，有两个 x 值（$x=\pm\sqrt{y}$）与之对应，在区间 $(-\infty,+\infty)$ 上函数 $y=x^2$ 不是单调增加（减少），故其不存在反函数.若我们限定 x 在区间 $[0,+\infty)$ 上，对于 y 取定的非负值只有唯一确定值 $x=\sqrt{y}$ 与之对应，函数 $y=x^2$ 单调增加，此时存在反函数，反函数为 $y=\sqrt{x}$.

（3）在同一坐标系内 $y=f^{-1}(x)$ 与 $y=f(x)$ 的图像关于直线 $y=x$ 对称.例如，函数 $y=2^x$ 与函数 $y=\log_2 x$ 互为反函数，它们的图形在同一直角坐标系内关于直线 $y=x$ 对称.

3. 反三角函数

由三角函数的定义、图像和性质，结合反函数的定义及其特征，得到如下反三角函数的定义、图像和性质（表1-5）.

表 1-5

函数名称	定义	函数	图像	性质
反正弦函数	正弦函数 $y=\sin x$ 在 $\left[-\dfrac{\pi}{2},\dfrac{\pi}{2}\right]$ 上的反函数	记为 $y=\arcsin x$ 其定义域为 $[-1,1]$，值域为 $\left[-\dfrac{\pi}{2},\dfrac{\pi}{2}\right]$.		1. 单调增加 2. 奇函数 3. 有界函数
反余弦函数	余弦函数 $y=\cos x$ 在 $[0,\pi]$ 上的反函数	记为 $y=\arccos x$ 定义域为 $[-1,1]$，值域为 $[0,\pi]$		1. 单调减少 2. 有界函数

函数名称	定义	函数	图像	性质
反正切函数	正切函数 $y=\tan x$ 在 $\left(-\dfrac{\pi}{2},\dfrac{\pi}{2}\right)$ 上的反函数	记为 $y=\arctan x$ 定义域为 $(-\infty,+\infty)$，值域为 $\left(-\dfrac{\pi}{2},\dfrac{\pi}{2}\right)$		1. 单调增加 2. 奇函数 3. 有界函数 4. 有两条渐近线 $y=-\dfrac{\pi}{2}$ 和 $y=\dfrac{\pi}{2}$
反余切函数	余切函数 $y=\cot x$ 在 $(0,\pi)$ 上的反函数	记为 $y=\operatorname{arccot} x$ 定义域为 $(-\infty,+\infty)$，值域为 $(0,\pi)$.		1. 单调减少 2. 有界函数 3. 有两条渐近线 $y=0$ 和 $y=\pi$

4. 复合函数

先看一个例子.由物理学知,物体的动能 E 是速度 v 的函数

$$E=\frac{1}{2}mv^2,$$

其中 m 是物体的质量.如果考虑物体的上抛运动,把一个质量为 m 的物体以初速度 v_0 垂直向上抛去,由于地球引力的作用,它就不断减速,这时

$$v=v_0-gt.$$

于是物体的动能 E 通过速度成为时间的函数

$$E=\frac{1}{2}mv^2=\frac{1}{2}m\ (v_0-gt)^2,$$

$E=\dfrac{1}{2}m\ (v_0-gt)^2$ 可以看成由 $E=\dfrac{1}{2}mv^2$ 和 $v=v_0-gt$ "复合"而成的复合函数.下面给出复合函数的定义.

定义 3 设有两个函数 $y=f(u)$ 及 $u=\varphi(x)$,如果对于 x 所对应的 u 值,函数 $y=f(u)$ 有定义,那么 y 通过 u 的联系也是 x 的函数,称这个函数为由 $y=f(u)$ 与 $u=\varphi(x)$ 复合而成的**复合函数**,记为 $y=f[\varphi(x)]$.

这时,x 是自变量,y 是因变量,u 称为**中间变量**.

因此,如果 $u=\varphi(x)$ 的值域或其一部分落在 $y=f(u)$ 的定义域内,那么,这两个函数便可构成复合函数 $y=f[\varphi(x)]$.

复合函数

例如,由 $y=\sqrt{u}$,$u=1-x^2$ 复合而成的复合函数是 $y=\sqrt{1-x^2}$,其定义域 $D=[-1,1]$.

而函数 $y=\arcsin u$ 与 $u=x^2+2$ 就不能复合成一个复合函数,因为 u 的值域是 $[2,+\infty)$,不包含在 y 的定义域 $[-1,1]$ 中.

利用复合函数不仅能将若干个简单的函数复合成一个函数,还可以把一个较复杂的函数分解成几个简单的函数,这对于今后掌握微积分的运算是很重要的.

例 5 $y=e^{\sqrt{x^2+1}}$ 由 $y=e^u$,$u=\sqrt{v}$,$v=x^2+1$ 复合而成,其中 u,v 为中间变量.

例 6 $y=\sin^2(x+1)$ 由 $y=u^2$,$u=\sin v$,$v=x+1$ 复合而成.

5. 初等函数

由基本初等函数经过有限次四则运算及有限次复合步骤所构成并能用一个解析式表示的函数,称为**初等函数**.

例如,$y=\dfrac{x^2+\sin(2x+1)}{x-1}$,$y=\lg(a+\sqrt{a^2+x^2})$,$y=\cos^2 x+1$ 都是初等函数.而分段函数例如 $y=\begin{cases} x, & x\geqslant 0, \\ -x+1, & x<0, \end{cases}$ $f(x)=\begin{cases} x^2, & x\leqslant 0, \\ x+1, & x>0 \end{cases}$ 就不是初等函数.

6. 建立函数关系模型举例

对于实际问题来说,建立函数关系模型是解决问题的基础.

建立函数关系模型的步骤可分为:

(1)分析问题中哪些是变量,哪些是常量,分别用字母表示.

(2)根据所给条件,运用数学、物理或其他知识,确定等量关系.

(3)具体写出解析式 $y=f(x)$,并指明定义域.

例 7 某住户想在自家楼房后面空地围成一矩形小院 $ABCD$,靠楼房一面墙长为 14 m,其他三边用围墙围起来(见图 1-8),总长为 20 m.若小院 BC 的边长为 x m,总面积为 y m²,

(1)求 y 与 x 的函数关系式,并写出自变量 x 的取值范围.

(2)当 x 为何值时,小院的面积为最大?

解 (1)由矩形面积计算公式可得 y 与 x 的函数关系式为

$$y=x\cdot\frac{20-x}{2}\quad(0<x<14)$$

即 $y=-\dfrac{1}{2}x^2+10x\quad(0<x<14)$.

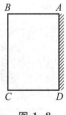

图 1-8

(2)$y=-\dfrac{1}{2}x^2+10x=-\dfrac{1}{2}(x-10)^2+50$.

所以当 $x=10$ 时,y 有最大值 50.

即当 $x=10$ 时,小院面积最大,最大为 50 m².

1. 下列函数是否相同？为什么？

（1）$f(x)=x+1, g(x)=\dfrac{x^2-1}{x-1}$；　　（2）$f(x)=x, g(x)=\sqrt{x^2}$.

2. 求下列函数的定义域.

（1）$y=\dfrac{2x}{x^2-3x+2}$；　　（2）$y=\sqrt{16-x^2}$；

（3）$y=\ln(3x-1)$；　　（4）$y=\arccos(x-3)$；

（5）$y=\ln(x-1)+\sqrt{5-x}$；　　（6）$y=\begin{cases}x^2+1, & 1<x<2, \\ x^3-1, & 2<x\leqslant 4.\end{cases}$

3. 求下列函数值.

（1）$f(x)=x^2-3x+2$，求 $f(0), f(1), f(h+1)$；

（2）$\varphi(x)=\begin{cases}0, & -2\leqslant x<1, \\ \dfrac{1}{2}, & x=1, \\ 1, & 1<x\leqslant 2.\end{cases}$　　求 $\varphi(-1), \varphi(0), \varphi\left(\dfrac{1}{2}\right), \varphi(1), \varphi\left(\dfrac{5}{4}\right)$.

4. 判断下列函数的奇偶性.

（1）$y=3x^2-x^6$；　　（2）$y=\dfrac{1}{x}+x^3$；

（3）$y=\dfrac{a^x-1}{a^x+1}\ (a>0)$；　　（4）$y=\mathrm{e}^{-x^2}+x$.

5. 设 $f(x)=2x^2+\dfrac{2}{x^2}+\dfrac{5}{x}+5x$，验证 $f\left(\dfrac{1}{x}\right)=f(x)$.

6. 下列函数是由哪些简单函数复合而成的？

（1）$y=\sin 4x$；　　（2）$y=\lg(1+2x)$；

（3）$y=a^{-2x}$；　　（4）$y=\ln\sin\dfrac{x}{2}$；

（5）$y=\mathrm{e}^{(x+1)^2}$；　　（6）$y=\cos^3(2x+1)$.

7. 甲船以 25 km/h 的速度向东行驶，同一时间乙船在甲船正北 80 km 处以 15 km/h 的速度向南行驶.

（1）试将两船间的距离表示成时间的函数.

（2）求行驶 2 h 后两船间的距离.

第三节　函数的极限

在实际应用中，当建立了变量之间的函数关系以后，为便于掌握变量的变化规律，需要进一步考察变量在某个变化过程中的变化趋势.

一、数列的极限

定义 1　一个定义在正整数集合上的函数 $f(n) = x_n$（称为整标函数），当函数值是实数，且自变量按正整数 $1,2,3,\cdots,n,\cdots$ 依次增大的顺序取值时，函数值按相应的顺序排成一列数：

$$f(1),f(2),f(3),\cdots,f(n),\cdots$$

称为一个**数列**，常记作 $\{x_n\}$ 或 $\{f(n)\}$，数列中的每一项叫做数列的项，x_n 称为数列的第 n 项，也叫一般项或通项.

如数列

$$\left\{x_n = \frac{1}{2^n}\right\}: \qquad \frac{1}{2},\frac{1}{2^2},\frac{1}{2^3},\cdots,\frac{1}{2^n},\cdots; \qquad ①$$

$$\{x_n = 2^n\}: \qquad 2,4,8,16,\cdots,2^n,\cdots; \qquad ②$$

$$\left\{x_n = \frac{n}{n+1}\right\}: \qquad \frac{1}{2},\frac{2}{3},\frac{3}{4},\frac{4}{5},\cdots,\frac{n}{n+1},\cdots; \qquad ③$$

$$\{x_n = (-1)^n\}: \qquad -1,1,-1,1,\cdots,(-1)^n,\cdots; \qquad ④$$

$$\left\{x_n = \frac{1+(-1)^n}{2}\right\}: \qquad 0,1,0,1,\cdots,0,1,\cdots. \qquad ⑤$$

可以看出，当 n 无限增大时，$\{x_n\}$ 的变化趋势一般有两种情况，一种是当 n 无限增大（记作 $n \to \infty$）时，x_n 无限地趋近于某一个确定的常数 A；另一种是当 n 无限增大时，x_n 不趋近于任何一个常数.

例如，当 $n \to \infty$ 时，数列①无限趋近于常数 0；数列③无限趋近于常数 1；对于数列②和⑤，则不论 n 怎样变化都不能使它们趋近于某一个确定的常数.

据此，我们给出下面数列极限的描述定义.

定义 2　对于数列 $\{x_n\}$，如果当 $n \to \infty$ 时，x_n 的取值无限趋近于一个确定的常数 A，那么称 A 为**数列 $\{x_n\}$ 当 $n \to \infty$ 时的极限**，或 $\{x_n\}$ **收敛**于 A，记作

$$\lim_{n \to \infty} x_n = A, \text{或 } x_n \to A(n \to \infty).$$

这时称极限 $\lim\limits_{n \to \infty} x_n$ 存在.

如果当 $n \to \infty$ 时，x_n 不趋向于一个确定的常数，就说数列 $\{x_n\}$ 没有极限或数列 $\{x_n\}$ 是发散的.

有了数列极限的定义，则称数列①、③是收敛的，且可把它们分别记作

$$\lim_{n \to \infty} \frac{1}{2^n} = 0, \quad \lim_{n \to \infty} \frac{n}{n+1} = 1,$$

而数列②、④、⑤是发散的.

二、函数的极限

1. 当 $x \to x_0$（定值）时,函数的极限

> **定义 3**　设函数 $f(x)$ 在点 x_0 的某一去心邻域①内有定义,如果 x 无限趋近于定值 $x_0(x \to x_0,$ 但 $x \neq x_0)$ 时,函数 $f(x)$ 无限趋近于一个确定的常数 A,就称 A 是**函数 $f(x)$ 当 $x \to x_0$ 时的极限**,记作
>
> $$\lim_{x \to x_0} f(x) = A \text{ 或 } f(x) \to A(x \to x_0).$$
>
> 这时我们称 $\lim\limits_{x \to x_0} f(x)$ 存在;否则称 $\lim\limits_{x \to x_0} f(x)$ 不存在.

注意:（1）定义中所说的 x 无限接近于 x_0,可以采取任何方式,即无论 x 是从 x_0 右边还是左边或时左时右地趋近于 x_0,只要 x 与 x_0 无限靠近,$f(x)$ 就与 A 无限接近.

（2）$\lim\limits_{x \to x_0} f(x)$ 是否存在与 $f(x)$ 在点 x_0 处是否有定义没有必然联系.

如:① 设 $f(x) = x^2 + 1$,容易得出,$\lim\limits_{x \to 1} f(x) = 2,f(1) = 2$,于是有 $\lim\limits_{x \to 1} f(x) = f(1)$.

② 设 $f(x) = \dfrac{x^2 - 1}{x - 1}$,$f(1)$ 无意义,但 $\lim\limits_{x \to 1} f(x)$ 存在($x \to 1$ 时 $x \neq 1$),$\lim\limits_{x \to 1} f(x) = \lim\limits_{x \to 1}(x + 1) = 2$.

③ 设 $f(x) = \begin{cases} x^2 + 1, & x \neq 1 \\ 3, & x = 1 \end{cases}$,$\lim\limits_{x \to 1} f(x) = \lim\limits_{x \to 1}(x^2 + 1) = 1^2 + 1 = 2$,而 $f(1) = 3$,即 $\lim\limits_{x \to 1} f(x) \neq f(1)$.

当 $x < x_0$,即 x 从 x_0 的左边无限接近 x_0 时,$f(x)$ 与常数 A 无限接近,这时常数 A 称为 $f(x)$ 在 x_0 点的**左极限**,记作

$$\lim_{x \to x_0^-} f(x) = A(\text{或简记为 } f(x_0 - 0) = A).$$

同样,当 $x > x_0$,即 x 从 x_0 的右边无限接近 x_0 时,$f(x)$ 与常数 A 无限接近,这时称 A 为 $f(x)$ 在 x_0 点的**右极限**,记作

$$\lim_{x \to x_0^+} f(x) = A(\text{或简记为 } f(x_0 + 0) = A).$$

显然,$\lim\limits_{x \to x_0} f(x) = A$ 的充要条件是

$$\lim_{x \to x_0^-} f(x) = \lim_{x \to x_0^+} f(x) = A.$$

即函数 $f(x)$ 当 $x \to x_0$ 时极限存在的充要条件是 $f(x)$ 在点 x_0 的左、右极限存在而且相等.

注意:左、右极限的概念通常用于讨论分段函数在分段点处的极限.

例 1　考察分段函数

---

① 设 $\delta > 0$,开区间 $(x_0 - \delta, x_0 + \delta)$ 称为以点 x_0 为中心,以 δ 为半径的 **δ 邻域**,简称为点 x_0 的 δ 邻域.如果 δ 邻域中去掉中心点 x_0,称为点 x_0 的去心 δ 邻域.

$$f(x) = \begin{cases} x^2 + 1, & x < 1, \\ \dfrac{1}{2}, & x = 1, \\ x - 1, & x > 1 \end{cases}$$

当 $x \to 1$ 时的极限.

解 因为

$$\lim_{x \to 1^+} f(x) = \lim_{x \to 1^+} (x-1) = 0, \ \lim_{x \to 1^-} f(x) = \lim_{x \to 1^-} (x^2+1) = 2,$$

即 $f(x)$ 在点 $x = 1$ 处的左、右极限不相等,因此 $\lim\limits_{x \to 1} f(x)$ 不存在,如图1-9.

由定义 3 容易得到

$$\lim_{x \to x_0} C = C \ (\text{其中 } C \text{ 为常数}).$$

即当 $x \to x_0$ 时,常数的极限是它本身.

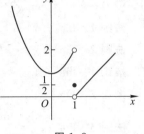

图 1-9

2. 当 $x \to \infty$ 时,函数 $f(x)$ 的极限

> **定义 4** 如果当 x 的绝对值无限增大(记作 $x \to \infty$)时,函数 $f(x)$ 的取值无限趋近于一个确定的常数 A,那么称 A 是函数 $f(x)$ 当 $x \to \infty$ 时的**极限**,记作
>
> $$\lim_{x \to \infty} f(x) = A \ \text{或} \ f(x) \to A (x \to \infty).$$
>
> 这时称极限 $\lim\limits_{x \to \infty} f(x)$ 存在,否则称 $\lim\limits_{x \to \infty} f(x)$ 不存在.

如果 x 取正值无限增大(记作 $x \to +\infty$)时 $f(x)$ 的取值与常数 A 无限接近,就称 A 是 $f(x)$ 当 $x \to +\infty$ 时的极限,记作

$$\lim_{x \to +\infty} f(x) = A \ \text{或} \ f(x) \to A (x \to +\infty);$$

如果 x 取负值且 $|x|$ 无限增大(记作 $x \to -\infty$)时 $f(x)$ 的取值与常数 A 无限接近,就称 A 是 $f(x)$ 当 $x \to -\infty$ 时的极限,记作

$$\lim_{x \to -\infty} f(x) = A \ \text{或} \ f(x) \to A (x \to -\infty).$$

当 $x \to \infty$ 时,我们仍然有

$$\lim_{x \to \infty} C = C.$$

即当 $x \to \infty$ 时,常数的极限是它本身.

例 2 考察 $x \to \infty$ 时, $f(x) = \dfrac{1}{x}$ 的极限.

解 当 $|x| \to \infty$(即 $x \to +\infty$ 或 $x \to -\infty$)时, $f(x) = \dfrac{1}{x}$ 的

取值无限接近于零,所以 $\lim\limits_{x \to \infty} \dfrac{1}{x} = 0$,如图 1-10 所示.

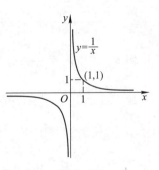

图 1-10

函数的极限

三、极限的四则运算

1. 极限的性质

定理 1(极限的唯一性定理) 如果函数极限存在,那么此极限唯一.

2. 极限的运算

设 $\lim f(x)$ 及 $\lim g(x)$ 都存在,则有下列极限运算法则

法则 1 $\lim[f(x)\pm g(x)]=\lim f(x)\pm\lim g(x)$.

法则 2 $\lim[f(x)\cdot g(x)]=\lim f(x)\cdot\lim g(x)$.

推论 1 $\lim[Cf(x)]=C\lim f(x)$.

推论 2 $\lim[f(x)]^n=[\lim f(x)]^n$.

法则 3 $\lim\dfrac{f(x)}{g(x)}=\dfrac{\lim f(x)}{\lim g(x)}$ $(\lim g(x)\neq 0)$.

注:为了叙述方便,我们用"$\lim f(x)$"表示"$\lim\limits_{x\to x_0} f(x)$"或"$\lim\limits_{x\to\infty} f(x)$".法则 1 和法则 2 可以推广到有限个函数的代数和及有限个函数的积的情形.

例 3 求 $\lim\limits_{x\to 2}(4x^4+2x^3-5x^2-8)$.

解 $\lim\limits_{x\to 2}(4x^4+2x^3-5x^2-8)$

$=\lim\limits_{x\to 2}(4x^4)+\lim\limits_{x\to 2}(2x^3)-\lim\limits_{x\to 2}(5x^2)-\lim\limits_{x\to 2}8$

$=4\lim\limits_{x\to 2}x^4+2\lim\limits_{x\to 2}x^3-5\lim\limits_{x\to 2}x^2-\lim\limits_{x\to 2}8$

$=4(\lim\limits_{x\to 2}x)^4+2(\lim\limits_{x\to 2}x)^3-5(\lim\limits_{x\to 2}x)^2-8$

$=64+16-20-8=52$.

例 4 求 $\lim\limits_{x\to 3}\dfrac{x+5}{x^2+9}$.

解 $\lim\limits_{x\to 3}\dfrac{x+5}{x^2+9}=\dfrac{\lim\limits_{x\to 3}(x+5)}{\lim\limits_{x\to 3}(x^2+9)}=\dfrac{3+5}{9+9}=\dfrac{4}{9}$.

例 5 求 $\lim\limits_{x\to 0}\dfrac{\sqrt{x+1}-1}{x}$.

解 当 $x\to 0$ 时,分子和分母的极限都为 $0\left(\text{称为“}\dfrac{0}{0}\text{”型未定式}\right)$,不能用法则 3,故先将式子变形,先消去分子和分母中公共的"零因式"后$(x\to 0,$但 $x\neq 0)$,再求极限,得

$$\lim\limits_{x\to 0}\frac{\sqrt{x+1}-1}{x}=\lim\limits_{x\to 0}\frac{x}{x(\sqrt{x+1}+1)}=\lim\limits_{x\to 0}\frac{1}{\sqrt{x+1}+1}=\frac{1}{2}.$$

例 6 求 $\lim\limits_{x\to 1}\left(\dfrac{1}{1-x}-\dfrac{2}{1-x^2}\right)$.

解 当 $x \to 1$ 时,上式两项分母极限都为 0,且 $\dfrac{1}{1-x} \to \infty$,$\dfrac{2}{1-x^2} \to \infty$,属于"$\infty - \infty$"型未定式,不能用法则 3,故先通分,再求极限,得

$$\lim_{x \to 1}\left(\frac{1}{1-x} - \frac{2}{1-x^2}\right) = \lim_{x \to 1}\frac{x-1}{1-x^2} = -\lim_{x \to 1}\frac{1}{1+x} = -\frac{1}{2}.$$

例 7 求 $\lim\limits_{x \to \infty}\dfrac{x^2+5x+1}{2x^3-x^2+2}$.

解 由于当 $x \to \infty$ 时,分子和分母的极限都不存在,且都趋于 ∞,属于"$\dfrac{\infty}{\infty}$"型未定式,故不能直接用法则 3,先用 x^3 除分子和分母后再求极限,得

$$\lim_{x \to \infty}\frac{x^2+5x+1}{2x^3-x^2+2} = \lim_{x \to \infty}\frac{\dfrac{1}{x}+\dfrac{5}{x^2}+\dfrac{1}{x^3}}{2-\dfrac{1}{x}+\dfrac{2}{x^3}} = \frac{0}{2} = 0.$$

例 8 求 $\lim\limits_{x \to \infty}\dfrac{x^3+x^2+2}{3x^3+1}$.

解 分析同例 7,得

$$\lim_{x \to \infty}\frac{x^3+x^2+2}{3x^3+1} = \lim_{x \to \infty}\frac{1+\dfrac{1}{x}+\dfrac{2}{x^3}}{3+\dfrac{1}{x^3}} = \frac{1}{3}.$$

用同样的方法可得公式

$$\lim_{x \to \infty}\frac{a_0 x^n + a_1 x^{n-1} + \cdots + a_{n-1}x + a_n}{b_0 x^m + b_1 x^{m-1} + \cdots + b_{m-1}x + b_m}$$

$$= \lim_{x \to \infty}x^{n-m}\frac{a_0 + a_1 x^{-1} + \cdots + a_{n-1}x^{-n+1} + a_n x^{-n}}{b_0 + b_1 x^{-1} + \cdots + b_{m-1}x^{-m+1} + b_m x^{-m}}$$

$$= \begin{cases} \dfrac{a_0}{b_0}, & m = n, \\[2mm] 0, & m > n, \\[2mm] \infty, & m < n, \end{cases}$$

其中 $a_0 \neq 0, b_0 \neq 0, m, n$ 为正整数.

小结:

(1)若函数各项极限都存在(对商,分母极限不为零),可用运算法则直接求极限.

(2)如果所求极限为"$\dfrac{0}{0}$"型,可考虑先约分或有理化后求极限.

(3)对于"$\dfrac{\infty}{\infty}$"型未定式,可考虑分子、分母同时除以分子、分母的最高次幂后求

极限.

（4）对于"$\infty-\infty$"型未定式,可通分或有理化后求极限.

四、两个重要极限

1. 第一个重要极限

$$\lim_{x\to 0}\frac{\sin x}{x}=1.$$

我们观察表 1-6,观察当 $x\to 0$ 时,函数 $\dfrac{\sin x}{x}$ 的变化趋势:

表 1-6

x	$\pm\dfrac{\pi}{4}$	$\pm\dfrac{\pi}{8}$	$\pm\dfrac{\pi}{16}$	$\pm\dfrac{\pi}{32}$	$\pm\dfrac{\pi}{64}$
$\dfrac{\sin x}{x}$	0.900 316 3	0.974 495 4	0.993 586 9	0.998 394 4	0.999 598 5
x	$\pm\dfrac{\pi}{128}$	$\pm\dfrac{\pi}{256}$	$\pm\dfrac{\pi}{512}$	$\pm\dfrac{\pi}{1\,024}$	$\pm\dfrac{\pi}{2\,048}\cdots\to 0$
$\dfrac{\sin x}{x}$	0.999 899 6	0.999 974 9	0.999 993 7	0.999 998 4	0.999 999 6$\cdots\to 1$

从表中可以看出,当 $x\to 0$ 时,函数 $\dfrac{\sin x}{x}\to 1$,即 $\lim\limits_{x\to 0}\dfrac{\sin x}{x}=1$.

在应用上述公式时,应注意以下几个问题:

（1）$\lim\limits_{\square\to 0}\dfrac{\sin\square}{\square}=1$,其中"$\square$"代表同一变量.

（2）这个重要极限是"$\dfrac{0}{0}$"型,必须保证变化过程中"$\square$"无限趋近于零.

例 9 求 $\lim\limits_{x\to 0}\dfrac{\sin 2x}{x}$.

解 原式 $=\lim\limits_{x\to 0}\left(\dfrac{\sin 2x}{2x}\cdot 2\right)=2\lim\limits_{x\to 0}\dfrac{\sin 2x}{2x}=2\cdot 1=2.$

例 10 求 $\lim\limits_{x\to 0}\dfrac{\sin ax}{bx}$（其中 a,b 为常数,且 $a\cdot b\neq 0$）

解 原式 $=\lim\limits_{x\to 0}\left(\dfrac{\sin ax}{ax}\cdot\dfrac{a}{b}\right)=\dfrac{a}{b}\lim\limits_{x\to 0}\dfrac{\sin ax}{ax}=\dfrac{a}{b}\cdot 1=\dfrac{a}{b}.$

例 11 求 $\lim\limits_{x\to\infty}\left(x\cdot\sin\dfrac{1}{x}\right)$.

解 原式 $=\lim\limits_{x\to\infty}\dfrac{\sin\dfrac{1}{x}}{\dfrac{1}{x}}$,设 $\dfrac{1}{x}=t$,则 $x\to\infty$ 时,$t\to 0$,所以

$$\lim_{x \to \infty} \frac{\sin \dfrac{1}{x}}{\dfrac{1}{x}} = \lim_{t \to 0} \frac{\sin t}{t} = 1.$$

例 12 求 $\lim\limits_{x \to 0} \dfrac{\arcsin 2x}{x}$.

解 令 $\arcsin 2x = t, 2x = \sin t$, 即 $x = \dfrac{1}{2} \sin t$, 且 $x \to 0$ 时, $t \to 0$, 则有

$$\lim_{x \to 0} \frac{\arcsin 2x}{x} = \lim_{t \to 0} \frac{t}{\dfrac{1}{2} \sin t} = 2 \lim_{t \to 0} \frac{t}{\sin t} = 2 \times 1 = 2.$$

例 13 求 $\lim\limits_{x \to 0} \dfrac{1-\cos x}{x^2}$.

例 13 视频讲解

21

第三节 函数的极限

解 原式 $= \lim\limits_{x \to 0} \dfrac{2\sin^2 \dfrac{x}{2}}{x^2} = 2\lim\limits_{x \to 0} \left(\dfrac{\sin \dfrac{x}{2}}{\dfrac{x}{2} \cdot 2} \right)^2 = 2\lim\limits_{x \to 0} \left(\dfrac{\sin \dfrac{x}{2}}{\dfrac{x}{2}} \right)^2 \cdot \dfrac{1}{4}$

$$= \frac{1}{2} \lim_{x \to 0} \left(\frac{\sin \dfrac{x}{2}}{\dfrac{x}{2}} \right)^2 = \frac{1}{2}.$$

例 14 求 $\lim\limits_{x \to a} \dfrac{\cos x - \cos a}{x-a}$.

解 因为

$$\frac{\cos x - \cos a}{x-a} = \frac{-2\sin \dfrac{x-a}{2} \sin \dfrac{x+a}{2}}{x-a} = -\frac{\sin \dfrac{x-a}{2} \sin \dfrac{x+a}{2}}{\dfrac{x-a}{2}},$$

所以

$$原式 = -\lim_{x \to a} \frac{\sin \dfrac{x-a}{2}}{\dfrac{x-a}{2}} \cdot \lim_{x \to a} \sin \frac{x+a}{2} = -\lim_{x \to a} \sin \frac{x+a}{2} = -\sin a.$$

2. 第二个重要极限——与自然生长有关的重要极限公式

$$\lim_{x \to \infty} \left(1 + \frac{1}{x} \right)^x = e \approx 2.718\,28, \quad 其中 \ e \ 是无理数.$$

实例 设一笔贷款本金为 A_0, 年利率为 r, 则

一年后的本利和为 $A_1 = A_0(1+r)$,

第二个重要极限

二年后的本利和为 $A_2 = A_1(1+r) = A_0(1+r)^2$,

....

k 年后的本利和为 $A_k = A_0(1+r)^k$.

如果一年分 n 期计息,年利率仍为 r,则每期利率为 $\dfrac{r}{n}$,于是一年后本利和为

$$A_1 = A_0\left(1+\frac{r}{n}\right)^n.$$

如果计息期数 $n \to \infty$,则 k 年后本利和为

$$A_k = \lim_{n \to \infty} A_0\left(1+\frac{r}{n}\right)^{nk}.$$

现实世界中有许多事物都属于这种模型,它反映了一些事物生长或消失的数量规

律,为简化式子,设 $\dfrac{n}{r} = x$,$n \to \infty$,则 $x \to \infty$,上式可化为

$$A_k = \lim_{x \to \infty}\left(1+\frac{1}{x}\right)^{rkx} = \lim_{x \to \infty}\left[\left(1+\frac{1}{x}\right)^x\right]^{rk}.$$

因此,问题归结为求 $\lim\limits_{x \to \infty}\left(1+\dfrac{1}{x}\right)^x$,要用到上述重要极限.

注意:(1)这个极限属于"1^∞"型,它的极限不等于 1.

(2)它可以形象地表示为:$\lim\limits_{\square \to \infty}\left(1+\dfrac{1}{\square}\right)^{\square} = \mathrm{e}$.其中"$\square$"代表同一变量.

例 15 求 $\lim\limits_{x \to 0}(1+x)^{\frac{1}{x}}$.

解 设 $t = \dfrac{1}{x}$,$x = \dfrac{1}{t}$,则 $x \to 0$ 时,$t \to \infty$.即上式可化为

$$\lim_{t \to \infty}\left(1+\frac{1}{t}\right)^t = \mathrm{e}.$$

例 15 的形式可看成重要极限公式的变形式子.

例 16 求 $\lim\limits_{x \to \infty}\left(1+\dfrac{2}{x}\right)^x$.

解 原式 $= \lim\limits_{x \to \infty}\left(1+\dfrac{2}{x}\right)^{\frac{x}{2} \cdot 2} = \lim\limits_{x \to \infty}\left[\left(1+\dfrac{2}{x}\right)^{\frac{x}{2}}\right]^2 = \mathrm{e}^2$.

例 17 求 $\lim\limits_{x \to \infty}\left(1-\dfrac{1}{x}\right)^{2x}$.

解 原式 $= \lim\limits_{x \to \infty}\left[1+\left(-\dfrac{1}{x}\right)\right]^{(-x) \cdot (-2)} = \mathrm{e}^{-2}$.

例 18 求 $\lim\limits_{x \to \infty}\left(1+\dfrac{m}{x}\right)^{kx}$ (其中 m,k 为常数,且都不为 0).

解 原式 $= \lim\limits_{x \to \infty} \left(1 + \dfrac{m}{x}\right)^{\frac{x}{m} \cdot k \cdot m} = \lim\limits_{x \to \infty} \left[\left(1 + \dfrac{m}{x}\right)^{\frac{x}{m}}\right]^{mk} = \mathrm{e}^{mk}.$

例 19 求 $\lim\limits_{x \to \infty} \left(1 + \dfrac{2}{x}\right)^{x+2}.$

解 因为

$$\lim\limits_{x \to \infty} \left(1 + \frac{2}{x}\right)^{x+2} = \lim\limits_{x \to \infty} \left[\left(1 + \frac{2}{x}\right)^{x} \cdot \left(1 + \frac{2}{x}\right)^{2}\right],$$

所以

$$\lim\limits_{x \to \infty} \left(1 + \frac{2}{x}\right)^{x+2} = \lim\limits_{x \to \infty} \left[\left(1 + \frac{2}{x}\right)^{\frac{x}{2}}\right]^{2} \cdot \lim\limits_{x \to \infty} \left(1 + \frac{2}{x}\right)^{2} = \mathrm{e}^{2}.$$

注意：$\lim\limits_{x \to \infty} \left(1 + \dfrac{2}{x}\right)^{2} = 1$，而不是"$1^{\infty}$"型.

例 20 求 $\lim\limits_{x \to \infty} \left(\dfrac{x+1}{x-1}\right)^{x}.$

解 $$\lim\limits_{x \to \infty} \left(\frac{x+1}{x-1}\right)^{x} = \lim\limits_{x \to \infty} \left(\frac{x-1+2}{x-1}\right)^{x} = \lim\limits_{x \to \infty} \left(1 + \frac{2}{x-1}\right)^{x}.$$

令 $\dfrac{2}{x-1} = t$，则 $x = 1 + \dfrac{2}{t}$，当 $x \to \infty$ 时，$t \to 0$，从而

$$原式 = \lim\limits_{t \to 0} (1+t)^{\frac{2}{t}+1} = \lim\limits_{t \to 0} (1+t)^{\frac{2}{t}} \cdot \lim\limits_{t \to 0} (1+t) = \mathrm{e}^{2} \cdot 1 = \mathrm{e}^{2}.$$

五、无穷大量与无穷小量

1. 无穷小量

定义 5 当 $x \to x_0$（或 $x \to \infty$）时，如果 $f(x)$ 的绝对值 $|f(x)|$ 无限趋近于零，那么称 $f(x)$ 为当 $x \to x_0$（或 $x \to \infty$）时的**无穷小量**，简称**无穷小**，记为

$$\lim\limits_{\substack{x \to x_0 \\ (x \to \infty)}} f(x) = 0.$$

无穷小量

例如，$\lim\limits_{x \to 1} (x-1) = 0$，所以 $x-1$ 当 $x \to 1$ 时为无穷小. $\lim\limits_{x \to \infty} \dfrac{1}{x} = 0$，所以 $\dfrac{1}{x}$ 当 $x \to \infty$ 时为无穷小.

应当注意，无穷小是一个以零为极限的变量，而不是一个绝对值很小的数，并且还必须与自变量的某一变化过程相联系（如 $x \to x_0$ 或 $x \to \infty$）.

2. 无穷大量

定义 6 当 $x \to x_0$（或 $x \to \infty$）时，如果函数 $f(x)$ 的绝对值 $|f(x)|$ 无限地增大，那么称函数 $f(x)$ 为当 $x \to x_0$（或 $x \to \infty$）时的**无穷大量**，简称**无穷大**，记为

$$\lim\limits_{\substack{x \to x_0 \\ (x \to \infty)}} f(x) = \infty.$$

无穷大量

例如，函数 $f(x) = \dfrac{1}{x-1}$，当 $x \to 1$ 时，$f(x)$ 的绝对值 $|f(x)| = \dfrac{1}{|x-1|}$ 无限增大．所以

$f(x) = \dfrac{1}{x-1}$ 当 $x \to 1$ 时为无穷大，记为 $\lim\limits_{x \to 1} \dfrac{1}{x-1} = \infty$，如图 1-11.

从图形上看，当 $x \to 1$ 时，曲线 $y = \dfrac{1}{x-1}$ 与直线 $x = 1$ 无

限地接近．我们称直线 $x = 1$ 为曲线 $y = \dfrac{1}{x-1}$ 的一条垂直渐

近线．

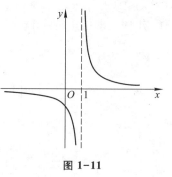

图 1-11

与无穷小类似，无穷大量是一个变量，而不是一个很大的数．它也是与自变量的某一个变化过程（$x \to x_0$（或 $x \to \infty$））相联系的．

3. 无穷小与无穷大的关系

定理 2 如果当 $x \to x_0$（或 $x \to \infty$）时，$f(x)$ 为无穷大，那么 $\dfrac{1}{f(x)}$ 为无穷小；反之，如果当 $x \to x_0$（或 $x \to \infty$）时，$f(x)$ 为无穷小，且 $f(x) \neq 0$，那么 $\dfrac{1}{f(x)}$ 为无穷大．

证明略．

例如，当 $x \to 1$ 时，$f(x) = x - 1$ 是无穷小，则当 $x - 1 \neq 0$ 时，$\dfrac{1}{f(x)} = \dfrac{1}{x-1}$ 是当 $x \to 1$ 时的无穷大．

4. 无穷小与函数极限的关系

定理 3 在自变量的同一变化过程 $x \to x_0$（或 $x \to \infty$）中，具有极限的函数等于它的极限与一个无穷小之和．反之，如果有极限的函数等于一个常数与一个无穷小之和，那么该常数就是函数的极限．即若 $\lim f(x) = A$，则 $f(x) = A + \alpha(x)$，其中 $\lim \alpha(x) = 0$，反之也成立．

证明略．

5. 无穷小的性质

性质 1 有限个无穷小的代数和仍为无穷小．

性质 2 有界函数与无穷小的乘积为无穷小．

性质 3 有限个无穷小的积仍为无穷小．

推论 常量与无穷小的积仍为无穷小．

例 21 求 $\lim\limits_{x \to 0} x \sin \dfrac{1}{x}$.

例 21 视频讲解

解 因 $x\to 0$ 时, x 为无穷小量, 而 $\left|\sin\dfrac{1}{x}\right|\leqslant 1$, $\sin\dfrac{1}{x}$ 为有界函数, 所以 $\lim\limits_{x\to 0}x\sin\dfrac{1}{x}=0$.

6. 无穷小的比较

例 22 求 $\lim\limits_{x\to 0}\dfrac{x^3}{x}$; $\lim\limits_{x\to 0}\dfrac{5x}{x}$; $\lim\limits_{x\to 0}\dfrac{x}{x^3}$.

解 当 $x\to 0$ 时, $x^3\to 0$, $5x\to 0$, 而

$$\lim\limits_{x\to 0}\frac{x^3}{x}=\lim\limits_{x\to 0}x^2=0;$$

$$\lim\limits_{x\to 0}\frac{5x}{x}=5;$$

$$\lim\limits_{x\to 0}\frac{x}{x^3}=\lim\limits_{x\to 0}\frac{1}{x^2}=\infty.$$

无穷小阶的
比较

可见无穷小量之商(之比)不一定是无穷小, 这是由于两个无穷小量趋于零的速度可能不同, 下面我们用"阶"的"高、低"来定义无穷小量趋于零的速度的"快、慢", 得到无穷小量比较的概念.

> **定义 7** 设 $\alpha(x)$、$\beta(x)$ 是同一变化过程中的无穷小, 若
> $$\lim\frac{\alpha(x)}{\beta(x)}=\begin{cases}0, & \text{则称 }\alpha(x)\text{ 是比 }\beta(x)\textbf{ 高阶}\text{的无穷小, 记作 }\alpha=o(\beta),\\ \infty, & \text{则称 }\alpha(x)\text{ 是比 }\beta(x)\textbf{ 低阶}\text{的无穷小, 记作 }\beta=o(\alpha),\\ k, & \text{则称 }\alpha(x)\text{ 是 }\beta(x)\text{ 的}\textbf{同阶}\text{无穷小, 其中 }k\text{ 为不等于零的常数},\\ 1, & \text{则称 }\alpha(x)\text{ 是与 }\beta(x)\textbf{ 等价}\text{的无穷小, 记作 }\alpha\sim\beta.\end{cases}$$

如例 22 中, $x\to 0$ 时, x^3 是比 x 高阶的无穷小, 可记为 $x^3=o(x)$; x 是比 x^3 低阶的无穷小; $5x$ 与 x 是同阶无穷小.

由等价无穷小的概念, 可以得到如下等价公式:

当 $x\to 0$ 时, 有

$$\sin x\sim x, \quad \tan x\sim x, \quad \arcsin x\sim x, \quad \arctan x\sim x,$$

$$1-\cos x\sim \frac{1}{2}x^2, \quad \ln(1+x)\sim x, \quad \mathrm{e}^x-1\sim x, \quad \sqrt{1+x}-1\sim\frac{1}{2}x.$$

等价无穷小在求两个无穷小之比的极限时有重要作用. 对此, 有如下等价无穷小替换定理.

> **定理 4** 设在自变量同一变化趋势下, $\alpha,\alpha',\beta,\beta'$ 均为无穷小量, 且 $\alpha\sim\alpha'$, $\beta\sim\beta'$, 则
> 有: (1) 若 $\lim\dfrac{\beta'}{\alpha'}$ 存在, 则 $\lim\dfrac{\beta}{\alpha}=\lim\dfrac{\beta'}{\alpha'}$;
> (2) 若 $\lim\dfrac{\beta'}{\alpha'}=\infty$, 则 $\lim\dfrac{\beta}{\alpha}=\infty$.

例 23 求 $\lim\limits_{x\to 0}\dfrac{\sin 2x}{\tan 5x}$.

解 当 $x\to 0$ 时, $\sin 2x\sim 2x$, $\tan 5x\sim 5x$, 所以

$$\lim_{x\to 0}\frac{\sin 2x}{\tan 5x}=\lim_{x\to 0}\frac{2x}{5x}=\frac{2}{5}.$$

例 24 求 $\lim\limits_{x\to 0}\dfrac{\tan x-\sin x}{x^3}$.

解 因为当 $x\to 0$ 时, $\sin x\sim x$, $1-\cos x\sim\dfrac{1}{2}x^2$, 所以

$$\lim_{x\to 0}\frac{\tan x-\sin x}{x^3}=\lim_{x\to 0}\frac{\sin x\left(\dfrac{1}{\cos x}-1\right)}{x^3}=\lim_{x\to 0}\frac{\sin x(1-\cos x)}{x^3\cos x}$$

$$=\lim_{x\to 0}\frac{x\cdot\dfrac{1}{2}x^2}{x^3\cdot\cos x}=\frac{1}{2}.$$

注意: 等价代换是对分子或分母的整体替换(或对分子、分母的因式进行替换),而对分子、分母中"+""−"号连接的各部分不能分别作替换.

例如,上例 $\lim\limits_{x\to 0}\dfrac{\tan x-\sin x}{x^3}\neq\lim\limits_{x\to 0}\dfrac{x-x}{x^3}=0.$

习题 1−3

1. 观察下列数列当 $n\to\infty$ 时哪些有极限? 极限为多少? 哪些没有极限?

(1) $x_n=\dfrac{n-1}{n+1}$;

(2) $x_n=n\,(-1)^{n+1}$;

(3) $x_n=\dfrac{1}{2^{n+1}}$;

(4) $x_n=2n$.

2. 求下列极限.

(1) $f(x)=|x-1|$, 求 $\lim\limits_{x\to 1}f(x)$;

(2) $f(x)=\begin{cases}x, & x\geqslant 0,\\ \sin x, & x<0,\end{cases}$ 求 $\lim\limits_{x\to 0^+}f(x)$, $\lim\limits_{x\to 0^-}f(x)$ 以及 $\lim\limits_{x\to 0}f(x)$;

(3) $f(x)=\begin{cases}2x-1, & x<1,\\ -x^2, & x\geqslant 1,\end{cases}$ 求 $\lim\limits_{x\to 1}f(x)$, $\lim\limits_{x\to 0}f(x)$.

3. 下列函数中,哪些是无穷小量? 哪些是无穷大量?

(1) $x-2$, $x\to 2$;

(2) $\dfrac{1}{x-1}$, $x\to 1$;

(3) 2^x-1, $x\to 0$;

(4) 2^x-1, $x\to+\infty$.

4. 求下列函数的极限.

(1) $\lim\limits_{x \to 0} x^3 \sin \dfrac{1}{x^2}$；

(2) $\lim\limits_{x \to \infty} \dfrac{\sin x}{x}$.

5. 证明：当 $x \to 0$ 时，$x^3 + 2x^2$ 是比 x 高阶的无穷小量.

6. 求下列极限.

(1) $\lim\limits_{n \to \infty} \dfrac{(n+1)(n+2)}{n^2}$；

(2) $\lim\limits_{x \to 1} \dfrac{x^2+1}{x+1}$；

(3) $\lim\limits_{x \to 1} \dfrac{2x}{1-x}$；

(4) $\lim\limits_{x \to \infty} \dfrac{x^4-5x}{x^5-3x+1}$；

(5) $\lim\limits_{x \to \infty} \left(2 - \dfrac{1}{x} + \dfrac{2}{x^3} \right)$；

(6) $\lim\limits_{x \to 1} \left(\dfrac{2}{x^2-1} - \dfrac{1}{x-1} \right)$；

(7) $\lim\limits_{x \to 9} \dfrac{\sqrt{x}-3}{x-9}$；

(8) $\lim\limits_{x \to a} \dfrac{\sin x - \sin a}{x-a}$；

(9) $\lim\limits_{n \to \infty} 2^n \sin \dfrac{x}{2^n}$；

(10) $\lim\limits_{x \to \infty} \left(1 - \dfrac{2}{x} \right)^x$；

(11) $\lim\limits_{x \to \infty} \left(1 + \dfrac{k}{x} \right)^x$；

(12) $\lim\limits_{x \to \infty} \left(1 + \dfrac{2}{x} \right)^{x+3}$；

(13) $\lim\limits_{x \to 0} \dfrac{e^{3x}-1}{\sqrt{1+2x}-1}$；

(14) $\lim\limits_{x \to 0} \dfrac{\tan x^3}{\sin 2x^2}$.

第四节　函数的连续性

一、函数的连续性概念

自然界中有许多现象，如气温的变化，河水的流动，植物的生长，等等都是连续变化的，这种现象在函数上的反映，就是函数的连续性.

引例　小明十岁生日时，妈妈测得小明的身高为 130 cm，刚出生时，小明的身高为 45 cm，这表明小明从出生到 10 岁之间，身高在 45 cm 到 130 cm 之间连续变化.

为了讨论函数在某点连续必须满足的条件，我们观察下列实例：

(1) $f(x) = \dfrac{x^2-1}{x-1}$ 在 $x=1$ 处；

(2) $f(x) = \begin{cases} 1, & x \geqslant 0 \\ -1, & x < 0 \end{cases}$，在 $x=0$ 处；

(3) $f(x) = x^2$ 在 $x=0$ 处.

分析：(1) 在 $x=1$ 处 $f(x)$ 没有定义，因此函数的图像在 $x=1$ 处断开(见图 1-12).

(2) 在 $x=0$ 处，$f(x)$ 虽然有定义，但当 x 经过点 $x=0$ 时，函数值发生了跳跃，因此图像在 $x=0$ 处也断开(见图 1-13).

（3）由图 1-14 可以看出，$f(x)=x^2$ 的图像在 $x=0$ 处是连续的.与上两例不同的是：$f(x)=x^2$ 在 $x=0$ 处不仅有定义，且当 $x\to0$ 时，函数 $f(x)=x^2$ 的极限 $\lim\limits_{x\to0}f(x)$ 等于函数在点 $x=0$ 处的函数值 $f(0)$.

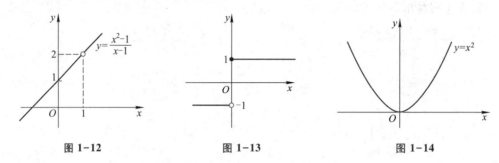

图 1-12　　　　　　图 1-13　　　　　　图 1-14

由上述分析，我们给出函数 $f(x)$ 在点 x_0 处连续的定义.

据上述定义，函数 $y=f(x)$ 在点 x_0 处连续必须满足以下三个条件：

（1）函数 $y=f(x)$ 在点 x_0 的某一邻域内必须有定义；

（2）极限值 $\lim\limits_{x\to x_0}f(x)$ 存在；

（3）极限值等于函数值，即 $\lim\limits_{x\to x_0}f(x)=f(x_0)$.

如果函数 $f(x)$ 在点 x_0 处不满足上述三个条件中的任意一个，那么函数 $f(x)$ 在点 x_0 处不连续.在上述三例中，例 1 中的 $f(x)$ 在点 $x=1$ 处没有定义，例 2 中的 $f(x)$ 在点 $x=0$ 处有定义，且左、右极限都存在，但不相等，因此都发生了间断，例 3 中的 $f(x)$ 在点 $x=0$ 处对于上述三个条件都满足，因此函数在 $x=0$ 处连续.

在定义 1 中，自变量从 x 变到 x_0，设增量为 Δx，则 $\Delta x=x-x_0$，相对应的函数值从 $f(x)$ 变到 $f(x_0)$，所以函数的增量为 $\Delta y=f(x)-f(x_0)=f(x_0+\Delta x)-f(x_0)$，于是，$x\to x_0$ 时 $\Delta x\to0$，$f(x)\to f(x_0)$ 时 $\Delta y\to0$.$\lim\limits_{x\to x_0}f(x)=f(x_0)$ 即当 $x\to x_0$ 时 $f(x)\to f(x_0)$，于是有 $\Delta x\to0$ 时 $\Delta y\to0$，所以定义 1 又可表述为：

函数的连续性

以上介绍了函数 $y=f(x)$ 在点 x_0 处连续的两种定义，下面我们给出关于函数在区间连续的一些定义.

1. 开区间连续

如果函数 $y=f(x)$ 在开区间 (a,b) 内每一点处都连续，那么就称 $f(x)$ 在开区间

(a,b) 内连续,或者称 $f(x)$ 是开区间 (a,b) 内的连续函数.(a,b) 叫做 $f(x)$ 的连续区间.

2. 闭区间连续

如果函数 $f(x)$ 在区间 $[a,b]$ 上有定义,在 (a,b) 内连续,且在区间端点处满足 $\lim\limits_{x\to a^+}f(x)=f(a)$,$\lim\limits_{x\to b^-}f(x)=f(b)$,那么称 $f(x)$ 在闭区间 $[a,b]$ 上连续.

例 1 用函数在某点连续的两种定义证明 $f(x)=x^2+1$ 在 $x=1$ 处连续.

证 (1) 因为 $f(x)=x^2+1$ 的定义域为 **R**,所以 $f(x)$ 在 $x=1$ 处及其邻域有定义,当自变量从 $1\to 1+\Delta x$ 时,

$$\Delta y=(1+\Delta x)^2+1-(1^2+1)=2\Delta x+(\Delta x)^2,$$

因此 $\lim\limits_{\Delta x\to 0}\Delta y=\lim\limits_{\Delta x\to 0}[2\Delta x+(\Delta x)^2]=0$,所以 $f(x)$ 在 $x=1$ 处连续.

(2) 因为 $f(x)=x^2+1$ 的定义域为 **R**,所以 $f(x)$ 在 $x=1$ 处及其邻域有定义,

$$\lim\limits_{x\to 1}f(x)=\lim\limits_{x\to 1}(x^2+1)=2,$$

即 $x\to 1$ 时 $f(x)$ 的极限值为 2,而 $f(1)=1^2+1=2=\lim\limits_{x\to 1}f(x)$,即极限值等于函数在该点的函数值,所以 $f(x)$ 在 $x=1$ 处连续.

二、函数的间断点及分类

定义 2 如果 $y=f(x)$ 在点 x_0 处不连续,那么称点 $x=x_0$ 是函数 $f(x)$ 的**间断点**(或**不连续点**).

由 $y=f(x)$ 在 $x=x_0$ 处连续的定义知,如果 $f(x)$ 在 x_0 处有以下三种情况之一,那么 $f(x)$ 在 x_0 处间断:

(1) $y=f(x)$ 在点 x_0 处无定义;

(2) $\lim\limits_{x\to x_0}f(x)$ 不存在;

(3) 函数值 $f(x_0)$ 和极限值 $\lim\limits_{x\to x_0}f(x)$ 都存在,但 $\lim\limits_{x\to x_0}f(x)\neq f(x_0)$.

根据函数 $y=f(x)$ 在点 x_0 处间断的情况,可将间断点分类为:

第一类间断点:设 x_0 为 $f(x)$ 的一个间断点,如果 $x\to x_0$ 时,$f(x)$ 的左、右极限都存在,那么称 x_0 为 $f(x)$ 的第一类间断点,其中:

(1) 如果 $\lim\limits_{x\to x_0^-}f(x)$ 与 $\lim\limits_{x\to x_0^+}f(x)$ 都存在,但不相等时,称 x_0 为 $f(x)$ 的**跳跃间断点**.

(2) 如果 $\lim\limits_{x\to x_0^-}f(x)=\lim\limits_{x\to x_0^+}f(x)$,但不等于函数值 $f(x_0)$ 或 $f(x)$ 在点 x_0 处无定义时,称 x_0 为 $f(x)$ 的**可去间断点**.

第二类间断点:设 x_0 为 $f(x)$ 的一个间断点,如果 $x\to x_0$ 时,$f(x)$ 的左、右极限至少有一个不存在,那么称 x_0 为 $f(x)$ 的第二类间断点,其中:

(1) 如果 $\lim\limits_{x\to x_0}f(x)=\infty$,那么称 x_0 为 $f(x)$ 的**无穷间断点**.

(2) 如果 $\lim\limits_{x\to x_0}f(x)$ 振荡性地不存在,那么称 x_0 为 $f(x)$ 的**振荡间断点**.

函数的间断点

例如，$\lim\limits_{x\to 0}\sin\dfrac{1}{x}$ 振荡性地不存在，$x_0=0$ 为 $\sin\dfrac{1}{x}$ 的振荡间断点.

例 2 讨论 $f(x)=\dfrac{2}{(1-x)^2}$ 在 $x=1$ 处的连续性.

解 因为 $f(x)$ 在 $x=1$ 处没有定义，所以 $f(x)$ 在 $x=1$ 处间断.

又因为 $\lim\limits_{x\to 1}\dfrac{2}{(1-x)^2}=\infty$，所以 $x=1$ 为 $f(x)$ 的无穷间断点.

例 3 设 $f(x)=\begin{cases}-1, & x<0, \\ 0, & x=0, \\ 1, & x>0,\end{cases}$ 讨论 $f(x)$ 在 $x=0$ 处的连续性.

解 （1）$f(x)$ 在 $x=0$ 的邻域内有定义；

（2）因为

$$\lim_{x\to 0^-}f(x)=\lim_{x\to 0^-}(-1)=-1; \lim_{x\to 0^+}f(x)=\lim_{x\to 0^+}1=1,$$

所以 $\lim\limits_{x\to 0^-}f(x)\neq\lim\limits_{x\to 0^+}f(x)$，即 $\lim\limits_{x\to 0}f(x)$ 不存在，$x=0$ 为 $f(x)$ 的跳跃间断点（见图 1-15）.

例 4 设 $f(x)=\begin{cases}1+x, & x<0, \\ 2, & x=0, \\ \mathrm{e}^x, & x>0.\end{cases}$ 讨论 $f(x)$ 在 $x=0$ 处的连续性.

解 $f(x)$ 的图像如图 1-16.

（1）$f(x)$ 在 $x=0$ 的邻域内有定义；

（2）$\lim\limits_{x\to 0^-}f(x)=\lim\limits_{x\to 0^-}(1+x)=1$，$\lim\limits_{x\to 0^+}f(x)=\lim\limits_{x\to 0^+}\mathrm{e}^x=1$.

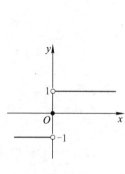

图 1-15

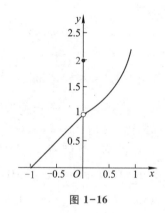

图 1-16

即 $\lim\limits_{x\to 0^-}f(x)=\lim\limits_{x\to 0^+}f(x)=1$，所以有 $\lim\limits_{x\to 0}f(x)=1$.

（3）$f(0)=2\neq\lim\limits_{x\to 0}f(x)$.

即在 $x=0$ 处 $f(x)$ 的函数值不等于极限值，所以 $f(x)$ 在 $x=0$ 处间断，$x=0$ 为可去间断点.

例 5 视频讲解

例 5 设 $f(x)=\begin{cases}1+x^2, & x<0, \\ 2x+b, & x\geqslant 0\end{cases}$ 在 $x=0$ 处连续，求 b 的值.

解 因为 $f(x)$ 在 $x=0$ 处连续,所以 $\lim\limits_{x\to 0}f(x)$ 存在.即

$$\lim_{x\to 0^-}f(x)=\lim_{x\to 0^+}f(x),$$

而

$$\lim_{x\to 0^-}f(x)=\lim_{x\to 0^-}(1+x^2)=1,$$
$$\lim_{x\to 0^+}f(x)=\lim_{x\to 0^+}(2x+b)=b.$$

要满足左极限等于右极限,则 $b=1$,即 $b=1$ 时,$f(x)$ 在 $x=0$ 处连续.

三、初等函数的连续性

由函数在某一点连续的定义和极限的运算法则,可以得出下列法则.

1. 连续函数的四则运算法则

设函数 $f(x)$ 与 $g(x)$ 在点 $x=x_0$ 处连续,则

(1)函数 $f(x)\pm g(x)$ 在点 $x=x_0$ 处连续;

(2)函数 $f(x)\cdot g(x)$ 在点 $x=x_0$ 处连续;

(3)若 $g(x_0)\neq 0$,则 $\dfrac{f(x)}{g(x)}$ 在点 $x=x_0$ 处连续.

2. 复合函数的连续性法则

设函数 $u=g(x)$ 在点 $x=x_0$ 处连续,$y=f(u)$ 在 $u_0=g(x_0)$ 处连续,则复合函数 $y=f[g(x)]$ 在点 $x=x_0$ 处也连续.

注意:求复合函数极限时,如果 $u=g(x)$ 当 $x\to x_0$ 时极限存在,而 $y=f(u)$ 在对应点 $u=u_0=\lim\limits_{x\to x_0}g(x_0)$ 处连续,那么极限符号与函数符号可以交换次序.即

$$\lim_{x\to x_0}f[g(x)]=f[\lim_{x\to x_0}g(x)]=f(u_0).$$

当 $x\to\infty$ 时,上式也成立.

例 6 求 $\lim\limits_{x\to 0}\dfrac{\ln(1+x)}{x}$.

解 设 $y=\dfrac{\ln(1+x)}{x}=\dfrac{1}{x}\ln(1+x)=\ln(1+x)^{\frac{1}{x}}$,则 y 是由 $y=\ln u,u=(1+x)^{\frac{1}{x}}$ 构成的复合函数 $y=\ln(1+x)^{\frac{1}{x}}$.因为

$$\lim_{x\to 0}u=\lim_{x\to 0}(1+x)^{\frac{1}{x}}=\mathrm{e},$$

即当 $x\to 0$ 时,函数 $u=(1+x)^{\frac{1}{x}}$ 的极限存在,而 $y=\ln u$ 在 $u=\mathrm{e}$ 处连续,所以极限符号可以与对数符号交换,即

$$\lim_{x\to 0}\frac{\ln(1+x)}{x}=\lim_{x\to 0}\ln(1+x)^{\frac{1}{x}}=\ln[\lim_{x\to 0}(1+x)^{\frac{1}{x}}]=\ln\mathrm{e}=1.$$

在上述法则的基础上,可以得出关于函数连续的如下结论:

(1)基本初等函数在其定义域内都是连续的.一切初等函数在其定义区间内都是连

续的,所谓定义区间就是包含在定义域内的区间.因此,求初等函数的连续区间就是求它的定义区间,而求分段函数的连续区间,除按上述结论考虑每一段的连续性外,还必须讨论分界点的连续性.

例 7 求函数 $f(x) = \dfrac{2}{x+3}$ 的连续区间.

解 $f(x)$ 为初等函数,其定义域为 $(-\infty, -3) \cup (-3, +\infty)$.

由结论(1)可知,$f(x)$ 的连续区间为 $(-\infty, -3)$ 和 $(-3, +\infty)$.

(2)设 $y = f(x)$ 为初等函数,且 x_0 是它定义区间内的一点,则 $\lim\limits_{x \to x_0} f(x) = f(x_0)$,即求初等函数在其定义区间内任一点的极限值等于求该函数在该点的函数值.

第
一
章

极
限
与
连
续

例 8 计算(1)$\lim\limits_{x \to \frac{\pi}{2}} \ln\sin x$; (2)$\lim\limits_{x \to 2} \sqrt{5 - x^2}$.

解 (1)因为 $x = \dfrac{\pi}{2}$ 在 $\ln\sin x$ 的定义域内,所以

$$\lim_{x \to \frac{\pi}{2}} \ln\sin x = \ln\sin \frac{\pi}{2} = \ln 1 = 0.$$

(2)因为 $x = 2$ 在 $\sqrt{5 - x^2}$ 的定义域内,所以

$$\lim_{x \to 2} \sqrt{5 - x^2} = \sqrt{5 - 2^2} = 1.$$

四、闭区间上连续函数的性质

前面我们给出了闭区间上连续函数的概念,而闭区间上连续函数的性质我们在后面的讨论中经常用到,下面给出这些性质.

1. 有界性定理

如果函数 $f(x)$ 在闭区间 $[a,b]$ 上连续,那么它在 $[a,b]$ 上有界.

2. 最大值最小值定理

如果函数 $f(x)$ 在闭区间 $[a,b]$ 上连续,那么它在 $[a,b]$ 上一定能取到最大值和最小值.

3. 介值定理(中间值定理)

如果函数 $f(x)$ 在闭区间 $[a,b]$ 上连续,m 和 M 分别为 $f(x)$ 在 $[a,b]$ 上的最小值和最大值,那么对于 m 和 M 之间的任一实数 c(即 $m < c < M$),至少存在一点 $\xi \in (a,b)$,使 $f(\xi) = c$.

4. 零点定理(根的存在定理)

如果函数 $f(x)$ 在闭区间 $[a,b]$ 上连续,且 $f(a) \cdot f(b) < 0$,那么在 $[a,b]$ 之间至少存在一点 $x_0 \in (a,b)$,使 $f(x_0) = 0$.

注意：以上定理只有满足（1）闭区间；（2）连续函数两个条件，结论才成立.

例 9 证明五次代数方程 $x^5-3x-1=0$ 在 $(1,2)$ 内至少有一个实根.

证 因为 $f(x)=x^5-3x-1$ 为初等函数，因而它在 $[1,2]$ 上连续，且

$$f(1)=1^5-3\times1-1=-3<0, f(2)=2^5-3\times2-1=25>0,$$

即 $f(1)\cdot f(2)<0$，由根的存在定理，在 $(1,2)$ 内至少有一点 $x_0\in(1,2)$，使 $f(x_0)=0$，这就证明了五次代数方程 $x^5-3x-1=0$ 在 $(1,2)$ 内至少有一个实根.

习题 1-4

1. 判断函数 $f(x)=\begin{cases} x^2-4, & 0<x\leqslant2 \\ 2-x, & 2<x\leqslant3 \end{cases}$ 在点 $x=2$ 处的连续性.

2. 求下列函数的间断点及连续区间.

（1）$f(x)=\dfrac{x^2-3}{x^2-5x+6}$；　　　　（2）$f(x)=\dfrac{\sin x}{x}$；

3. 求下列极限.

（1）$\lim\limits_{x\to2}\sqrt{x^3+1}$；　　　　（2）$\lim\limits_{x\to0}(e^{2x}+3^x+2)$；

（3）$\lim\limits_{x\to0}\ln\dfrac{\sin x}{x}$；　　　　（4）$\lim\limits_{x\to\infty}e^{\frac{x+1}{2x-1}}$.

4. 在下列函数中，常数 a 取何值时，才能使函数在分段点处连续？

（1）$f(x)=\begin{cases} e^x, & x<0, \\ 2a+x, & x\geqslant0; \end{cases}$　　（2）$f(x)=\begin{cases} \dfrac{x^2-9}{x-3}, & x\neq3, \\ a+1, & x=3. \end{cases}$

5. 证明曲线 $f(x)=x^4-3x^2+7x-10$ 在点 $x=1$ 与点 $x=2$ 之间与 x 轴至少有一个交点.

第五节　数学实验一　用 MATLAB 求极限

求极限用命令"limit"，基本用法见表 1-7.

表 1-7

输入命令格式	含义	备注
limit(f,x,a)	$\lim\limits_{x\to a}f(x)$	若 $a=0$，且是对 x 求极限，可简写为 limit(f)
limit(f,x,a,'left')	$\lim\limits_{x\to a^-}f(x)$	函数 f 趋于 a 的左极限
limit(f,x,a,'right')	$\lim\limits_{x\to a^+}f(x)$	函数 f 趋于 a 的右极限

例 用 MATLAB 求下列极限.

（1）$\lim\limits_{x\to0}\dfrac{\arctan x}{x}$；　　　（2）$\lim\limits_{x\to\infty}\left(\dfrac{x+1}{x-1}\right)^x$；　　　（3）$\lim\limits_{x\to0}\dfrac{e^x-1}{x}$.

MATLAB计
算函数极限

解 （1）输入

```
≫syms x
≫limit(atan(x)/x,x,0)
ans=
1
```

（2）输入

```
≫syms x
≫limit(((x+1)/(x-1))^x,x,inf)
ans=
exp(2)
```

（3）输入

```
≫syms x
≫limit((exp(x)-1)/x,x,0)
ans=
1
```

习题 1-5

用 MATLAB 求下列极限.

1. $\lim\limits_{x\to 0}\dfrac{1-\cos x}{x^2}$;

2. $\lim\limits_{x\to\infty}\left(2-\dfrac{1}{x}+\dfrac{2}{x^3}\right)$;

3. $\lim\limits_{x\to 1}\left(\dfrac{2}{x^2-1}-\dfrac{1}{x-1}\right)$;

4. $\lim\limits_{x\to 0}\dfrac{\sqrt{x+1}-1}{x}$;

5. $\lim\limits_{x\to\infty}\left(1+\dfrac{2}{x}\right)^{x+2}$.

复 习 题 一

1. 选择题.

（1）函数 $y=\ln(2+x)+\dfrac{1}{\sqrt{4-x}}$ 的定义域是（　　）.

A. $(-2,4]$ 　　　　B. $[-2,4]$ 　　　　C. $(-2,4)$ 　　　　D. $(-2,\infty)$

（2）下列各组函数中,函数相同的一组是（　　）.

A. $f(x)=\dfrac{x}{x}$, $g(x)=\sin^2 x+\cos^2 x$ 　　　　B. $f(x)=2\ln x$, $g(x)=\ln x^2$

C. $f(x)=\sqrt{x^2}$, $g(x)=x$ 　　　　D. $f(x)=\sqrt[3]{x^3}$, $g(x)=x$

（3）设 $f(x)=|2x-3|$, $f[f(1)]=$（　　）.

A. 2 　　　　B. 1 　　　　C. 0 　　　　D. 3

（4）设 $f(x+1)=(x+1)e^x$,则 $f(x)=$（　　）.

A. $x\mathrm{e}^x$ B. $x\mathrm{e}^{x-1}$ C. $(x+1)\mathrm{e}^{x+1}$ D. $x\mathrm{e}^{x+1}$

(5) 下列数列收敛的是(　　).

   A. $u_n = (-1)^n \dfrac{n+1}{n}$ B. $u_n = \dfrac{1}{n+2}$

   C. $u_n = \sin \dfrac{n\pi}{2}$ D. $u_n = \dfrac{1+(-1)^n}{2}$

(6) 当 $x \to 0$ 时,与 $x\sin x$ 等价的无穷小量是(　　).

   A. $2x$ B. $2x^2$ C. x^2 D. x

(7) 下列极限值为 1 的是(　　).

   A. $\lim\limits_{x \to \infty} \dfrac{\sin x}{x}$ B. $\lim\limits_{x \to \pi} \dfrac{\sin(\pi - x)}{x - \pi}$

   C. $\lim\limits_{x \to \infty} x\sin \dfrac{1}{x}$ D. $\lim\limits_{x \to 0} \dfrac{\sin^2 x}{2x}$

(8) 当 $x \to 2$ 时,$f(x) = \dfrac{|x-2|}{x-2}$ 的极限为(　　).

   A. 1   B. 0   C. -1 D. 不存在

(9) $\lim\limits_{n \to \infty} \left(1 + \dfrac{2}{n}\right)^{2n} = ($　　$).

   A. e^4 B. e^2 C. e D. $2\mathrm{e}^2$

(10) 函数 $f(x) = \begin{cases} ax+2, & x>1, \\ 3, & x=1, \\ x+b, & x<1 \end{cases}$ 在 $x=1$ 处连续,则 a,b 的值分别为(　　).

   A. 1,2   B. 1,3   C. 0,2   D. 2,2

(11) $\lim\limits_{n \to \infty} \dfrac{3n^2 + 2n - 1}{(1-n)(2n-1)} = ($　　$).

   A. $\dfrac{3}{2}$ B. $-\dfrac{3}{2}$ C. 0   D. ∞

(12) 当 $x \to 0$ 时,下列变量中是无穷大量的是(　　).

   A. $\dfrac{1}{x}$ B. e^{-x} C. $x^2 + 1$ D. $\sin x$

(13) $\lim\limits_{x \to \infty} \left(1 - \dfrac{2}{x}\right)^{kx} = \mathrm{e}$,则 $k = ($　　$).

   A. $-\dfrac{1}{2}$ B. $\dfrac{1}{2}$ C. 2   D. -2

(14) 当 $x \to 0$ 时,下列无穷小量不是 x 的等价无穷小量的是(　　).

   A. $\tan x$ B. $\ln(1+x)$ C. $\sin x$ D. $\lg(1+x)$

(15) 设 $f(x) = \begin{cases} \dfrac{\sin 2x}{x}, & x > 0, \\ 3x+2, & x \leqslant 0, \end{cases}$ 则 $\lim\limits_{x \to 0} f(x) = ($ $)$.

         A. 1   B. 2   C. 0   D. 不存在

2. 填空题.

(1) 设 $y = (\tan^2 x + 1)^3$, 则函数由 _____ 复合而成.

(2) 设函数 $f(x) = \sqrt{x^2-1} + \ln x$, $f(1) = $ _____ , $f(x^2) = $ _____ .

(3) 设 $y = \dfrac{x-1}{x+1}$, 则当 $x \to$ _____ 时, y 是无穷大量; 当 $x \to$ _____ 时, y 是无穷

小量.

(4) $\lim\limits_{x \to \infty} \left(1 - \dfrac{1}{2x}\right)^x = $ _____ ; $\lim\limits_{x \to 0} (1+2x)^{\frac{2}{x}} = $ _____ .

(5) $\lim\limits_{x \to \infty} \dfrac{\sin x}{x} = $ _____ ; $\lim\limits_{x \to 0} \dfrac{\sin x}{\tan 2x} = $ _____ ;

(6) $\lim\limits_{x \to \infty} \dfrac{(x-1)(4x+1)}{(2x+3)^2} = $ _____ .

(7) 当 $x \to 0$ 时, $\sqrt{1+x} - \sqrt{1-x}$ 是 x 的 _____ 无穷小量.

(8) 设 $f(x-1) = \dfrac{1+x}{2-x}$, 则 $f(x)$ 的连续区间为 _____ .

(9) 设 $f(x) = \begin{cases} ae^x, & x \geqslant 1, \\ x+1, & x < 1, \end{cases}$ 在 $x = 1$ 处连续, 则 $a = $ _____ .

(10) $\lim\limits_{n \to \infty} \dfrac{1+2+\cdots+(n-1)}{n^2} = $ _____ .

3. 求下列函数的定义域.

(1) $y = \sqrt{x+2} + \ln(1-x)$;   (2) $y = \sqrt{x^2-1} + \arcsin\dfrac{x-1}{2}$.

4. 求下列极限.

(1) $\lim\limits_{x \to 2} \dfrac{2x^2+1}{x+5}$;   (2) $\lim\limits_{x \to 3} \dfrac{x^2-9}{x^2-5x+6}$;

(3) $\lim\limits_{x \to 1} \dfrac{\sqrt{3x+1}-2}{x-1}$;   (4) $\lim\limits_{x \to 0} \dfrac{\sin x + 2x}{\tan 2x}$;

(5) $\lim\limits_{x \to \infty} \left(\dfrac{x+2}{x+1}\right)^x$;   (6) $\lim\limits_{x \to 1} \dfrac{3x+e^x}{(x+2)\ln(1+x)}$;

（7）$\lim\limits_{x\to 2}\left(\dfrac{2}{x^2-4}-\dfrac{1}{x-2}\right)$；

（8）$\lim\limits_{x\to 0}\dfrac{x\sin x^2}{\ln(1+x^3)}$.

5. 讨论函数 $f(x)=\begin{cases}2x+1, & x\geqslant 1,\\ 1-2x, & x<1\end{cases}$，在 $x=1$ 处的连续性，并求 $\lim\limits_{x\to 2}f(x)$.

6. 证明方程 $e^x-2=x$ 至少有一个不超过 2 的正根.

扫一扫，看答案

第二章　导数与微分

在实际问题中,往往需要从数量上研究变量的变化速度.如物体的运动速度、电流强度、线密度、比热、化学反应速度及生物繁殖率、人口增长率等,所有这些在数学上都可归结为函数的变化率问题,即导数.本章将通过对实际问题的分析,引出微分学中两个最重要的概念——导数与微分,然后再讨论导数与微分的计算法则与运算公式,从而解决有关变化率的问题.

第一节　导数的定义

一、变化率问题的数学模型

引例 1　求变速直线运动的瞬时速度

我们已经学过,在匀速直线运动中,运动速度 v 是路程 s 与所需时间 t 之比,即 $v = \dfrac{s}{t}$,但是,匀速运动仅是一种理想的运动状态,物体运动速度往往是变化的.在变速直线运动中,通常路程 s 与时间 t 的函数关系(又称运动方程)$s = s(t)$ 容易得到.那么,如何由 $s = s(t)$ 求出物体在任一时刻 t_0 的瞬时速度呢? 我们通过下面的方法进行考察.

若时刻 t_0 时物体运动到了点 M_0(图 2-1),这时已经通过的路程是 $s(t_0)$,设经过 Δt 的时间,物体运动到了点 M,则物体从 M_0 到 M 经过的路程(记作 Δs)为

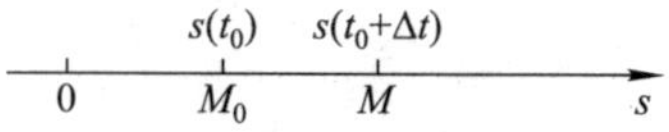

$$\Delta s = s(t_0 + \Delta t) - s(t_0).$$

图 2-1

等式两端同除以 Δt,就得到物体在 Δt 这段时间内(即从 M_0 到 M)的平均速度为

$$\overline{v} = \frac{\Delta s}{\Delta t} = \frac{s(t_0 + \Delta t) - s(t_0)}{\Delta t}.$$

由于物体作变速运动,因此平均速度只能近似地表示物体在时刻 t_0 的速度.显然,时间间隔 Δt 越小,$\overline{v}$ 就越接近时刻 t_0 的瞬时状态.当 $\Delta t \to 0$ 时,$\overline{v} = \dfrac{\Delta s}{\Delta t}$ 的极限值就是物体在 t_0 时刻的瞬时速度 $v(t_0)$,即

$$v(t_0) = \lim_{\Delta t \to 0} \frac{\Delta s}{\Delta t} = \lim_{\Delta t \to 0} \frac{s(t_0 + \Delta t) - s(t_0)}{\Delta t}.$$

引例 2 曲线切线的斜率

设曲线 $y = f(x)$ 上有一点 $M(x_0, y_0)$，求过点 M 的切线的斜率.

在曲线上另取一点 $M_1(x_0 + \Delta x, f(x_0 + \Delta x))$，过点 M 的切线与割线分别记作 MT 与 MM_1，它们的倾斜角分别记为 θ 和 φ，如图 2-2 所示.则割线的斜率 k^* 为

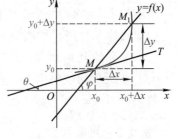

$$k^* = \tan\varphi = \frac{\Delta y}{\Delta x} = \frac{f(x_0 + \Delta x) - f(x_0)}{\Delta x}. \quad (2-1)$$

当 $\Delta x \to 0$ 时，点 M_1 沿曲线移动而无限趋近于点 M，这时割线 MM_1 趋向于极限位置就是切线 MT，此时割线的斜率 k^* 的极限 k 就是切线的斜率.即

$$k = \tan\theta = \lim_{\Delta x \to 0} \frac{\Delta y}{\Delta x} = \lim_{\Delta x \to 0} \frac{f(x_0 + \Delta x) - f(x_0)}{\Delta x}. \quad (2-2)$$

图 2-2

上述两个问题虽然具体内容不同，但所得到的数学模型却是相同的，即求自变量有一改变量 Δx，且当 Δx 无限趋近于零时相应的函数的增量 $\Delta y = f(x_0 + \Delta x) - f(x_0)$ 与自变量增量 Δx 之比 $\dfrac{\Delta y}{\Delta x}$ 的极限.类似这样的计算很多，我们把这种形式的极限抽象为导数的概念.

二、导数的定义

定义 1 设函数 $y = f(x)$ 在点 x_0 的某一邻域内有定义，当自变量 x 在 x_0 处取得增量 $\Delta x(x_0 + \Delta x$ 仍在该邻域内)时，相应的函数 y 取得增量 $\Delta y = f(x_0 + \Delta x) - f(x_0)$.如果当 $\Delta x \to 0$ 时 Δy 与 Δx 之比的极限存在，那么称函数 $y = f(x)$ 在点 x_0 处可导，并称此极限值为函数 $y = f(x)$ 在点 x_0 处的**导数**(或**微商**)，记作 $y'|_{x=x_0}, f'(x_0), \left.\dfrac{\mathrm{d}y}{\mathrm{d}x}\right|_{x=x_0}$ 或 $\left.\dfrac{\mathrm{d}f(x)}{\mathrm{d}x}\right|_{x=x_0}$.即

$$f'(x_0) = \lim_{\Delta x \to 0} \frac{\Delta y}{\Delta x} = \lim_{\Delta x \to 0} \frac{f(x_0 + \Delta x) - f(x_0)}{\Delta x}.$$

说明：

(1) 函数在点 x_0 的某一邻域内有定义，否则导数不存在；

(2) 函数 $y = f(x)$ 在点 x_0 处可导，亦称函数 $y = f(x)$ 在点 x_0 处的导数存在；

(3) 在定义式中，设 $x = x_0 + \Delta x$，则 $\Delta x = x - x_0$，当 Δx 趋近于 0 时，x 趋近于 x_0，因此，导数的定义式可写成 $f'(x_0) = \lim\limits_{x \to x_0} \dfrac{f(x) - f(x_0)}{x - x_0}$；

导数的定义

（4）如果 $\lim\limits_{\Delta x \to 0}\dfrac{\Delta y}{\Delta x}=\lim\limits_{\Delta x \to 0}\dfrac{f(x_0+\Delta x)-f(x_0)}{\Delta x}$ 不存在,那么称函数 $y=f(x)$ 在点 x_0 处不可导;

（5） $\dfrac{\Delta y}{\Delta x}$ 为函数 $y=f(x)$ 在区间 $[x_0,x_0+\Delta x]$ 或 $[x_0+\Delta x,x_0]$ 上的平均变化率;而导数 $f'(x_0)$ 是因变量 y 在点 x_0 对于 x 的瞬时变化率,反映因变量 y 随自变量 x 的变化而变化的快慢程度.

不难看出,上面的两个引例都是导数问题,根据导数的定义,有如下结论:

（1）物体在时刻 t_0 的瞬时速度 v_0 是 $s(t)$ 在 t_0 的导数 $s'(t_0)$,即 $v_0=s'(t_0)$;

（2）导数的几何意义:函数 $y=f(x)$ 在 $x=x_0$ 处的导数 $f'(x_0)$ 就是该曲线在点 $(x_0,f(x_0))$ 处的切线斜率 k,即 $k=f'(x_0)$,从而得切线方程为 $y-y_0=f'(x_0)(x-x_0)$.

若 $f'(x_0)=\infty$,则切线方程为 $x=x_0$.

导数的几何意义

> **定义 2** 如果函数 $y=f(x)$ 在开区间 (a,b) 内的每点处都有导数,此时对于每一个 $x\in(a,b)$,都对应着一个确定的导数 $f'(x)$,从而构成了一个新的函数 $f'(x)$.称这个函数 $f'(x)$ 为函数 $y=f(x)$ 在开区间内的 **导函数**,简称 **导数**,也可记作 y', $\dfrac{\mathrm{d}y}{\mathrm{d}x}$, $\dfrac{\mathrm{d}f(x)}{\mathrm{d}x}$.即
>
> $$f'(x)=\lim_{\Delta x \to 0}\frac{\Delta y}{\Delta x}=\lim_{\Delta x \to 0}\frac{f(x+\Delta x)-f(x)}{\Delta x}.$$

说明:

（1）如果函数 $y=f(x)$ 在开区间 (a,b) 内每一点都有导数,那么称函数 $y=f(x)$ 在开区间 (a,b) 内可导;

（2）函数 $y=f(x)$ 在点 x_0 处的导数 $f'(x_0)$ 就是函数 $y=f(x)$ 在开区间 (a,b) $(x\in(a,b))$ 上导数 $f'(x)$ 在点 x_0 处的函数值,即 $f'(x_0)=f'(x)\big|_{x=x_0}$.

导函数的定义

> **定义 3** 如果函数 $y=f(x)$ 在点 x_0 的某一邻域内有定义,极限
>
> $$\lim_{\Delta x \to 0^+}\frac{\Delta y}{\Delta x}=\lim_{\Delta x \to 0^+}\frac{f(x_0+\Delta x)-f(x_0)}{\Delta x}$$
>
> 与
>
> $$\lim_{\Delta x \to 0^-}\frac{\Delta y}{\Delta x}=\lim_{\Delta x \to 0^-}\frac{f(x_0+\Delta x)-f(x_0)}{\Delta x}$$
>
> 都存在,那么上述两极限分别称为函数 $f(x)$ 在点 x_0 的 **右导数** 与 **左导数**,分别记为 $f'_+(x_0)$ 与 $f'_-(x_0)$,即

$$f'_+(x_0) = \lim_{\Delta x \to 0^+} \frac{\Delta y}{\Delta x} = \lim_{\Delta x \to 0^+} \frac{f(x_0 + \Delta x) - f(x_0)}{\Delta x},$$

$$f'_-(x_0) = \lim_{\Delta x \to 0^-} \frac{\Delta y}{\Delta x} = \lim_{\Delta x \to 0^-} \frac{f(x_0 + \Delta x) - f(x_0)}{\Delta x}.$$

因此,函数 $f(x)$ 在点 x_0 处可导的充要条件是左、右导数都存在且相等,即

$$f'_+(x_0) = f'_-(x_0).$$

如果函数 $f(x)$ 在区间 (a,b) 内可导,且 $f'_+(a)$ 和 $f'_-(b)$ 存在,那么称函数 $f(x)$ 在闭区间 $[a,b]$ 上可导.

三、基本初等函数的导数公式

1. 用导数的定义求基本初等函数的导数

由导数的定义可知,求函数 $y = f(x)$ 的导数的一般方法是:

(1)求函数的增量 $\Delta y = f(x + \Delta x) - f(x)$;

(2)求平均变化率 $\dfrac{\Delta y}{\Delta x} = \dfrac{f(x + \Delta x) - f(x)}{\Delta x}$;

(3)求极限,得导数 $y' = \lim\limits_{\Delta x \to 0} \dfrac{\Delta y}{\Delta x}$.

例 1 求函数 $f(x) = c$ (c 为常数)的导数.

解 在 $f(x) = c$ 中,不论 x 取何值,其函数值总等于 c,所以对应于自变量的增量 Δx,有 $\Delta y \equiv 0$,$\dfrac{\Delta y}{\Delta x} = 0$,$\lim\limits_{\Delta x \to 0} \dfrac{\Delta y}{\Delta x} = 0$,即 $(c)' = 0$.

例 2 求 $f(x) = x^n$ (n 为正整数)在点 $x = a$ 处的导数.

解 $f'(a) = \lim\limits_{x \to a} \dfrac{x^n - a^n}{x - a} = \lim\limits_{x \to a}(x^{n-1} + ax^{n-2} + \cdots + a^{n-2}x + a^{n-1}) = na^{n-1}$.

即 $f'(a) = na^{n-1}$,得

$$(x^n)' \big|_{x=a} = na^{n-1}.$$

例2视频讲解

若将 a 视为任一点,并用 x 代换,即得 $f'(x) = (x^n)' = nx^{n-1}$.

注:更一般地,$f(x) = x^\mu$ (μ 为常数)的导数为 $f'(x) = \mu x^{\mu-1}$.利用该公式求一些简单函数的导数,如

$$(x^2)' = 2x^{2-1} = 2x,\ (x^3)' = 3x^{3-1} = 3x^2,\ (\sqrt{x})' = (x^{\frac{1}{2}})' = \frac{1}{2}x^{\frac{1}{2}-1} = \frac{1}{2}x^{-\frac{1}{2}},$$

$$\left(\frac{\sqrt[3]{x^2}}{\sqrt{x}}\right)' = (x^{\frac{2}{3}-\frac{1}{2}})' = (x^{\frac{1}{6}})' = \frac{1}{6}x^{\frac{1}{6}-1} = \frac{1}{6}x^{-\frac{5}{6}}.$$

例 3 用定义求 $(\cos x)'$.

解 由于 $\cos(x+\Delta x)-\cos x=-2\sin\left(x+\dfrac{\Delta x}{2}\right)\sin\dfrac{\Delta x}{2}$，根据 $\sin x$ 的连续性和

$\sin\dfrac{\Delta x}{2}\sim\dfrac{\Delta x}{2}(\Delta x\to 0)$，可知

$$\lim_{\Delta x\to 0}\frac{\cos(x+\Delta x)-\cos x}{\Delta x}=-\lim_{\Delta x\to 0}\sin\left(x+\frac{\Delta x}{2}\right)\cdot\lim_{\Delta x\to 0}\frac{\sin\dfrac{\Delta x}{2}}{\dfrac{\Delta x}{2}}=-\sin x.$$

即 $(\cos x)'=-\sin x$.

用类似的方法可求得

$$(\sin x)'=\cos x.$$

例 4 求 $f(x)=\log_a x\ (a>0,a\neq 1)$ 的导数.

解 $f'(x)=\lim\limits_{h\to 0}\dfrac{f(x+h)-f(x)}{h}=\lim\limits_{h\to 0}\dfrac{\log_a(x+h)-\log_a x}{h}$

$\qquad\quad=\lim\limits_{h\to 0}\dfrac{\log_a\left(1+\dfrac{h}{x}\right)}{h}=\lim\limits_{h\to 0}\dfrac{1}{x}\cdot\log_a\left(1+\dfrac{h}{x}\right)^{\frac{x}{h}}$

$\qquad\quad=\dfrac{1}{x}\log_a \mathrm{e}=\dfrac{1}{x\ln a}.$

特别地，$(\ln x)'=\dfrac{1}{x}$.

2. 基本求导公式

基本初等函数的求导公式称为基本求导公式.为了方便查阅,归纳如下.

(1) $(c)'=0(c$ 为常数)； (2) $(x^\mu)'=\mu x^{\mu-1}$；

(3) $(\sin x)'=\cos x$； (4) $(\cos x)'=-\sin x$；

(5) $(\tan x)'=\sec^2 x^{①}$； (6) $(\cot x)'=-\csc^2 x$；

(7) $(\sec x)'=\sec x\cdot\tan x$； (8) $(\csc x)'=-\csc x\cdot\cot x$；

(9) $(a^x)'=a^x\cdot\ln a$； (10) $(\mathrm{e}^x)'=\mathrm{e}^x$；

(11) $(\log_a x)'=\dfrac{1}{x\ln a}$； (12) $(\ln x)'=\dfrac{1}{x}$；

(13) $(\arcsin x)'=\dfrac{1}{\sqrt{1-x^2}}$； (14) $(\arccos x)'=-\dfrac{1}{\sqrt{1-x^2}}$；

(15) $(\arctan x)'=\dfrac{1}{1+x^2}$； (16) $(\operatorname{arccot} x)'=-\dfrac{1}{1+x^2}$.

---

① $\sec x=\dfrac{1}{\cos x}$；$\csc x=\dfrac{1}{\sin x}$.

四、连续与可导的关系

如果函数 $y=f(x)$ 在点 x_0 处可导,那么它在点 x_0 处连续;反之,不一定成立.

证 因为 $y=f(x)$ 在点 x_0 处可导,故有

$$\lim_{\Delta x \to 0} \Delta y = \lim_{\Delta x \to 0} \frac{\Delta y}{\Delta x} \cdot \Delta x = \lim_{\Delta x \to 0} \frac{\Delta y}{\Delta x} \cdot \lim_{\Delta x \to 0} \Delta x = f'(x_0) \cdot 0 = 0.$$

故 $y=f(x)$ 在点 x_0 处连续.

例5 考察函数 $y=|x|$ 在点 $x=0$ 处的可导性与连续性.

解 $y=|x|$,由函数的连续性知 $y=|x|$ 在点 $x=0$ 处连续. 又

$$f'_+(0) = \lim_{\Delta x \to 0^+} \frac{f(0+\Delta x)-f(0)}{\Delta x} = \lim_{\Delta x \to 0^+} \frac{\Delta x}{\Delta x} = 1,$$

$$f'_-(0) = \lim_{\Delta x \to 0^-} \frac{f(0+\Delta x)-f(0)}{\Delta x} = \lim_{\Delta x \to 0^-} \frac{-\Delta x}{\Delta x} = -1.$$

所以 $f'_+(x_0) \neq f'_-(x_0)$,函数 $y=|x|$ 在点 $x=0$ 处不可导.

此例说明函数在某点连续但在该点不一定可导.

例6 求曲线 $y=\ln x$ 上一点,使过该点的切线与直线 $x-2y+2=0$ 平行.

解 设曲线 $y=\ln x$ 上点 $P(x,y)$ 的切线与直线 $x-2y+2=0$ 平行,由导数的几何意义,得所求切线的斜率为

$$k=y'=(\ln x)'=\frac{1}{x}.$$

而直线 $x-2y+2=0$ 的斜率为 $k=\dfrac{1}{2}$,根据两直线平行的条件,有

$$\frac{1}{x}=\frac{1}{2}, \text{即 } x=2.$$

将 $x=2$ 代入曲线方程 $y=\ln x$,得 $y=\ln 2$.所以曲线 $y=\ln x$ 在点 $(2,\ln 2)$ 的切线与直线 $x-2y+2=0$ 平行.

例7 一汽车在刹车后时间 $t(\text{s})$ 所通过的距离 $s=44t-6t^2(\text{m})$,刹车开始时车速是多少?刹车后经过多少秒汽车才停止?刹车后汽车滑行了多远?

解 汽车刹车后 $t(\text{s})$ 时的速度为:

$$v(t)=s'(t).$$

当刹车开始,即 $t=0$ 时其速度为

$$v(0)=s'(0)=(44t-6t^2)'\big|_{t=0}=44-12t\big|_{t=0}=44(\text{m/s}).$$

当速度为零时汽车才停止,即 $v=44-12t=0$,得 $t=\dfrac{11}{3}(\text{s})$.

汽车滑行的距离为

$$s\big|_{t=\frac{11}{3}}=(44t-6t^2)\big|_{t=\frac{11}{3}}=44\times\frac{11}{3}-6\times\left(\frac{11}{3}\right)^2=\frac{242}{3}(\text{m}).$$

可导与连续的关系

例5视频讲解

例8（生物繁殖速度模型） 在某生物繁殖过程中，设种群数量 N 与时间 t 的关系为 $N = N(t)$，求在 t 时刻该生物的瞬时繁殖速度．

解 当时间从 t 变到 $t + \Delta t$ 时，种群数量的增量为 $\Delta N = N(t + \Delta t) - N(t)$，此时，种群数量的平均变化率为 $\dfrac{\Delta N}{\Delta t} = \dfrac{N(t + \Delta t) - N(t)}{\Delta t}$，令 $\Delta t \to 0$，该生物在 t 时刻的瞬时繁殖速度为

$$N'(t) = \lim_{\Delta t \to 0} \frac{\Delta N}{\Delta t} = \lim_{\Delta t \to 0} \frac{N(t + \Delta t) - N(t)}{\Delta t}.$$

关于变化率模型的例子很多，如瞬时化学反应速度、角速度、比热容、瞬时电流强度等，在这里就不一一列举了．

习题 2-1

1. 求下列各函数的导数．

(1) $y = x^{10}$；   (2) $y = 2^x$；   (3) $y = \log_3 x$；

(4) $y = \ln 2$；   (5) $f(x) = \sqrt[4]{x^3}$；   (6) $y = x\sqrt[3]{x}$．

2. 求曲线 $y = x^3$ 在点 $(1,1)$ 处的切线方程．

3. 在抛物线 $y = x^2$ 上哪一点的切线与过点 $A(1,1)$，$B(2,4)$ 的直线平行？

4. 设一物体作自由落体运动，只考虑重力，不考虑阻力等因素，求

(1) 物体在 $2\text{ s} \leqslant t \leqslant 3\text{ s}$ 时间内的平均速度；

(2) 物体在 $t = 2.5\text{ s}$ 时的瞬时速度．

第二节 求导法则

引例 一个弹簧的运动是受摩擦力和阻力的影响的，它经常可以用指数和正弦函数的乘积来表示．设这个弹簧上一点的运动方程为 $s(t) = 2e^{-t}\sin 2\pi t$，求弹簧在 $t = t_0$ 时的速度．

弹簧在 $t = t_0$ 时的速度当然就是 $s(t)$ 的导数，由导数的定义来求显然比较麻烦，为了更好地求出一般的函数的导数，下面介绍求导法则．

一、导数的四则运算法则

法则 1 如果 $u = u(x)$，$v = v(x)$ 都是 x 的可导函数，那么 $y = u \pm v$ 也是 x 的可导函数，并且

$$y' = (u \pm v)' = u' \pm v'.$$

法则 2 如果 $u = u(x)$，$v = v(x)$ 都是 x 的可导函数，那么 $y = uv$ 也是 x 的可导函数，并且

$$y' = (uv)' = u'v + uv'.$$

法则 3 设 $u=u(x), v=v(x)$ 都是 x 的可导函数,且 $v \neq 0$,那么函数 $y=\dfrac{u}{v}$ 也是 x 的可导函数,并且

$$y' = \left(\frac{u}{v}\right)' = \frac{u'v-uv'}{v^2}.$$

导数的四则
运算法则

例 1 求函数 $y=e^x+x^2$ 的导数.

解 $y' = (e^x+x^2)' = (e^x)'+(x^2)' = e^x+2x.$

例 2 求 $y=\sqrt{x}\cos x+4\ln x+\sin 2$ 的导数.

解 $y' = (\sqrt{x}\cos x)'+(4\ln x)'+(\sin 2)' = (\sqrt{x})'\cos x+\sqrt{x}(\cos x)'+4(\ln x)'$

$$= \frac{\cos x}{2\sqrt{x}}-\sqrt{x}\sin x+\frac{4}{x}.$$

例 3 $f(t)=\dfrac{\sin t}{1+\cos t}$,求 $f'\left(\dfrac{\pi}{4}\right), f'\left(\dfrac{\pi}{2}\right)$.

解 因为

$$f'(t) = \frac{(\sin t)'(1+\cos t)-\sin t(1+\cos t)'}{(1+\cos t)^2} = \frac{\cos t(1+\cos t)+\sin^2 t}{(1+\cos t)^2}$$

$$= \frac{\cos t+\cos^2 t+\sin^2 t}{(1+\cos t)^2} = \frac{\cos t+1}{(1+\cos t)^2} = \frac{1}{1+\cos t},$$

所以

$$f'\left(\frac{\pi}{4}\right) = \frac{1}{1+\cos\dfrac{\pi}{4}} = \frac{1}{1+\dfrac{\sqrt{2}}{2}} = \frac{2}{2+\sqrt{2}} = 2-\sqrt{2},$$

$$f'\left(\frac{\pi}{2}\right) = \frac{1}{1+\cos\dfrac{\pi}{2}} = 1.$$

二、复合函数的求导法则

如果函数 $u=u(x)$ 在点 x 处具有导数 u'_x,函数 $y=f(u)$ 在对应点 $u=u(x)$ 处有导数 y'_u,那么复合函数 $y=f[u(x)]$ 在点 x 处也可导,且

$$y'_x = y'_u \cdot u'_x.$$

复合函数的
导数

例 4 求 $y=\ln\tan x$ 的导数.

解法一 设 $y=\ln u, u=\tan x$,则 $y'_u = \dfrac{1}{u} = \dfrac{1}{\tan x}, u'_x = \sec^2 x$,故

$$y'_u = y'_u \cdot u'_x = \frac{1}{\tan x} \cdot \sec^2 x = \frac{1}{\sin x\cos x} = \frac{2}{\sin 2x} = 2\csc 2x.$$

从上述的例子中可以看出,求复合函数导数的关键在于正确地分析复合函数的结

构,弄清复合过程的层次,确定中间变量,然后由外向里逐层求导.初学时应像上面例子中那样写出中间变量,当比较熟练以后,可以把中间变量记在心中不写出来,仍以例4为例.

解法二 $y' = (\ln \tan x)'$　　　　　　　心中默记 $y = \ln u, u = \tan x$

$\qquad = \dfrac{1}{\tan x} \cdot (\tan x)'$　　　　　　先求 $(\ln u)' = \dfrac{1}{u} \cdot u', u'$ 暂不求

$\qquad = \dfrac{1}{\tan x} \sec^2 x$,　　　　　　求出 $u' = (\tan x)' = \sec^2 x$

$\qquad = \dfrac{1}{\sin x \cos x} = 2\csc 2x$.　　　整理

注意:应用复合函数求导法则求导后,要把引进的中间变量代换成原来自变量的函数.

上述复合函数求导法则可以推广到任意有限个中间变量.例如,$y = f\{\varphi[g(x)]\}$ 由 $y = f(u), u = \varphi(v), v = g(x)$ 复合而成,则有 $y'_x = y'_u \cdot u'_v \cdot v'_x$.

例5 在电容器两端加正弦电流电压 $u_c = U_m \sin(\omega t + \varphi)$,求电流 i.

解 $i = c u'_c = c[U_m \sin(\omega t + \varphi)]'$

$\qquad = c[U_m \omega \cos(\omega t + \varphi)]$

$\qquad = \omega c U_m \sin\left(\omega t + \varphi + \dfrac{\pi}{2}\right)$

$\qquad = I_m \sin(\omega t + \theta)$.

其中 $\omega c U_m = I_m$ 是电流的峰值(最大值),称为振幅,初相 $\theta = \varphi + \dfrac{\pi}{2}$,从而可知,电容器上电流与电压有下列关系:

(1)电流 i 与电压 u 是同频率的正弦波;

(2)电流 i 比电压 u 相位提前 $\dfrac{\pi}{2}$;

(3)电压峰值与电流峰值之比是

$$\frac{U_m}{I_m} = \frac{U_m}{c\omega U_m} = \frac{1}{c\omega},$$

电学中称 $\dfrac{1}{c\omega}$ 为容抗.

三、反函数的求导法则

若单调函数 $x = \varphi(y)$ 在 (a, b) 内可导,且 $\varphi'(y) \neq 0$,则它的反函数 $y = f(x)$ 在对应的区间内也可导,并且

$$f'(x) = \frac{1}{\varphi'(y)} \text{ 或 } y'_x = \frac{1}{x'_y}.$$

由该公式我们可以直接由函数的导数,求出其反函数的导数.

例 6 求 $y = \arcsin x$ 的导数.

解 设函数为 $x = \sin y$，则 $y = \arcsin x$ 是它的反函数.函数 $x = \sin y$ 在开区间 $I_Y = \left(-\dfrac{\pi}{2}, \dfrac{\pi}{2} \right)$ 内单调可导，且 $(\sin y)' = \cos y > 0$.因此，由公式 $\dfrac{\mathrm{d}x}{\mathrm{d}y} = \dfrac{1}{\dfrac{\mathrm{d}y}{\mathrm{d}x}}$，在对应区间 $I_x =$

例6视频讲解

$(-1,1)$ 内有 $(\arcsin x)' = \dfrac{1}{(\sin y)'} = \dfrac{1}{\cos y}$.但 $\cos y = \sqrt{1 - \sin^2 y} = \sqrt{1 - x^2}$ $\left(\text{因为当} -\dfrac{\pi}{2} < y < \dfrac{\pi}{2}\right.$

时，$\cos y > 0$，所以根号前只取正号$\Big)$，从而得反正弦函数的导数公式

$$(\arcsin x)' = \frac{1}{\sqrt{1 - x^2}}.$$

用类似的方法可得

$$(\arccos x)' = -\frac{1}{\sqrt{1 - x^2}}; \qquad (\arctan x)' = \frac{1}{1 + x^2};$$

$$(\operatorname{arccot} x)' = -\frac{1}{1 + x^2}; \qquad (a^x)' = a^x \ln a.$$

四、隐函数的求导

用解析法表示函数关系时有两种形式，前面我们所遇到的函数，比如 $y = x^2 - x + 1$，$y = \ln x + 3\sin x - 5$ 等，函数 y 用自变量 x 的关系式 $y = f(x)$ 表示，这种函数叫做**显函数**.但是，有时还会遇到另一类函数，例如，$x - y^3 - 1 = 0$，$\mathrm{e}^{xy} - \sin x = 0$ 等，函数 y 没有表达成自变量 x 的公式形式，而是由一个方程 $F(x, y) = 0$ 所确定，这里 y 没有解出来（有时也根本解不出来），这种由方程 $F(x, y) = 0$ 确定的函数叫做**隐函数**.

必须指出，有的隐函数可以转化为显函数，如隐函数 $x - y^3 - 1 = 0$ 可以化为显函数 $y = \sqrt[3]{x - 1}$；而有的隐函数则很难甚至不可能转化为显函数，如由方程 $\mathrm{e}^{xy} - \sin x + y^3 = 0$ 所确定的隐函数.因此不管能否从隐函数化成显函数，我们学习可直接求出隐函数导数的方法，下面我们给出隐函数的求导方法.

隐函数的求导一般分两步完成：

第一步，对隐函数方程 $F(x, y) = 0$ 两边逐项对自变量 x 求导，并把 y 看作 x 的函数，y 的函数是 x 的复合函数（在对 y 求导后应再乘上 y'_x）；

第二步，从已求导的等式中解出 y'_x.与显函数求导不同，隐函数的导数 y'_x 的表达式中可以同时含有 x 和 y.

例 7 求隐函数 $xy^2 - x^2 y + y^4 + 1 = 0$ 的导数.

解 两边对 x 求导，得

$$y^2 + 2xyy' - 2xy - x^2 y' + 4y^3 y' = 0,$$

解出 y'，得

隐函数的导数

$$y' = \frac{y(2x-y)}{2xy-x^2+4y^3}.$$

例 8 求由方程 $\ln\sqrt{x^2+y^2} = \arctan\dfrac{y}{x}$ 确定的隐函数 y 的导数 y'.

解 先化简得

$$\frac{1}{2}\ln(x^2+y^2) = \arctan\frac{y}{x},$$

两边对 x 求导,得

$$\frac{1}{2}\frac{(x^2+y^2)'}{x^2+y^2} = \frac{\left(\dfrac{y}{x}\right)'}{1+\left(\dfrac{y}{x}\right)^2},$$

即

$$\frac{2x+2yy'}{2(x^2+y^2)} = \frac{\dfrac{xy'-y}{x^2}}{\dfrac{x^2+y^2}{x^2}},$$

化简整理,得

$$\frac{x+yy'}{x^2+y^2} = \frac{xy'-y}{x^2+y^2},$$

即

$$x+yy' = xy'-y,$$

解出 y',得

$$y' = \frac{x+y}{x-y}.$$

我们有时会遇到这种情况,虽然已知函数是显函数,但直接求导却很困难或很复杂,如果对等式两边取自然对数,将显函数转化为隐函数,再利用隐函数的求导方法求导,则会使问题变得简单.这种方法称为**对数求导法**.

例 9 求函数 $y = x^x(x>0)$ 的导数.

解 对 $y = x^x$ 两边取对数,得

$$\ln y = x\ln x,$$

对数求导法

两边对 x 求导,得

$$\frac{1}{y}y' = \ln x + x \cdot \frac{1}{x},$$

因此

$$y' = y(\ln x + 1) = x^x(\ln x + 1).$$

例 10 求 $y = \sqrt[3]{\dfrac{(x+1)^2(x-2)}{2x-1}}$ ($x > 2$) 的导数.

解 两边取对数并化简,得

$$\ln y = \frac{1}{3}\left[2\ln(x+1) + \ln(x-2) - \ln(2x-1)\right],$$

两边对 x 求导,得

$$\frac{1}{y}y' = \frac{1}{3}\left(\frac{2}{x+1} + \frac{1}{x-2} - \frac{2}{2x-1}\right),$$

因此

$$y' = \frac{y}{3}\left(\frac{2}{x+1} + \frac{1}{x-2} - \frac{2}{2x-1}\right) = \frac{1}{3}\left(\frac{2}{x+1} + \frac{1}{x-2} - \frac{2}{2x-1}\right)\sqrt[3]{\frac{(x+1)^2(x-2)}{2x-1}}.$$

五、高阶导数

引例 我们知道,变速直线运动的速度 $v(t)$ 是路程函数 $s(t)$ 关于时间 t 的导数,即 $v(t) = \dfrac{\mathrm{d}s}{\mathrm{d}t}$ 或 $v(t) = s'(t)$,而加速度 a 又是速度 $v(t)$ 关于时间 t 的导数,即

$$a = \frac{\mathrm{d}v}{\mathrm{d}t} = \frac{\mathrm{d}}{\mathrm{d}t}\left(\frac{\mathrm{d}s}{\mathrm{d}t}\right) \text{ 或 } a = (s'(t))'.$$

我们称 $a = \dfrac{\mathrm{d}}{\mathrm{d}t}\left(\dfrac{\mathrm{d}s}{\mathrm{d}t}\right)$ 或 $a = (s'(t))'$ 为 $s(t)$ 对 t 的二阶导数.

一般地,函数 $y = f(x)$ 的导数 $y' = f'(x)$ 仍是 x 的函数,如果 $y' = f'(x)$ 仍是可导的,则把 $y' = f'(x)$ 的导数叫做 y 对 x 的**二阶导数**,记为 y'',$f''(x)$ 或 $\dfrac{\mathrm{d}^2 y}{\mathrm{d}x^2}$. 把 $y' = f'(x)$ 叫做 y 对 x 的一阶导数,通常对一阶导数不指明它的阶数.

从二阶导数的概念可知,要求函数 $y = f(x)$ 的二阶导数,只要先求出它的一阶导数 $y' = f'(x)$,然后再对 $y' = f'(x)$ 求导,就可得到二阶导数 y'' 或 $f''(x)$.由此类推还可以进一步推广到 n 阶导数.一般地,当 $n \geq 3$ 时,$y = f(x)$ 的 $n-1$ 阶导数的导数叫做 $f(x)$ 的 n 阶导数,记为 $y^{(n)}$ 或 $f^{(n)}(x)$.

二阶导数以及二阶以上的导数统称为**高阶导数**.

例 11 求下列函数的二阶导数.

(1) $y = \ln \cos 2x$;　　　　　　　　(2) $y = x^2\sin 3x + \ln x$.

解 (1) $y' = (\ln \cos 2x)' = \dfrac{(\cos 2x)'}{\cos 2x} = \dfrac{-2\sin 2x}{\cos 2x} = -2\tan 2x$,

　　　　$y'' = (-2\tan 2x)' = -2\sec^2 2x(2x)' = -4\sec^2 2x$.

(2) $y' = (x^2\sin 3x + \ln x)' = 2x\sin 3x + 3x^2\cos 3x + \dfrac{1}{x}$,

高阶导数

$$y'' = 2\sin 3x + 12x\cos 3x - 9x^2\sin 3x - \frac{1}{x^2}.$$

例 12 已知物体在 $t(\text{s})$ 内所经过的路程的运动规律为 $s = 2t^3 + 4t^2 - 5t(\text{m})$，求物体在开始及 4 s 时的加速度.

解 物体在任意时刻 t 的速度为 $v = s' = 6t^2 + 8t - 5$，所以物体在任意时刻 t 的加速度为 $a = s'' = 12t + 8$.

物体在开始时的加速度为：$a\big|_{t=0} = 8(\text{m/s}^2)$，

物体在 4 s 时的加速度为：$a\big|_{t=4} = 12 \times 4 + 8 = 56(\text{m/s}^2)$.

例 13 求 $y = \sin x$ 的 n 阶导数.

解
$$y' = (\sin x)' = \cos x = \sin\left(x + \frac{\pi}{2}\right),$$
$$y'' = (\sin x)'' = \left[\sin\left(x + \frac{\pi}{2}\right)\right]' = \left[\cos\left(x + \frac{\pi}{2}\right)\right] \cdot \left(x + \frac{\pi}{2}\right)'$$
$$= \sin\left(x + 2 \cdot \frac{\pi}{2}\right),$$
$$y''' = \left[\sin\left(x + 2 \cdot \frac{\pi}{2}\right)\right]' = \cos\left(x + 2 \cdot \frac{\pi}{2}\right) = \sin\left(x + 3 \cdot \frac{\pi}{2}\right),$$
$$\cdots\cdots$$
$$y^{(n)} = (\sin x)^{(n)} = \sin\left(x + n \cdot \frac{\pi}{2}\right).$$

常用的几个函数的 n 阶导数：

(1) $(\text{e}^x)^{(n)} = \text{e}^x$；　　　　　　(2) $(a^x)^{(n)} = a^x \cdot (\ln a)^n$；

(3) $(\sin x)^{(n)} = \sin\left(x + \frac{n\pi}{2}\right)$；　(4) $(\cos x)^{(n)} = \cos\left(x + \frac{n\pi}{2}\right)$；

(5) $(x^\mu)^{(n)} = \mu(\mu-1)\cdots(\mu-n+1)x^{\mu-n}$；

(6) $(\ln x)^{(n)} = (-1)^{n-1} \cdot \dfrac{(n-1)!}{x^n}$.

习题 2-2

1. 求下列各函数的导数.

(1) $y = 3x^2 - x + 5$；

(2) $y = 4\text{e}^x + 3\text{e} + 1$；

(3) $y = x^2 \cdot 2^x$；

(4) $y = \log_2 x + \lg x$；

(5) $y = x\sin x\ln x$；

(6) $y = \dfrac{\sqrt{x} + x - 1}{x}$；

(7) $y = \dfrac{x}{1 - \cos x}$；

(8) $y = \sin x^2$；

(9) $y = \ln(1 - x^2)$；

(10) $y = \arctan 2x$；

例13视频讲解

（11）$y = \left(\arcsin \dfrac{x}{2} \right)^2$；　　　　　　（12）$y = x\sqrt{1-x^2} + \arcsin x$.

2. 已知下列函数 $y = f(x)$，求 y'.

（1）$x^2 + y^2 - xy = 1$；　　　　　　（2）$y^2 - 2axy + b = 0$；

（3）$y = x + \ln y$；　　　　　　（4）$y = 1 + xe^y$.

3. 求下列各函数的二阶导数：

（1）$y = \ln(1+x^2)$；　　　　　　（2）$y = x\ln x$；

（3）$y = (1+x^2)\arctan x$；　　　　　　（4）$y = xe^{x^2}$.

4. 一质点作直线运动，运动方程为 $s = 3t^2 - t + 5$，其中路程的单位是 m，时间的单位是 s，求质点在 $t = 4$ s 时的速度.

5. 为了比较不同液体的酸性，化学家利用了 pH，由液体中氢离子的浓度 x 决定：$\text{pH} = -\lg x$. 求 $\text{pH} = 2$ 时 pH 对氢离子的浓度的变化率.

第三节　微分

一、微分的概念

引例　一块正方形的金属薄片受温度变化的影响，其边长由 x_0 变到 $x_0 + \Delta x$ 时（图 2-3），求薄片的面积改变了多少？

设正方形边长为 x，面积为 y，则 $y = x^2$，此时薄片受温度变化的影响时面积的增量可看作是当自变量 x 在 x_0 取得增量 Δx 时，函数 y 的相应增量 Δy，即

$$\Delta y = (x_0 + \Delta x)^2 - x_0^2 = 2x_0\Delta x + (\Delta x)^2.$$

如图 2-3 所示，阴影部分表示 Δy，它由两部分所组成，第一部分 $2x_0\Delta x$，它是 Δx 的线性函数，当 $\Delta x \to 0$ 时，它是 Δx 的同阶无穷小，是 Δy 的主要部分，第二部分 $(\Delta x)^2$，当 $\Delta x \to 0$ 时，它是比 Δx 的高阶无穷小. 很明显，当 $|\Delta x|$ 很小时，$(\Delta x)^2$ 在 Δy 中所起的作用很微小，可以忽略不计，因此 $\Delta y \approx 2x_0\Delta x$ 而 $2x_0 = f'(x_0)$，因此上式可改写为 $\Delta y \approx f'(x_0)\Delta x$.

上式所表示的关系对一般可导函数也是成立的.

设函数 $y = f(x)$ 在点 x_0 处可导，即 $\lim\limits_{\Delta x \to 0} \dfrac{\Delta y}{\Delta x} = f'(x_0)$，

根据函数、函数极限与无穷小的关系，上式可写成 $\dfrac{\Delta y}{\Delta x} = f'(x_0) + \alpha$，其中，当 $\Delta x \to 0$ 时，$\alpha \to 0$. 由此得

$$\Delta y = f'(x_0)\Delta x + \alpha\Delta x.$$

上式表明，函数的增量 Δy 是由 $f'(x_0)\Delta x$ 和 $\alpha\Delta x$ 两项所组成，当 $f'(x_0) \neq 0$ 时，由

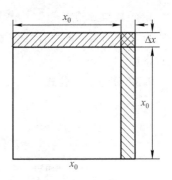

图 2-3

$$\lim_{\Delta x \to 0} \frac{f'(x_0)\Delta x}{\Delta x} = f'(x_0) \neq 0, \lim_{\Delta x \to 0} \frac{\alpha \Delta x}{\Delta x} = \lim_{\Delta x \to 0} \alpha = 0$$

可得 $f'(x_0)\Delta x$ 是 Δx 的同阶无穷小, $\alpha \Delta x$ 是比 Δx 高阶的无穷小.

由上可知, 当 $f'(x) \neq 0$ 时, 在函数的增量 Δy 中起主要作用的是 $f'(x_0)\Delta x$, Δy 与它的差是一个比 Δx 高阶的无穷小. 因此, $f'(x_0)\Delta x$ 是 Δy 的主要部分; 又由于 $f'(x_0)\Delta x$ 是 Δx 的线性函数, 所以通常称 $f'(x_0)\Delta x$ 为 Δy 的线性主部. 当 $|\Delta x|$ 很小时, 可用函数的增量的线性主部来近似地代替函数的增量, 即 $\Delta y \approx f'(x_0)\Delta x$.

定义 设函数 $y = f(x)$ 在点 x_0 处可导, 则称 $f'(x_0)\Delta x$ 为函数 $y = f(x)$ 在点 x_0 处的**微分**, 记为 $\mathrm{d}y$ 或 $\mathrm{d}f(x)$, 即

$$\mathrm{d}y = f'(x_0)\Delta x \text{ 或 } \mathrm{d}f(x) = f'(x_0)\Delta x.$$

若不特别指明哪一点的微分, 则一般记为 $\mathrm{d}y = f'(x)\Delta x$ 或 $\mathrm{d}f(x) = f'(x)\Delta x$.

若令 $y = x$, 则 $\mathrm{d}y = \mathrm{d}x = x'\Delta x = \Delta x$, 即 $\mathrm{d}x = \Delta x$. 这就是说, 自变量 x 的微分 $\mathrm{d}x$ 就是它的增量 Δx, 因此, 微分表达式中可用 $\mathrm{d}x$ 代替 Δx, 即 $\mathrm{d}y = f'(x)\mathrm{d}x$.

由上式还可看出, $f'(x) = \dfrac{\mathrm{d}y}{\mathrm{d}x}$, 即函数 $y = f(x)$ 的导数等于函数的微分 $\mathrm{d}y$ 与自变量的微分 $\mathrm{d}x$ 的商, 因此, 导数又称微商.

例 1 求函数 $y = x^2$ 在 $x = 3$, $\Delta x = 0.01$ 时的 $\mathrm{d}y$ 和 Δy.

解 因为 $\mathrm{d}y = 2x\mathrm{d}x$, 所以当 $x = 3$, $\Delta x = 0.01$ 时, $\mathrm{d}y = 2 \times 3 \times 0.01 = 0.06$. 而

$$\Delta y = (x + \Delta x)^2 - x^2 = 0.060\ 1.$$

例 2 求下列函数的微分:

(1) $y = \ln \sin x$; \qquad (2) $y = x\cos x$.

微分的概念

解 (1) $\mathrm{d}y = \mathrm{d}(\ln \sin x) = (\ln \sin x)'\mathrm{d}x = \dfrac{\cos x}{\sin x}\mathrm{d}x = \cot x\mathrm{d}x$.

(2) $\mathrm{d}y = \mathrm{d}(x\cos x) = (x\cos x)'\mathrm{d}x = (\cos x - x\sin x)\mathrm{d}x$.

二、微分基本公式与运算法则

由函数微分的定义 $\mathrm{d}y = f'(x)\mathrm{d}x$ 可以知道, 要计算函数的微分, 只需求出函数的导数, 再乘自变量的微分即可, 因此, 微分的基本公式和运算法则可由导数的基本公式和运算法则直接推出.

1. 微分的基本公式

(1) $\mathrm{d}(c) = 0$; \qquad\qquad (2) $\mathrm{d}(x^\mu) = \mu x^{\mu-1}\mathrm{d}x$;

(3) $\mathrm{d}(a^x) = a^x \ln a\mathrm{d}x$; \qquad\qquad (4) $\mathrm{d}(\mathrm{e}^x) = \mathrm{e}^x\mathrm{d}x$;

(5) $\mathrm{d}(\log_a x) = \dfrac{\mathrm{d}x}{x\ln a}$; \qquad\qquad (6) $\mathrm{d}(\ln x) = \dfrac{1}{x}\mathrm{d}x$;

(7) $\mathrm{d}(\sin x) = \cos x\mathrm{d}x$; \qquad\qquad (8) $\mathrm{d}(\cos x) = -\sin x\mathrm{d}x$;

（9）$\mathrm{d}(\tan x) = \sec^2 x \mathrm{d}x$；

（10）$\mathrm{d}(\cot x) = -\csc^2 x \mathrm{d}x$；

（11）$\mathrm{d}(\sec x) = \sec x \tan x \mathrm{d}x$；

（12）$\mathrm{d}(\csc x) = -\csc x \cot x \mathrm{d}x$；

（13）$\mathrm{d}(\arcsin x) = \dfrac{1}{\sqrt{1-x^2}} \mathrm{d}x$；

（14）$\mathrm{d}(\arccos x) = -\dfrac{1}{\sqrt{1-x^2}} \mathrm{d}x$；

（15）$\mathrm{d}(\arctan x) = \dfrac{1}{1+x^2} \mathrm{d}x$；

（16）$\mathrm{d}(\operatorname{arccot} x) = -\dfrac{1}{1+x^2} \mathrm{d}x$.

2. 函数和、差、积、商的微分法则

设 u 和 v 都是可导函数，c 为常数，则

（1）$\mathrm{d}(u \pm v) = \mathrm{d}u \pm \mathrm{d}v$；

（2）$\mathrm{d}(uv) = v\mathrm{d}u + u\mathrm{d}v$；

（3）$\mathrm{d}(cv) = c\mathrm{d}v$；

（4）$\mathrm{d}\left(\dfrac{u}{v}\right) = \dfrac{v\mathrm{d}u - u\mathrm{d}v}{v^2}$ $(v \neq 0)$；

（5）$\mathrm{d}\left(\dfrac{1}{v}\right) = -\dfrac{\mathrm{d}v}{v^2}$ $(v \neq 0)$.

3. 复合函数的微分法则

设函数 $y = f(x)$ 是由 $y = f(u)$，$u = \psi(x)$ 复合而成的，则复合函数 $y = f[\psi(x)]$ 的微分为 $\mathrm{d}y = f'(u)\psi'(x)\mathrm{d}x$，由于 $\psi'(x)\mathrm{d}x = \mathrm{d}u$，因此复合函数 $y = f[\psi(x)]$ 的微分公式也可写为

$$\mathrm{d}y = f'(u)\mathrm{d}u \quad \text{或} \quad \mathrm{d}y = y_u' \mathrm{d}u.$$

这个公式与 $\mathrm{d}y = f'(x)\mathrm{d}x$ 在形式上完全一样，所含的内容却广泛得多，即无论 u 是中间变量还是自变量，$y = f(u)$ 的微分都可用 $f'(u)\mathrm{d}u$ 表示，此性质称为**微分形式不变性**.

例3 利用微分形式不变性，求下列函数的微分：

（1）$y = \sin(3x^2 + 2)$；

（2）$f(x) = \mathrm{e}^{ax+bx^2}$.

解 （1）$\mathrm{d}y = \mathrm{d}[\sin(3x^2+2)] = \cos(3x^2+2)\mathrm{d}(3x^2+2) = 6x\cos(3x^2+2)\mathrm{d}x$.

（2）$\mathrm{d}y = \mathrm{d}(\mathrm{e}^{ax+bx^2}) = \mathrm{e}^{ax+bx^2}\mathrm{d}(ax+bx^2) = (a+2bx)\mathrm{e}^{ax+bx^2}\mathrm{d}x$.

注意：求函数的微分既可用微分定义也可用微分法则，在求微分时选择一种方法即可.

如：求 $y = x^2 + \sin x$ 的微分 $\mathrm{d}y$.

解法一. 用微分定义求. $\mathrm{d}y = y'\mathrm{d}x = (x^2 + \sin x)'\mathrm{d}x = (2x + \cos x)\mathrm{d}x$.

解法二. 用微分法则求. $\mathrm{d}y = \mathrm{d}(x^2 + \sin x) = \mathrm{d}(x^2) + \mathrm{d}(\sin x) = 2x\mathrm{d}x + \cos x\mathrm{d}x = (2x + \cos x)\mathrm{d}x$.

例4 在下列等式的括号里填入适当的函数，使等式成立.

（1）$\mathrm{d}(\quad) = x\mathrm{d}x$；

（2）$\mathrm{d}(\quad) = \sin wt\mathrm{d}t$.

解 （1）因为 $\mathrm{d}(x^2) = 2x\mathrm{d}x$，于是

$$x\mathrm{d}x = \frac{1}{2}\mathrm{d}(x^2) = \mathrm{d}\left(\frac{x^2}{2}\right)，即 \ \mathrm{d}\left(\frac{x^2}{2}\right) = x\mathrm{d}x.$$

一般地有

$$x\mathrm{d}x = \mathrm{d}\left(\frac{x^2}{2} + c\right) \quad (c \ 为任意常数).$$

（2）因为 $\mathrm{d}(\cos wt) = -w\sin wt\mathrm{d}t$，于是

$$\sin wt\mathrm{d}t = -\frac{1}{w}\mathrm{d}(\cos wt) = \mathrm{d}\left(-\frac{1}{w}\cos wt\right),$$

$$\mathrm{d}\left(-\frac{1}{w}\cos wt\right) = \sin wt\mathrm{d}t.$$

一般地有

$$\mathrm{d}\left(-\frac{1}{w}\cos wt + c\right) = \sin wt\mathrm{d}t \quad (c \text{ 为任意常数}).$$

三、微分在近似计算中的应用

由前面的讨论知道，当 $|\Delta x|$ 很小时，函数 $y = f(x)$ 在点 x_0 处的增量 Δy 可用函数的微分 $\mathrm{d}y$ 来代替，即

$$\Delta y = f(x_0 + \Delta x) - f(x_0) \approx f'(x_0)\Delta x. \tag{2-3}$$

由（2-3）得

$$f(x_0 + \Delta x) \approx f(x_0) + f'(x_0)\Delta x. \tag{2-4}$$

公式（2-3）常用来计算函数增量的近似值，而公式（2-4）常用来计算函数 $y = f(x)$ 在点 x_0 附近的近似值.

例 5 半径为 10 cm 的金属圆片加热后，半径伸长 0.05 cm，问面积约增大了多少？

解 设圆面积为 A，半径为 $r = 10$ cm，$\Delta r = 0.05$ cm，于是 $\mathrm{d}A = 2\pi r\Delta r$，所以

$$\Delta A \approx \mathrm{d}A = 2\pi \times 10 \times 0.05 = \pi(\text{cm}^2).$$

即面积增大了 π cm^2.

例 6 计算 $\tan 45°30'$ 的近似值.

解 设 $f(x) = \tan x$，则 $f'(x) = \sec^2 x$.

由于 $45°30' = \frac{\pi}{4} + \frac{\pi}{360}$，此处应取 $x_0 = \frac{\pi}{4}$，$\Delta x = \frac{\pi}{360}$. 因为 $\frac{\pi}{360}$ 比较小，将这些数据代入公式（2-4）可得

$$\tan 45°30' = \tan\left(\frac{\pi}{4} + \frac{\pi}{360}\right) \approx \tan\frac{\pi}{4} + \sec^2\frac{\pi}{4} \cdot \frac{\pi}{360} = 1 + 2 \times \frac{\pi}{360} = 1.017\,4,$$

即

$$\tan 45°30' \approx 1.017\,4.$$

在公式（2-4）中，令 $x_0 = 0$，$\Delta x = x$ 时，得

$$f(x) \approx f(0) + f'(0)x. \tag{2-5}$$

当 $|x|$ 很小时，可用公式（2-5）求函数 $f(x)$ 在 $x = 0$ 附近的近似值. 应用公式（2-5），当 $|x|$ 很小时，有如下常见近似公式：

（1）$\mathrm{e}^x \approx 1 + x$；   （2）$\ln(1 + x) \approx x$；   （3）$\sin x \approx x$；

（4）$\tan x \approx x$；   （5）$\sqrt[n]{1 + x} \approx 1 + \frac{x}{n}$；   （6）$\arcsin x \approx x$.

微分的近似计算

例 7 求下列各函数值的近似值.

（1）$\sqrt{1.02}$；　　　　　　　（2）$e^{-0.03}$.

解 （1）应用近似公式 $\sqrt[n]{1+x} \approx 1 + \dfrac{x}{n}$（其中 $n=2$），得

$$\sqrt{1.02} = \sqrt{1+0.02} \approx 1 + \frac{0.02}{2} = 1.01.$$

（2）应用近似公式 $e^x \approx 1+x$，得

$$e^{-0.03} \approx 1 - 0.03 = 0.97.$$

例 8 一机械挂钟的钟摆的周期为 1 s，在冬季，摆长因热胀冷缩而缩短了 0.01 cm，已知单摆的周期为 $T = 2\pi \sqrt{\dfrac{l}{g}}$，其中 $g = 980$ cm/s^2，问这只钟摆的周期大约快或慢多少？

解 因为钟摆的周期为 1 s，所以有 $1 = 2\pi \sqrt{\dfrac{l}{g}}$，解之得摆的原长为 $l = \dfrac{g}{(2\pi)^2}$，摆长的增量为 $\Delta l = -0.01$ cm，用 $\mathrm{d}T$ 近似计算 ΔT，则

$$\Delta T \approx \mathrm{d}T = \frac{\mathrm{d}T}{\mathrm{d}l}\Delta l = \pi \frac{1}{\sqrt{gl}}\Delta l,$$

把 $l = \dfrac{g}{(2\pi)^2}$，$\Delta l = -0.01$ cm 代入上式得

$$\Delta T \approx \mathrm{d}T = \frac{\mathrm{d}T}{\mathrm{d}l}\Delta l = \pi \frac{1}{\sqrt{gl}}\Delta l \approx -0.000\ 2\,(\mathrm{s}).$$

上述结果说明由于摆长缩短了 0.01 cm，钟摆的周期相应地减慢了约 0.000 2 s.

习题 2-3

1. 求下列函数的微分.

（1）$y = e^x + \cos x$；　　　　　　（2）$y = (3x-1)^{100}$；

（3）$y = \ln x^2$；　　　　　　　　（4）$y = \dfrac{x}{1-x^2}$；

（5）$y = \cos^2 x^3$；　　　　　　　（6）$y = \arctan e^{2x-2}$.

2. 一平面圆环形，其内半径为 10 cm，宽为 0.1 cm，求其面积的准确值和近似值.

3. 求下列各式的近似值.

（1）$\tan 30'$；　　　　　　　　　（2）$\arcsin 0.499\ 2$；

（3）$\ln 0.995$；　　　　　　　　　（4）$\sqrt[3]{1\ 010}$.

第四节　数学实验二　用 MATLAB 求函数的导数

求函数导数的命令用"diff"，基本用法如表 2-1：

表 2-1

输入命令格式	含义	备注
diff(f(x))	$f'(x)$	
diff(f(x),2)	$f''(x)$	
diff(f(x),n)	$f^{(n)}(x)$	n 为具体整数

例 1 用 MATLAB 求下列函数的导数.

(1) $y = x^6 + 2x^4 - 5x^3 - 3$; (2) $y = 2x^3 \cos x^2$;

(3) $y = e^{x^x}$; (4) $y = \ln(x + \sqrt{x^2 + a^2})$.

解 (1) 输入

```
syms x
diff(x^6+2*x^4-5*x^3-3)
```

输出结果如下:

```
ans=
6*x^5+8*x^3-15*x^2
```

(2) 输入

```
syms x
diff(2*x^3*cos(x^2))
```

输出结果如下:

```
ans=
6*x^2*cos(x^2)-4*x^4*sin(x^2)
```

(3) 输入

```
syms x
diff(exp(x^x))
```

输出结果如下:

```
    ans=
    x^x*(log(x)+1)*exp(x^x)
```

(4) 输入

```
syms x a
f=log(x+sqrt(x^2+a^2))
diff(f,x)
```

输出结果如下:

```
ans=
(1+1/(x^2+a^2)^(1/2)*x)/(x+(x^2+a^2)^(1/2))
```

例 2 设 $f(x) = \dfrac{1 - 3x^2}{\sin x}$, 用 MATLAB 求 y' 和 y''.

解 输入

```
syms x
y=(-3*x^2+1)/sin(x)
diff(y)
```

输出结果如下：

```
ans=
    -6*x/sin(x)-(-3*x^2+1)/sin(x)^2*cos(x)
```

输入

```
diff(y,2)
```

输出结果如下：

```
ans=
    -6/sin(x)+12*x/sin(x)^2*cos(x)+2*(-3*x^2+1)/sin(x)^3*
cos(x)^2+(-3*x^2+1)/sin(x)
  =-(5+3*x^2)/sin(x)+12*x/sin(x)^2*cos(x)-(6*x^2-2)/sin(x)^3*
cos(x)^2
```

习题 2-4

1. 用 MATLAB 求下列函数的导数.

（1）$y=1-x-3x^3+5x^2$；　　　　　（2）$y=x^3\sin 2x$；

（3）$y=\mathrm{e}^{3\sqrt{\ln x}}$；　　　　　　　　（4）$y=\dfrac{\sqrt{1+x^2}}{\arctan x}$.

2. 用 MATLAB 求下列函数的高阶导数.

（1）已知 $f(x)=\ln(1+x)$，求 $f'''(x)$ 和 $f^{(20)}(x)$；

（2）已知 $f(x)=\mathrm{e}^{2x}\sin 2x^2+\dfrac{\arctan x}{x}$，求 $f''(x)$.

复 习 题 二

1. 选择题.

（1）在平均变化率 $\dfrac{\Delta y}{\Delta x}$ 和极限 $\lim\limits_{\Delta x\to 0}\dfrac{\Delta y}{\Delta x}$ 的过程中 x 和 Δx 的状态是（　　　）.

　　A. x 和 Δx 都是常量　　　　　　B. x 是常量而 Δx 是变量

　　C. x 是变量而 Δx 是常量　　　　D. x 和 Δx 都是变量

（2）$y=\sin x$ 在点 $(0,0)$ 的切线方程为（　　　）.

　　A. $y=x$　　　　　　　　　　　　B. $x=0$

　　C. $y=0$　　　　　　　　　　　　D. 不存在

(3) 设函数 $y = \dfrac{2}{x^2}$，则 $f'(0) = ($　　$)$．

　　A. 0　　　　　　　　　　　　　B. ∞

　　C. -4　　　　　　　　　　　　D. 不存在

(4) 设 $y = f(u)$，$u = \cos x$ 且 $f(u)$ 可导，则 $y' = ($　　$)$．

　　A. $f'(\cos x)$　　　　　　　　B. $f(\cos x)'(\cos x)'$

　　C. $-f'(\cos x)\sin x$　　　　　D. $f'(\cos x)\sin x$

(5) 设 $y = x\cos 3x$，则 $\mathrm{d}y = ($　　$)\mathrm{d}x$．

　　A. $3x\sin 3x$　　　　　　　　B. $\cos 3x - 3x\sin 3x$

　　C. $-\sin 3x + 3\cos 3x$　　　　D. $\cos 3x + 3x\sin 3x$

2. 填空题.

(1) 若函数 $y = \lg x$ 的 x 由 1 变到 100，则自变量 x 的增量 $\Delta x = $＿＿＿＿＿＿，函数所对应的增量 $\Delta y = $＿＿＿＿＿＿．

(2) 若曲线 $y = f(x)$ 在点 (x_0, y_0) 处的切线平行于 x 轴，则 $f'(x_0) = $＿＿＿＿＿＿．

(3) 设 $y = \sin(\ln x^2)$，则 $y'\big|_{x=1} = $＿＿＿＿＿＿．

(4) 设 $y = \cos x$，则 $y''\big|_{x=0} = $＿＿＿＿＿＿．

(5) $\mathrm{d}[\ln(2x+3)] = $＿＿＿＿＿＿ $\mathrm{d}(2x+3) = $＿＿＿＿＿＿ $\mathrm{d}x$．

3. x 取何值时，曲线 $y = \sqrt{x}$ 的切线与 $y = \ln x$ 的切线平行？

4. 设 $y = x^5 + 3\sin x$，求 $y'\big|_{x=\frac{\pi}{2}}$；$y'\big|_{x=0}$．

扫一扫，看答案

5. 求下列函数的导数.

(1) $y = 2x^2 - \dfrac{1}{x^3} + 6x - 1$；　　　　(2) $y = 3\sqrt[3]{x^2} + \cos\dfrac{\pi}{3}$；

(3) $y = x^2\sin x$；　　　　　　　　　(4) $y = x\ln x + \dfrac{\ln x}{x}$；

(5) $y = \dfrac{x}{1+x^2}$；　　　　　　　　　(6) $y = (x^2+x)^5$；

(7) $y = \sqrt{x + \ln x}$；　　　　　　　(8) $y = \tan\left(\dfrac{1}{x}\right)$；

(9) $y = x^3\cos x^2$；　　　　　　　　(10) $y = \ln[\ln(\ln x)]$．

6. 已知 $y = (5x)^{5x}$，求 y'．

7. 已知 $y = \cos^2 x\ln x$，求 y''．

8. 一种金属圆片，半径为 20 cm，加热后半径增大了 0.15 cm，那么圆片面积大约增大了多少？

9. 利用微分计算 $\sin 30°30'$ 的近似值.

10. 以初速度 v_0 上抛的物体，其上升的高度 S 与时间 t 的关系为

$$S(t) = v_0 t - \frac{1}{2} g t^2.$$

求:(1) 上升物体的速度 $v(t)$;(2) 经过多少时间,它的速度为零.

11. 一金属圆盘,当温度为 t 时,半径为 $r = r_0(1+\alpha t)$ (r_0 与 α 为常数).求温度为 t 时,该圆盘面积 s 对温度的变化率$\left(提示:\dfrac{\mathrm{d}s}{\mathrm{d}t}\right)$.

12. 质量为 m_0 的物质,在化学分解中经过时间 t 后,所剩的质量 m 与时间 t 的关系为 $m = m_0 \mathrm{e}^{-kt}$ ($k>0$ 是常数),求物质的分解速度.

第三章 导数的应用

本章将应用导数的知识来研究函数的各种性态,并利用这些知识解决一些实际问题.

第一节 中值定理与洛必达法则

一、拉格朗日中值定理

定理 1(拉格朗日中值定理) 如果函数 $f(x)$ 满足:

(1)在闭区间 $[a,b]$ 上连续;

(2)在开区间 (a,b) 内可导,

那么在 (a,b) 内至少有一点 ξ($a<\xi<b$),使得

$$f'(\xi)=\frac{f(b)-f(a)}{b-a} \text{ 或 } f(b)-f(a)=f'(\xi)(b-a). \tag{3-1}$$

拉格朗日中值定理

从几何上看,拉格朗日中值定理是明显的,如图 3-1,平移经过函数 $y=f(x)$ 两个端点 A、B 的直线,移至与曲线只有一个交点处,如图中的点 $C(\xi,f(\xi))$ 处,在点 $C(\xi,f(\xi))$ 处的切线的斜率为 $f'(\xi)$,因为两条直线平行,所以 $f'(\xi)$ 与线段 AB 的斜率 $\dfrac{f(b)-f(a)}{b-a}$ 相等,即 $f'(\xi)=$ $\dfrac{f(b)-f(a)}{b-a}$.

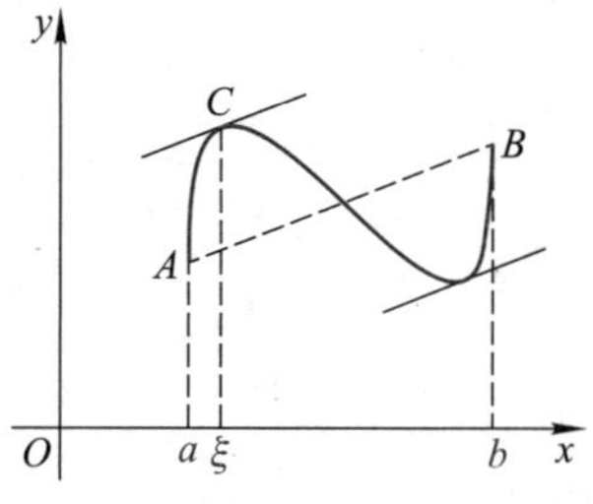

图 3-1

推论 若函数 $f(x)$ 在区间 I 上的导数恒为零,则 $f(x)$ 在区间 I 上是一个常数.

证 在区间 I 上任取两点 x_1、x_2,不妨设 $x_1<x_2$,应用(3-1)式得

$$f(x_2)-f(x_1)=f'(\xi)(x_2-x_1) \quad (x_1<\xi<x_2).$$

由假定可知 $f'(\xi)=0$,所以 $f(x_2)-f(x_1)=0$,即 $f(x_2)=f(x_1)$,即 $f(x)$ 在 I 上任意两点的函数值总是相等的,故 $f(x)$ 在区间 I 上是一个常数.

例 1 证明 $\arctan x+\text{arccot } x=\dfrac{\pi}{2}$ $(x\in\mathbf{R})$.

证 因为

$$(\arctan x + \text{arccot}\, x)' = \frac{1}{1+x^2} + \left(-\frac{1}{1+x^2}\right) = 0,$$

且

$$\arctan 1 + \text{arccot}\, 1 = \frac{\pi}{2},$$

所以由推论知

$$\arctan x + \text{arccot}\, x = \frac{\pi}{2} \quad (x \in \mathbf{R}).$$

例 2 设 $f(x) = x^2 - 4x, x \in [0,2]$,求使拉格朗日公式成立的 ξ 值.

解 $f(x) = x^2 - 4x, x \in [0,2]$,满足拉格朗日中值定理的条件,$f(0) = 0, f(2) = -4$,$f'(x) = 2x-4$,代入(3-1)式,得

$$f'(\xi) = 2\xi - 4 = \frac{-4-0}{2-0} = -2, \quad 即 \, \xi = 1.$$

常用拉格朗日中值定理证明不等式,不再举例.

二、洛必达法则

对于"$\dfrac{0}{0}$"型和"$\dfrac{\infty}{\infty}$"型未定式,即使它存在也不能用"商的极限等于极限的商"这一法则.下面给出求未定式极限的简便而有效的方法——洛必达(L'Hospital)法则.

1. "$\dfrac{0}{0}$"型未定式

定理 2(洛必达法则 1) 如果函数 $f(x)$ 与 $g(x)$ 满足下列条件:

(1) $\lim\limits_{x \to a} f(x) = \lim\limits_{x \to a} g(x) = 0$;

(2) 在点 a 的某去心邻域内(点 a 可以除外)可导,且 $g'(x) \neq 0$;

(3) $\lim\limits_{x \to a} \dfrac{f'(x)}{g'(x)}$ 存在(或为无穷大),

那么

$$\lim_{x \to a} \frac{f(x)}{g(x)} = \lim_{x \to a} \frac{f'(x)}{g'(x)}.$$

洛必达法则（一）

如果 $\lim\limits_{x \to a} \dfrac{f'(x)}{g'(x)}$ 仍属 "$\dfrac{0}{0}$" 型未定式,且这时 $f'(x), g'(x)$ 能满足定理中 $f(x), g(x)$ 所

要满足的条件,那么可以继续用洛必达法则,即 $\lim\limits_{x \to a} \dfrac{f(x)}{g(x)} = \lim\limits_{x \to a} \dfrac{f'(x)}{g'(x)} = \lim\limits_{x \to a} \dfrac{f''(x)}{g''(x)}$ $(g''(x) \neq 0)$,

以此类推.

例 3 求 $\lim\limits_{x\to 0}\dfrac{\sin 2x}{3x}$.

解 这是"$\dfrac{0}{0}$"型未定式,由洛必达法则,可得

$$\lim_{x\to 0}\frac{\sin 2x}{3x}\overset{\text{``}\frac{0}{0}\text{''}}{=\!=}\lim_{x\to 0}\frac{2\cos 2x}{3}=\frac{2}{3}.$$

例 4 求 $\lim\limits_{x\to 1}\dfrac{x^3-3x+2}{x^3-x^2-x+1}$.

解

$$\lim_{x\to 1}\frac{x^3-3x+2}{x^3-x^2-x+1}\overset{\text{``}\frac{0}{0}\text{''}}{=\!=}\lim_{x\to 1}\frac{3x^2-3}{3x^2-2x-1}\overset{\text{``}\frac{0}{0}\text{''}}{=\!=}\lim_{x\to 1}\frac{6x}{6x-2}=\frac{3}{2}.$$

注意:上式中 $\lim\limits_{x\to 1}\dfrac{6x}{6x-2}$ 已不是未定式,不能对它应用洛必达法则,否则导致错误结果,今后使用洛必达法则时应当注意这一点,如果不是未定式,就不能应用洛必达法则.

例 5 求 $\lim\limits_{x\to 0}\dfrac{\ln(1+x^2)}{x^3}$.

解

$$\lim_{x\to 0}\frac{\ln(1+x^2)}{x^3}\overset{\text{``}\frac{0}{0}\text{''}}{=\!=}\lim_{x\to 0}\frac{\dfrac{2x}{1+x^2}}{3x^2}=\lim_{x\to 0}\frac{2}{3x(1+x^2)}=\infty.$$

2. "$\dfrac{\infty}{\infty}$"型未定式

洛必达法则
(二)

> **定理 3(洛必达法则 2)** 如果函数 $f(x)$ 与 $g(x)$ 满足下列条件:
>
> (1) $\lim\limits_{x\to a}f(x)=\lim\limits_{x\to a}g(x)=\infty$;
>
> (2) 在点 a 的某去心邻域内(点 a 可以除外)可导,且 $g'(x)\neq 0$;
>
> (3) $\lim\limits_{x\to a}\dfrac{f'(x)}{g'(x)}$ 存在(或为无穷大),
>
> 那么
>
> $$\lim_{x\to a}\frac{f(x)}{g(x)}=\lim_{x\to a}\frac{f'(x)}{g'(x)}.$$

例6视频讲解

例 6 求 $\lim\limits_{x\to 0^+}\dfrac{\ln\cot x}{\ln x}\left(\dfrac{\infty}{\infty}\right)$.

解

$$\lim_{x\to 0^+}\frac{\ln\cot x}{\ln x}=\lim_{x\to 0^+}\frac{\dfrac{1}{\cot x}\cdot\left(-\dfrac{1}{\sin^2 x}\right)}{\dfrac{1}{x}}=-\lim_{x\to 0^+}\frac{x}{\sin x\cos x}$$

$$= -\lim_{x \to 0^+}\frac{x}{\sin x}\lim_{x \to 0^+}\frac{1}{\cos x} = -1.$$

注:定理 2、定理 3 中 $x \to a$ 改为 $x \to \infty$ 时,洛必达法则同样有效.

例 7　求 $\lim\limits_{x \to +\infty}\dfrac{\ln x}{x^n}$ $(n>0)$ $\left(\dfrac{\infty}{\infty}\right)$.

解
$$\lim_{x \to +\infty}\frac{\ln x}{x^n} = \lim_{x \to +\infty}\frac{\frac{1}{x}}{nx^{n-1}} = \lim_{x \to +\infty}\frac{1}{nx^n} = 0.$$

例 8　求 $\lim\limits_{x \to +\infty}\dfrac{x^n}{e^{\lambda x}}$ $(n \in \mathbf{N}^+, \lambda > 0)$ $\left(\dfrac{\infty}{\infty}\right)$.

解　应用洛必达法则 n 次,得
$$\lim_{x \to +\infty}\frac{x^n}{e^{\lambda x}} = \lim_{x \to +\infty}\frac{nx^{n-1}}{\lambda e^{\lambda x}} = \lim_{x \to +\infty}\frac{n(n-1)x^{n-2}}{\lambda^2 e^{\lambda x}} = \cdots = \lim_{x \to +\infty}\frac{n!}{\lambda^n e^{\lambda x}} = 0.$$

3. 其他未定式

对于其他类型的未定式(如: $0 \cdot \infty$, $\infty - \infty$, 0^0 , 1^∞ , ∞^0 等),求这类未定式的极限的方法,就是经过适当的变换,将它们化为求"$\dfrac{0}{0}$"或"$\dfrac{\infty}{\infty}$"型未定式的极限,下面用例子说明.

例 9　求 $\lim\limits_{x \to 0^+}x^3 \ln 2x$ $(0 \cdot \infty)$.

解
$$\lim_{x \to 0^+}x^3 \ln 2x = \lim_{x \to 0^+}\frac{\ln 2x}{x^{-3}} = \lim_{x \to 0^+}\frac{\frac{2}{2x}}{-3x^{-4}} = \lim_{x \to 0^+}\left(\frac{-x^3}{3}\right) = 0.$$

例 10　求 $\lim\limits_{x \to \frac{\pi}{2}}(\sec x - \tan x)$ $(\infty - \infty)$.

解
$$\lim_{x \to \frac{\pi}{2}}(\sec x - \tan x) = \lim_{x \to \frac{\pi}{2}}\frac{1 - \sin x}{\cos x} = \lim_{x \to \frac{\pi}{2}}\frac{-\cos x}{-\sin x} = 0.$$

例 11　求 $\lim\limits_{x \to 0^+}x^{2x}$ (0^0).

解　$\lim\limits_{x \to 0^+}x^{2x} = \lim\limits_{x \to 0^+}e^{2x \ln x} = e^{\lim\limits_{x \to 0^+}2x \ln x}$,而
$$\lim_{x \to 0^+}2x \ln x = 2\lim_{x \to 0^+}\frac{\ln x}{\frac{1}{x}} = 2\lim_{x \to 0^+}\frac{\frac{1}{x}}{-\frac{1}{x^2}} = 2\lim_{x \to 0^+}(-x) = 0,$$

所以
$$\lim_{x \to 0^+}x^{2x} = e^{\lim\limits_{x \to 0^+}2x \ln x} = e^0 = 1.$$

最后,值得指出的是,本节给出的定理是求未定式的一种方法,当定理条件满足时,

所求的极限当然存在(或为∞);但当定理条件不满足时,所求极限却不一定不存在,也就是说,当 $\dfrac{f'(x)}{g'(x)}$ 极限不存在时(等于无穷大的情况除外),$\dfrac{f(x)}{g(x)}$ 的极限仍可能存在.

例如,$\lim\limits_{x \to \infty} \dfrac{x+\sin x}{x} \left(\dfrac{\infty}{\infty}\right)$,由 $\lim\limits_{x \to \infty} \dfrac{(x+\sin x)'}{(x)'} = \lim\limits_{x \to \infty} \dfrac{1+\cos x}{1}$,因为 $\lim\limits_{x \to \infty} \cos x$ 不存在,所以

$\lim\limits_{x \to \infty} \dfrac{1+\cos x}{1}$ 不存在,但不能说 $\lim\limits_{x \to \infty} \dfrac{x+\sin x}{x}$ 不存在,这是因为 $\lim\limits_{x \to \infty} \dfrac{x+\sin x}{x} = \lim\limits_{x \to \infty} \dfrac{1+\dfrac{\sin x}{x}}{1} = 1$.

习题 3-1

1. 对函数 $f(x) = \ln x$ 在区间 $[1,e]$ 上验证拉格朗日中值定理.

2. 若在区间 (a,b) 内有 $f'(x) \equiv g'(x)$,则 $f(x) = g(x) + c$(c 为常数).

3. 用洛必达法则求下列函数的极限.

(1) $\lim\limits_{x \to 0} \dfrac{(1+x)^{\alpha} - 1}{\alpha x}$($\alpha$ 为任意实数);

(2) $\lim\limits_{x \to 0} \dfrac{\tan x - x}{x^3}$;

(3) $\lim\limits_{x \to 0^+} \dfrac{\ln x}{\cot x}$;

(4) $\lim\limits_{x \to +\infty} \dfrac{\dfrac{\pi}{2} - \arctan x}{\dfrac{1}{x}}$;

(5) $\lim\limits_{x \to 0} x \cot 2x$;

(6) $\lim\limits_{x \to 0^+} x^{\tan x}$;

(7) $\lim\limits_{x \to 1} \left(\dfrac{2}{x^2-1} - \dfrac{1}{x-1}\right)$.

第二节　函数单调性、曲线凸凹性、曲率及曲率半径

一、函数单调性

在高中阶段,我们初步学习过函数单调性与其导函数的关系,下面进一步利用导函数来判断函数的单调性.

如果函数 $y = f(x)$ 在 $[a,b]$ 上单调增加(单调减少),那么它的图形是一条沿 x 轴正向上升(下降)的曲线(如图 3-2),此时曲线上各点处的切线斜率是非负的(非正的),即 $y' = f'(x) \geqslant 0$($y' = f'(x) \leqslant 0$),由此可知,函数的单调性与导数的符号有着密切的关系.

反之,函数 $y = f(x)$ 在 $[a,b]$ 上连续,在 (a,b) 内可导,对于任意 $x_1, x_2 \in [a,b]$ 且 $x_1 < x_2$,应用拉格朗日中值定理,得到

$$f(x_2) - f(x_1) = f'(\xi)(x_2 - x_1) \quad (x_1 < \xi < x_2).$$

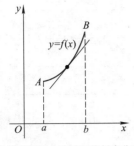

(a) 函数图形上升时切线斜率非负

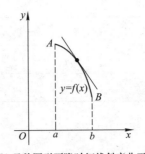

(b) 函数图形下降时切线斜率非正

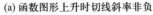

图 3-2

由于上式中 $x_2-x_1>0$，因此，若在 (a,b) 内 $f'(x)$ 保持正号（负号），则 $f'(\xi)>0(<0)$，从而 $f(x_2)-f(x_1)>0(<0)$，即

$$f(x_1)<f(x_2)\quad(f(x_1)>f(x_2)).$$

这表明函数 $y=f(x)$ 在 $[a,b]$ 上单调增加（单调减少）.

综合以上的讨论，我们可以用导数的符号来判断函数的单调性，得

> **定理 1** 设函数 $y=f(x)$ 在 $[a,b]$ 上连续，在 (a,b) 内可导，
> （1）如果在 (a,b) 内 $f'(x)>0$，那么函数 $y=f(x)$ 在 $[a,b]$ 上单调增加；
> （2）如果在 (a,b) 内 $f'(x)<0$，那么函数 $y=f(x)$ 在 $[a,b]$ 上单调减少.

例 1 讨论函数 $y=e^x-x+1$ 的单调性.

解 函数的定义域为 $(-\infty,+\infty)$. 又 $y'=e^x-1$，故

当 $x\in(-\infty,0)$ 时有 $y'<0$，所以 $y=e^x-x+1$ 在 $(-\infty,0]$ 上单调减少；

当 $x\in(0,+\infty)$ 时有 $y'>0$，所以 $y=e^x-x+1$ 在 $[0,+\infty)$ 上单调增加.

例 2 讨论函数 $y=\sqrt[3]{x^2}$ 的单调性.

解 函数的定义域为 $(-\infty,+\infty)$.

当 $x\neq0$ 时，函数的导数为 $y'=\dfrac{2}{3\sqrt[3]{x}}$，当 $x=0$ 时，函数的导数不存在. 在 $(-\infty,0)$ 内，$y'<0$，因此函数 $y=\sqrt[3]{x^2}$ 在 $(-\infty,0]$ 上单调减少. 在 $(0,+\infty)$ 内 $y'>0$，因此函数 $y=\sqrt[3]{x^2}$ 在 $[0,+\infty)$ 上单调增加.

例 3 求函数 $f(x)=2x^3-3x^2-12x+8$ 的单调区间.

解 函数的定义域为 $(-\infty,+\infty)$. 又

$$f'(x)=6x^2-6x-12=6(x+1)(x-2),$$

令 $f'(x)=0$，得 $x_1=-1,x_2=2$，用 x_1,x_2 把区间 $(-\infty,+\infty)$ 分成 5 个部分，列表 3-1 讨论如下.（符号 ↑，↓ 分别表示函数在相应的区间上单调增加、单调减少.）

函数的单调性（一）

例2视频讲解

表 3-1

x	$(-\infty,-1)$	-1	$(-1,2)$	2	$(2,+\infty)$
$f'(x)$	$+$	0	$-$	0	$+$
$f(x)$	$\uparrow$		$\downarrow$		$\uparrow$

因此,函数 $f(x)$ 在 $(-\infty,-1]$,$[2,+\infty)$ 上单调增加,在 $[-1,2]$ 上单调减少.

例 4 证明:当 $x>0$ 时,$e^x>1+x+\dfrac{x^2}{2}$.

证 令 $f(x)=e^x-1-x-\dfrac{x^2}{2}$,则

$$f'(x)=e^x-1-x,$$

$f(x)$ 在 $[0,+\infty)$ 上连续,在 $(0,+\infty)$ 内 $f'(x)>0$,因此在 $[0,+\infty)$ 上 $f(x)$ 单调增加,从而当 $x>0$ 时,$f(x)>f(0)$.

由于 $f(0)=0$,故 $f(x)>f(0)=0$,即 $e^x-1-x-\dfrac{x^2}{2}>0$,从而 $e^x>1+x+\dfrac{x^2}{2}$.

二、曲线的凸凹性与拐点

上面讨论了函数单调性的判定法.函数的单调性反映在图形上,就是曲线的上升或下降.但是,曲线沿何种方式上升或下降? 图 3-3 中有两条曲线弧,虽然它们都是上升的,但图形有明显不同,$\overset{\frown}{ADB}$ 是凹的曲线弧,$\overset{\frown}{ACB}$ 是凸的曲线弧,它们的凹凸性不同,下面研究曲线的凹凸性及其判别法.

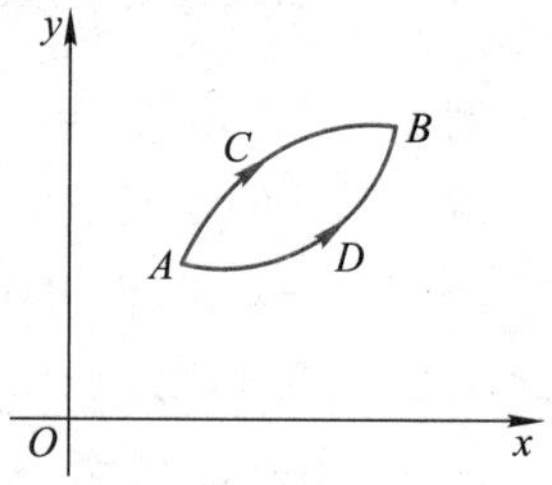

图 3-3

我们从图 3-4(a) 看到,在曲线弧上,曲线必在其上任一点切线的上方.图 3-4(b) 中,在曲线弧上,曲线必在其上任一点切线的下方.曲线的这种性质称为曲线的**凹凸性**.因此曲线的凹凸性可以用曲线在其上任一点切线的位置来定义,下面给出曲线凹凸性的定义.

> **定义** 设函数 $f(x)$ 在区间 I 上连续,如果曲线 $y=f(x)$ 在区间 I 上任意一点切线的上方,那么称曲线 $y=f(x)$ 在区间 I 内是**凹的**.如果曲线 $y=f(x)$ 在区间 I 上任意一点切线的下方,那么称曲线 $y=f(x)$ 在区间 I 内是**凸的**.

下面讨论凹凸性的判别方法.

从图 3-4 可以看出,当曲线凹时,从左到右切线的斜率由小变大,即 $f'(x)$ 单调增加,如果二阶导数存在,一般有 $f''(x)>0$;当曲线凸时,从左到右切线的斜率由大变小,即 $f'(x)$ 单调减少,如果二阶导数存在,一般有 $f''(x)<0$.

因此,如果函数 $f(x)$ 在 (a,b) 内具有二阶导数,那么可以利用二阶导数的符号来判定

函数的单调性(二)

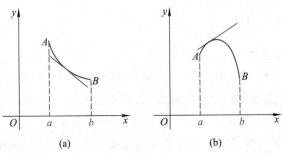

图 3-4

曲线的凹凸性,这就是下面的曲线凹凸性的判定定理.

定理 2 设 $f(x)$ 在 $[a,b]$ 上连续,在 (a,b) 内具有一阶和二阶导数,那么
(1) 若在 (a,b) 内 $f''(x)>0$,则 $f(x)$ 在 $[a,b]$ 上的图形是凹的;
(2) 若在 (a,b) 内 $f''(x)<0$,则 $f(x)$ 在 $[a,b]$ 上的图形是凸的.

我们将曲线上凹凸的分界点称为**拐点**.由定理知拐点左右邻近的 $f''(x)$ 必异号,因而在拐点处 $f''(x)=0$ 或 $f''(x)$ 不存在.

可用下列步骤判断区间 I 上连续曲线 $y=f(x)$ 的拐点:

(1) 求 $f''(x)$;

(2) 令 $f''(x)=0$,求出 $f''(x)=0$ 的每一个实根或 $f''(x)$ 不存在的点 x_0;

(3) 检查 $f''(x)$ 在 x_0 左、右邻近的符号,则当两侧的符号相反时,点 $(x_0,f(x_0))$ 是拐点,则当两侧的符号相同时,点 $(x_0,f(x_0))$ 不是拐点.

例 5 求曲线 $y=x^4-2x^3-2$ 的凹凸性与拐点.

解 因为 $y'=4x^3-6x^2$,$y''=12x^2-12x=12x(x-1)$,令 $y''=0$,得 $x_1=0$,$x_2=1$,列表 3-2 讨论如下:

表 3-2

x	$(-\infty,0)$	0	$(0,1)$	1	$(1,+\infty)$
y''	$+$	0	$-$	0	$+$
曲线 $y=f(x)$	⌣	拐点$(0,-2)$	⌢	拐点$(1,-3)$	⌣

可见曲线在区间 $(-\infty,0)$,$(1,+\infty)$ 上是凹的(用符号 ⌣ 记之),在区间 $(0,1)$ 上是凸的(用符号 ⌢ 记之),曲线的拐点是 $(0,-2)$ 和 $(1,-3)$.

例 6 求曲线 $y=\sqrt[3]{x}$ 的凹凸性与拐点.

解 函数在 $(-\infty,+\infty)$ 内连续,当 $x\neq 0$ 时,$y'=\dfrac{1}{3\sqrt[3]{x^2}}$,$y''=-\dfrac{2}{9x\sqrt[3]{x^2}}$,$x=0$ 是 y'' 不存在的点,$x\in(-\infty,0)$ 时,$y''>0$,$x\in(0,+\infty)$ 时,$y''<0$,由定理 2 知,曲线在 $(-\infty,0)$ 上是凹的,在 $(0,+\infty)$ 上是凸的,拐点为 $(0,0)$.

* 三、曲率及曲率半径

1. 曲率及其计算公式

直觉告诉我们:直线不弯曲,半径小的圆弯曲得比半径大的圆厉害些,而其他曲线的不同部分有不同的弯曲程度,例如,抛物线 $y=x^2$ 在顶点附近弯曲得比远离顶点的部分厉害些.

在工程技术中,有时需要研究曲线的弯曲程度.例如,船体结构中的钢梁,机床的转轴等,它们在荷载作用下要产生弯曲变形,在设计时对它们的弯曲必须有一定的限制,即要定量地研究它们的弯曲程度.为此先讨论如何用数量描述曲线的弯曲程度.

在图 3-5 中可以看出,弧 $\overset{\frown}{M_1 M_2}$ 比较平直,当动点沿这段弧从 M_1 到 M_2 时,切线转过的角度 φ_1 不大,而弧 $\overset{\frown}{M_2 M_3}$ 弯曲得比较厉害,角 φ_2 就比较大.

从图 3-6 中可以看出,两段曲线弧 $\overset{\frown}{M_1 M_2}$ 及弧 $\overset{\frown}{N_1 N_2}$ 尽管切线转过的角度都是 φ,然而弯曲程度并不相同,短弧段比长弧段弯曲得厉害些.所以,切线转过的角度的大小还不能完全反映曲线弯曲的程度,曲线的弯曲程度还与弧段的长度有关.

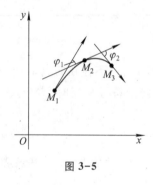

图 3-5

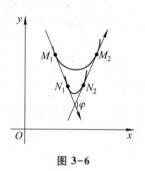

图 3-6

为此,描述曲线弯曲程度的曲率概念如下.

如图 3-7,设曲线 C 是光滑的,在曲线 C 上取一定点 M_0 作为度量弧 s 的基点.设曲线上点 M 对应于弧 s,在点 M 处切线的倾角为 α,曲线上另一点 M' 对应于弧 $s+\Delta s$,在点 M' 处切线的倾角为 $\alpha+\Delta\alpha$,则弧段 $\overset{\frown}{MM'}$ 的长度为 $|\Delta s|$,当动点从 M 移动到 M' 时切线转过的角度为 $|\Delta\alpha|$.

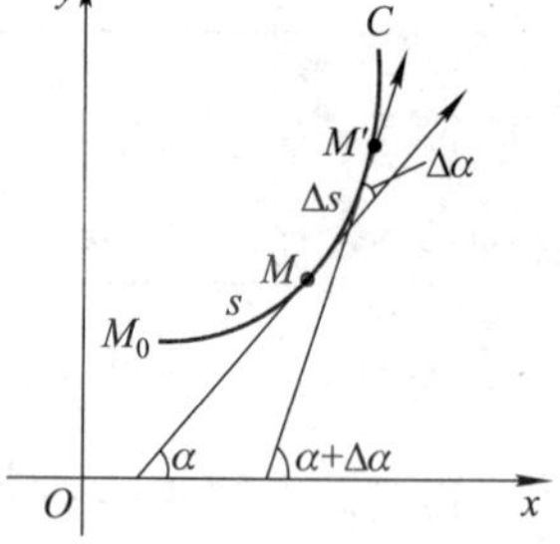

用比值 $\dfrac{|\Delta\alpha|}{|\Delta s|}$,即单位弧段上切线转过的角度的大小来表达弧段 $\overset{\frown}{MM'}$ 的平均弯曲程度,把比值叫做弧段 $\overset{\frown}{MM'}$ 的**平均曲率**,记作 $\overline{K}$,即

图 3-7

$$\overline{K}=\frac{|\Delta\alpha|}{|\Delta s|}.$$

当 $\Delta s \to 0$ 时（即 $M' \to M$ 时），称平均曲率的极限为曲线 C 在点 M 处的**曲率**，记作 K，即

$$K = \lim_{\Delta s \to 0} \frac{|\Delta \alpha|}{|\Delta s|}.$$

在 $\lim_{\Delta s \to 0} \dfrac{\Delta \alpha}{\Delta s} = \dfrac{\mathrm{d}\alpha}{\mathrm{d}s}$ 存在的条件下，K 也可表示为

$$K = \left| \frac{\mathrm{d}\alpha}{\mathrm{d}s} \right|. \tag{3-2}$$

对于直线来说，切线与直线本身重合，当直线移动时，切线的倾角 α 不变，$\Delta \alpha = 0$，$\dfrac{\Delta \alpha}{\Delta s} = 0$，从而 $K = \left| \dfrac{\mathrm{d}\alpha}{\mathrm{d}s} \right| = 0$，即直线上任意点的曲率等于零，与直觉"不弯曲"一致.

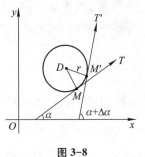

图 3-8

设圆的半径为 r，由图 3-8 可见圆在点 M、M' 处的切线所夹的角 $\Delta \alpha$ 等于中心角 $\angle MDM'$. 但 $\angle MDM' = \dfrac{\Delta s}{r}$，于是

$$\frac{\Delta \alpha}{\Delta s} = \frac{\dfrac{\Delta s}{r}}{\Delta s} = \frac{1}{r},$$

从而

$$K = \left| \frac{\mathrm{d}\alpha}{\mathrm{d}s} \right| = \frac{1}{r}.$$

因为点 M 的任意性，所以圆上各点处的曲率都等于半径 r 的倒数 $\dfrac{1}{r}$，即圆的弯曲程度到处一致，且半径越小曲率越大，即圆弯曲得越厉害.

据（3-2）式来推导计算曲率的公式.

设曲线方程是 $y = f(x)$，且 $f(x)$ 具有二阶导数. 因为 $\tan \alpha = y'$，所以 $\sec^2 \alpha \dfrac{\mathrm{d}\alpha}{\mathrm{d}x} = y''$，有

$\dfrac{\mathrm{d}\alpha}{\mathrm{d}x} = \dfrac{y''}{1 + \tan^2 \alpha} = \dfrac{y''}{1 + y'^2}$，所以

$$\mathrm{d}\alpha = \frac{y''}{1 + y'^2} \mathrm{d}x,$$

又 $\mathrm{d}s = \sqrt{1 + y'^2}\, \mathrm{d}x$，于是，曲率为

$$K = \frac{|y''|}{(1 + y'^2)^{3/2}}. \tag{3-3}$$

例 7 计算等边双曲线 $xy = 1$ 在点 $(1,1)$ 处的曲率.

解 由 $y = \dfrac{1}{x}$，得

$$y' = -\frac{1}{x^2}, y'' = \frac{2}{x^3},$$

所以

$$y' \big|_{x=1} = -1, y'' \big|_{x=1} = 2,$$

代入(3-3)式，得曲线 $xy = 1$ 在点 $(1,1)$ 处的曲率为

$$K = \frac{2}{\left[1+(-1)^2\right]^{\frac{3}{2}}} = \frac{\sqrt{2}}{2}.$$

例 8 抛物线 $y = ax^2 + bx + c$ 上哪一点处的曲率最大？

解 由 $y = ax^2 + bx + c$ 得 $y' = 2ax + b$，$y'' = 2a$，代入(3-3)式，得

$$K = \frac{|2a|}{\left[1+(2ax+b)^2\right]^{3/2}}.$$

当 $2ax + b = 0$，即 $x = -\dfrac{b}{2a}$ 时，曲率 K 有最大值 $|2a|$．因此抛物线在顶点处的曲率最大．

在某些实际问题中，$|y'|$ 同 1 比较起来是很小的（有的工程技术书上把这种关系记成 $|y'| \ll 1$），可以忽略不计．这时，$1 + y'^2 \approx 1$，得曲率的近似计算公式

$$K = \frac{|y''|}{(1+y'^2)^{3/2}} \approx |y''|.$$

2. 曲率圆与曲率半径

设曲线 $y = f(x)$ 在点 $M(x,y)$ 处的曲率为 $K(K \neq 0)$．在点 M 处的曲线的法线上，在凹的一侧取一点 D，使 $|DM| = \dfrac{1}{K} = \rho$．以 D 为圆心，ρ 为半径作圆（图3-9），这个圆叫做曲线在点 M 处的**曲率圆**，曲率圆的圆心 D 叫做曲线在点 M 处的**曲率中心**．曲率圆的半径 ρ 叫做曲线在点 M 处的**曲率半径**．

由上可知，曲率圆与曲线在点 M 有相同的切线和曲率，且在点 M 邻近有相同的凹向．因此，在实际问题中，常用曲率圆在点 M 邻近的一段圆弧来近似代替曲线弧，使问题简化．

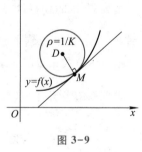

图 3-9

由 $\rho = \dfrac{1}{K}$，$K = \dfrac{1}{\rho}$ 知曲线上一点处的曲率半径与曲线在该点处的曲率互为倒数．

例 9 设某工件内表面的截线为抛物线 $y = 0.5x^2$．现要用砂轮磨削其内表面．问用直径多大的砂轮才比较合适？

解 为了在磨削时不使砂轮与工件接触处附近的那部分工件磨去太多，砂轮的半径不应大于抛物线上各点处曲率半径中的最小值．由例 8 知，抛物线在顶点处的曲率最大，即抛物线在其顶点处的曲率半径最小．因此，只要求出抛物线 $y = 0.5x^2$ 在顶点 $O(0,0)$ 处

的曲率半径.

因为 $y'=x,y''=1$,所以 $y'|_{x=0}=0,y''|_{x=0}=1$,代入公式(3-3),得 $K=1$,因而抛物线 $y=0.5x^2$ 在顶点 $O(0,0)$ 处的曲率半径 $\rho=\dfrac{1}{K}=1$.

所以选用砂轮的半径应不超过1单位长,即直径不超过2单位长.

对于砂轮磨削一般工件的表面时,也有类似的结论,即选用的砂轮的半径不应超过这工件表面的截线上各点处曲率半径中的最小值.

习题 3-2

1. 判定函数 $f(x)=\dfrac{3}{2}x^2-x^3$ 的单调性.

2. 确定下列函数的单调区间.

(1) $y=2x^3-6x^2-18x+5$;   (2) $y=x+\dfrac{4}{x}$ $(x\neq 0)$.

3. 证明下列不等式.

(1) 当 $x>1$ 时,$2\sqrt{x}>3-\dfrac{1}{x}$;   (2) 当 $x>4$ 时,$2^x>x^2$.

4. 判断下列曲线的凹凸性.

(1) $y=6x-x^2$;   (2) $y=x+\dfrac{1}{x}$ $(x>0)$.

5. 求下列曲线的拐点及凹凸区间.

(1) $y=x^3-5x^2+2x+3$;   (2) $y=xe^{-x}$.

6. 求椭圆 $9x^2+y^2=9$ 在点 $(0,3)$ 处的曲率.

7. 对数曲线 $y=\ln x$ 上哪一点处的曲率半径最小?求出该点处的曲率半径.

第三节 函数的极值与最值

在实际生活中,经常会碰到"最大、最小"这类问题,在数学上叫做最大值、最小值问题,要求一个函数的最大值或最小值,必须先讨论函数的极值.本节主要介绍函数的极值和最值的求法以及如何求实际问题中的最大值或最小值.

一、极值的定义

定义　设函数 $f(x)$ 在点 x_0 的某邻域内有定义,若对该邻域内任意一点 $x(x\neq x_0)$,都有
$$f(x)<f(x_0)(或 f(x)>f(x_0)),$$
则称 $f(x_0)$ 为函数 $f(x)$ 的**极大值**(或**极小值**),x_0 称为函数 $f(x)$ 的**极大值点**(或**极小值点**).

极大值和极小值统称为函数的**极值**,极大值点与极小值点统称为函数的**极值点**.

注意:函数的极值是局部性概念.如果 $f(x_0)$ 是函数 $f(x)$ 的一个极大值,那只是就 x_0 附近一个局部范围来说的,$f(x_0)$ 比附近的 $f(x)$ 都大,但在 $f(x)$ 的整个定义域上,$f(x_0)$ 不一定比所有的 $f(x)$ 都大,即 $f(x_0)$ 不一定是最大值.关于极小值也类似.

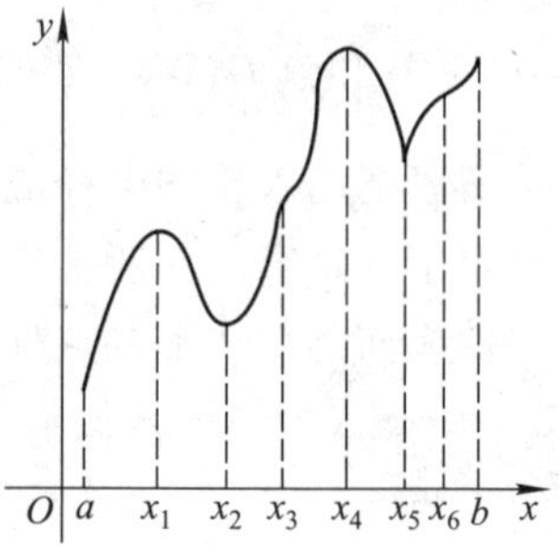

在图 3-10 中,函数 $f(x)$ 有两个极大值 $f(x_1),f(x_4)$,两个极小值 $f(x_2),f(x_5)$,极小值 $f(x_5)$ 比极大值 $f(x_1)$ 还大,就整个区间 $[a,b]$ 来说,只有一个极大值是最大值,只有一个极小值是最小值.从图 3-10 中还可以看到,在函数取得极值处,曲线的切线是水平的或是不存在的,即斜率为 0 或斜率不存在;但曲线上有水平切线的地方,函数不一定在此取得极值.在 $x=x_6$ 处,曲线有水平切线,但 $f(x_6)$ 不是极值.

图 3-10

由上述几何分析,给出函数极值的如下定理.

定理 1(必要条件) 设函数 $f(x)$ 在 x_0 处可导,且在 x_0 处取得极值,那么 $f'(x_0)=0$.

使导数为零的点(即方程 $f'(x)=0$ 的实根)叫做函数 $f(x)$ 的**驻点**或**稳定点**.

注:(1) 由定理 1 可知,可导函数的极值点必定是它的驻点.但反过来,函数的驻点却不一定是极值点.例如:$f(x)=x^3,f'(x)=3x^2,f'(0)=0$,而 $x=0$ 却不是这个函数的极值点.所以,函数的驻点只是可能的极值点.因此,当我们求出函数的驻点后,还需要判断求得的驻点是不是极值点,是极大值点还是极小值点.

(2) 定理 1 要求"函数 $f(x)$ 在 x_0 处可导",如果函数 $f(x)$ 在 x_0 处不可导,则 x_0 可能是极值点也可能不是极值点.如图 3-10 中点 x_5 是极值点,点 x_3 不是极值点.

因此,在没有"可导"条件下极值存在的必要条件修改为:

设函数 $f(x)$ 在 x_0 处连续,如果 x_0 是 $f(x)$ 极值点,那么 $f'(x_0)=0$ 或 $f'(x_0)$ 不存在.

驻点及导数不存在的点称为可能的极值点.下面给出两个判定极值的方法来判别在可能的极值点处是否取到极值,并由此得到极值的计算方法.

二、极值的计算方法

定理 2(第一充分条件) 设函数 $f(x)$ 在点 x_0 处连续,且在点 x_0 的某去心邻域内可导,又 $f'(x_0)=0$ 或 $f'(x_0)$ 不存在.

(1) 当 x 点在 x_0 的该邻域内左侧取值时,$f'(x)>0$,当 x 点在 x_0 的该邻域内右侧取值时,$f'(x)<0$,则函数 $f(x)$ 在 x_0 处取得极大值;

(2) 当点 x 在 x_0 的该邻域内左侧取值时,$f'(x)<0$,当 x 点在 x_0 的该邻域内右侧取值时,$f'(x)>0$,则函数 $f(x)$ 在 x_0 处取得极小值;

函数的极值

（3）当点 x 在 x_0 的该邻域内左右侧取值时，$f'(x)$ 的符号保持不变，则函数 $f(x)$ 在 x_0 处没有极值.

根据定理 2，可得下列求函数 $f(x)$ 极值点和相应的极值的方法：

（1）求函数 $f(x)$ 的定义域 D；

（2）求出导数 $f'(x)$；

（3）求出函数 $f(x)$ 的可能极值点；

（4）用定理 2 判断（3）中的每个点是否是极值点；

（5）求出各极值点处的函数值，就得到函数 $f(x)$ 的全部极值.

例 1 求函数 $f(x)=x^2-2x+3$ 的极值.

解 该函数的定义域为 $(-\infty,+\infty)$. 又 $f'(x)=2x-2$. 令 $f'(x)=0$ 得驻点 $x=1$.

用 $x=0$ 将函数 $f(x)=x^2-2x+3$ 的定义域 $(-\infty,+\infty)$ 分成两个区间，列表如下：

x	$(-\infty,0)$	0	$(0,+\infty)$
$f'(x)$	$-$	0	$+$
$f(x)$	$\downarrow$	有极小值	$\uparrow$

由上表可得，$f(x)$ 有极小值为 $f(1)=2$.

例 2 求函数 $f(x)=x-\dfrac{3}{2}\sqrt[3]{x^2}$ 的单调区间和极值.

解 函数的定义域为 $(-\infty,+\infty)$，$f'(x)=1-x^{-\frac{1}{3}}=\dfrac{\sqrt[3]{x}-1}{\sqrt[3]{x}}$. 令 $f'(x)=0$ 得 $x=1$. 显然 $f'(0)$ 不存在. 于是，列表如下：

x	$(-\infty,0)$	0	$(0,1)$	1	$(1,+\infty)$
$f'(x)$	$+$	不存在	$-$	0	$+$
$f(x)$	$\uparrow$	极大值	$\downarrow$	极小值	$\uparrow$

由上表可得，$f(x)$ 有极大值为 $f(0)=0$，有极小值为 $f(1)=-\dfrac{1}{2}$，单调增加区间为 $(-\infty,0]$ 和 $[1,+\infty)$，单调减少区间为 $[0,1]$.

当函数 $f(x)$ 在驻点处的二阶导数存在且不为零时，也可以利用下述定理来判定 $f(x)$ 在驻点处取得极大值还是极小值.

定理 3（第二充分条件） 设函数 $f(x)$ 在点 x_0 处具有二阶导数且 $f'(x_0)=0$，$f''(x_0)\neq 0$，那么

（1）当 $f''(x_0)<0$ 时，函数 $f(x)$ 在点 x_0 处取得极大值；

（2）当 $f''(x_0)>0$ 时，函数 $f(x)$ 在点 x_0 处取得极小值.

注意:如果函数在驻点处的二阶导数为零,那么极值存在的第二充分条件失效,这种情况必须改用第一充分条件判断.

例 3 求函数 $f(x) = \dfrac{1}{3}x^3 - 4x + 4$ 的极值.

解 $f(x)$ 的定义域为 $(-\infty, +\infty)$, $f'(x) = x^2 - 4$, 令 $f'(x) = 0$, 求得驻点 $x_1 = -2, x_2 = 2$. 又 $f''(x) = 2x, f''(-2) = -4 < 0, f''(2) = 4 > 0$, 故 $f(x)$ 在 $x = -2$ 处取得极大值, 极大值为 $f(-2) = \dfrac{28}{3}$. $f(x)$ 在 $x = 2$ 处取得极小值, 极小值为 $f(2) = -\dfrac{4}{3}$.

三、函数最值的计算方法

在实际生活中会遇到这样一类问题:在一定条件下,怎样使"产品最多""用料最省""成本最低""效率最高"等问题,这类问题在数学上就是求某一函数(通常称为目标函数)的最大值或最小值问题.

函数在区间上的最大值和最小值统称为**最值**.

1. 求在闭区间上连续函数最大值与最小值的方法

设函数 $f(x)$ 在闭区间 $[a, b]$ 上连续,在开区间 (a, b) 内除有限个点外可导,且至多有有限个驻点.在上述条件下,我们来讨论 $f(x)$ 在 $[a, b]$ 上的最大值和最小值的求法.

首先,由闭区间上连续函数的性质,可知 $f(x)$ 在 $[a, b]$ 上的最大值和最小值一定存在.

其次,最大值点与最小值点或是极值点,或是区间的端点.因此,只需算出极值点与区间端点对应的函数值加以比较,就可以求出函数的最大值与最小值.为了避免判定极值点的麻烦,可以直接将驻点与导数不存在的点的对应函数值进行比较.

求 $f(x)$ 在 $[a, b]$ 上的最大值和最小值的方法可归纳为:

(1) 求出 $f(x)$ 在 (a, b) 内的驻点及一阶导数不存在的点 $x_1, x_2, \cdots, x_n$;

(2) 计算 $f(a), f(x_1), f(x_2), \cdots, f(x_n), f(b)$;

(3) 比较上述各函数值的大小,其中最大的便是 $f(x)$ 在 $[a, b]$ 上的最大值,最小的便是 $f(x)$ 在 $[a, b]$ 上的最小值.

例 4 求 $f(x) = x^4 - 2x^2 + 3$ 在 $[-2, 2]$ 上的最大值与最小值.

解 这是一个 4 次多项式,没有不可导点,先求驻点.由于
$$f'(x) = 4x^3 - 4x = 4x(x-1)(x+1),$$
令 $f'(x) = 0$, 得驻点 $x_1 = -1, x_2 = 0, x_3 = 1$. 由于 $f(-2) = 11, f(2) = 11, f(-1) = 2, f(0) = 3$, $f(1) = 2$, 比较大小可得, $x = \pm 1$ 为最小值点, 最小值为 $f(\pm 1) = 2$, $x = \pm 2$ 为最大值点, 最大值为 $f(\pm 2) = 11$.

2. 两种特殊情形

(1) 如果连续函数 $f(x)$ 在闭区间 $[a, b]$ 上单调增加或单调减少,那么 $f(x)$ 的最大值

函数的最值

和最小值分别在区间的两个端点取得,且当 $f(x)$ 单调增加时,$f(a)$ 为最小值,$f(b)$ 为最大值;当 $f(x)$ 单调减少时,$f(a)$ 为最大值,$f(b)$ 为最小值.

(2) 如果函数 $f(x)$ 在任一确定区间 I 内可导,x_0 是 $f(x)$ 在 I 内的唯一驻点,那么当 x_0 是极小值点时,便是 $f(x)$ 在 I 内的最小值点;当 x_0 是极大值点时,便是 $f(x)$ 在 I 内的最大值点. 其中 I 可以是开区间,也可以是闭区间或无穷区间.

例 5 小学生对新概念的接受能力函数为
$$G(t) = -0.1t^2 + 2.6t + 43, \quad t \in [0, 30].$$
问 t 为何值时学生学习兴趣递增或减退?何时学习兴趣最大?

解 $\qquad\qquad G'(t) = -0.2t + 2.6 = -0.2(t - 13).$

由 $G'(t) = 0$,得唯一驻点 $t = 13$,当 $t < 13$ 时,$G'(t) > 0$,$G(t)$ 单调增加;当 $t > 13$ 时,$G'(t) < 0$,$G(t)$ 单调减少.

可见讲课开始后第 13 分钟时小学生兴趣最大.在此时刻之前学习兴趣递增,在此时刻之后学习兴趣递减.

例 6 将一块尺寸为 48×70 的矩形铁皮剪去四角小正方形后折成一个无盖长方形铁盒,求铁盒的最大容积.

解 设剪去的小正方形的边长为 x,则铁盒的容积为
$$V(x) = x(48 - 2x)(70 - 2x) = 4x(24 - x)(35 - x) \quad (0 < x < 24).$$
问题归结为求函数 $V(x)$ 在 $(0, 24)$ 内的最大值.
$$V'(x) = 4[(24 - x)(35 - x) + x(-1)(35 - x) + x(24 - x)(-1)] = 4(3x - 28)(x - 30).$$

令 $V'(x) = 0$,得驻点 $x_1 = \dfrac{28}{3}$,$x_2 = 30 \notin (0, 24)$,不必考虑.由于
$$V''(x) = 8(3x - 59), \quad V''\left(\frac{28}{3}\right) = 8(28 - 59) = -248 < 0,$$
所以,$x = \dfrac{28}{3}$ 是 $V(x)$ 在 $(0, 24)$ 内的唯一驻点且是极大值点,必是 $V(x)$ 在 $(0, 24)$ 内的最大值点.因此,当小正方形的边长为 $\dfrac{28}{3}$ 时铁盒的容积最大,最大为 $\dfrac{379\,456}{27}$.

习题 3-3

1. 求函数 $f(x) = 3 + (1 - x)^2$ 的极值.

2. 求函数 $f(x) = \sqrt[3]{x^2}$ 的极值.

3. 求函数 $f(x) = x^3 + \dfrac{3}{x}$ 的极值点和极值.

4. 求下列函数在指定区间上的最大值和最小值.

(1) $f(x) = (x - 3)^2 - 2$,$x \in [0, 4]$.

(2) $f(x) = x^3 + 3x^2$,$x \in [-4, 4]$.

5. 有一块宽为 8 m 的长方形铁皮,将宽的两个边缘向上折起,做成一个开口水槽,其横截面为矩形,高为 x m,问高 x 取何值时水槽的流量最大?

本节介绍导数的概念在经济学中的两个应用——边际分析和弹性分析.

一、边际分析

在经济学中,常用变化率的概念.变化率分为平均变化率和瞬时变化率,平均变化率是函数的增量与自变量的增量的比值,瞬时变化率是函数对自变量的导数,在经济学中也将瞬时变化率即函数的导数称为边际函数.

1. 边际概念

一般称 $\dfrac{\Delta y}{\Delta x} = \dfrac{f(x_0 + \Delta x) - f(x_0)}{\Delta x}$ 为函数 $y = f(x)$ 在 $(x_0, x_0 + \Delta x)$ 或 $(x_0 + \Delta x, x_0)$ 内的**平均变化率(速度)**.

根据导数的定义,导数 $f'(x_0)$ 表示 $f(x)$ 在点 $x = x_0$ 处的变化率,在经济学中,称其为 $f(x)$ 在点 $x = x_0$ 处的边际函数值.

当函数的自变量 x 在 x_0 处改变一个单位(即 $|\Delta x| = 1$ 时),函数的增量为 $f(x_0 + 1) - f(x_0)$,则有近似公式

$$f(x_0 + 1) - f(x_0) \approx f'(x_0).$$

它表明当自变量在 x_0 处改变一个单位时(增加或减少,此处是增加了一个单位),函数 $f(x)$ 近似改变了边际 $f'(x_0)$ 个单位.在经济学中,解释边际函数值的具体意义时,通常略去"近似"二字.

> **定义 1** 设函数 $y = f(x)$ 在点 x 处可导,则称其导数 $f'(x)$ 为 $f(x)$ 的**边际函数**. $f'(x)$ 在点 x_0 的函数值 $f'(x_0)$ 为**边际函数值**,简称为**边际**.

边际函数值 $f'(x_0)$ 的意义:当 $x = x_0$ 时,x 改变一个单位,$f(x)$ 改变边际 $f'(x_0)$ 个单位.

注意:x 改变一个单位有两种含义:增加或减少一个单位.

例如,设函数 $y = x^2$,则 $y' = 2x$,$y = x^2$ 在点 $x = 8$ 处的边际函数值为 $y'(8) = 16$,它表示当 $x = 8$ 时,x 改变一个单位,y(近似)改变 16 个单位.

2. 经济学中常见的边际函数

(1)边际成本

总成本是指生产一定数量的产品所需的全部成本总额,一般分为固定成本和变动成本.

平均成本是指生产一定数量的产品时,每单位产品的成本.

导数在经济中的应用

边际成本是指总成本的变化率.

设 C 为总成本,C_0 为固定成本,C_1 为可变成本,$\overline{C}$ 为平均成本,C' 为边际成本,x 为产量,则有

总成本函数 $C = C(x) = C_0 + C_1(x)$.

平均成本函数 $\overline{C} = \overline{C}(x) = \dfrac{C(x)}{x} = \dfrac{C_0}{x} + \dfrac{C_1(x)}{x}$.

边际成本函数 $C' = C'(x)$.

因为由

$$\overline{C}'(x) = \frac{xC'(x) - C(x)}{x^2} = 0, \; 得 \; C'(x) = \frac{C(x)}{x} = \overline{C}(x),$$

即当边际成本等于平均成本时,平均成本达到最小.

例 1 某商品生产 x 单位的总成本 C 是 x 的函数 $C = C(x) = 10\,000 + \dfrac{x^2}{80}$.求:

① 当 $x = 800$ 时的总成本和平均成本.

② $x = 800$ 到 $x = 1\,000$ 时总成本的平均变化率.

③ 当 $x = 800$,$x = 840$ 时的边际成本,并解释其经济意义.

解 ① 当 $x = 800$ 时的总成本为

$$C(800) = 10\,000 + \frac{800^2}{80} = 18\,000.$$

平均成本为

$$\overline{C} = \overline{C}(800) = \frac{C(800)}{800} = \frac{18\,000}{800} = 22.5.$$

② 当 $x = 800$ 到 $x = 1\,000$ 时总成本的平均变化率为

$$\frac{\Delta C}{\Delta x} = \frac{C(1\,000) - C(800)}{200} = \frac{22\,500 - 18\,000}{200} = 22.5.$$

③ 总成本的边际成本函数为 $C'(x) = \dfrac{x}{40}$.

当 $x = 800$ 时的边际成本为 $C'(800) = \dfrac{800}{40} = 20$,它表示生产第 801 个单位产品所花费的成本为 20.

当 $x = 840$ 时的边际成本为 $C'(840) = \dfrac{840}{40} = 21$,它表示生产第 841 个单位产品所花费的成本为 21.

可见,生产第 841 个单位产品所花费的成本比生产第 801 个单位产品所花费的成本要多一个单位.

（2）边际收入

总收入是指出售一定数量的产品所得的全部收入.

平均收入是指出售一定数量的产品,平均每出售单位产品所得到的收入,即单位商品的售价.

边际收入是指总收益的变化率.

设 R 为总收入,$\overline{R}$ 为平均收入,R' 为边际收入,P 为商品的价格,x 为销量,则有

总收入函数　$R = R(x) = xP(x)$.

平均收入函数　$\overline{R} = \overline{R}(x) = \dfrac{R(x)}{x}$.

边际收入函数　$R' = R'(x)$.

例2　设某产品的价格 P 与销量 x 的函数关系为 $x = 10\,000 - 100P$,求 $x = 800$ 时的总收入、平均收入、边际收入.

解　总收入函数为
$$R = R(x) = x \cdot P(x) = x \cdot (100 - 0.01x) = 100x - 0.01x^2.$$

平均收入函数为
$$\overline{R}(x) = \frac{R(x)}{x} = 100 - 0.01x.$$

边际收入函数为
$$R'(x) = 100 - 0.02x.$$

当 $x = 800$ 时的总收入为 $R(800) = 73\,600$,平均收入为 $\overline{R}(800) = 92$,边际收入为 $R'(800) = 84$.

（3）边际需求

设需求函数 $x = x(P)$,则需求量 x 对价格 P 的导数 $x' = x'(P)$ 称为**边际需求函数**.

例3　某商品需求量 x 与价格 P 的需求关系为 $x = 10\,000 - \dfrac{P^2}{80}$,求 $P = 120$ 时的边际需求,并说明其经济意义.

解　$x' = x'(P) = -\dfrac{P}{40}$,当 $P = 120$ 时的边际需求为 $x'(120) = -3$.

经济意义为:当 $P = 120$ 时,价格上涨（或下降）一个单位,需求量将减少（或增加）三个单位.

（4）边际利润

在估计产品销售量 x 时,给产品所定的价格 $P(x)$ 称为**价格函数**,$P(x)$ 应是 x 的递减函数.设 L 为产量是 x 个单位时的总利润,于是,

利润函数　$L(x) = R(x) - C(x)$（$C(x)$ 是成本函数）.

边际利润函数　$L'(x) = R'(x) - C'(x)$（$C(x)$ 是成本函数）.

例4　某企业生产某种产品,每天的总利润 L 元与产量 $x(t)$ 的函数关系为:$L(x) = 200x - 4x^2$,求当每天生产 20 t,25 t,30 t 时的边际利润,并说明其经济意义.

解 边际利润为 $L'(x) = 200 - 8x$，每天生产 20 t，25 t，30 t 时的边际利润分别为
$$L'(20) = 40, L'(25) = 0, L'(30) = -40.$$
其经济意义为

$L'(20) = 40$ 表示每天产量在 20 t 时再增加 1 t，总利润将增加 40 元.

$L'(25) = 0$ 表示每天产量在 25 t 时再增加 1 t，总利润没有增加.

$L'(30) = -40$ 表示每天产量在 30 t 时再增加 1 t，总利润将减少 40 元.

注：最大利润与边际利润的关系：

利润函数 $L(x)$ 取得最大值的必要条件为 $L'(x) = 0$，即 $R'(x) = C'(x)$.

利润函数 $L(x)$ 取得最大值的充分条件为 $L''(x) < 0$，即 $R''(x) < C''(x)$.

二、弹性分析

1. 弹性的概念

对于函数 $y = f(x)$，称 $\Delta x = (x + \Delta x) - x$ 为点 x 处的自变量的绝对增量，称 $\Delta y = f(x + \Delta x) - f(x)$ 为点 x 处的函数的绝对增量. 在实际中这是远远不够的.

例如，商品 A 的单价为 10 元，涨价 1 元，商品 B 的单价为 1 000 元，涨价 1 元，绝对增量都是 1 元，但各与其原价相比，两者涨价的百分比却大不相同，商品 A 涨了 $1/10 = 10\%$，商品 B 涨了 $1/1\ 000 = 0.1\%$. 因此有必要研究相对增量和相对变化率.

对于函数 $y = f(x)$，称 $\dfrac{\Delta x}{x}$ 为点 x 处的自变量的**相对增量**，称 $\dfrac{\Delta y}{y} = \dfrac{f(x + \Delta x) - f(x)}{y}$ 为点 x 处的**函数的相对增量**.

例如，函数 $y = x^2$，当 x 从 8 增加到 10 时，y 相应地从 64 增加到 100，x 绝对增量为 $\Delta x = 2$，y 绝对增量为 $\Delta y = 36$，x 相对增量为 $\dfrac{\Delta x}{x} = \dfrac{2}{8} = 25\%$，$y$ 相对增量为 $\dfrac{\Delta y}{y} = \dfrac{36}{64} = 56.25\%$，即表示当 x 从 8 增加到 10 时，x 增加了 25%，y 相应地增加了 56.25%，而两个相应增量之比 $\dfrac{\Delta y}{y} \Big/ \dfrac{\Delta x}{x} = \dfrac{56.25\%}{25\%} = 2.25$，它表示在 $(8, 10)$ 内，从 $x = 8$ 时起，x 增加了 1%，y 相应地平均增加 2.25%，称此商式为从 $x = 8$ 到 $x = 10$ 时函数的平均相对变化率. 为此引入下面的定义.

定义 2 设函数 $y = f(x)$ 可导，函数的相对增量 $\dfrac{\Delta y}{y} = \dfrac{f(x + \Delta x) - f(x)}{f(x)}$ 与自变量的相对增量 $\dfrac{\Delta x}{x}$ 之比 $\dfrac{\Delta y/y}{\Delta x/x}$，称为函数 $f(x)$ 在 x 与 $x + \Delta x$ **两点间的弹性**（或**平均相对变化率**），而极限 $\lim\limits_{\Delta x \to 0} \dfrac{\Delta y/y}{\Delta x/x}$ 称为函数 $f(x)$ 在 x 点处的**弹性**（或**相对变化率**），记为

$$\frac{E}{Ex} f(x) = \frac{Ey}{Ex} = \lim_{\Delta x \to 0} \frac{\Delta y/y}{\Delta x/x} = \lim_{\Delta x \to 0} \frac{\Delta y}{\Delta x} \cdot \frac{x}{y} = y' \cdot \frac{x}{y}.$$

注:(1) 函数 $f(x)$ 在点 x 处的弹性 $\dfrac{Ey}{Ex}$ 反映随 x 的变化 $f(x)$ 变化幅度的大小,即 $f(x)$ 对 x 变化反应的强烈程度或灵敏度.数值上,$\dfrac{E}{Ex}f(x)$ 表示 $f(x)$ 在点 x 处,当 x 发生 1% 的改变时,函数 $f(x)$ 近似地改变 $\dfrac{E}{Ex}f(x)\%$,在应用问题中解释弹性的具体意义时通常略去"近似"二字.

(2) 弹性数值前的符号,表示自变量与函数的变化方向是否一致.例如,市场需求量与收入水平变化方向是一致的.而市场需求量对价格的弹性一般是负的,表示市场需求量与价格变化方向是相反的.

例 5 求函数 $y=20\mathrm{e}^{3x}$ 的需求弹性函数 $\dfrac{Ey}{Ex}$ 及 $\dfrac{Ey}{Ex}\Big|_{x=4}$,并解释 $\dfrac{Ey}{Ex}\Big|_{x=4}$ 的意义.

解 $y'=60\mathrm{e}^{3x}$,$\dfrac{Ey}{Ex}=y'\dfrac{x}{y}=60\mathrm{e}^{3x}\dfrac{x}{20\mathrm{e}^{3x}}=3x$,$\dfrac{Ey}{Ex}\Big|_{x=4}=12$.

$\dfrac{Ey}{Ex}\Big|_{x=4}=12$ 的意义:在 $x=4$ 处,当 x 发生 1% 的改变时,函数 $y=20\mathrm{e}^{3x}$ 改变 12%.

2. 常见函数的弹性函数(a,b,c,λ 为常数)

(1) 常数函数 $f(x)=C$,其弹性函数为 $\dfrac{Ef(x)}{Ex}=0$.

(2) 线性函数 $f(x)=ax+b$,其弹性函数为 $\dfrac{Ef(x)}{Ex}=\dfrac{ax}{ax+b}$.

(3) 幂函数型函数 $f(x)=ax^{\lambda}$,其弹性函数为 $\dfrac{Ef(x)}{Ex}=\lambda$.

(4) 指数型函数 $f(x)=ba^{\lambda x}$,其弹性函数为 $\dfrac{Ef(x)}{Ex}=\lambda x\ln a$.

(5) 对数型函数 $f(x)=b\log_a x$,其弹性函数为 $\dfrac{Ef(x)}{Ex}=\dfrac{1}{\ln a \cdot \log_a x}$.

(6) 正弦函数 $f(x)=\sin x$,其弹性函数为 $\dfrac{Ef(x)}{Ex}=x\cot x$.

(7) 余弦函数 $f(x)=\cos x$,其弹性函数为 $\dfrac{Ef(x)}{Ex}=-x\tan x$.

3. 经济学中常见的弹性函数

(1) 需求弹性函数

定义 3 设需求函数 $Q=f(P)$,在 P 处可导,称 $-\dfrac{EQ}{EP}=-f'(P)\cdot\dfrac{P}{Q}$ 为商品在价格为 P 时的**需求价格弹性**或简称**需求弹性**,记作 $\eta(P)$,即

$$\eta(P)=-\frac{EQ}{EP}=-f'(P)\cdot\frac{P}{Q}.$$

注:一般地,需求函数 $Q=f(P)$ 是单调减函数,ΔP 与 ΔQ 异号,所以 $f'(P) \cdot \dfrac{P}{Q}$ 为负数.在经济学中,为了用正数表示需求弹性,故在定义中加了负号,它反映产品需求量对价格变动的强烈程度(灵敏度).

例 6 设某商品的需求量 Q 与价格 P 的关系为 $Q=\mathrm{e}^{-\frac{P}{20}}$,求 $P=10,P=20,P=30$ 时的需求弹性并说明其经济意义.

解 $Q'=-\dfrac{1}{20}\mathrm{e}^{-\frac{P}{20}}$,需求弹性为 $\eta(P)=-f'(P) \cdot \dfrac{P}{Q}=\dfrac{1}{20}\mathrm{e}^{-\frac{P}{20}} \cdot \dfrac{P}{\mathrm{e}^{-\frac{P}{20}}}=\dfrac{P}{20}$.

$\eta(10)=0.5$,说明当 $P=10$ 时,价格上涨 1%,需求减少 0.5%.

$\eta(20)=1$,说明当 $P=20$ 时,价格与需求变动的幅度相同.

$\eta(30)=1.5$,说明当 $P=30$ 时,价格上涨 1%,需求减少 1.5%.

注:① 需求弹性很小的商品,即需求的变动幅度比价格的变动幅度小得多的商品,一般是生活必需品,如粮食、水等,这类商品在资源紧缺的情况下,政府都要对商品的价格进行控制.需求弹性很大的商品,即需求的变动幅度比价格的变动幅度大得多的商品,一般不是生活必需品,如化妆品、名牌服装等,这类商品都是通过市场进行调价,政府一般不干预.

② 需求弹性与总收入的关系

因为总收入函数为 $R=PQ=Pf(P)$,所以

$$R'=f(P)+Pf'(P)=f(P)\left[1+f'(P)\dfrac{P}{f(P)}\right]=f(P)[1-\eta(P)].$$

由上式易知:$\eta(P)<1$ 时需求的变动幅度小于价格的变动幅度,此时 $R'>0$,R 递增,即价格上涨,总收入增加,价格下跌,总收入减少.

$\eta(P)=1$ 时需求的变动幅度与价格的变动幅度相同,此时 $R'=0$,R 取得最大值.

$\eta(P)>1$ 时需求的变动幅度大于价格的变动幅度,此时 $R'<0$,R 递减,即价格上涨,总收入减少,价格下跌,总收入增加.

例 7 某商品的需求函数为 $Q=f(P)=96-P^2$.

① 求 $P=4$ 时的需求弹性,并说明其经济意义.

② 当 $P=4,P=6$ 时总收入对价格的弹性,并说明其经济意义.

解 ① 因为 $\eta(P)=2P\dfrac{P}{96-P^2}=\dfrac{2P^2}{96-P^2}$,所以 $\eta(4)=0.4$,说明当 $P=4$ 时,价格上涨 1%,需求减少 0.4%.

②
$$R'=f(P)[1-\eta(P)]=(96-P^2)\left[1-\dfrac{2P^2}{96-P^2}\right]=96-3P^2,$$

$$\dfrac{ER}{EP}=R' \cdot \dfrac{P}{R}=(96-3P^2)\dfrac{P}{PQ}=\dfrac{96-3P^2}{96-P^2},$$

$$\frac{ER}{EP}\bigg|_{P=4}=0.6,\frac{ER}{EP}\bigg|_{P=6}=-0.2.$$

说明：当 $P=4$ 时，价格若上涨 1%，总收入将增加 0.6% ；

当 $P=6$ 时，价格若上涨 1%，总收入将减少 0.2%.

（2）供给弹性

由于供给弹性是单调增加的，所以有以下定义.

定义 4 设供给函数 $Q=\varphi(P)$，在 P 处可导，称 $\frac{EQ}{EP}=\varphi'(P)\cdot\frac{P}{Q}$ 为商品在价格为 P 时的**供给弹性**，记作 $\varepsilon(P)$，即

$$\varepsilon(P)=\frac{EQ}{EP}=\varphi'(P)\cdot\frac{P}{Q}.$$

例 8 某商品的供给量 Q 与价格 P 的关系 $Q=12+3P$，求 $P=4$ 时的供给弹性，并说明其经济意义.

解 $\varepsilon(P)=\frac{EQ}{EP}=\varphi'(P)\cdot\frac{P}{Q}=3\cdot\frac{P}{12+3P}=\frac{3P}{12+3P}$，所以 $\varepsilon(4)=0.5$.

说明：当 $P=4$ 时，价格变化 1%，供应量同方向变化 0.5%.

习题 3-4

1. 设每月的产量为 $x(\text{t})$ 时，总成本函数为 $C=C(x)=4\,900+8x+\frac{x^2}{4}$（元），求最低平均成本和相应产量的边际成本.

2. 设某产品生产 x 个单位的总收入 R 为 x 的函数 $R=R(x)=200x-0.02x^2$，求 $x=50$ 时的总收入、平均收入与边际收入.

3. 某糕点商生产某种糕点的收入函数为 $R(x)=\sqrt{x}$（千元），成本函数为 $C(x)=\frac{x+3}{\sqrt{x}+1}$（千元），$1\leqslant x\leqslant 5$，$x$ 的单位是 kg.问他应生产多少糕点才赚钱？

4. 某酸乳酪商行发现收入函数与成本函数分别为 $R(x)=12x^{\frac{1}{2}}-x^{\frac{3}{2}}$ 与 $C(x)=3x^{\frac{1}{2}}+4$，$0\leqslant x\leqslant 5$，x 的单位是千升，$C(x)$ 以千元计.

求：(1) 边际成本、边际收入、边际利润.(2) 生产多少量赚钱最多？

5. 某高档商品，因出口需要，拟用提价的办法压缩国内销售的 20%，该商品的需求弹性为 $1.5\sim2$ 之间，问应提价多少？

6. 某商品的需求函数为 $Q=f(P)=12-\frac{P}{2}$.

（1）求 $P=6$ 时的需求弹性，并说明其经济意义.

（2）当 $P=6$ 时总收入对价格的弹性，并说明其经济意义.

（3）P 为多少时总收入最大，最大总收入是多少？

数学实验三　用 MATLAB 求函数的极值

求函数极值的命令是"fminbnd",基本用法如表 3-3 所示:

表 3-3

输入命令格式	含义
fminbnd(f,a,b)	求函数 f 在区间 (a,b) 内的极小值点
[x,y]=fminbnd(f,a,b)	求函数 f 在区间 (a,b) 内的极小值,并返回两个值,第一个是 x 的值,第二个是 y 的值
[x,y]=fminbnd(-f,a,b)	求函数 f 在区间 (a,b) 内的极大值

例 1　求函数 $f(x)=(x-3)^2-1$ 在区间 $(0,5)$ 内的极小值点和极小值.

解　$\gg$ f ='(x-3)^2-1';

$\gg$ fminbnd(f,0,5)

ans =

　　　3

即极小值点为 $x=3$.

$\gg$ [x,y]=fminbnd(f,0,5)

x =

　　　3

y =

　　　-1

即函数在 $x=3$ 处的极小值为 -1.

例 2　用一块边长为 24 cm 的正方形铁皮,在其四角各截去一块面积相等的小正方形,作成无盖的铁盒.截去的小正方形边长为多少时,作出的铁盒容积最大?

解　设截去的小正方形边长为 x cm,铁盒容积为 V cm³.根据题意,得

$$V=x(24-2x)^2 \quad (0<x<12).$$

于是,问题归结为:求 x 为何值时,函数 V 在区间 $(0,12)$ 取得最大值,即求 $-V$ 在区间 $(0,12)$ 内的最小值.

$\gg$ f ='-x * (24-2 * x)^2';

$\gg$ fminbnd(f,0,12)

ans =

　　4.000

所以,当 $x=4$ 时,函数 V 取得最大值,即当所截去的正方形边长为 4 cm 时,铁盒的容积最大.

1. 求函数 $f(x)=(x^2-1)^3+1$ 在区间 $(-2,2)$ 内的极小值点和极小值.

2. 某旅行社在暑假期间为教师安排旅游,并规定:达到 80 人的团体,每人收费 2 500 元.如果团体的人数超过 80 人,则每超过 1 人,平均每人收费将降低 10 元(团体人数小于 180 人).试问:如何组团,可使旅行社的收费最多?

复习题三

1. 填空题.

(1) 若对于任意 $x\in(a,b)$,有 $f'(x)<0$,则函数 $f(x)$ 在 (a,b) 内是 _____.

(2) 若对于任意 $x\in(a,b)$,有 $f''(x)<0$,则函数 $f(x)$ 在 (a,b) 内是 _____.

(3) 若对于任意 $x\in I$,有 $f'(x)=a$,则 $f(x)=$ _____.

(4) 求极限 $\lim\limits_{x\to0^+}x\ln x=$ _____.

(5) 曲线 $y=x\mathrm{e}^{-3x}$ 的拐点坐标是 _____.

(6) 抛物线 $y=4x-x^2$ 在其顶点处的曲率为 _____.

2. 判断题.

(1) 函数 $f(x)$ 在区间 I 的极小值必是它的最小值. ( )

(2) 函数 $f(x)$ 在区间 I 的极大值必大于它的极小值. ( )

(3) 若 x_0 是可导函数 $f(x)$ 的极值点,则 $f'(x_0)=0$. ( )

(4) 若 $f''(x_0)=0$,则 $(x_0,f(x_0))$ 是曲线 $y=f(x)$ 的拐点. ( )

(5) 若函数 $f(x)$ 在闭区间 $[a,b]$ 上连续,且 $f(a)=f(b)$,则 $\exists\xi\in(a,b)$,使 $f'(\xi)=0$.

( )

3. 选择题.

(1) 函数 $f(x)=\left(x-\dfrac{1}{2}\right)^2+1$ 在区间 $[0,1]$ 上满足拉格朗日中值定理的 ξ 等于 ( ).

A. $\dfrac{1}{2}$ B. 1 C. $\dfrac{1}{3}$ D. $\dfrac{1}{4}$

(2) 在 $[1,\mathrm{e}]$ 上满足拉格朗日中值定理条件的是( ).

A. $\ln(\ln x)$ B. $\ln x$ C. $\dfrac{1}{\ln x}$ D. $\ln(2-x)$

(3) 设 $\lim\limits_{x\to x_0}\dfrac{f(x)}{g(x)}$ 为未定型,则 $\lim\limits_{x\to x_0}\dfrac{f'(x)}{g'(x)}$ 存在是 $\lim\limits_{x\to x_0}\dfrac{f(x)}{g(x)}$ 存在的( ).

A. 必要条件 B. 充要条件

C. 充分条件 D. 既非充分也非必要条件

（4）若在区间 (a,b) 内函数 $f(x)$ 的 $f'(x)>0$，$f''(x)<0$，则 $f(x)$ 在 (a,b) 内（　　　）.

    A. 单调减少，曲线是凹的　　　　　　　B. 单调减少，曲线是凸的

    C. 单调增加，曲线是凹的　　　　　　　D. 单调增加，曲线是凸的

4. 计算题.

（1）$\lim\limits_{x\to 0}\dfrac{\tan x-x}{x-\sin x}$；　　　　　（2）$\lim\limits_{x\to +\infty}x(a^{\frac{1}{x}}-b^{\frac{1}{x}})$，$a>0$，$b>0$；　　　　　（3）$\lim\limits_{x\to 0}\dfrac{\tan 3x}{\tan x}$；

（4）$\lim\limits_{x\to 0^+}x^{\sin x}$；　　　　　（5）$\lim\limits_{x\to 1}\left(\dfrac{1}{\ln x}-\dfrac{1}{x-1}\right)$.

扫一扫，看答案

5. 证明下列命题.

（1）$|\sin x-\sin y|\leqslant |x-y|$；

（2）$\arcsin x+\arccos x=\dfrac{\pi}{2}$，　$x\in(-1,1)$.

6. 求下列函数的单调区间.

（1）$y=3+x-x^2$；　　　　　（2）$y=3x-x^3$.

7. 求下列函数的极值.

（1）$f(x)=x^2+4x-3$；　　　　（2）$f(x)=x^3-3x^2-9x+1$.

8. 讨论 $y=e^{-x^2}$ 的凹凸性及其拐点.

9. 设某产品的需求函数为 $q=110-5p$，求边际收入函数，以及 $q=25,55$ 和 70 时的边际收入.

10. 某商品的需求函数为 $Q=f(P)=75-P^2$.

（1）求 $P=4$ 时的需求弹性，并说明其经济意义.

（2）当 $P=4$，$P=6$ 时总收入对价格的弹性，并说明其经济意义.

11. 计划在宽 100 m 的河两边 A 与 B 之间架一条电话线，C 点为 A 点在河另一边的相对点，B 到 C 的距离为 600 m，水下架线成本是陆地架线成本的 3 倍，问如何确定架线方案费用最小？

12. 曲线弧 $y=\sin x$，$x\in(0,\pi)$ 上哪一点处的曲率半径最小？求该点处的曲率半径.

第四章 不定积分

数学中有许多运算都是互逆的,如加法与减法、乘法与除法、乘方与开方、指数运算与对数运算等.在第二章中,我们已经知道,当质点作直线运动时,如果已知它的运动方程为 $s(t) = t^3$,则其速度为 $v(t) = (t^3)' = 3t^2$,这里的 $3t^2$ 是 t^3 的导数.反过来,我们要问:路程 t^3 又称为 $3t^2$ 的什么函数呢? 另外,若已知质点的运动速度 $v(t)$,又如何求它的运动方程 $s(t)$ 呢? 这便是本章所要讨论的问题.

本章先给出原函数和不定积分的概念,介绍它们的性质,进而讨论求不定积分的方法.求不定积分是积分学的基本问题之一.

第一节 不定积分的概念与性质

一、不定积分的概念

引例 1 已知某产品的边际成本函数为 $f(x) = 2x + 1$,其中 x 是产量数,固定成本为 2 单位,求此产品的成本函数.

解 设该产品的成本函数为 $C(x)$,由上一章的知识可知:$C'(x) = f(x)$,即 $C'(x) = 2x + 1$,因此,本例就是求一个函数 $C(x)$,使得 $C'(x) = 2x + 1$,且满足 $C(0) = 2$.由导数公式知:$(x^2 + x + 2)' = 2x + 1$,即 $C(x) = x^2 + x + 2$,所以,产品的成本函数是 $C(x) = x^2 + x + 2$.

引例 2 已知自由落体的运动速度 $v = gt$(t 为下落的时间,g 为重力加速度),求自由落体的运动规律.

解 设自由落体的运动规律为 $s = s(t)$,由导数的物理意义可知,$v = s'(t) = gt$,因为 $\left(\dfrac{1}{2}gt^2 \right)' = gt$,并且常数的导数为 0.所以 $\left(\dfrac{1}{2}gt^2 + C \right)' = gt$($C$ 为任意常数).所以运动规律为 $s = s(t) = \dfrac{1}{2}gt^2 + C$.而当 $t = 0$ 时,$s(0) = 0$,代入上式可得 $C = 0$.所以,自由落体的运动规律为:$s = s(t) = \dfrac{1}{2}gt^2$.

上面两个引例,一个是经济学的问题,一个是运动学的问题,它们的实际背景不同,但两个问题解决的方法从数学上来看却是一致的,即已知一个函数的导数,求此函数,对于这类问题,我们引入下面的概念.

1. 原函数

定义 1 设函数 $f(x)$ 是定义在某区间 I 上的已知函数,若存在函数 $F(x)$,使得 $F'(x)=f(x)$ 或 $\mathrm{d}[F(x)]=f(x)\mathrm{d}x$,则称 $F(x)$ 为 $f(x)$ 在区间 I 上的一个**原函数**.

如在 $(-\infty,\infty)$ 内,$(\sin x)'=\cos x$,所以 $\sin x$ 是 $\cos x$ 的一个原函数.

又如在 $(-\infty,\infty)$ 内,$(x^2)'=2x$,所以 x^2 是 $2x$ 的一个原函数,而

$$(x^2+1)'=2x,\quad(x^2+5)'=2x,\quad(x^2-\sqrt{7})'=2x,$$

等等,所以 $2x$ 的原函数不是唯一的.

关于原函数有下面两个定理:

定理 1(原函数族定理) 如果 $F(x)$ 是 $f(x)$ 的一个原函数,那么 $F(x)+C$ 是 $f(x)$ 的全体原函数,其中 C 为任意常数.

事实上,如果 $F(x)$ 是 $f(x)$ 的一个原函数,那么

$$(F(x)+C)'=F'(x)=f(x)\quad(C\text{ 为任意常数}),$$

即 $F(x)+C$ 也是 $f(x)$ 的原函数.

另一方面,设 $G(x)$ 是 $f(x)$ 的任意一个原函数,那么有

$$[G(x)-F(x)]'=G'(x)-F'(x)=f(x)-f(x)=0,$$

则由中值定理的推论知,$F(x)$ 和 $G(x)$ 仅相差一个常数,即存在常数 C,使得

$$G(x)=F(x)+C.$$

这样 $f(x)$ 的全体原函数可表示为 $F(x)+C$,其中 C 为任意常数.

由定理 1 可知,要求函数 $f(x)$ 的全体原函数,只要找到它的一个原函数,然后再加上任意常数 C 即可.

定理 2(原函数存在定理) 如果函数 $f(x)$ 在某区间上连续,那么 $f(x)$ 在该区间上存在原函数.

由于初等函数在其定义区间上连续,因此,**初等函数在其定义区间上都存在原函数**.

2. 不定积分的概念

定义 2 如果 $F(x)$ 是 $f(x)$ 在某个区间上的一个原函数,那么 $f(x)$ 的全体原函数 $F(x)+C$(C 为任意常数)称为 $f(x)$ 在该区间上的**不定积分**,记为 $\int f(x)\mathrm{d}x$,即

$$\int f(x)\mathrm{d}x=F(x)+C,$$

其中"$\int$"称为积分号,$f(x)$ 称为**被积函数**,$f(x)\mathrm{d}x$ 称为**被积表达式**,x 称为积分变量,C 称为积分常数.

由定义知,求 $f(x)$ 的不定积分,只需求出 $f(x)$ 的任意一个原函数,再加上任意常数 C 即可.但要注意,求 $\int f(x)dx$ 时,切记"$+C$",否则求出的只是 $f(x)$ 的一个原函数,而不是不定积分.

上面两例可写成:$\int \cos xdx = \sin x + C, \int 2xdx = x^2 + C.$

例1 求下列不定积分:

$(1)\ \int e^x dx$; $(2)\ \int \dfrac{1}{\sqrt{1-x^2}}dx$; $(3)\ \int \dfrac{1}{x}dx.$

解 (1) 因为 $(e^x)' = e^x$,即 e^x 是 e^x 的一个原函数,所以

$$\int e^x dx = e^x + C.$$

(2) 因为 $(\arcsin x)' = \dfrac{1}{\sqrt{1-x^2}}$,即 $\arcsin x$ 是 $\dfrac{1}{\sqrt{1-x^2}}$ 的一个原函数,所以

$$\int \dfrac{dx}{\sqrt{1-x^2}} = \arcsin x + C.$$

(3) 因为当 $x>0$ 时,有

$$(\ln|x|)' = (\ln x)' = \dfrac{1}{x};$$

当 $x<0$ 时,也有

$$(\ln|x|)' = [\ln(-x)]' = \dfrac{(-x)'}{-x} = \dfrac{-1}{-x} = \dfrac{1}{x},$$

即 $\ln|x|$ 是 $\dfrac{1}{x}$ 的一个原函数.所以 $\int \dfrac{1}{x}dx = \ln|x| + C.$

求不定积分的运算和方法分别称为**积分运算**和**积分法**.

3. 不定积分的几何意义

引例3 已知某曲线经过原点 $(0,0)$,且在任一点的切线的斜率为该点横坐标的两倍,求该曲线的方程.

解 设所求曲线的方程为 $y = f(x)$,则依题意及导数的几何意义知:$f'(x) = 2x$.根据基本导数公式,易知:$(x^2+C)' = 2x$,其中 C 为任意常数.因此有 $f(x) = x^2 + C$.又因为曲线经过原点 $(0,0)$,即 $f(0) = 0$,所以有 $f(0) = C = 0$,因此所求曲线方程为 $y = x^2$.

我们知道,$y = x^2 + C$ 的图形可由抛物线 $y = x^2$ 沿 y 轴方向上下平行移动 $|C|$ 个单位得到.当 $C>0$ 时向上移,当 $C<0$ 时向下移,因此 $y = x^2 + C$(C 为任意常数)的图形是一组抛物线(如图 4-1 所示),而所求的抛物线 $y = x^2$ 是这组抛物线中过点 $(0,0)$ 的那一条.

一般地,函数 $f(x)$ 的一个原函数 $F(x)$ 的图像叫做函数 $f(x)$ 的一条**积分曲线**.对于任意常数 $C,y = F(x) + C$ 表示的是一族曲线,我们称这个曲线族为 $f(x)$ 的**积分曲线族**.这就是**不定积分的几何意义**.$f(x)$ 的积分曲线族有这样的特点:

每一条曲线在相同的横坐标 x 点处的切线都有相同的斜率 $f(x)$，所以在这些点处它们的切线都相互平行(如图 4-2 所示).另外，积分曲线族中的任一条曲线都可以由某一条确定的积分曲线沿 y 轴的方向上、下平行移动得到.

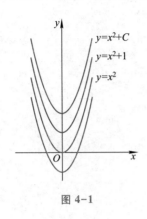

图 4-1

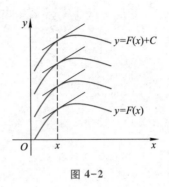

图 4-2

二、不定积分的性质

由不定积分的定义知，函数的不定积分与导数(或微分)之间有如下的运算关系，即不定积分的性质：

性质 1 $\left[\int f(x)\mathrm{d}x\right]' = f(x)$ 或 $\mathrm{d}\left[\int f(x)\mathrm{d}x\right] = f(x)\mathrm{d}x$.

此式表明，先求积分再求导数(或微分)，两种运算的作用相互抵消.

性质 2 $\int f'(x)\mathrm{d}x = f(x)+C$ 或 $\int \mathrm{d}f(x) = f(x)+C$.

此式表明，先求导数(或微分)再积分，得到的是一族函数，不是一个函数，必须加上任意常数 C.

由此性质可知，"积分运算"与"微分运算"是一对互逆的运算.

例如：

$$\left(\int \mathrm{e}^x \arcsin x^2 \mathrm{d}x\right)' = \mathrm{e}^x \arcsin x^2, \quad \int (3a^x \ln x)' \mathrm{d}x = 3a^x \ln x + C.$$

三、基本积分公式

由于积分运算是微分运算的逆运算，因此由一个导数公式可以相应地推出一个不定积分公式.例如，

因为 $(\sin x)' = \cos x$，所以 $\int \cos x \mathrm{d}x = \sin x + C$.

因为 $\left(\dfrac{1}{\alpha+1}x^{\alpha+1}\right)' = x^\alpha$ $(\alpha \neq -1)$，所以 $\int x^\alpha \mathrm{d}x = \dfrac{1}{\alpha+1}x^{\alpha+1} + C$ $(\alpha \neq -1)$.

类似地，可以推导出其他基本积分公式，现将它们列表 4-1 对照如下：

表 4-1

序号	$F'(x)=f(x)$	$\int f(x)\mathrm{d}x = F(x)+C$
1	$x'=1$	$\int 1\mathrm{d}x = x + C$
2	$\left(\dfrac{1}{\alpha+1}x^{\alpha+1}\right)'=x^{\alpha}\quad(\alpha\neq-1)$	$\int x^{\alpha}\mathrm{d}x = \dfrac{1}{\alpha+1}x^{\alpha+1}+C\quad(\alpha\neq-1)$
3	$(\ln\mid x\mid)'=\dfrac{1}{x}$	$\int\dfrac{1}{x}\mathrm{d}x = \ln\mid x\mid + C$
4	$\left(\dfrac{a^{x}}{\ln a}\right)'=a^{x}$	$\int a^{x}\mathrm{d}x = \dfrac{a^{x}}{\ln a}+C$
5	$(\mathrm{e}^{x})'=\mathrm{e}^{x}$	$\int\mathrm{e}^{x}\mathrm{d}x = \mathrm{e}^{x}+C$
6	$(-\cos x)'=\sin x$	$\int\sin x\mathrm{d}x = -\cos x + C$
7	$(\sin x)'=\cos x$	$\int\cos x\mathrm{d}x = \sin x + C$
8	$(\tan x)'=\sec^{2}x=\dfrac{1}{\cos^{2}x}$	$\int\sec^{2}x\mathrm{d}x = \int\dfrac{1}{\cos^{2}x}\mathrm{d}x = \tan x + C$
9	$(-\cot x)'=\csc^{2}x=\dfrac{1}{\sin^{2}x}$	$\int\csc^{2}x\mathrm{d}x = \int\dfrac{1}{\sin^{2}x}\mathrm{d}x = -\cot x + C$
10	$(\sec x)'=\sec x\tan x$	$\int\sec x\tan x\mathrm{d}x = \sec x + C$
11	$(-\csc x)'=\csc x\cot x$	$\int\csc x\cot x\mathrm{d}x = -\csc x + C$
12	$(\arcsin x)'=\dfrac{1}{\sqrt{1-x^{2}}}$	$\int\dfrac{1}{\sqrt{1-x^{2}}}\mathrm{d}x = \arcsin x + C$
13	$(\arctan x)'=\dfrac{1}{1+x^{2}}$	$\int\dfrac{1}{1+x^{2}}\mathrm{d}x = \arctan x + C$

以上 13 个公式是求不定积分的基础,必须熟记.在应用这些公式时,有时需要对被积函数作适当的变形.请看下面的例子.

例 2 求下列不定积分:

(1) $\displaystyle\int x^{8}\mathrm{d}x$;　　(2) $\displaystyle\int\dfrac{1}{x^{2}}\mathrm{d}x$;　　(3) $\displaystyle\int\dfrac{1}{\sqrt{x}}\mathrm{d}x$;　　(4) $\displaystyle\int 5^{x}\mathrm{e}^{x}\mathrm{d}x$.

解 (1) 由幂函数的不定积分公式,得

$$\int x^{8}\mathrm{d}x = \dfrac{1}{8+1}x^{8+1}+C = \dfrac{1}{9}x^{9}+C.$$

(2) 被积函数是分式,先把被积函数化为幂函数的形式,再利用基本积分公式,得

$$\int\dfrac{1}{x^{2}}\mathrm{d}x = \int x^{-2}\mathrm{d}x = \dfrac{x^{-2+1}}{-2+1}+C = -\dfrac{1}{x}+C.$$

(3) 被积函数是无理式,先把被积函数化为幂函数的形式,再利用基本积分公式,得

$$\int \frac{1}{\sqrt{x}} \mathrm{d}x = \int x^{-\frac{1}{2}} \mathrm{d}x = \frac{1}{-\frac{1}{2}+1} x^{-\frac{1}{2}+1} + C = 2\sqrt{x} + C.$$

（4）被积函数是积的形式，先把被积函数整理化为指数函数的形式，再利用基本积分公式，得

$$\int 5^x \mathrm{e}^x \mathrm{d}x = \int (5\mathrm{e})^x \mathrm{d}x = \frac{(5\mathrm{e})^x}{\ln(5\mathrm{e})} + C = \frac{5^x \mathrm{e}^x}{1+\ln 5} + C.$$

注：例（2）、例（3）的结果经常用到，因此，为了计算的方便，我们也把它们作为公式（序号接上面）：

14. $\int \dfrac{1}{x^2} \mathrm{d}x = -\dfrac{1}{x} + C.$ 15. $\int \dfrac{1}{\sqrt{x}} \mathrm{d}x = 2\sqrt{x} + C.$

四、不定积分的运算法则

由不定积分的定义知，不定积分有如下运算法则：

法则 1 被积函数中不为零的常数因子可以提到不定积分符号外面来，即

$$\int kf(x) \mathrm{d}x = k\int f(x) \mathrm{d}x \quad (k \neq 0).$$

法则 2 两个函数代数和的不定积分等于两个函数的不定积分的代数和，即

$$\int [f(x) \pm g(x)] \mathrm{d}x = \int f(x) \mathrm{d}x \pm \int g(x) \mathrm{d}x.$$

注：此法则中的两个函数可以推广到任意有限多个函数．即

$$\int [f_1(x) \pm f_2(x) \pm \cdots \pm f_n(x)] \mathrm{d}x = \int f_1(x) \mathrm{d}x \pm \int f_2(x) \mathrm{d}x \pm \cdots \pm \int f_n(x) \mathrm{d}x.$$

例 3 求不定积分 $\int \left(\dfrac{2}{x^2+1} + 3\sec^2 x - 1 \right) \mathrm{d}x.$

解
$$\int \left(\frac{2}{x^2+1} + 3\sec^2 x - 1 \right) \mathrm{d}x = \int \frac{2}{x^2+1} \mathrm{d}x + \int 3\sec^2 x \mathrm{d}x - \int 1 \mathrm{d}x$$
$$= 2\int \frac{1}{x^2+1} \mathrm{d}x + 3\int \sec^2 x \mathrm{d}x - \int \mathrm{d}x$$
$$= 2\arctan x + 3\tan x - x + C.$$

注：（1）在分项积分后，每个不定积分的结果都应有一个任意常数，但任意常数的和仍是任意常数，因此，最后结果只要写一个任意常数即可．

（2）检验结果是否正确，只要将结果求导，看它的导数是否等于被积函数．

（3）当被积函数是 1 时，可省略不写．

习题 4-1

1. 求下列函数的一个原函数.

（1）$f(x) = 4x^3$； （2）$f(x) = 3^x$；

（3）$f(x)=\dfrac{5}{\sqrt{1-x^2}}$；　　　　（4）$f(x)=\dfrac{1}{x}+\sec^2 x$.

2. 求下列函数的不定积分.

（1）$\displaystyle\int x^5 \mathrm{d}x$；　　　　　　　（2）$\displaystyle\int 2^x \mathrm{d}x$；

（3）$\displaystyle\int \dfrac{1}{x^2\sqrt{x}}\mathrm{d}x$；　　　　　（4）$\displaystyle\int (\mathrm{e}^x+5\sin x)\mathrm{d}x$；

（5）$\displaystyle\int 2^x(3^x-5)\mathrm{d}x$；　　　　（6）$\displaystyle\int \left(3\tan x\sec x-\dfrac{2}{\sqrt{x}}\right)\mathrm{d}x$.

3. 已知 $\displaystyle\int f(x)\mathrm{d}x=\sin^2 x+C$，求 $f(x)$.

4. 一曲线通过点 $(\mathrm{e}^2,2)$，且在任一点的切线的斜率等于该点横坐标的倒数，求该曲线的方程.

5. 美丽的冰城整个冬季结冰，滑雪场完全靠自然结冰，结冰的速度由 $\dfrac{\mathrm{d}y}{\mathrm{d}t}=v(t)=kt^{\frac{2}{3}}$（$k>0$ 为常数）确定，其中 y 是从开始结冰起到时刻 t 时的厚度，求结冰厚度 y 关于时间 t 的函数式.

6. 证明函数 $\arcsin(2x-1)$，$\arccos(1-2x)$，$2\arcsin\sqrt{x}$，$2\arctan\sqrt{\dfrac{x}{1-x}}$ 都是 $\dfrac{1}{\sqrt{x(1-x)}}$ 的原函数.

第二节　不定积分的计算方法

以上我们利用基本积分公式及不定积分的两个运算法则求出了一些函数的不定积分，然而仅用上述方法所能求的不定积分是很有限的，因此有必要寻找其他的求不定积分的方法.下面介绍几种基本的积分方法.

一、换元积分法

1. 第一换元积分法

利用直接积分法只能计算一些较简单的不定积分，当被积函数是复合函数等比较复杂的函数时，必须寻求其他的方法.

例如，$\displaystyle\int \sin 3x\mathrm{d}x$ 就不能直接利用基本积分公式，因为 $\sin 3x$ 是一个复合函数.下面我们先将被积表达式变形，然后再用基本公式求积分.

$$\int \sin 3x\mathrm{d}x=\dfrac{1}{3}\int \sin 3x\mathrm{d}(3x)\xlongequal{\text{令}3x=u}\dfrac{1}{3}\int \sin u\mathrm{d}u$$

$$=-\dfrac{1}{3}\cos u+C\xlongequal{\text{回代}:u=3x}-\dfrac{1}{3}\cos 3x+C.$$

因为 $\left(-\dfrac{1}{3}\cos 3x+C\right)'=\sin 3x$，所以 $-\dfrac{1}{3}\cos 3x+C$ 是 $\sin 3x$ 的原函数.这说明上面的方法是正确的.

上述解法的特点是先凑微分 $\mathrm{d}\varphi(x)$，然后引入新变量 $u=\varphi(x)$（$\varphi(x)$ 具有连续的导数），从而将原不定积分化为关于 u 的一个简单的不定积分，再利用基本积分公式求解，最后还原变量.这种求不定积分的方法叫做**第一换元积分法**.

第一换元积分法求不定积分的一般步骤如下：

$$\int g(x)\mathrm{d}x \xlongequal{\text{恒等变形}} \int f[\varphi(x)]\cdot\varphi'(x)\mathrm{d}x$$

$$\xlongequal{\text{凑微分}} \int f[\varphi(x)]\mathrm{d}[\varphi(x)]$$

$$\xlongequal{\text{令}\,\varphi(x)=u} \int f(u)\mathrm{d}u$$

$$\xlongequal{\text{积分}} F(u)+C \xlongequal{\text{回代}:u=\varphi(x)} F[\varphi(x)]+C.$$

上述步骤中,关键是怎样选择适当的变量代换 $u=\varphi(x)$，将 $g(x)\mathrm{d}x$ 凑成 $f[\varphi(x)]\mathrm{d}[\varphi(x)]$，因此第一换元积分法又叫**凑微分法**.

例1　求 $\displaystyle\int(4x-3)^{50}\mathrm{d}x$.

解　$\displaystyle\int(4x-3)^{50}\mathrm{d}x \xlongequal{\text{凑微分}} \dfrac{1}{4}\int(4x-3)^{50}\mathrm{d}(4x-3)$

$$\xlongequal{\text{换元}:4x-3=u} \dfrac{1}{4}\int u^{50}\mathrm{d}u$$

$$\xlongequal{\text{积分}} \dfrac{1}{4}\cdot\dfrac{1}{50+1}u^{50+1}+C$$

$$\xlongequal{\text{回代}:u=4x-3} \dfrac{1}{204}(4x-3)^{51}+C.$$

熟练了以后,所设新变量 u 可不必写出来,简写为

$$\int(4x-3)^{50}\mathrm{d}x = \dfrac{1}{4}\int(4x-3)^{50}\mathrm{d}(4x-3)$$

$$= \dfrac{1}{4}\cdot\dfrac{1}{50+1}(4x-3)^{50+1}+C$$

$$= \dfrac{1}{204}(4x-3)^{51}+C.$$

例2　求 $\displaystyle\int x(x^2+1)^6\mathrm{d}x$.

解　$\displaystyle\int x(x^2+1)^6\mathrm{d}x = \dfrac{1}{2}\int(x^2+1)^6\mathrm{d}(x^2+1)$

$$= \dfrac{1}{14}(x^2+1)^7+C.$$

凑微分法的关键是凑微分,运用的难点在于把哪个函数凑成 $d[\varphi(x)]$ 的形式,这需要解题经验,要熟练掌握微分基本公式和不定积分基本公式.下面列举一些常用的凑微分形式,对我们计算不定积分有一定的帮助.其中 a,b 均为常数,$a \neq 0$.

$$\frac{1}{x}dx = d(\ln x) \quad (x>0); \qquad \frac{1}{x^2}dx = -d\left(\frac{1}{x}\right);$$

$$\frac{1}{\sqrt{x}}dx = 2d(\sqrt{x}); \qquad e^x dx = d(e^x);$$

$$\sin x dx = -d(\cos x); \qquad \cos x dx = d(\sin x);$$

$$\frac{1}{\sqrt{1-x^2}}dx = d(\arcsin x) \qquad \frac{1}{1+x^2}dx = d(\arctan x);$$

$$x dx = d\left(\frac{x^2+C}{2}\right) = \frac{1}{2}d(x^2+C); \qquad dx = \frac{1}{a}d(ax+b);$$

$$f(ax+b)dx = \frac{1}{a}f(ax+b)d(ax+b); \qquad f(x^n)x^{n-1}dx = \frac{1}{n}f(x^n)d(x^n);$$

$$f(\sqrt{x})\frac{1}{\sqrt{x}}dx = 2f(\sqrt{x})d(\sqrt{x}).$$

例 3 求 $\int \dfrac{dx}{x(1+\ln x)}$.

解 $\int \dfrac{dx}{x(1+\ln x)} = \int \dfrac{d(1+\ln x)}{1+\ln x} = \ln|1+\ln x| + C$.

例 4 求 $\int \tan x dx$.

例4视频讲解

解 $\int \tan x dx = \int \dfrac{\sin x}{\cos x}dx = -\int \dfrac{d(\cos x)}{\cos x} = -\ln|\cos x| + C$.

类似地,可得

$$\int \cot x dx = \ln|\sin x| + C.$$

例5视频讲解

例 5 求 $\int \dfrac{1}{x^2-a^2}dx \quad (a \neq 0)$.

解 $\displaystyle\int \frac{1}{x^2-a^2}dx = \int \frac{1}{(x+a)(x-a)}dx = \int \frac{(x+a)-(x-a)}{(x+a)(x-a)} \cdot \frac{1}{2a}dx$

$$= \frac{1}{2a}\int \left(\frac{1}{x-a} - \frac{1}{x+a}\right)dx = \frac{1}{2a}\left[\int \frac{d(x-a)}{x-a} - \int \frac{d(x+a)}{x+a}\right]$$

$$= \frac{1}{2a}(\ln|x-a| - \ln|x+a|) + C$$

$$= \frac{1}{2a}\ln\left|\frac{x-a}{x+a}\right| + C.$$

于是，有

$$\int \frac{1}{x^2-a^2}\mathrm{d}x = \frac{1}{2a}\ln\left|\frac{x-a}{x+a}\right| + C \quad (a \neq 0).$$

例 6 求 $\int \sec x\mathrm{d}x$.

解
$$\int \sec x\mathrm{d}x = \int \frac{\sec x(\sec x + \tan x)}{\sec x + \tan x}\mathrm{d}x$$
$$= \int \frac{\mathrm{d}(\sec x + \tan x)}{\sec x + \tan x}$$
$$= \ln\left|\sec x + \tan x\right| + C.$$

$$\int \csc x\mathrm{d}x = \ln\left|\csc x - \cot x\right| + C.$$

例 7 求 $\int \sin 3x\cos 5x\mathrm{d}x$.

解 先利用三角函数的积化和差公式，将被积函数化作两项之和，再分项积分.
因为

$$\sin 3x\cos 5x = \frac{1}{2}\left[\sin(3+5)x + \sin(3-5)x\right],$$

所以，有

$$\int \sin 3x\cos 5x\mathrm{d}x = \frac{1}{2}\int\left[\sin 8x + \sin(-2x)\right]\mathrm{d}x$$
$$= \frac{1}{2}\left(\int \sin 8x\mathrm{d}x - \int \sin 2x\mathrm{d}x\right)$$
$$= \frac{1}{2}\left[\frac{1}{8}\int \sin 8x\mathrm{d}(8x) - \frac{1}{2}\int \sin 2x\mathrm{d}(2x)\right]$$
$$= \frac{1}{4}\cos 2x - \frac{1}{16}\cos 8x + C.$$

例 8 某太阳能发电厂太阳能的能量 y 相对于接触的表面面积 x 的变化率为

$$\frac{\mathrm{d}y}{\mathrm{d}x} = \frac{0.005}{\sqrt{0.01x+1}},$$

且当 $x=0$ 时，$y=0$.试求太阳能的能量 y 的函数表达式.

解 对 $\dfrac{\mathrm{d}y}{\mathrm{d}x} = \dfrac{0.005}{\sqrt{0.01x+1}}$ 两端积分，得

$$y = \int \frac{\mathrm{d}y}{\mathrm{d}x}\mathrm{d}x = \int \frac{0.005}{\sqrt{0.01x+1}}\mathrm{d}x$$
$$= \frac{0.005}{0.01}\int \frac{\mathrm{d}(0.01x+1)}{\sqrt{0.01x+1}}$$
$$= 0.5 \times 2\sqrt{0.01x+1} + C,$$

第二节 不定积分的计算方法

又当 $x=0$ 时, $y=0$, 代入上式, 得 $C=-1$, 所以有

$$y=\sqrt{0.01x+1}-1.$$

2. 第二换元积分法

第一换元积分法是通过变量代换 $\varphi(x)=u$, 把积分 $\int f[\varphi(x)] \cdot \varphi'(x)\mathrm{d}x$ 化为容易积分的 $\int f(u)\mathrm{d}u$. 但有时也会遇到相反的情形, 积分 $\int f(x)\mathrm{d}x$ 不易求得, 而令 $x=\psi(t)$, 将积分 $\int f(x)\mathrm{d}x$ 化为积分 $\int f[\psi(t)]\psi'(t)\mathrm{d}t$ 后才能求出结果.

例如, 求积分 $\int \dfrac{\sqrt{x}}{1+x}\mathrm{d}x$. 为了去掉根号, 可设 $\sqrt{x}=t$, 则 $x=t^2$, $\mathrm{d}x=2t\mathrm{d}t$. 于是, 有

$$\int \frac{\sqrt{x}}{1+x}\mathrm{d}x = \int \frac{2t^2}{1+t^2}\mathrm{d}t = 2\int \frac{t^2+1-1}{1+t^2}\mathrm{d}t = 2\int\left(1-\frac{1}{1+t^2}\right)\mathrm{d}t$$

$$= 2(t-\arctan t)+C = 2\sqrt{x}-2\arctan\sqrt{x}+C.$$

通过这种换元, 我们求出了积分. 这种方法叫做**第二换元积分法**.

第二换元积分法的一般步骤是:

$$\int f(x)\mathrm{d}x \xrightarrow[\quad]{\text{换元}:x=\psi(t)} \int f[\psi(t)]\psi'(t)\mathrm{d}t \xrightarrow[\quad]{\text{积分}} F(t)+C$$

$$\xrightarrow[\quad]{\text{回代}:t=\psi^{-1}(x)} F[\psi^{-1}(x)]+C.$$

不定积分的
第二类换元
积分法

使用第二换元积分法的关键是恰当地选择变换函数 $x=\psi(t)$, 要求 $x=\psi(t)$ 单调可导, $\psi'(t)\neq 0$, 其反函数 $t=\psi^{-1}(x)$ 存在. 因此, 第二换元积分法又叫做**变量代换法**.

例 9 求 $\int x\sqrt{x-1}\,\mathrm{d}x$.

解 令 $\sqrt{x-1}=t$, 则 $x-1=t^2$, $\mathrm{d}x=2t\mathrm{d}t$, 从而

$$\int x\sqrt{x-1}\,\mathrm{d}x = \int(1+t^2)\cdot t\cdot 2t\mathrm{d}t = 2\int(t^2+t^4)\,\mathrm{d}t$$

$$= \frac{2}{3}t^3+\frac{2}{5}t^5+C$$

$$= \frac{2}{3}(x-1)\sqrt{x-1}+\frac{2}{5}(x-1)^2\sqrt{x-1}+C.$$

一般地, 当被积函数中含有形如 $\sqrt[n]{ax+b}$, $\sqrt[n]{\dfrac{ax+b}{cx+d}}$ （其中 $a\neq 0, c\neq 0$）等简单根式的不定积分, 可通过适当的变量代换: 令 $\sqrt[n]{ax+b}=t$ 或 $\sqrt[n]{\dfrac{ax+b}{cx+d}}=t$, 消去根号而将被积函数化为有理函数.

例 10 求 $\int \sqrt{a^2-x^2}\,\mathrm{d}x$ （$a>0$）.

解 被积函数中含有 $\sqrt{a^2-x^2}$，与上例一样，设法去掉根号。我们找一种变量替代式，使 a^2-x^2 能化成某一项的平方，而 $\mathrm{d}x$ 经替代后又不含根号。这样，可使被积表达式不含根号。考虑到三角恒等式 $1-\sin^2 t=\cos^2 t$，可设 $x=a\sin t$，$-\dfrac{\pi}{2}<t<\dfrac{\pi}{2}$，则有 $\mathrm{d}x=a\cos t\mathrm{d}t$，于是

$$
\begin{aligned}
\int \sqrt{a^2-x^2}\,\mathrm{d}x &= \int a\cos t\cdot a\cos t\mathrm{d}t = a^2\int \cos^2 t\mathrm{d}t\\
&= a^2\int \frac{1+\cos 2t}{2}\mathrm{d}t = \frac{a^2}{2}\left(\int \mathrm{d}t+\int \cos 2t\mathrm{d}t\right)\\
&= \frac{a^2}{2}\left[t+\frac{1}{2}\int \cos 2t\mathrm{d}(2t)\right]\\
&= \frac{a^2}{2}\left(t+\frac{\sin 2t}{2}\right)+C = \frac{a^2}{2}(t+\sin t\cos t)+C\\
&\xlongequal[t=\arcsin \frac{x}{a}]{\text{代回原变量}} \frac{a^2}{2}\left(\arcsin \frac{x}{a}+\frac{x}{a}\cdot \frac{\sqrt{a^2-x^2}}{a}\right)+C\\
&= \frac{a^2}{2}\arcsin \frac{x}{a}+\frac{x}{2}\sqrt{a^2-x^2}+C.
\end{aligned}
$$

例 11 求 $\displaystyle\int \frac{\mathrm{d}x}{\sqrt{x^2+a^2}}$ $(a>0)$.

解 利用三角公式：$1+\tan^2 t=\sec^2 t$ 来去掉根号。

设 $x=a\tan t\left(-\dfrac{\pi}{2}<t<\dfrac{\pi}{2}\right)$，则 $t=\arctan \dfrac{x}{a}$，而

$$
\sqrt{x^2+a^2}=a\sec t,\quad \mathrm{d}x=a\sec^2 t\mathrm{d}t,
$$

于是

$$
\int \frac{\mathrm{d}x}{\sqrt{x^2+a^2}} = \int \frac{a\sec^2 t}{a\sec t}\mathrm{d}t = \int \sec t\mathrm{d}t = \ln|\sec t+\tan t|+C_1.
$$

为了把 $\sec t$ 及 $\tan t$ 换成 x 的函数，可以根据 $\tan t=\dfrac{x}{a}$ 作辅助三角形（见图 4-3），便有 $\sec t=\dfrac{\sqrt{x^2+a^2}}{a}$，且 $\sec t+\tan t>0$，因此

$$
\begin{aligned}
\int \frac{\mathrm{d}x}{\sqrt{x^2+a^2}} &= \ln\left(\frac{x}{a}+\frac{\sqrt{x^2+a^2}}{a}\right)+C_1\\
&= \ln(x+\sqrt{x^2+a^2})+C,\text{其中 } C=C_1-\ln a.
\end{aligned}
$$

一般地，当被积函数中含有根式：

（1）$\sqrt{a^2-x^2}$，可令 $x=a\sin t$ 或 $x=a\cos t$ $\left(-\dfrac{\pi}{2}<t<\dfrac{\pi}{2}\right)$；

（2）$\sqrt{x^2+a^2}$，可令 $x=a\tan t$ 或 $x=a\cot t$ $\left(-\dfrac{\pi}{2}<t<\dfrac{\pi}{2}\right)$（图 4-3）；

（3）$\sqrt{x^2-a^2}$，可令 $x=a\sec t$ 或 $x=a\csc t$ $\left(0<t<\dfrac{\pi}{2}\right)$（图 4-4），其中 $a>0$ 为常数.

通常称以上三种代换为三角代换.

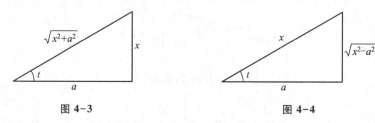

图 4-3 　　　　　　　　　　　　　　图 4-4

注：在作三角代换时，可以利用直角三角形的边之间的关系确定有关三角函数的关系，以便变量还原为原积分变量.

在本节的例题中，有几个积分是以后经常会遇到的.所以它们通常也被当做公式使用.这样，常用的积分公式，除了基本积分表中的几个外，再添加下面几个（其中常数 $a>0$）：

16. $\displaystyle\int \tan x\,\mathrm{d}x=-\ln|\cos x|+C,$

17. $\displaystyle\int \cot x\,\mathrm{d}x=\ln|\sin x|+C,$

18. $\displaystyle\int \dfrac{\mathrm{d}x}{x^2-a^2}=\dfrac{1}{2a}\ln\left|\dfrac{x-a}{x+a}\right|+C,$

19. $\displaystyle\int \sec x\,\mathrm{d}x=\ln|\sec x+\tan x|+C,$

20. $\displaystyle\int \csc x\,\mathrm{d}x=\ln|\csc x-\cot x|+C,$

21. $\displaystyle\int \dfrac{\mathrm{d}x}{a^2+x^2}=\dfrac{1}{a}\arctan\dfrac{x}{a}+C,$

22. $\displaystyle\int \dfrac{\mathrm{d}x}{\sqrt{a^2-x^2}}=\arcsin\dfrac{x}{a}+C,$

23. $\displaystyle\int \dfrac{\mathrm{d}x}{\sqrt{x^2+a^2}}=\ln(x+\sqrt{x^2+a^2})+C,$

24. $\displaystyle\int \dfrac{\mathrm{d}x}{\sqrt{x^2-a^2}}=\ln|x+\sqrt{x^2-a^2}|+C.$

二、分部积分法

直接积分法适用于基本初等函数经过有限次的和、差运算得到的函数的不定积分，换元积分法适用于复合函数的不定积分.那么如何求不定积分 $\displaystyle\int x\cos x\,\mathrm{d}x$，$\displaystyle\int \mathrm{e}^x\sin x\,\mathrm{d}x$ 呢？这类不定积分的被积函数是两个基本初等函数乘积的形式，下面将在乘积的求导法则的基础上介绍不定积分的分部积分法.

设函数 $u=u(x)$ 及 $v=v(x)$ 具有连续导数，那么，两个函数乘积的导数公式为
$$(uv)'=u'v+uv',$$
移项，得
$$uv'=(uv)'-u'v.$$

对这个等式两边求不定积分,得

$$\int uv'\mathrm{d}x = uv - \int u'v\mathrm{d}x.$$

这个公式称为**分部积分公式**.如果求 $\int uv'\mathrm{d}x$ 有困难,而求 $\int u'v\mathrm{d}x$ 较容易时,分部积分公式就可以发挥作用了.

为简便起见,也可把公式写成下面的形式:

$$\int u\mathrm{d}v = uv - \int v\mathrm{d}u.$$

现在通过例子说明如何运用这个重要公式.

例 12 求 $\int x\cos x\mathrm{d}x$.

解 这个积分用换元积分法不易求得结果,现在用分部积分法来求它.但是怎样选 u 和 $\mathrm{d}v$ 呢? 如果设 $u = x, \mathrm{d}v = \cos x\mathrm{d}x$,那么 $\mathrm{d}u = \mathrm{d}x, v = \sin x$,代入分部积分公式,得

$$\int x\cos x\mathrm{d}x = x\sin x - \int \sin x\mathrm{d}x,$$

而 $\int v\mathrm{d}u = \int \sin x\mathrm{d}x$ 容易积出,所以

$$\int x\cos x\mathrm{d}x = x\sin x + \cos x + C.$$

求这个积分时,如果设 $u = \cos x, \mathrm{d}v = x\mathrm{d}x$,那么 $\mathrm{d}u = -\sin x\mathrm{d}x, v = \dfrac{x^2}{2}$,于是

$$\int x\cos x\mathrm{d}x = \frac{x^2}{2}\cos x + \int \frac{x^2}{2}\sin x\mathrm{d}x.$$

上式右端的积分比原积分更不容易求出.

由此可见,如果 u 和 $\mathrm{d}v$ 选取不当,就求不出结果,所以应用分部积分法时,恰当选取 u 和 $\mathrm{d}v$ 是一个关键.选取 u 和 $\mathrm{d}v$ 一般要考虑下面两点:

(1) $\mathrm{d}v$ 容易凑微分;

(2) $\int v\mathrm{d}u$ 要比 $\int u\mathrm{d}v$ 容易积出.

例 13 求 $\int x\mathrm{e}^x\mathrm{d}x$.

解 设 $u = x, \mathrm{d}v = \mathrm{e}^x\mathrm{d}x$,那么 $\mathrm{d}u = \mathrm{d}x, v = \mathrm{e}^x$.于是

$$\int x\mathrm{e}^x\mathrm{d}x = x\mathrm{e}^x - \int \mathrm{e}^x\mathrm{d}x = x\mathrm{e}^x - \mathrm{e}^x + C.$$

熟练后, $u, \mathrm{d}v$ 的引进过程可以不写出来.上例的求解过程也可表述为

$$\int x\mathrm{e}^x\mathrm{d}x = \int x\mathrm{d}\mathrm{e}^x = x\mathrm{e}^x - \int \mathrm{e}^x\mathrm{d}x$$
$$= x\mathrm{e}^x - \mathrm{e}^x + C.$$

例14视频讲解

例 14 求 $\int x\ln x\mathrm{d}x$.

解 $\int x\ln x\mathrm{d}x = \int \ln x\mathrm{d}\left(\dfrac{x^2}{2}\right) = \dfrac{x^2}{2}\ln x - \dfrac{1}{2}\int x\mathrm{d}x = \dfrac{x^2}{2}\ln x - \dfrac{x^2}{4} + C.$

例 15 求 $\int \mathrm{e}^x\cos x\mathrm{d}x$.

解 $\int \mathrm{e}^x\cos x\mathrm{d}x = \mathrm{e}^x\cos x + \int \mathrm{e}^x\sin x\mathrm{d}x$

$\qquad\qquad = \mathrm{e}^x\cos x + \mathrm{e}^x\sin x - \int \mathrm{e}^x\cos x\mathrm{d}x.$

经过两次分部积分后,上式右端又出现了所求的积分 $\int \mathrm{e}^x\cos x\mathrm{d}x$,且其系数不为 1,于是把它移到等号左端去,再两端同时除以 2,便得

$$\int \mathrm{e}^x\cos x\mathrm{d}x = \frac{1}{2}\mathrm{e}^x(\sin x + \cos x) + C.$$

因上式右端已不包含积分项,所以必须加上任意常数 C.

类似地,有 $\int \mathrm{e}^x\sin x\mathrm{d}x = \dfrac{1}{2}\mathrm{e}^x(\sin x - \cos x) + C$.以上这种解题的方法称为**循环法**.当被积函数是指数函数与幂函数的积时,设任意函数为 u 都可以,但要注意一旦 u 选定,在两次分部积分过程中,u 的选取要一致.

例 16 工程师从墨西哥湾的一个新井开采天然气.根据经验,他们预计天然气开采后的 t 月的总产量 P(单位:$10^6\ \mathrm{m}^3$)的变化率为:$\dfrac{\mathrm{d}P}{\mathrm{d}t} = 0.084\,9t\mathrm{e}^{-0.02t}$,试求总产量函数 $P = P(t)$.

解 依题意知:总产量函数为

$$P = P(t) = \int \frac{\mathrm{d}P}{\mathrm{d}t}\mathrm{d}t = \int 0.084\,9t\mathrm{e}^{-0.02t}\mathrm{d}t = 0.084\,9\int t\mathrm{e}^{-0.02t}\mathrm{d}t$$

$$= 0.084\,9 \cdot \left(-\frac{1}{0.02}t\mathrm{e}^{-0.02t} + \frac{1}{0.02}\int \mathrm{e}^{-0.02t}\mathrm{d}t\right)$$

$$= 0.084\,9 \times 50 \cdot \left(-t\mathrm{e}^{-0.02t} + \int \mathrm{e}^{-0.02t}\mathrm{d}t\right)$$

$$= 4.245 \cdot \left(-t\mathrm{e}^{-0.02t} - \frac{1}{0.02} \cdot \mathrm{e}^{-0.02t}\right) + C$$

$$= -212.25 \cdot (50t+1)\mathrm{e}^{-0.02t} + C.$$

在求积分的过程中有时要几种方法同时应用.

例 17 求 $\int \mathrm{e}^{\sqrt{x}}\mathrm{d}x$.

解 令 $\sqrt{x} = t$,则 $x = t^2$,$\mathrm{d}x = 2t\mathrm{d}t$.于是

$$\int \mathrm{e}^{\sqrt{x}}\mathrm{d}x = 2\int t\mathrm{e}^t\mathrm{d}t = 2\mathrm{e}^t(t-1) + C = 2\mathrm{e}^{\sqrt{x}}(\sqrt{x}-1) + C.$$

我们学习了三种积分方法:直接积分法、换元积分法、分部积分法.在运用过程中要注意以下几个问题:

(1)任意初等函数的导数还是初等函数,但是初等函数的原函数未必就是初等函数.例如 $\int e^{-x^2}dx$,$\int \dfrac{e^x}{x}dx$,$\int \sin x^2 dx$,虽然这些不定积分都存在,但不能用初等函数表示它们的原函数,这时称为"积不出".

(2)求初等函数的导数有一定的法则可循,但是求原函数的问题要比求导数复杂得多.只有少数函数能通过各种技巧求出它的原函数.

(3)在实际应用中,我们还可以借助积分表或利用数学软件在计算机上求原函数.

习题 4-2

1. 用直接积分法求下列不定积分.

(1) $\int \left(5+\dfrac{15}{x^5}+4\sqrt[3]{x^5}-\dfrac{1}{\sqrt{x}}\right)dx$;

(2) $\int \left(1-\dfrac{1}{x^2}\right)\sqrt{x\sqrt{x}}\,dx$;

(3) $\int \dfrac{3x^4+3x^2+1}{x^2+1}dx$;

(4) $\int 2^x\left(1+\dfrac{2^{-x}}{x^5}\right)dx$;

(5) $\int 2\sin\dfrac{x}{2}\left(\cos\dfrac{x}{2}+\sin\dfrac{x}{2}\right)dx$;

(6) $\int \sec x(\sec x-\tan x)dx$;

(7) $\int \cos^2\dfrac{x}{2}dx$;

(8) $\int \dfrac{dx}{1+\cos 2x}$;

(9) $\int \dfrac{\cos 2x}{\cos x-\sin x}dx$;

(10) $\int \dfrac{\cos 2x}{\cos^2 x\sin^2 x}dx$.

2. 用第一换元积分法(凑微分法)求下列不定积分.

(1) $\int \sqrt{4x-1}\,dx$;

(2) $\int 3(3x+8)^8 dx$;

(3) $\int \left(e^{\frac{x}{2}}+e^{-\frac{x}{2}}\right)dx$;

(4) $\int \sin(a-bx)dx$;

(5) $\int \dfrac{\sin x}{1+3\cos x}dx$;

(6) $\int e^{-x^2}x\,dx$;

(7) $\int x^4\cdot\sqrt[3]{1-6x^5}\,dx$;

(8) $\int \dfrac{\sqrt{1+\ln x}}{x}dx$;

(9) $\int \dfrac{x}{(4x^2+1)^2}dx$;

(10) $\int \dfrac{x+1}{\sqrt{1-x^2}}dx$;

(11) $\int \dfrac{a^x dx}{a^{2x}+1}$;

(12) $\int \sin^3 x\,dx$;

(13) $\int \dfrac{1}{x}\sin(\ln x)dx$;

(14) $\int \dfrac{\sqrt{x}+\ln x}{x}dx$;

(15) $\int e^{\tan(3x)} \sec^2(3x) \, \mathrm{d}x$;

(16) $\int \dfrac{x-1}{x^2+1} \mathrm{d}x$;

(17) $\int \dfrac{1+\cos x}{x+\sin x} \mathrm{d}x$;

(18) $\int \dfrac{\mathrm{d}x}{\sqrt{4-9x^2}}$;

(19) $\int \tan^{10} x \sec^2 x \mathrm{d}x$;

(20) $\int \left(1-\dfrac{1}{x^2}\right) e^{x+\frac{1}{x}} \mathrm{d}x$.

3. 用第二换元积分法(变量代换法)求下列不定积分.

(1) $\int \dfrac{\mathrm{d}x}{1+\sqrt{x}}$;

(2) $\int x\sqrt{x+2} \, \mathrm{d}x$;

(3) $\int \dfrac{1}{\sqrt{x}+\sqrt[4]{x}} \mathrm{d}x$;

$^*(4)$ $\int \dfrac{\sqrt{1-x^2}}{x^2} \mathrm{d}x$;

$^*(5)$ $\int \dfrac{\mathrm{d}x}{(1+x^2)^{\frac{3}{2}}}$ (令 $x=\tan t$);

$^*(6)$ $\int \dfrac{\mathrm{d}x}{\sqrt{x^2-a^2}}$,其中 $a>0$ (令 $x=a\sec t$).

4. 用分部积分法求下列不定积分.

(1) $\int \ln x \mathrm{d}x$;

(2) $\int x\sin x \mathrm{d}x$;

(3) $\int x^2 e^x \mathrm{d}x$;

(4) $\int e^x \sin x \mathrm{d}x$;

(5) $\int x\arctan x \mathrm{d}x$;

(6) $\int x\cos \dfrac{x}{2} \mathrm{d}x$.

5. 求下列不定积分.

(1) $\int \dfrac{(2\sqrt{x}+1)^2}{x^2} \mathrm{d}x$;

(2) $\int \cot^2 x \mathrm{d}x$;

(3) $\int \dfrac{e^{2x}}{1-3e^{2x}} \mathrm{d}x$;

(4) $\int \cos x \sqrt{1+4\sin x} \, \mathrm{d}x$;

(5) $\int \ln(x^2+1) \mathrm{d}x$;

(6) $\int \dfrac{\ln x}{\sqrt{x}} \mathrm{d}x$;

(7) $\int (1+2\cos x)^2 \mathrm{d}x$;

(8) $\int x(1-x)^{99} \mathrm{d}x$.

6. 若某人从飞机中跳出,在降落伞没有打开时,跳出 $t(\mathrm{s})$ 时此人下落的速度为 $v(t)$ $=\dfrac{g}{k} \cdot (1-e^{-kt})$,其中 $g=10\ \mathrm{m/s}^2$,$k=0.25$.试写出此人下落高度的表达式.

用 MATLAB 求不定积分的命令是"int",基本用法如表 4-2:

表 4-2

输入命令格式	含义	备注
int(f, x)	$\int f(x)\,\mathrm{d}x$	计算不定积分 $\int f(x)\,\mathrm{d}x$. 注意积分结果没有给出积分常数 C,写答案时一定要加上

例　用 MATLAB 求下列不定积分.

(1) $\displaystyle\int\left(x^5+x^3-\frac{\sqrt{x}}{4}\right)\mathrm{d}x$;

(2) $\displaystyle\int\frac{1}{1+\sin x+\cos x}\mathrm{d}x$;

(3) $\displaystyle\int\ln(3x-2)\,\mathrm{d}x$;

(4) $\displaystyle\int\arctan 2x\,\mathrm{d}x$;

(5) $\displaystyle\int\frac{x^2+1}{(x+1)^2(x-1)}\mathrm{d}x$;

(6) $\displaystyle\int\sqrt{4-x^2}\,\mathrm{d}x$.

解　(1) >>syms x

>>int(x^5+x^3-sqrt(x)/4,x)

ans=

1/6*x^6+1/4*x^4-1/6*x^(3/2)

(2) >>syms x

>>int(1/(1+sin(x)+cos(x)),x)

ans=

log(tan(x/2)+1)

(3) >>syms x

>>int(log(3*x-2),x)

ans=

((log(3*x-2)-1)*(3*x-2))/3

(4) >>syms x

>>int(atan(2*x),x)

ans=

x*atan(2*x)-1/4*log(4*x^2+1)

(5) >>syms x

>>int((x^2+1)/((x+1)^2*(x-1)),x)

```
ans =
log(x^2-1)/2+1/(x+1)
(6) >>syms x y
>>y=sqrt(4-x^2);
>>int(y)
ans =
2*asin(x/2)+1/2*(x*(4-x^2)^(1/2))
```

习题 4-3

用 MATLAB 求下列不定积分.

1. $\int (x^2+3x-\sqrt{x})\,\mathrm{d}x$.

2. $\int \dfrac{1+\sin x}{1+\cos x}\mathrm{d}x$.

3. $\int \ln(5x-1)\,\mathrm{d}x$.

4. $\int (\arcsin x)^2 \mathrm{d}x$.

5. $\int \dfrac{\mathrm{d}x}{x(x^2+1)}$.

6. $\int \dfrac{\mathrm{d}x}{\sqrt{(x^2+1)^3}}$.

复习题四

1. 选择题.

(1) $F(x)$ 和 $G(x)$ 是函数 $f(x)$ 的任意两个原函数, $f(x)\neq 0$, 则下列各式正确的是（　　）.

    A. $F(x)=C\cdot G(x)$　　　　　　　　　B. $F(x)=C+G(x)$

    C. $F(x)+G(x)=C$　　　　　　　　　D. $F(x)\cdot G(x)=C$

(2) 下列各对函数中, 是同一个函数的原函数的是（　　）.

    A. $\arctan x$ 和 $\operatorname{arccot} x$　　　　　　　B. $\sin^2 x$ 和 $\cos^2 x$

    C. $(e^x+e^{-x})^2$ 和 $e^{2x}+e^{-2x}$　　　　D. $\dfrac{2^x}{\ln 2}$ 和 $2^x+\ln 2$

(3) 在区间 (a,b) 内, 若 $f'(x)=g'(x)$, 则一定有（　　）.

    A. $f(x)=g(x)$　　　　　　　B. $\left[\int f(x)\,\mathrm{d}x\right]' = \left[\int g(x)\,\mathrm{d}x\right]'$

    C. $\int \mathrm{d}f(x)=\int \mathrm{d}g(x)$　　　　D. $\mathrm{d}\int f(x)\,\mathrm{d}x = \mathrm{d}\int g(x)\,\mathrm{d}x$

(4) 在函数 $f(x)$ 的积分曲线族中, 每一条曲线对应于同一横坐标的点处的切线（　　）.

    A. 平行于 x 轴　　　　B. 平行于 y 轴　　　　C. 相互垂直　　　　D. 相互平行

(5) 若 $f(x)$ 的导函数是 $\sin x$, 则 $f(x)$ 的一个原函数是（　　）.

    A. $1+\sin x$　　　　B. $1-\sin x$　　　　C. $1+\cos x$　　　　D. $1-\cos x$

(6) 若 $\int f(x)\,\mathrm{d}x = x^2\mathrm{e}^{2x}+C$，则 $f(x)=($ 　　).

　　A. $2x\mathrm{e}^{2x}$ 　　　　　　B. $x\mathrm{e}^{2x}$ 　　　　　　C. $2x^2\mathrm{e}^{2x}$ 　　　　　　D. $2x\mathrm{e}^{2x}(1+x)$

(7) 设 $f'(\sin^2 x)=\cos^2 x$，则 $f(x)=($ 　　).

　　A. $\sin x - \dfrac{1}{2}\sin^2 x + C$ 　　　　　　　　B. $x - \dfrac{1}{2}x^2 + C$

　　C. $\sin^2 x - \dfrac{1}{2}\sin^4 x + C$ 　　　　　　　　D. $x^2 - \dfrac{1}{2}x^4 + C$

(8) 设 $f(x)=\mathrm{e}^{-x}$，则 $\int f'(x)\,\mathrm{d}x = ($ 　　).

　　A. $\mathrm{e}^{-x}+C$ 　　　　　　　　　　　　B. $-\mathrm{e}^{-x}+C$

　　C. $\mathrm{e}^{x}+C$ 　　　　　　　　　　　　D. $-\mathrm{e}^{x}+C$

2. 填空题.

(1) 函数 x^2+x 为函数_____的一个原函数.

(2) 已知 $\left(\int f(x)\,\mathrm{d}x\right)' = \sqrt{1+x^2}$，则 $f'(1)=$ _____.

(3) 设 $f(x)$ 的一个原函数为 $\ln^2 x$，则 $f'(x)=$ _____.

(4) ① $\mathrm{d}x=$ _____ $\mathrm{d}(ax)$ 　$(a\neq 0)$； 　　② $x\mathrm{d}x=$ _____ $\mathrm{d}(x^2)$；

③ $x^2\mathrm{d}x=$ _____ $\mathrm{d}(1-4x^3)$； 　　④ $\mathrm{e}^{2x}\mathrm{d}x=$ _____ $\mathrm{d}(\mathrm{e}^{2x})$；

⑤ $\dfrac{\mathrm{d}x}{x}=$ _____ $\mathrm{d}(5\ln x)$；

⑥ $\displaystyle\int \frac{\mathrm{d}x}{x\sqrt{x^2-1}} = \int \frac{\mathrm{d}x}{x^2\sqrt{1-\left(\dfrac{1}{x}\right)^2}} = -\int \frac{\mathrm{d}\left(\dfrac{1}{x}\right)}{\sqrt{1-\left(\dfrac{1}{x}\right)^2}} =$ _____；

⑦ 若 $\int f(x)\,\mathrm{d}x = F(x)+C$，则 $\int f(ax+b)\,\mathrm{d}x =$ _____ $(a\neq 0)$.

3. 求下列不定积分.

(1) $\displaystyle\int \left(\frac{x}{3}+\frac{3}{x}\right)^2 \mathrm{d}x$.

(2) $\displaystyle\int \mathrm{e}^{x-3}\mathrm{d}x$.

(3) $\displaystyle\int \frac{3x^2+2}{x^2(x^2+1)}\mathrm{d}x$.

(4) $\displaystyle\int \frac{1}{\sqrt[3]{2-5x}}\mathrm{d}x$.

(5) $\displaystyle\int x\cos x^2\,\mathrm{d}x$.

(6) $\displaystyle\int \frac{\sin x\cos x}{1+\sin^4 x}\mathrm{d}x$.

(7) $\displaystyle\int \frac{\sqrt[3]{x}}{x(\sqrt{x}+\sqrt[3]{x})}\mathrm{d}x$.

(8) $\displaystyle\int \arctan x\,\mathrm{d}x$.

(9) $\displaystyle\int \frac{\ln x}{x^2}\mathrm{d}x$.

(10) $\displaystyle\int \mathrm{e}^{x^2+\ln x}\mathrm{d}x$.

扫一扫，看答案

4. 已知 $\sec^2 x$ 是 $f(x)$ 的一个原函数,求

(1) $\int xf'(x)\,\mathrm{d}x$;　　　　　　(2) $\int xf(x)\,\mathrm{d}x$.

5. 电场中一质子作直线运动,已知其加速度为 $a=12t^2-\cos t$,若 v 为速度,s 为位移,且 $v(0)=5,s(0)=-3$,求 v 与 s.

第五章 定积分

　　自然科学与工程技术中的许多问题——求面积、体积、变力做功等,都可归结为积分问题.本章通过曲边梯形的面积问题和变速直线运动的路程问题引出定积分的概念,进而讨论定积分的性质,介绍沟通微分和积分的微积分基本定理,建立计算定积分的换元积分法和分部积分法,再把定积分的概念加以推广,介绍两类反常积分,最后讨论定积分的应用.

第一节 定积分的概念

一、两个实例

1. 曲边梯形的面积

微视频

定积分的两个案例

　　设 $f(x)$ 在 $[a,b]$ 上连续,且 $f(x) \geq 0$.由曲线 $y=f(x)$,直线 $x=a$,$x=b$ 以及 x 轴围成的平面图形,称为**曲边梯形**(如图 5-1),试问如何求此曲边梯形的面积?

　　由于 $f(x)$ 在 $[a,b]$ 上连续,它在很小的一段小区间上变化非常小,可以近似地看作不变.因此,如图 5-2,如果将 $[a,b]$ 划分成许多小区间,相应地就将曲边梯形划分为许多小曲边梯形,每个小区间上对应的小曲边梯形可以近似地看成小矩形,所有这些小矩形面积的和可作为曲边梯形面积的近似值.将 $[a,b]$ 无限细分下去,即让每个小区间的长度都趋于 0,所有小矩形面积和的极限即为曲边梯形的面积.

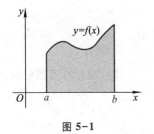

图 5-1　　　　　　　　　图 5-2

　　由以上分析,曲边梯形面积的计算的具体步骤:

　　(1) **分割**　任取 $a=x_0<x_1<x_2\cdots<x_{i-1}<x_i<\cdots<x_{n-1}<x_n=b$,将 $[a,b]$ 分成 n 个小区间
$$[x_0,x_1],[x_1,x_2],\cdots,[x_{i-1},x_i],\cdots,\quad[x_{n-1},x_n],$$
小区间 $[x_{i-1},x_i]$ 的长度记为 $\Delta x_i=x_i-x_{i-1}$ $(i=1,2,\cdots,n)$,过每一个分点 x_i $(i=1,2,\cdots,$

$n-1$)作平行于 y 轴的直线,将曲边梯形分割成 n 个小曲边梯形,记小区间 $[x_{i-1}, x_i]$ 对应的小曲边梯形面积为 $\Delta A_i(i=1,2,\cdots,n)$.

（2）**取近似** 在每一个小区间 $[x_{i-1}, x_i]$ 上任取一点 ξ_i,以 Δx_i 为底,$f(\xi_i)$ 为高作小矩形,以此小矩形的面积作为相应的小曲边梯形的面积的近似值,即

$$\Delta A_i \approx f(\xi_i)\Delta x_i \quad (i=1,2,\cdots,n).$$

（3）**求和** 将 n 个小矩形的面积相加就得到原曲边梯形面积 A 的近似值

$$A = \sum_{i=1}^{n}\Delta A_i \approx \sum_{i=1}^{n}f(\xi_i)\Delta x_i.$$

（4）**取极限** 记 $\lambda = \max_{1 \le i \le n}\{\Delta x_i\}$,当 $\lambda \to 0$ 时,和式 $\sum_{i=1}^{n}f(\xi_i)\Delta x_i$ 的极限即为曲边梯形的面积,即

$$A = \lim_{\lambda \to 0}\sum_{i=1}^{n}f(\xi_i)\Delta x_i.$$

2. 变速直线运动的路程

设物体作直线运动,速度 $v=v(t)$ 是时间间隔 $[T_1, T_2]$ 上的连续函数,且 $v(t) \ge 0$,计算在时间 $[T_1, T_2]$ 内物体所经过的路程 s.

解决这个问题的思路和步骤与求曲边梯形面积相类似:

（1）**分割** 任取 $T_1 = t_0 < t_1 < t_2 < \cdots < t_{i-1} < t_i < \cdots < t_{n-1} < t_n = T_2$,将 $[T_1, T_2]$ 分成 n 个小段 $[t_0, t_1],[t_1, t_2],\cdots,[t_{i-1}, t_i],\cdots,[t_{n-1}, t_n]$,每一小段 $[t_{i-1}, t_i]$ 的长度为 $\Delta t_i = t_i - t_{i-1}$ $(i=1,2,\cdots,n)$.相应小段时间上的路程记为 $\Delta s_i(i=1,2,\cdots,n)$.

（2）**取近似** 把每一小段 $[t_{i-1}, t_i]$ 上的运动近似看成匀速,任取 $\xi_i \in [t_{i-1}, t_i]$,把在时刻 ξ_i 的速度 $v(\xi_i)$ 作为时间段 $[t_{i-1}, t_i]$ 上的速度,则

$$\Delta s_i \approx v(\xi_i)\Delta t_i \quad (i=1,2,\cdots,n).$$

（3）**求和** 把 n 个小时间段上的路程的近似值加起来便得到变速直线运动的总路程 s 的近似值:

$$s = \sum_{i=1}^{n}s_i \approx \sum_{i=1}^{n}v(\xi_i)\Delta t_i.$$

（4）**取极限** 记 $\lambda = \max_{1 \le i \le n}\{\Delta t_i\}$,当 $\lambda \to 0$ 时,和式 $\sum_{i=1}^{n}v(\xi_i)\Delta t_i$ 的极限就是作变速直线运动的物体在时间间隔 $[T_1, T_2]$ 上的路程:

$$s = \lim_{\lambda \to 0}\sum_{i=1}^{n}v(\xi_i)\Delta t_i.$$

在科学技术中还有很多问题也都可以归结为求这种和式的极限,这就是产生定积分概念的背景.

二、定积分的概念

定义 设函数 $f(x)$ 在 $[a,b]$ 上连续或分段连续①,任取分点

$$a = x_0 < x_1 < x_2 < \cdots < x_{i-1} < x_i < \cdots < x_{n-1} < x_n = b,$$

将 $[a,b]$ 分成 n 个小区间 $[x_0,x_1],[x_1,x_2],\cdots,[x_{i-1},x_i],\cdots,[x_{n-1},x_n]$,记 $\Delta x_i = x_i - x_{i-1}(i=1,2,\cdots,n)$,$\lambda = \max\limits_{1 \le i \le n}\{\Delta x_i\}$,任取 $\xi_i \in [x_{i-1},x_i](i=1,2,\cdots,n)$,作乘积 $f(\xi_i)\Delta x_i$ 的

和式:$\sum\limits_{i=1}^{n} f(\xi_i)\Delta x_i$,当 $\lambda \to 0$ 时,和式 $\sum\limits_{i=1}^{n} f(\xi_i)\Delta x_i$ 的极限称为函数 $f(x)$ 在 $[a,b]$ 上的

定积分,记作 $\int_a^b f(x)\,\mathrm{d}x$,即

$$\int_a^b f(x)\,\mathrm{d}x = \lim_{\lambda \to 0} \sum_{i=1}^{n} f(\xi_i)\Delta x_i.$$

其中 $f(x)$ 称为**被积函数**,$f(x)\mathrm{d}x$ 称为**被积表达式**,x 称为**积分变量**,$[a,b]$ 称为**积分区间**,a,b 分别称为**积分下限**和**积分上限**.

由定积分的定义,前面两个实际问题都可用定积分来表示.

曲边梯形的面积: $\qquad\qquad A = \int_a^b f(x)\,\mathrm{d}x;$

在时间间隔 $[T_1,T_2]$ 上作变速直线运动的路程:$s = \int_{T_1}^{T_2} v(t)\,\mathrm{d}t.$

注:(1) 定积分 $\int_a^b f(x)\,\mathrm{d}x$ 是和式 $\sum\limits_{i=1}^{n} f(\xi_i)\Delta x_i$ 的极限,是一个数值,它只与被积函数 $f(x)$ 和积分区间 $[a,b]$ 有关,而与积分变量用什么字母无关,即

$$\int_a^b f(x)\,\mathrm{d}x = \int_a^b f(u)\,\mathrm{d}u = \int_a^b f(t)\,\mathrm{d}t;$$

(2) 在定积分 $\int_a^b f(x)\,\mathrm{d}x$ 的定义中,假设 $a<b$,为了以后应用方便,我们规定:当 $a=b$ 时,$\int_a^b f(x)\,\mathrm{d}x = 0$;$a>b$ 时,$\int_a^b f(x)\,\mathrm{d}x = -\int_b^a f(x)\,\mathrm{d}x;$

(3) 定积分存在的条件:若 $f(x)$ 在区间 $[a,b]$ 上连续或分段连续,则 $f(x)$ 在 $[a,b]$ 上的定积分存在,此时,称函数 $f(x)$ 在 $[a,b]$ 上**可积**.

在以后的讨论中,如不作特别的说明,总假定所讨论的定积分是存在的.

三、定积分的性质

由于定积分是特殊和式的极限,所以由极限的性质可以推出定积分的以下性质.

定积分的定义与几何意义

---

① 分段连续的意思是指 $f(x)$ 在 $[a,b]$ 上有界,且只有有限个第一类间断点.

性质 1 两个函数和(差)的定积分等于它们的定积分的和(差).即

$$\int_a^b \left[f(x) \pm g(x) \right] \mathrm{d}x = \int_a^b f(x)\,\mathrm{d}x \pm \int_a^b g(x)\,\mathrm{d}x.$$

注:此性质可以推广到有限个可积函数的和(差)的形式.

性质 2 被积函数的常数因子可以提到积分号外面.即

$$\int_a^b kf(x)\,\mathrm{d}x = k \int_a^b f(x)\,\mathrm{d}x \quad (k \text{ 为任意常数}).$$

性质 3(积分区间的可加性) 若 $c \in (a, b)$,则

$$\int_a^b f(x)\,\mathrm{d}x = \int_a^c f(x)\,\mathrm{d}x + \int_c^b f(x)\,\mathrm{d}x.$$

注:若 c 在 $[a, b]$ 外,上述性质仍成立.

性质 4 在 $[a, b]$ 上,若 $f(x) \geqslant g(x)$,则

$$\int_a^b f(x)\,\mathrm{d}x \geqslant \int_a^b g(x)\,\mathrm{d}x.$$

四、定积分的几何意义

设由曲线 $y = f(x)$,直线 $x = a$,$x = b$ 及 x 轴所围成的曲边梯形的面积为 A,根据前面曲边梯形面积的讨论,

(1) 当 $f(x) \geqslant 0$ 时,$\int_a^b f(x)\,\mathrm{d}x = A$(图 5-3).

(2) 当 $f(x) < 0$ 时,$\int_a^b f(x)\,\mathrm{d}x = -\int_a^b (-f(x))\,\mathrm{d}x = -A$(图 5-4).

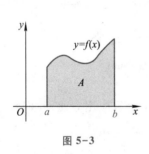

图 5-3

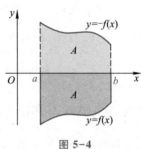

图 5-4

(3) 如果 $f(x)$ 在区间 $[a, b]$ 上有正有负,如图 5-5,则

$$\int_a^b f(x)\,\mathrm{d}x = \int_a^c f(x)\,\mathrm{d}x + \int_c^d f(x)\,\mathrm{d}x + \int_d^b f(x)\,\mathrm{d}x = A_1 - A_2 + A_3.$$

由定积分的几何意义,可得到奇、偶函数在对称区间 $[-a, a]$ 上的积分性质:

$$\int_{-a}^a f(x)\,\mathrm{d}x = \begin{cases} 2\displaystyle\int_0^a f(x)\,\mathrm{d}x, & \text{当 } f(x) \text{ 为偶函数时,} \\ 0, & \text{当 } f(x) \text{ 为奇函数时.} \end{cases}$$

如图 5-6 所示.

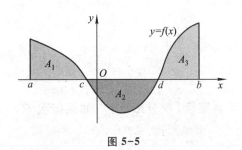

图 5-5

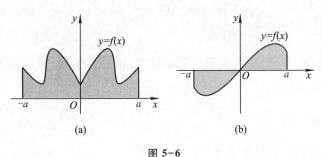

(a)　　　　　　　　(b)

图 5-6

五、微积分基本公式

定积分是一种特殊和式的极限,按定义计算是一件非常复杂和困难的事,下面将介绍一种计算定积分的简便公式——牛顿-莱布尼茨公式.

在作变速直线运动物体的路程问题中,物体的运动速度为 $v=v(t)$,则物体在时间间隔 $[T_1,T_2]$ 内经过的路程 $s=\displaystyle\int_{T_1}^{T_2}v(t)\,\mathrm{d}t$,如果已知路程函数 $s=s(t)$,则在时间间隔 $[T_1,T_2]$ 内经过的路程是: $s(T_2)-s(T_1)$,因此有

$$\int_{T_1}^{T_2}v(t)\,\mathrm{d}t=s(T_2)-s(T_1). \tag{5-1}$$

而 $s'(t)=v(t)$,即 $s(t)$ 是 $v(t)$ 的一个原函数.公式(5-1)中的定积分,等于其原函数 $s(t)$ 在 $[T_1,T_2]$ 上的改变量.取时间间隔 $[T_1,t]$($T_1\leqslant t\leqslant T_2$),则有 $\displaystyle\int_{T_1}^{t}v(t)\,\mathrm{d}t=s(t)-s(T_1)$,其中 $\displaystyle\int_{T_1}^{t}v(t)\,\mathrm{d}t$ 为变上限积分,它是变上限 t 的函数,是 $v(t)$ 的一个原函数,即

$$\frac{\mathrm{d}}{\mathrm{d}t}\int_{T_1}^{t}v(t)\,\mathrm{d}t=\frac{\mathrm{d}}{\mathrm{d}t}(s(t)-s(T_1))=v(t). \tag{5-2}$$

上述从变速直线运动物体的路程这个特殊问题中得出的结论(5-1),(5-2),在一定条件下具有普遍性,这就是下面要介绍的微积分基本定理.

定理 1　微积分学基本定理(微分形式)　如果函数 $f(x)$ 在区间 $[a,b]$ 上连续,那么变上限积分 $\varPhi(x)=\displaystyle\int_{a}^{x}f(t)\,\mathrm{d}t$ 在区间 $[a,b]$ 上可导,且

积分上限函数

$$\Phi'(x) = \frac{\mathrm{d}}{\mathrm{d}x}\int_a^x f(t)\,\mathrm{d}t = f(x), x \in [a,b].$$

定理 2　微积分学基本定理（积分形式）　如果函数 $f(x)$ 在区间 $[a,b]$ 上连续，$F(x)$ 是 $f(x)$ 在 $[a,b]$ 上的一个原函数，那么

$$\int_a^b f(x)\,\mathrm{d}x = F(b) - F(a). \tag{5-3}$$

定理 2 中的公式（5-3）称为**微积分基本公式**，也称为**牛顿-莱布尼茨公式**. 微积分基本公式也可以写为

$$\int_a^b f(x)\,\mathrm{d}x = F(x)\Big|_a^b = F(b) - F(a).$$

例 1　计算 $\Phi(x) = \int_0^x \mathrm{e}^{t^2}\,\mathrm{d}t$ 在 $x = 0$ 处的导数.

解　因为 $\dfrac{\mathrm{d}}{\mathrm{d}t}\displaystyle\int_0^x \mathrm{e}^{t^2}\,\mathrm{d}t = \mathrm{e}^{x^2}$，故 $\Phi'(0) = 1$.

例 2　求下列定积分.

（1）$\displaystyle\int_0^{\frac{\pi}{2}} \cos x\,\mathrm{d}x$；　　（2）$\displaystyle\int_{-1}^2 |x|\,\mathrm{d}x$；　　（3）$\displaystyle\int_e^{e^2} \frac{1}{x\ln x}\,\mathrm{d}x$.

解　（1）$\displaystyle\int_0^{\frac{\pi}{2}} \cos x\,\mathrm{d}x = \sin x\Big|_0^{\frac{\pi}{2}} = \sin\frac{\pi}{2} - \sin 0 = 1$.

（2）因为 $|x| = \begin{cases} -x, & x \in [-1,0], \\ x, & x \in [0,2]. \end{cases}$ 所以

$$\int_{-1}^2 |x|\,\mathrm{d}x = \int_{-1}^0 (-x)\,\mathrm{d}x + \int_0^2 x\,\mathrm{d}x = \left(-\frac{x^2}{2}\right)\Big|_{-1}^0 + \frac{x^2}{2}\Big|_0^2$$

$$= \left[0 - \left(-\frac{1}{2}\right)\right] + (2-0) = \frac{5}{2}.$$

（3）$\displaystyle\int_e^{e^2} \frac{1}{x\ln x}\,\mathrm{d}x = \int_e^{e^2} \frac{1}{\ln x}\,\mathrm{d}(\ln x) = \ln(\ln x)\Big|_e^{e^2} = \ln(\ln e^2) - \ln(\ln e) = \ln 2$.

习题 5-1

1. 根据定积分的几何意义求下列定积分的值.

（1）$\displaystyle\int_{-1}^0 (x+1)\,\mathrm{d}x$；　　　　（2）$\displaystyle\int_{-R}^R \sqrt{R^2 - x^2}\,\mathrm{d}x$；

（3）$\displaystyle\int_0^{2\pi} \sin x\,\mathrm{d}x$；　　　　（4）$\displaystyle\int_{-1}^1 x^2 \sin x\,\mathrm{d}x$.

2. 求下列函数的导数.

微积分基本定理

$(1)\displaystyle\int_0^x \sin t^2\mathrm{d}t;$ $\qquad\qquad$ $(2)\displaystyle\int_x^0 \sin t^2\mathrm{d}t;$

$(3)\displaystyle\int_0^{x^2} \sin t^2\mathrm{d}t$（提示：利用复合函数求导法则）.

3. 计算下列定积分.

$(1)\displaystyle\int_0^1 (x^2+2x)\mathrm{d}x;$ $\qquad$ $(2)\displaystyle\int_1^{\sqrt{3}} \frac{1}{1+x^2}\mathrm{d}x;$ $\qquad$ $(3)\displaystyle\int_{-e}^{-1} \frac{\mathrm{d}x}{x};$

$(4)\displaystyle\int_1^{\frac{4}{3}} \frac{1}{1-3x}\mathrm{d}x;$ $\qquad$ $(5)\displaystyle\int_0^{\frac{\pi}{2}} \sin^2 x\cos x\mathrm{d}x;$ $\qquad$ $(6)\displaystyle\int_0^2 |x^2-x|\mathrm{d}x.$

4. 汽车以每小时 36 km 的速度行驶, 到某处需要减速停车, 设汽车以等加速度 $a=-5\ \mathrm{m/s^2}$ 刹车, 问从开始刹车到停车, 汽车走了多少路程?

第二节 定积分的计算方法

由牛顿-莱布尼茨公式可知, 计算定积分最终归结为求原函数或不定积分. 与不定积分的基本积分方法相对应, 定积分也有换元积分法和分部积分法, 它们给定积分的计算带来方便.

一、定积分的换元积分法

> **定理 1** 若函数 $f(x)$ 在区间 $[a,b]$ 上连续, 函数 $x=\varphi(t)$ 满足条件:
> (1) $\varphi(\alpha)=a, \varphi(\beta)=b$, 且 $a\leqslant\varphi(t)\leqslant b, t\in[\alpha,\beta]$（或 $t\in[\beta,\alpha]$）;
> (2) $x=\varphi(t)$ 在 $[\alpha,\beta]$（或 $[\beta,\alpha]$）上单调且具有连续的导数,
>
> 则有定积分换元公式
> $$\int_a^b f(x)\mathrm{d}x=\int_\alpha^\beta f[\varphi(t)]\varphi'(t)\mathrm{d}t.$$

例 1 求 $\displaystyle\int_1^4 \frac{1}{x+\sqrt{x}}\mathrm{d}x.$

解 设 $\sqrt{x}=t$, 即 $x=t^2$. 当 $x=1$ 时, $t=1$; 当 $x=4$ 时, $t=2$.

$$\int_1^4 \frac{1}{x+\sqrt{x}}\mathrm{d}x=\int_1^2 \frac{1}{t^2+t}2t\mathrm{d}t=2\int_1^2 \frac{1}{t+1}\mathrm{d}t$$

$$=2\ln(t+1)\Big|_1^2=2\ln\frac{3}{2}.$$

注: 在应用定积分的换元法时, 变换积分变量的同时也要相应变换积分上下限.

例 2 计算下列定积分.

$(1)\displaystyle\int_3^8 \frac{x}{\sqrt{1+x}}\mathrm{d}x;$ $\qquad$ $(2)\displaystyle\int_0^1 \sqrt{1-x^2}\mathrm{d}x.$

解 (1) 令 $\sqrt{1+x}=t$, 则 $x=t^2-1$. 当 $x=3$ 时, $t=2$; 当 $x=8$ 时, $t=3$.

定积分的换元积分法

$$\int_3^8 \frac{x}{\sqrt{1+x}} dx = \int_2^3 \frac{t^2-1}{t} 2t dt = 2\left(\frac{t^3}{3} - t\right)\Bigg|_2^3 = \frac{32}{3}.$$

（2）令 $x = \sin t$，当 $x = 0$ 时，取 $t = 0$；当 $x = 1$ 时，取 $t = \dfrac{\pi}{2}$.

$$\int_0^1 \sqrt{1-x^2} dx = \int_0^{\frac{\pi}{2}} \sqrt{1-\sin^2 t}\cos t dt = \int_0^{\frac{\pi}{2}} \cos^2 t dt$$

$$= \int_0^{\frac{\pi}{2}} \frac{1+\cos 2t}{2} dt = \frac{1}{2}\left(t + \frac{\sin 2t}{2}\right)\Bigg|_0^{\frac{\pi}{2}} = \frac{\pi}{4}.$$

二、定积分的分部积分法

将不定积分的分部积分公式带上积分限，就是定积分的分部积分公式，即

> **定理 2** 设函数 $u(x), v(x)$ 在区间 $[a, b]$ 上有连续导数，则
> $$\int_a^b u dv = (uv)\Bigg|_a^b - \int_a^b v du.$$

例 3 计算 $\displaystyle\int_0^1 x e^x dx$.

解 $\displaystyle\int_0^1 x e^x dx = \int_0^1 x de^x = (xe^x)\Bigg|_0^1 - \int_0^1 e^x dx = e - e^x\Bigg|_0^1 = e - e + 1 = 1.$

例 4 计算 $\displaystyle\int_1^e \ln^2 x dx$.

解 $\displaystyle\int_1^e \ln^2 x dx = (x\ln^2 x)\Bigg|_1^e - \int_1^e x d(\ln^2 x)$

$$= e - 2\int_1^e \ln x dx = e - (2x\ln x)\Bigg|_1^e + 2\int_1^e x d(\ln x)$$

$$= -e + 2\int_1^e 1 dx = e - 2.$$

定积分的分部积分法

例 5 计算 $\displaystyle\int_0^{\frac{\pi^2}{4}} \sin\sqrt{x} dx$.

解 $\displaystyle\int_0^{\frac{\pi^2}{4}} \sin\sqrt{x} dx \xrightarrow{t=\sqrt{x}} \int_0^{\frac{\pi}{2}} \sin t d(t^2) = 2\int_0^{\frac{\pi}{2}} t\sin t dt = -2\int_0^{\frac{\pi}{2}} t d\cos t$

$$= (-2t\cos t)\Bigg|_0^{\frac{\pi}{2}} + 2\int_0^{\frac{\pi}{2}} \cos t dt = 2\sin t\Bigg|_0^{\frac{\pi}{2}} = 2.$$

习题 5-2

1. 计算下列定积分.

（1）$\displaystyle\int_0^1 \frac{1}{1+\sqrt{x}} dx$；

（2）$\displaystyle\int_0^4 \frac{x+2}{\sqrt{2x+1}} dx$；

(3) $\displaystyle\int_0^2 x^2\sqrt{4-x^2}\,\mathrm{d}x$;　　　　(4) $\displaystyle\int_0^{\ln 2}\sqrt{\mathrm{e}^x-1}\,\mathrm{d}x$.(提示:令 $\sqrt{\mathrm{e}^x-1}=t$)

2. 计算下列定积分.

(1) $\displaystyle\int_0^{\pi} x\sin x\,\mathrm{d}x$;　　　　(2) $\displaystyle\int_1^{\mathrm{e}} x\ln x\,\mathrm{d}x$;

(3) $\displaystyle\int_0^{\frac{\pi}{2}} x^2\cos x\,\mathrm{d}x$;　　　　(4) $\displaystyle\int_0^1 \mathrm{e}^{\sqrt{x}}\,\mathrm{d}x$.

*第三节　反常积分

前面介绍的定积分概念是对有限区间上的有界函数建立的.但在科学技术和工程实际问题中,常遇到积分区间为无穷区间,或者被积函数为无界函数的积分,于是我们将定积分的概念推广到这两种情形,推广后的积分称为反常积分.

一、无穷区间上的反常积分

定义1　设函数 $f(x)$ 在区间 $[a,+\infty)$ 上连续,如果极限 $\displaystyle\lim_{b\to+\infty}\int_a^b f(x)\,\mathrm{d}x$ 存在,那么称此极限为 $f(x)$ 在区间 $[a,+\infty)$ 上的**反常积分**,记为 $\displaystyle\int_a^{+\infty} f(x)\,\mathrm{d}x$,即

$$\int_a^{+\infty} f(x)\,\mathrm{d}x = \lim_{b\to+\infty}\int_a^b f(x)\,\mathrm{d}x.$$

此时称反常积分 $\displaystyle\int_a^{+\infty} f(x)\,\mathrm{d}x$ **收敛**;否则称反常积分 $\displaystyle\int_a^{+\infty} f(x)\,\mathrm{d}x$ **发散**.

类似地,可定义 $(-\infty,b]$ 上的反常积分

$$\int_{-\infty}^b f(x)\,\mathrm{d}x = \lim_{a\to-\infty}\int_a^b f(x)\,\mathrm{d}x$$

和 $(-\infty,+\infty)$ 上的反常积分

$$\int_{-\infty}^{+\infty} f(x)\,\mathrm{d}x = \int_{-\infty}^c f(x)\,\mathrm{d}x + \int_c^{+\infty} f(x)\,\mathrm{d}x,$$

其中 c 为一实数,当右端的两个反常积分都收敛时,反常积分 $\displaystyle\int_{-\infty}^{+\infty} f(x)\,\mathrm{d}x$ 才收敛,否则是发散的.

若被积函数 $f(x)$ 在 $[a,+\infty)$ 上取值为非负,则反常积分 $\displaystyle\int_a^{+\infty} f(x)\,\mathrm{d}x$ 收敛的几何意义是:图 5-7 中介于曲线 $y=f(x)$、直线 $x=a$ 以及 x 轴之间的那一块向右无限延伸的阴影区域的面积,并以极限 $\displaystyle\lim_{b\to+\infty}\int_a^b f(x)\,\mathrm{d}x$ 的值

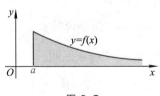

图 5-7

作为它的面积.

例 1 讨论下列反常积分的敛散性, 如收敛则求其值.

$$(1) \int_1^{+\infty} \frac{1}{x^3} dx; \qquad (2) \int_{-\infty}^0 e^{-x} dx.$$

解 (1) $\int_1^{+\infty} \frac{1}{x^3} dx = \lim_{b \to +\infty} \int_1^b \frac{1}{x^3} dx = \lim_{b \to +\infty} \left(-\frac{1}{2x^2} \right) \Big|_1^b = \lim_{b \to +\infty} \left(-\frac{1}{2b^2} + \frac{1}{2} \right) = \frac{1}{2}$, 故

$\int_1^{+\infty} \frac{1}{x^3} dx$ 收敛, 且其值为 $\frac{1}{2}$.

(2) $\int_{-\infty}^0 e^{-x} dx = \lim_{a \to -\infty} (-e^{-x}) \Big|_a^0 = \lim_{a \to -\infty} (-1 + e^{-a}) = +\infty$, 故 $\int_{-\infty}^0 e^{-x} dx$ 发散.

为了书写方便, 记 $\lim_{b \to +\infty} F(x) \Big|_a^b = F(x) \Big|_a^{+\infty} = \lim_{x \to +\infty} F(x) - F(a)$, 其他情形类似.

例 2 计算 $\int_{-\infty}^{+\infty} \frac{1}{1 + x^2} dx$.

解
$$\int_{-\infty}^{+\infty} \frac{1}{1 + x^2} dx = \arctan x \Big|_{-\infty}^{+\infty} = \lim_{x \to +\infty} \arctan x - \lim_{x \to -\infty} \arctan x$$
$$= \frac{\pi}{2} - \left(-\frac{\pi}{2} \right) = \pi.$$

例 3 计算 $\int_0^{+\infty} x e^{-x} dx$.

解
$$\int_0^{+\infty} x e^{-x} dx = -\int_0^{+\infty} x d e^{-x} = (-x e^{-x}) \Big|_0^{+\infty} + \int_0^{+\infty} e^{-x} dx$$
$$= -e^{-x} \Big|_0^{+\infty} = \lim_{x \to +\infty} (-e^{-x} + 1) = 1.$$

二、无界函数的反常积分

定义 2 设函数 $f(x)$ 在区间 $(a, b]$ 上连续, 且 $\lim_{x \to a^+} f(x) = \infty$, 取 $t > a$, 如果极限 $\lim_{t \to a^+} \int_t^b f(x) dx$ 存在, 那么称此极限为 $f(x)$ 在区间 $(a, b]$ 上的**反常积分**, 记为 $\int_a^b f(x) dx$, 即

$$\int_a^b f(x) dx = \lim_{t \to a^+} \int_t^b f(x) dx.$$

此时称反常积分 $\int_a^b f(x) dx$ **收敛**; 否则称反常积分 $\int_a^b f(x) dx$ **发散**.

类似有: 如果函数 $f(x)$ 在区间 $[a, b)$ 上连续, 且 $\lim_{x \to b^-} f(x) = \infty$, 取 $t < b$, 若 $\lim_{t \to b^-} \int_a^t f(x) dx$ 存在, 定义 $f(x)$ 在区间 $[a, b)$ 上的反常积分为

$$\int_a^b f(x) dx = \lim_{t \to b^-} \int_a^t f(x) dx.$$

此时称反常积分 $\int_a^b f(x)\,\mathrm{d}x$ 收敛,否则称反常积分 $\int_a^b f(x)\,\mathrm{d}x$ 发散.

如果函数 $f(x)$ 在区间 $[a,b]$ 上除点 $c(a<c<b)$ 外都连续,且 $\lim\limits_{x\to c}f(x)=\infty$,若两个反常积分 $\int_a^c f(x)\,\mathrm{d}x$ 和 $\int_c^b f(x)\,\mathrm{d}x$ 都收敛,则定义 $f(x)$ 在区间 $[a,b]$ 上的反常积分为

$$\int_a^b f(x)\,\mathrm{d}x = \int_a^c f(x)\,\mathrm{d}x + \int_c^b f(x)\,\mathrm{d}x.$$

此时称反常积分 $\int_a^b f(x)\,\mathrm{d}x$ 收敛;否则称反常积分 $\int_a^b f(x)\,\mathrm{d}x$ 发散.

为了书写方便,若 $\lim\limits_{x\to a^+}f(x)=\infty$,记

$$\int_a^b f(x)\,\mathrm{d}x = \lim_{t\to a^+} F(x)\,\Big|_t^b = F(x)\,\Big|_a^b = F(b) - \lim_{x\to a^+}F(x).$$

其他情形类似.

例 4　计算反常积分 $\int_0^1 \dfrac{\mathrm{d}x}{\sqrt{1-x^2}}$.

解　因为 $\lim\limits_{x\to 1^-}\dfrac{1}{\sqrt{1-x^2}}=+\infty$,所以

$$\int_0^1 \frac{\mathrm{d}x}{\sqrt{1-x^2}} = \arcsin x\,\Big|_0^1 = \lim_{x\to 1^-}\arcsin x - 0 = \arcsin 1 = \frac{\pi}{2}.$$

习题 5-3

判断下列各反常积分的敛散性,如果收敛,计算反常积分的值.

(1) $\int_1^{+\infty} \dfrac{1}{\sqrt{x}}\,\mathrm{d}x$;

(2) $\int_2^{+\infty} \dfrac{1}{x^2-x}\,\mathrm{d}x$;

(3) $\int_e^{+\infty} \dfrac{1}{x\ln x}\,\mathrm{d}x$;

(4) $\int_{-\infty}^0 \dfrac{1}{e^x+e^{-x}}\,\mathrm{d}x$;

(5) $\int_{-1}^1 \dfrac{1}{x^2}\,\mathrm{d}x$;

(6) $\int_1^e \dfrac{1}{x\sqrt{1-\ln^2 x}}\,\mathrm{d}x$.

第四节　定积分的应用

前面学习了定积分的基本理论和计算,这一节介绍如何用定积分求平面图形的面积、旋转体的体积、平面曲线的弧长、变力所做的功等几何及物理问题.

回顾引入定积分概念的两个实例:曲边梯形的面积和变速直线运动的路程,不难看出,如果某一实际问题中的所求量 U 满足以下条件:

(1) U 是与一个变量 x 的变化区间 $[a,b]$ 有关的量,且在该区间上具有可加性.就是说,U 是对应于 $[a,b]$ 上的整体量,当把 $[a,b]$ 分成许多小区间时,整体量 U 等于所有部

分量之和.

（2）在$[a,b]$的部分区间$[x_i,x_i+\Delta x_i]$上对应部分量ΔU_i的近似值可表示为$f(\xi_i)\Delta x_i$（$\xi_i\in[x_i,x_i+\Delta x_i]$），其中$f(x)$为$[a,b]$上的连续函数.

那么就可考虑用定积分来表达这个量U.写出量U的积分表达式可简化为如下步骤：

（1）求出区间$[a,b]$上任一小区间$[x,x+\mathrm{d}x]$所对应量ΔU的近似值

$$\Delta U\approx f(x)\mathrm{d}x.$$

$f(x)\mathrm{d}x$称为量U的微元,记作$\mathrm{d}U=f(x)\mathrm{d}x$.

（2）计算

$$U=\int_a^b f(x)\mathrm{d}x.$$

上述方法通常称为**微元法**（或元素法）.下面利用微元法来讨论定积分在几何及物理方面的一些应用.

一、平面图形的面积

1. 直角坐标系下的面积计算

（1）由曲线$y=f(x)$（$f(x)\geqslant 0$）,直线$x=a,x=b$（$a<b$）及x轴所围成的曲边梯形（如图5-8）,面积微元$\mathrm{d}A=f(x)\mathrm{d}x$,面积

$$A=\int_a^b f(x)\mathrm{d}x.$$

（2）由上、下两条曲线$y=f(x),y=g(x)$（$f(x)\geqslant g(x)$）及直线$x=a,x=b$（$a<b$）围成的曲边梯形（如图5-9）,面积微元$\mathrm{d}A=(f(x)-g(x))\mathrm{d}x$,面积

$$A=\int_a^b[f(x)-g(x)]\mathrm{d}x.$$

平面图形的
面积

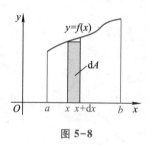

图 5-8

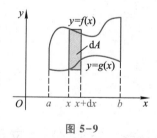

图 5-9

（3）由左、右两条曲线$x=\varphi(y),x=\psi(y)$（$\psi(y)\geqslant\varphi(y)$）及直线$y=c,y=d$（$c<d$）围成曲边梯形（如图5-10）,面积微元$\mathrm{d}A=(\psi(y)-\varphi(y))\mathrm{d}y$,面积

$$A=\int_c^d[\psi(y)-\varphi(y)]\mathrm{d}y.$$

例1 求两抛物线$y=x^2,y^2=x$所围成的图形（如图5-11）的面积A.

解 解方程组$\begin{cases}y=x^2\\y^2=x,\end{cases}$得交点$(0,0),(1,1)$.所求图形的面积

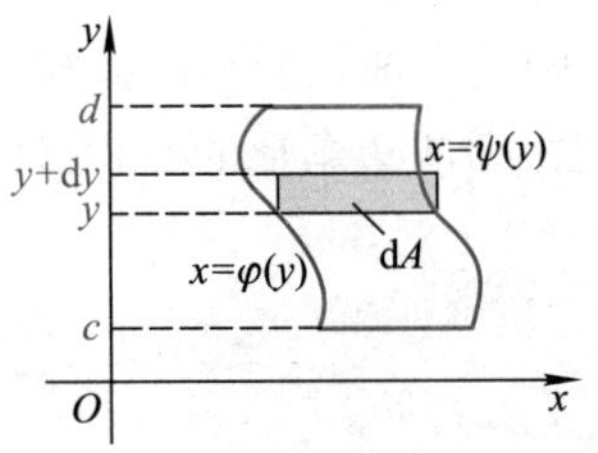

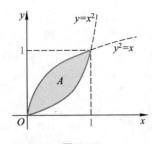

图 5-10

图 5-11

$$A = \int_0^1 (\sqrt{x} - x^2) \mathrm{d}x = \left(\frac{2}{3} x^{\frac{3}{2}} - \frac{1}{3} x^3 \right) \Big|_0^1 = \frac{1}{3}.$$

例 2 求双曲线 $xy = 1$ 与直线 $y = x, y = 2$ 所围成的图形(如图 5-12)的面积 A.

解 解方程组 $\begin{cases} xy = 1, \\ y = x, \end{cases}$ 得交点 $(1,1)$ $((-1,-1)$ 舍去$)$.选取 y 为积分变量,则 $1 \leqslant y \leqslant 2$.故

$$A = \int_1^2 \left(y - \frac{1}{y} \right) \mathrm{d}y = \left(\frac{y^2}{2} - \ln y \right) \Big|_1^2 = \frac{3}{2} - \ln 2.$$

思考:若取 x 为积分变量,会出现什么情况?

例 3 求椭圆 $\frac{x^2}{a^2} + \frac{y^2}{b^2} = 1$ 围成的图形(如图 5-13)的面积.

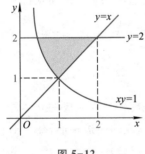

图 5-12

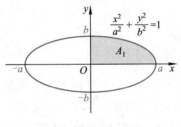

图 5-13

例 3 视频讲解

解 椭圆的面积 A 是椭圆在第一象限部分的面积 A_1 的 4 倍,有

$$A = 4A_1 = 4 \int_0^a y \mathrm{d}x.$$

椭圆的参数方程为: $x = a\cos t, y = b\sin t$,于是

$$A = 4 \int_0^a y \mathrm{d}x = 4 \int_{\frac{\pi}{2}}^0 b\sin t \mathrm{d}(a\cos t)$$

$$= -4ab \int_{\frac{\pi}{2}}^0 \sin^2 t \mathrm{d}t = 2ab \int_0^{\frac{\pi}{2}} (1 - \cos 2t) \mathrm{d}t = ab\pi.$$

2. 极坐标系下的面积计算

有些平面图形的面积用极坐标来计算比较方便.

由曲线 $\rho = \varphi(\theta)$ 及射线 $\theta = \alpha, \theta = \beta$ 围成的图形称为曲边扇形(如图 5-14),现要计算

它的面积.

取极角 θ 为积分变量,则 $\alpha \leqslant \theta \leqslant \beta$,相应于 $[\theta, \theta + \mathrm{d}\theta]$ 的窄曲边扇形的面积 ΔA 可近似地用半径为 $\varphi(\theta)$,中心角为 $\mathrm{d}\theta$ 的窄扇形的面积来代替,即曲边扇形的面积微元为

$$\mathrm{d}A = \frac{1}{2}[\varphi(\theta)]^2 \mathrm{d}\theta,$$

则曲边扇形的面积为

$$A = \int_\alpha^\beta \frac{1}{2}[\varphi(\theta)]^2 \mathrm{d}\theta.$$

例 4　计算阿基米德螺线 $\rho = a\theta$ ($a>0$) 上相应于 θ 从 0 变到 2π 的一段弧与极轴所围成的图形(图 5-15)的面积.

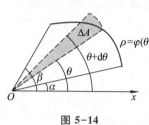

图 5-14

图 5-15

解　在指定的这段螺线上,θ 的变化区间为 $[0, 2\pi]$,曲线为 $\rho = a\theta$,所求面积为

$$A = \int_0^{2\pi} \frac{1}{2}(a\theta)^2 \mathrm{d}\theta = \frac{1}{6}a^2\theta^3 \Big|_0^{2\pi} = \frac{4}{3}a^2\pi^3.$$

二、旋转体的体积

旋转体就是由一个平面图形绕这个平面内一条直线旋转一周而成的立体.

计算由连续曲线 $y = f(x)$,直线 $x=a$,$x=b$ 及 x 轴所围成的曲边梯形,绕 x 轴旋转一周而生成的立体(如图 5-16)的体积.

取 x 为积分变量,则 $x \in [a, b]$,对于 $[a, b]$ 上的任一小区间 $[x, x+\mathrm{d}x]$,它所对应的窄曲边梯形绕 x 轴旋转而生成的小的立体的体积近似等于以 $f(x)$ 为底半径,$\mathrm{d}x$ 为高的小圆柱体的体积.即体积微元为 $\mathrm{d}V = \pi[f(x)]^2 \mathrm{d}x$,则所求的旋转体的体积为

$$V = \int_a^b \pi[f(x)]^2 \mathrm{d}x.$$

例 5　求由直线 $y = \dfrac{r}{h}x$ 及直线 $x=h$ ($h>0$) 和 x 轴所围成的三角形绕 x 轴旋转而生成的圆锥体(如图 5-17)的体积.

解　取 x 为积分变量,则 $x \in [0, h]$,所求圆锥体的体积

$$V = \int_0^h \pi\left(\frac{r}{h}x\right)^2 \mathrm{d}x = \frac{\pi r^2}{3h^2}x^3 \Big|_0^h = \frac{\pi}{3}r^2 h.$$

旋转体的体积

例6 计算由椭圆 $\dfrac{x^2}{a^2} + \dfrac{y^2}{b^2} = 1$ 所围成的图形绕 x 轴旋转而成的旋转体(旋转椭球体)

(如图 5-18)的体积.

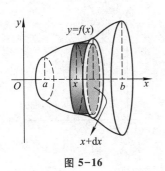

图 5-16

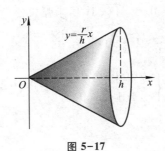

图 5-17

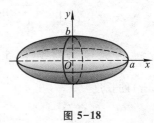

图 5-18

例6视频讲解

解 这个旋转椭球体也可以看作由半个椭圆 $y = \dfrac{b}{a}\sqrt{a^2 - x^2}$ 及 x 轴围成的图形绕 x 轴

旋转而成的立体.于是所求旋转椭球体的体积为

$$V = \int_{-a}^{a} \pi \frac{b^2}{a^2} (a^2 - x^2) \, \mathrm{d}x = \pi \frac{b^2}{a^2} \left(a^2 x - \frac{1}{3} x^3 \right) \Big|_{-a}^{a} = \frac{4}{3} \pi a b^2.$$

三、平面曲线的弧长

设 $f(x)$ 在区间 $[a,b]$ 上具有连续的导数,计算曲线 $y = f(x)$ 的长度 s(如图 5-19).

取 x 为积分变量,则 $x \in [a,b]$,曲线 $y = f(x)$ 上相应于 $[a,b]$ 上任一小区间 $[x, x+\mathrm{d}x]$ 的一段弧的长度,可以用该曲线在点 $(x, f(x))$ 处的切线上相应的一小段的长度来近似代替.而切线上这相应的一小段的长度为

$$\sqrt{(\mathrm{d}x)^2 + (\mathrm{d}y)^2} = \sqrt{1 + y'^2} \, \mathrm{d}x.$$

从而得弧长微元(即弧微分)

$$\mathrm{d}s = \sqrt{1 + y'^2} \, \mathrm{d}x.$$

则所求的弧长为

$$s = \int_a^b \sqrt{1 + y'^2} \, \mathrm{d}x.$$

图 5-19

若曲线由参数方程

$$\begin{cases} x = \varphi(t), \\ y = \psi(t) \end{cases} \quad (\alpha \leqslant t \leqslant \beta)$$

给出,其中 $\varphi(t)$、$\psi(t)$ 在 $[\alpha, \beta]$ 上具有连续导数,这时弧微分为

$$\mathrm{d}s = \sqrt{(\mathrm{d}x)^2 + (\mathrm{d}y)^2} = \sqrt{[\varphi'(t)]^2 + [\psi'(t)]^2} \, \mathrm{d}t.$$

从而所求弧长

$$s = \int_\alpha^\beta \sqrt{[\varphi'(t)]^2 + [\psi'(t)]^2}\,\mathrm{d}t.$$

例 7 计算曲线 $y = \dfrac{2}{3}x^{\frac{3}{2}}$ 介于 $x = 3$ 与 $x = 8$ 之间的一段弧（图 5-20）的长度.

解 弧微分 $\mathrm{d}s = \sqrt{1+(\sqrt{x})^2}\,\mathrm{d}x = \sqrt{1+x}\,\mathrm{d}x$. 所求弧长

$$s = \int_3^8 \sqrt{1+x}\,\mathrm{d}x = \frac{2}{3}(1+x)^{\frac{3}{2}}\Big|_3^8 = \frac{38}{3}.$$

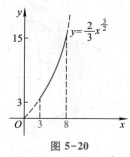

图 5-20

例 8 计算摆线（图 5-21）$\begin{cases} x = a(\theta - \sin\theta), \\ y = a(1 - \cos\theta) \end{cases}$ 的一拱（$0 \leqslant \theta \leqslant 2\pi$）的长度.

解 弧微分

$$\mathrm{d}s = \sqrt{a^2(1-\cos\theta)^2 + a^2\sin^2\theta}\,\mathrm{d}\theta = a\sqrt{2(1-\cos\theta)}\,\mathrm{d}\theta = 2a\sin\frac{\theta}{2}\,\mathrm{d}\theta.$$

则所求弧长为

$$s = \int_0^{2\pi} 2a\sin\frac{\theta}{2}\,\mathrm{d}\theta = 2a\left(-2\cos\frac{\theta}{2}\right)\Big|_0^{2\pi} = 8a.$$

四、变力所做的功

如果物体受恒力 F 作用沿力的方向移动一段距离 s，那么力 F 所做的功是 $W = F \cdot s$，如果物体是在变力 $F(x)$ 作用下沿 x 轴由 a 处移动到 b 处（图 5-22），其中 $F(x)$ 在 $[a,b]$ 上连续.求变力 $F(x)$ 所做的功.

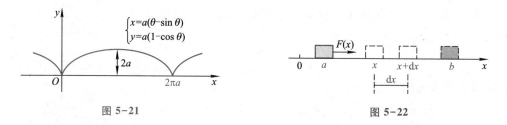

图 5-21　　　　　　　　　　　　图 5-22

由于 $F(x)$ 在 $[a,b]$ 上连续，在微小区间 $[x, x+\mathrm{d}x]$ 上作用力可近似看作恒力 $F(x)$，在 $[x, x+\mathrm{d}x]$ 上作用力所做的功近似为 $F(x)\mathrm{d}x$，即所求功的微元为 $\mathrm{d}W = F(x)\mathrm{d}x$，物体在变力 $F(x)$ 作用下沿 x 轴由 a 处移动到 b 处，变力 $F(x)$ 所做的功为

$$W = \int_a^b F(x)\,\mathrm{d}x.$$

例 9 一弹簧拉长 0.01 m 时所用的力为 2 N.求将弹簧从自然长度拉长 0.1 m 时所做的功.

解 设弹簧的一端固定，将弹簧在平衡位置时的自由端作原点，拉伸方向为 x 轴正向，建立坐标系.由胡克定律，弹力 $F(x) = kx$，其中 k 是比例常数，x 为弹簧伸长的长度.

当 $x = 0.01$ m 时，$F = 2$ N，所以 $k = 200$ N/m，有 $F(x) = 200x$，所求功为

$$W = \int_0^{0.1} 200x \, \mathrm{d}x = 100x^2 \Big|_0^{0.1} = 1 \, (\mathrm{J}).$$

例 10　把一个带 $+q$ 电量的点电荷放在 r 轴上坐标原点 O 处，它产生一个电场，若有一个单位正电荷与原点的距离为 r，则电场对它的作用力为 $F = k\dfrac{q}{r^2}$（k 为常数）．求单位正电荷由 $r = a$ 移动到 $r = b$（$a < b$）时，电场力对它所做的功．又如果把该单位正电荷移到无穷远处，电场力做了多少功？

解　单位正电荷与原点的距离为 r 时，电场对它的作用力为 $F = k\dfrac{q}{r^2}$，单位正电荷由 $r = a$ 移动到 $r = b$（$a < b$）时，电场力对它所做的功

$$W = \int_a^b k\frac{q}{r^2}\mathrm{d}r = -kq\frac{1}{r}\Big|_a^b = kq\left(\frac{1}{a} - \frac{1}{b}\right).$$

若移到无穷远处，电场力对单位正电荷所做的功为无穷区间上的反常积分

$$\int_a^{+\infty} k\frac{q}{r^2}\mathrm{d}r = -kq\frac{1}{r}\Big|_a^{+\infty} = \frac{kq}{a}.$$

下面举一个计算功的例子，它不是一个变力做功问题，但也可用积分来计算．

例 11　半径为 R，高为 H 的圆柱形水箱，盛满了水，问要将箱内的水全部抽出要做多少功？

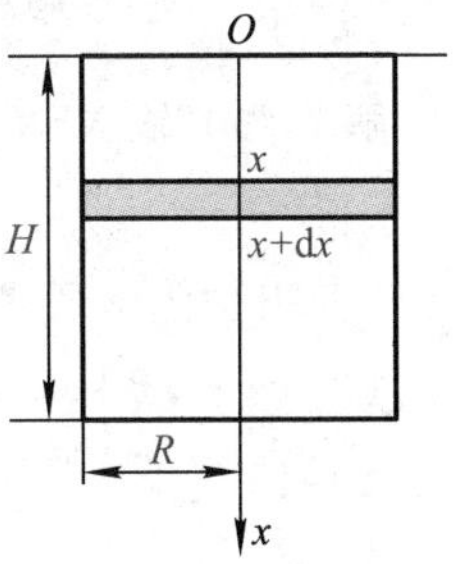

解　作 x 轴如图 5-23 所示，取 x 为积分变量．相应于 $[0, H]$ 上任一小区间 $[x, x+\mathrm{d}x]$ 的小薄圆柱体水重近似为 $\rho g \pi R^2 \mathrm{d}x$（$\rho$ 为水的密度），把这小薄圆柱体水抽出箱外需做的功近似为 $\rho g \pi R^2 x \mathrm{d}x$，即所求功的微元为

$$\mathrm{d}W = \rho g \pi R^2 x \mathrm{d}x.$$

所求功为

$$W = \int_0^H \rho g \pi R^2 x \mathrm{d}x = \frac{1}{2} \rho g \pi R^2 H^2.$$

图 5-23

1. 求下列各曲线所围成图形的面积．

（1）$y = x^2, x = 1, y = 0$；　　　　　　（2）$y = \mathrm{e}^x, x = 0, y = \mathrm{e}$；

（3）$y = 8 - x^2, y = x^2$；　　　　　　（4）$y^2 = 2x, y = x - 4$；

（5）$x = a\cos t, y = a\sin t (a > 0)$；　　（6）$\rho = a(1 + \cos \theta)(a > 0)$．

2. 求下列各曲线所围平面图形分别绕 x 轴、y 轴旋转所得的旋转体的体积．

（1）$y = x^2, y = 0, x = 1$；

（2）$y = \mathrm{e}^x, x = 0, y = 0, x = 1$．

3. 求曲线 $y=\dfrac{1}{4}x^2-\dfrac{1}{2}\ln x$ 在 $1\le x\le e$ 内的一段弧的长度.

4. 计算半径为 r 的圆周的长度.

5. 一弹簧原长为 1 m.把它压缩 1 cm 时所用的力为 0.05 N.求把弹簧从 80 cm 压缩到 60 cm 时所做的功.

6. 底半径为 r、高为 h 的圆柱体沉入水中,圆柱体的上底面与水面相平,圆柱体的密度为 1(水密度为 1),现将这圆柱体从水中垂直取出,需做多少功?

7. 长为 50 m,宽为 30 m,深为 10 m 的水池盛满了水(水的密度为 $r=1\,000\ \mathrm{kg/m^3}$).现将水全部抽出,问需做多少功?

第五节　数学实验五　用 MATLAB 求定积分

在 MATLAB 语言中,可以用 int( )函数来求解定积分或无穷区间上的反常积分.该函数的调用格式为 int(f,x,a,b),其中,x 为自变量,(a,b) 为定积分的积分区间.求解无穷区间上的反常积分时,可将 a,b 设置成 $-\mathrm{inf}$ 或 inf.

例 用 MATLAB 求下列积分:

(1) $\displaystyle\int_1^2 (2x+1)\mathrm{d}x$;　　(2) $\displaystyle\int_0^1 \mathrm{e}^x\sin 2x\mathrm{d}x$;　　(3) $\displaystyle\int_1^{+\infty}\dfrac{1}{x^2}\mathrm{d}x$.

解 (1) 输入

```
syms  x
```
(说明:syms创建多个符号变量)
```
int(2*x+1,x,1,2)
ans =
4
```
(2) 输入
```
int(exp(x)*sin(2*x),x,0,1)
ans =
-2/5*exp(1)*cos(2)+1/5*exp(1)*sin(2)+2/5
```
(3) 输入
```
int(1/x^2,x,1,inf)
ans =
1
```

MATLAB 求解多元函数微积分

习题 5-5

用 MATLAB 求下列积分:

1. $\displaystyle\int_0^1 x^2\sqrt{1-x^2}\,\mathrm{d}x$;　　　　　　　2. $\displaystyle\int_0^\pi \sqrt{1+\cos 2x}\,\mathrm{d}x$;

3. $\int_{-2}^{0} \dfrac{x^3 + 2x^2 + 2x + 1}{x^2 + 2x + 2} dx$;   4. $\int_{0}^{+\infty} e^{-2x} \sin 3x dx$;

5. $\int_{-\infty}^{+\infty} \dfrac{1}{x^2 + 2x + 2} dx$.

复习题五

1. 选择题.

(1) 若 $F(x)$ 是 $f(x)$ 的一个原函数,则下列等式成立的是(　　).

    A. $\int_{a}^{x} f(x) dx = F(x)$ B. $\int_{a}^{x} f(x) dx = F(x) - F(a)$

    C. $\int_{a}^{b} F(x) dx = f(b) - f(a)$ D. $\int_{a}^{b} f'(x) dx = F(b) - F(a)$

(2) 若 $\int_{0}^{1} (2x + k) dx = 2$,则 $k = ($　　$)$.

    A. 1   B. -1 C. 0   D. $\dfrac{1}{2}$

(3) 设 $P = \int_{-1}^{1} x^2 dx, Q = \int_{-1}^{1} - e^x dx, R = \int_{-1}^{1} x dx$, 则(　　).

    A. $P > R > Q$ B. $P > Q > R$

    C. $R > P > Q$ D. $R > Q > P$

(4) 下列积分计算正确的是(　　).

    A. $\int_{-1}^{1} (e^x - e^{-x}) dx = 0$ B. $\int_{-1}^{1} (e^x + e^{-x}) dx = 0$

    C. $\int_{-1}^{1} \dfrac{1}{x} dx = 0$ D. $\int_{-1}^{1} |x| dx = 0$

(5) $f(x)$ 在 $x > 0$ 时连续且 $f(x) = 1 + \dfrac{1}{x} \int_{1}^{x} f(t) dt$, 则 $f'(x) = ($　　$)$.

    A. $\dfrac{1}{x}$ B. $\dfrac{1}{x} f(x)$

    C. $- \dfrac{1}{x^2} \int_{1}^{x} f(t) dt$ D. $\dfrac{1}{x} f(x) - \int_{1}^{x} \dfrac{1}{x^2} f(t) dt$

(6) 下列积分计算正确的是(　　).

    A. $\int_{-\infty}^{0} e^{-x} dx = 1$ B. $\int \dfrac{1}{x} dx = - \dfrac{1}{x^2} + C$

    C. $\int_{0}^{+\infty} \cos x dx$ 发散   D. $\int_{-2}^{2} \sin^2 x dx = 0$

2. 填空题.

（1）质点作直线运动，已知其速度 $v=2t+4(\text{m/s})$，则其在前 10 s 内质点所经过的路程用定积分表示为_____.

（2）$\dfrac{\mathrm{d}}{\mathrm{d}x}\left[\displaystyle\int_a^b f(x)\mathrm{d}x\right]=$ _____.

（3）如下图阴影部分的面积用定积分表示为_____.

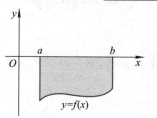

（4）$\displaystyle\int_1^{64}\dfrac{\mathrm{d}x}{\sqrt{x}+\sqrt[3]{x}}\mathrm{d}x$ 计算时所作的换元变换是 $u=$ _____，变量 u 的积分上限是_____，积分下限是_____.

（5）函数 $y=\ln x,x=\mathrm{e}$ 及 x 轴围成的图形的面积用定积分表示为_____.

（6）通过某导体的电流为 $i=2\sin 4t(\text{C/s},\text{C}$ 表示电量单位库仑）,则开始 5 s 内通过的电量用定积分表示为_____.

3. 求下列定积分.

（1）$\displaystyle\int_1^2\left(x+\dfrac{1}{x}\right)^2\mathrm{d}x$；　　　（2）$\displaystyle\int_{-1}^3|2-x|\mathrm{d}x$；　　　（3）$\displaystyle\int_{-1}^0\dfrac{x}{x+3}\mathrm{d}x$；

（4）$\displaystyle\int_0^{\pi}\cos^2 2x\mathrm{d}x$；　　　（5）$\displaystyle\int_{-1}^1(x^3+x\mathrm{e}^{x^2}+x^2)\mathrm{d}x$；　　　（6）$\displaystyle\int_1^{\mathrm{e}}\dfrac{1+5\ln x}{x}\mathrm{d}x$；

（7）$\displaystyle\int_4^9\dfrac{\sqrt{x}}{\sqrt{x}-1}\mathrm{d}x$；　　　（8）$\displaystyle\int_0^{16}\dfrac{1}{\sqrt{x+9}-\sqrt{x}}\mathrm{d}x$；　　　（9）$\displaystyle\int_1^2\dfrac{\sqrt{x^2-1}}{x^2}\mathrm{d}x$；

（10）$\displaystyle\int_1^{\mathrm{e}}\ln x\mathrm{d}x$；　　　（11）$\displaystyle\int_0^{\pi}x\cos x\mathrm{d}x$；　　　（12）$\displaystyle\int_1^{\mathrm{e}^2}\ln^2 x\mathrm{d}x$.

4. 判断下列反常积分的敛散性，若收敛则计算出其值.

（1）$\displaystyle\int_2^{+\infty}\dfrac{\ln x}{x}\mathrm{d}x$；　　　（2）$\displaystyle\int_{-\infty}^{+\infty}\dfrac{x}{1+x^2}\mathrm{d}x$；　　　（3）$\displaystyle\int_0^1\dfrac{\mathrm{d}x}{\sqrt[3]{x}}$.

扫一扫，看答案

5. 求下列曲线所围成的平面图形的面积.

（1）$y=2-x^2,y-2x=2$；　　　（2）$y=\dfrac{1}{x},y=4x,x=2,y=0$；

（3）$\rho=2a(2+\cos\theta)$.

6. 求由下列曲线所围成的图形分别绕 x 轴及 y 轴旋转所成的旋转体的体积.

（1）$y=x^3,x=2,y=0$；　　　（2）$y=\sin x,x=\dfrac{\pi}{2},y=0$.

7. 计算曲线 $y = \ln x$ 上相应于 $\sqrt{3} \leqslant x \leqslant \sqrt{8}$ 的一段弧的弧长.

8. 计算 $\begin{cases} x = \mathrm{e}^t \sin\ t, \\ y = \mathrm{e}^t \cos\ t \end{cases}$ 由 $t = 0$ 到 $t = \dfrac{\pi}{2}$ 的一段弧长.

9. 用铁锤将一铁钉击入木板,设木板对铁钉的阻力与铁钉击入木板的深度成正比,在击第一次时将铁钉击入木板 1 cm,如果铁锤每次打击铁钉所做的功相等,问铁锤击第二次时,铁钉又击入多少?

10. 设有一半径为 R 的半球形水缸,盛满水,将水从缸口抽出需做多少功?

第六章　常微分方程初步

函数展现了变量之间的依赖关系,利用函数关系可以研究事物的规律性,然而在解决实际问题时,往往不能直接找到函数关系,而根据问题所满足的条件有时能较容易建立有关函数及其导数(或微分)的方程——微分方程,然后对微分方程进行研究,找出未知函数进行分析.本章主要介绍微分方程的基本概念、几种常见类型的微分方程的解法及一阶微分方程的简单应用.

第一节　微分方程的基本概念

本节先介绍常微分方程的基本概念,然后讨论可分离变量的微分方程及其解法.

一、微分方程的基本概念

首先通过具体的例子来引出微分方程的基本概念.

例 1　设一曲线上任意一点 (x,y) 处的切线斜率等于 $2x$,且曲线通过点 $(1,0)$,求该曲线方程.

解　设所求曲线方程为 $y=y(x)$,根据导数的几何意义,得

$$\frac{\mathrm{d}y}{\mathrm{d}x}=2x. \tag{6-1}$$

同时曲线方程 $y=y(x)$ 还应满足条件

$$y\mid_{x=1}=0. \tag{6-2}$$

对(6-1)式两端积分,得

$$y=\int 2x\mathrm{d}x=x^2+C, \tag{6-3}$$

其中 C 为任意常数.将(6-2)式代入 $y=x^2+C$,得 $C=-1$,故所求的曲线方程为

$$y=x^2-1. \tag{6-4}$$

例 1 中,关系式(6-1)含有未知函数的导数,它是微分方程.

凡含有未知函数的导数(或微分)的方程,称为**微分方程**.若未知函数只含有一个自变量,这样的微分方程称为**常微分方程**,未知函数含有多个自变量的微分方程称为偏微分方程,我们只讨论常微分方程.微分方程中所含未知函数导数的最高阶数,称为**微分方程的阶**.

例如, 方程 $\dfrac{\mathrm{d}y}{\mathrm{d}x}=x+1$ 和 $y'+x^2y=\mathrm{e}^x$ 都是一阶微分方程. 方程 $\dfrac{\mathrm{d}^2y}{\mathrm{d}x^2}+y=x+1$ 和 $y''-y'+y=x$ 都是二阶微分方程. 方程 $y^{(5)}-3y'+2y=x^2$ 是五阶微分方程.

如果将函数 $y=y(x)$ 代入微分方程后, 能使该方程成为恒等式, 这个函数称为**微分方程的解**. 例如, 函数(6-3)和(6-4)都是微分方程(6-1)的解.

如果微分方程的解中所含独立的(即不可合并而使个数减少)任意常数的个数与微分方程的阶数相同, 这样的解称为**微分方程的通解**. 例如, 函数(6-3)是微分方程(6-1)的通解.

根据给定条件(称为**初始条件**)定出通解中的任意常数的值, 所得到的解, 称为微分方程满足该初始条件的一个特解. 例如函数(6-4)是微分方程(6-1)满足初始条件(6-2)的一个特解.

微分方程的解

二、可分离变量的微分方程

如果一个一阶微分方程能写成

$$g(y)\,\mathrm{d}y=f(x)\,\mathrm{d}x \tag{6-5}$$

的形式, 也就是说, 可以把微分方程中不同的两个变量分离在等式的两边, 那么原方程就称为可分离变量的微分方程.

将(6-5)两端同时积分

$$\int g(y)\,\mathrm{d}y=\int f(x)\,\mathrm{d}x,$$

计算出不定积分就可得到微分方程的通解.

例 2 求微分方程 $y'=x^2y$ 的通解.

解 将所给方程分离变量, 得

$$\frac{\mathrm{d}y}{y}=x^2\,\mathrm{d}x,$$

分离变量法

两端积分, 有

$$\int \frac{\mathrm{d}y}{y}=\int x^2\,\mathrm{d}x,$$

积分后, 得

$$\ln|y|=\frac{1}{3}x^3+C_1,$$

从而有

$$|y|=\mathrm{e}^{\frac{1}{3}x^3+C_1}=\mathrm{e}^{C_1}\cdot\mathrm{e}^{\frac{1}{3}x^3},$$

即

$$y=\pm\mathrm{e}^{C_1}\cdot\mathrm{e}^{\frac{1}{3}x^3},$$

于是所给方程的通解为

$$y = Ce^{\frac{1}{3}x^3} \quad (C = \pm e^{C_1}).$$

以后为了方便起见,将 $\ln|y|$ 写成 $\ln y$,但要明确最终结果中的 C 是可正可负的任意常数.

例 3 求微分方程 $\mathrm{d}y = x(2y\mathrm{d}x - x\mathrm{d}y)$ 满足初始条件 $y|_{x=1} = 4$ 的特解.

解 先求方程的通解.将所给方程分离变量,得

$$\frac{1}{y}\mathrm{d}y = \frac{2x}{x^2+1}\mathrm{d}x.$$

等式两端分别积分,有

$$\int \frac{1}{y}\mathrm{d}y = \int \frac{2x}{x^2+1}\mathrm{d}x,$$

积分后,并把任意常数写成 $\ln C$ 的形式,得

$$\ln y = \ln(x^2+1) + \ln C.$$

从而有

$$y = C(x^2+1).$$

把初始条件 $y|_{x=1} = 4$ 代入上面的通解中,得

$$C = 2.$$

于是,所求特解为

$$y = 2(x^2+1).$$

习题 6-1

1. 下列方程中哪些是微分方程,哪些不是微分方程? 并指出它们的阶数.

(1) $y'' - 2y' + y = 0$;　　　　　(2) $3y^2 - x^2\cos y = 2$;

(3) $(4x-y)\mathrm{d}x + (2x+3y)\mathrm{d}y = 0$;　　(4) $(\cos 2x)'' + (\cos 2x)' + 1 = 0$;

(5) $\dfrac{\mathrm{d}^3 y}{\mathrm{d}x^3} - 2\left(\dfrac{\mathrm{d}^2 y}{\mathrm{d}x^2}\right)^4 + \sin x = 0$;　　(6) $yy^{(4)} - 4y'' + y^6 = 0$.

2. 验证下列各题中所给函数是相应微分方程的解,并说明是通解还是特解(其中 C, C_1, C_2 都是任意常数).

(1) $\dfrac{\mathrm{d}y}{\mathrm{d}x} = 2x, y = x^2, y = x^2 + C$;

(2) $y' - 2y = x, y = -\dfrac{x}{2} - \dfrac{1}{4}, y = Ce^{2x} - \dfrac{x}{2} - \dfrac{1}{4}$;

(3) $y'' + 4y = 0, y = \cos 2x, y = C_1\cos 2x + C_2\sin 2x$.

3. 已知一曲线过点 $(1,0)$,且曲线上任一点 $P(x,y)$ 处的切线斜率等于 $3x^2$,求该曲线方程.

4. 求下列微分方程的通解.

（1）$yy' = \dfrac{1-2x}{y}$；

（2）$y' + \sqrt{\dfrac{1-y^2}{1-x^2}} = 0$；

（3）$xy' - y\ln y = 0$；

（4）$y(1+\mathrm{e}^x)y' = \mathrm{e}^x$.

5. 求下列微分方程满足所给初始条件的特解.

（1）$x\mathrm{d}y + 2y\mathrm{d}x = 0, y\big|_{x=2} = 1$；

（2）$xy' + y = y^2, y\big|_{x=1} = \dfrac{1}{2}$；

（3）$\mathrm{d}x + xy\mathrm{d}y = y^2\mathrm{d}x + y\mathrm{d}y, y\big|_{x=0} = 2$.

第二节	一阶线性微分方程及几种简单的二阶微分方程

一、一阶线性微分方程

形如

$$\frac{\mathrm{d}y}{\mathrm{d}x} + P(x)y = Q(x) \tag{6-6}$$

的微分方程,称为**一阶线性微分方程**,其中 $P(x)$, $Q(x)$ 都是已知函数.

所谓"线性"指的是,方程中关于未知函数 y 及其导数 y' 是一次式.当 $Q(x)$ 不恒为 0 时,方程(6-6)称为**一阶非齐次线性微分方程**;当 $Q(x) \equiv 0$ 时,方程(6-6)变为

$$\frac{\mathrm{d}y}{\mathrm{d}x} + P(x)y = 0. \tag{6-7}$$

方程(6-7)为方程(6-6)所对应的**一阶齐次线性微分方程**.

例如,方程

$$y' + xy = \cos x$$

是一阶非齐次线性微分方程,它所对应的齐次线性微分方程是

$$y' + xy = 0.$$

下面讨论一阶非齐次线性微分方程(6-6)的解法.

先求齐次线性微分方程(6-7)的通解.将其分离变量得 $\dfrac{\mathrm{d}y}{y} = -P(x)\mathrm{d}x$,两端积分,并把

任意常数写成 $\ln C$ 的形式,得 $\ln y = -\displaystyle\int P(x)\mathrm{d}x + \ln C$,即得齐次线性微分方程(6-7)的

通解为

一阶线性微分方程

$$y = Ce^{-\int P(x)\mathrm{d}x}. \tag{6-8}$$

其中 C 是任意常数.

把 $y = Ce^{-\int P(x)\mathrm{d}x}$ 中常数 C 换成待定函数 $u(x)$ 后,将 $y = u(x)e^{-\int P(x)\mathrm{d}x}$ 代入方程(6-6),
得

$$\left[u(x)e^{-\int P(x)\mathrm{d}x} \right]' + P(x)u(x)e^{-\int P(x)\mathrm{d}x} = Q(x),$$

整理,得

$$u'(x) = Q(x)e^{\int P(x)\mathrm{d}x},$$

两边积分,得

$$u(x) = \int Q(x)e^{\int P(x)\mathrm{d}x}\mathrm{d}x + C.$$

即方程(6-6)的通解为

$$y = e^{-\int P(x)\mathrm{d}x}\left[\int Q(x)e^{\int P(x)\mathrm{d}x}\mathrm{d}x + C \right]. \tag{6-9}$$

上述求解方法称为**常数变易法**.

例 1 求微分方程 $\dfrac{\mathrm{d}y}{\mathrm{d}x} - \dfrac{3y}{x} = x^3$ 的通解.

解法一 这是一阶非齐次线性微分方程.先求对应的齐次方程的通解.

$$\frac{\mathrm{d}y}{\mathrm{d}x} - \frac{3y}{x} = 0,$$

$$\frac{\mathrm{d}y}{y} = 3\frac{\mathrm{d}x}{x},$$

$$\ln y = 3\ln x + \ln C,$$

$$y = Cx^3.$$

用常数变易法把上式中的 C 换成 $u(x)$,即令

$$y = u(x)x^3, \tag{6-10}$$

那么

$$\frac{\mathrm{d}y}{\mathrm{d}x} = u'(x)x^3 + 3u(x)x^2.$$

将上面两式代入所给非齐次方程,化简后得

$$u'(x) = 1,$$

对上式积分,得

$$u(x) = x + C,$$

将上式代入(6-10)式,即得所求微分方程的通解为

$$y = x^4 + Cx^3.$$

解法二 直接利用公式(6-9).由方程(6-6)可知,

$$P(x) = -\frac{3}{x}, Q(x) = x^3,$$

代入公式(6-9),有

$$y = e^{-\int(-\frac{3}{x})dx}\left[\int x^3 e^{\int(-\frac{3}{x})dx}dx + C\right]$$

$$= e^{3\ln x}\left[\int x^3 e^{-3\ln x}dx + C\right]$$

$$= x^3(x + C).$$

注:使用一阶非齐次线性微分方程的通解公式(6-9)时,必须首先把方程化为形如(6-6)式的标准形式,再找出未知函数 y 的系数 $P(x)$ 及自由项 $Q(x)$.

二、一阶微分方程应用举例

在解决自然科学、工程技术、社会科学等方面的实际问题中,微分方程有着广泛的应用.下面列举一阶微分方程应用的若干实例.

例2(衰变问题) 放射性物质由于不断地有原子放射出微粒子而逐渐减少其质量的现象称为衰变.由原子物理学知道,衰变速度与当时未衰变的原子的质量 M 成正比.已知 $t=0$ 时放射性物质的质量为 M_0,求放射性物质在衰变过程中质量 M 随时间 t 变化的规律.

解 放射性物质的衰变速度就是 M 对时间 t 的导数 $\dfrac{dM}{dt}$.由于放射性物质的衰变速度与其质量成正比,有

$$\frac{dM}{dt} = -\lambda M, \tag{6-11}$$

其中 $\lambda(\lambda>0)$ 是常数,叫做衰变系数. λ 前的负号是由于 $M(t)$ 单调递减,即 $\dfrac{dM}{dt}<0$ 的缘故.而 $M\big|_{t=0}=M_0$,方程(6-11)是可分离变量的微分方程,分离变量后,得

$$\frac{dM}{M} = -\lambda dt.$$

两端积分,有

$$\int \frac{dM}{M} = \int(-\lambda)dt.$$

因为 $M>0$,得

$$\ln M = -\lambda t + \ln C,$$

即

$$M = Ce^{-\lambda t}.$$

由 $M\big|_{t=0}=M_0$,得

$$C = M_0,$$

所以

$$M = M_0 e^{-\lambda t}.$$

由此可见,放射性物质的质量按指数规律衰减.

例 3(落体问题) 设有一质量为 m 的物体,从高空以竖直方向初速度 v_0 下落,假定空气的阻力与速度成正比,求物体下落速度 v 与时间 t 的函数关系.

解 物体在下落过程中受两个力的作用:重力 mg(向下),空气阻力 kv(向上)(k 为比例系数).根据牛顿第二定律,有

$$m\frac{\mathrm{d}v}{\mathrm{d}t}=mg-kv. \qquad (6-12)$$

而 $v\mid_{t=0}=v_0$.方程(6-12)是可分离变量的微分方程,分离变量后,得

$$\frac{\mathrm{d}v}{mg-kv}=\frac{\mathrm{d}t}{m},$$

两端积分,有

$$\int\frac{\mathrm{d}v}{mg-kv}=\int\frac{\mathrm{d}t}{m},$$

因为 $mg-kv>0$,得

$$-\frac{1}{k}\ln(mg-kv)=\frac{t}{m}+C_1,$$

有

$$v=\frac{mg}{k}+C\mathrm{e}^{-\frac{k}{m}t}\quad\left(C=-\frac{\mathrm{e}^{-kC_1}}{k}\right).$$

由

$$v\mid_{t=0}=v_0,$$

有

$$C=v_0-\frac{mg}{k},$$

所以

$$v=\frac{mg}{k}+\left(v_0-\frac{mg}{k}\right)\mathrm{e}^{-\frac{k}{m}t}.$$

例 4(温度问题) 一电动机运转后,每秒钟温度升高 1℃,设室内温度为 20℃,电动机温度的冷却速率和电动机与室内温差成正比.求电动机运转 t(s)后的温度 T(单位为℃).

解 电动机运转后,温度升高的速率为 1℃/s,冷却速率为 $k(T-20)$℃/s(k 为常数),故有

$$\frac{\mathrm{d}T}{\mathrm{d}t}=1-k(T-20),$$

即

$$\frac{\mathrm{d}T}{\mathrm{d}t}+kT=1+20k. \qquad (6-13)$$

而 $T\mid_{t=0}=20$.方程(6-13)是一阶线性非齐次微分方程,由一阶线性非齐次微分方程的通解公式,得

$$T=\mathrm{e}^{-\int k\mathrm{d}t}\left[\int(1+20k)\mathrm{e}^{\int k\mathrm{d}t}\mathrm{d}t+C\right]=\mathrm{e}^{-kt}\left[\frac{(1+20k)\mathrm{e}^{kt}}{k}+C\right].$$

第六章 常微分方程初步

将初始条件 $T\big|_{t=0}=20$ 代入上式, 得

$$C=-\frac{1}{k}.$$

故经时间 t 后, 电动机的温度为

$$T(t)=20+\frac{1}{k}(1-\mathrm{e}^{-kt}).$$

三、几种简单的二阶方程

1. $y''=f(x)$ 型的微分方程

对这类方程只需通过二次积分就可得到方程的通解.

例 5 求微分方程 $y''=\mathrm{e}^x+\sin x$ 的通解.

解 对所给方程接连积分二次, 得

$$y'=\int(\mathrm{e}^x+\sin x)\mathrm{d}x=\mathrm{e}^x-\cos x+C_1,$$

$$y=\int(\mathrm{e}^x-\cos x+C_1)\mathrm{d}x=\mathrm{e}^x-\sin x+C_1x+C_2,$$

这就是所给方程的通解.

类似地, n 阶微分方程 $y^{(n)}=f(x)$ 可通过接连积分 n 次来求解.

2. $y''=f(x,y')$ 型的微分方程

设 $y'=p(x)$, 则方程化为 $p'(x)=f(x,p(x))$. 这是一个一阶微分方程, 若可以求出, 其通解为 $p(x)=\varphi(x,C_1)$, 则原方程的通解为 $y=\int\varphi(x,C_1)\mathrm{d}x+C_2$.

例 6 求微分方程 $xy''=y'$ 满足初始条件 $y\big|_{x=1}=2, y'\big|_{x=1}=1$ 的特解.

解 设 $y'=p(x)$, 代入方程并分离变量后, 有

$$\frac{\mathrm{d}p}{p}=\frac{\mathrm{d}x}{x}.$$

两边积分, 得

$$\ln p=\ln x+\ln C_1,$$

即

$$y'=p=C_1x,$$

由条件 $y'\big|_{x=1}=1$, 得 $C_1=1$, 所以

$$y'=x.$$

两边再积分, 得

$$y=\frac{1}{2}x^2+C_2.$$

又由条件 $y\big|_{x=1}=2$, 得

$$C_2=\frac{3}{2},$$

于是所求的特解为

$$y=\frac{1}{2}x^2+\frac{3}{2}.$$

3. $y''=f(y,y')$ 型的微分方程

设 $y'=p$, 有 $y''=\dfrac{\mathrm{d}p}{\mathrm{d}x}=\dfrac{\mathrm{d}p}{\mathrm{d}y}\cdot\dfrac{\mathrm{d}y}{\mathrm{d}x}=p\dfrac{\mathrm{d}p}{\mathrm{d}y}$, 方程 $y''=f(y,y')$ 化为 $p\dfrac{\mathrm{d}p}{\mathrm{d}y}=f(y,p)$. 这是一个关于 y 和 p 的一阶微分方程, 设其通解为 $p=\varphi(y,C_1)$, 则由 $y'=\varphi(y,C_1)$ 可求出原方程的通解.

例7 求微分方程 $yy''+(y')^2=0$ 的通解.

解 设 $y'=p$, 则 $y''=p\dfrac{\mathrm{d}p}{\mathrm{d}y}$, 代入方程, 得

$$yp\frac{\mathrm{d}p}{\mathrm{d}y}+p^2=0,$$

约去 p 并分离变量, 得

$$\frac{\mathrm{d}p}{p}=-\frac{\mathrm{d}y}{y},$$

两边积分, 得

$$\ln p=-\ln y+\ln C_1,$$

即

$$y'=p=\frac{C_1}{y},$$

再分离变量并两边积分, 便得原方程的通解为

$$\frac{1}{2}y^2=C_1x+C_2.$$

习题 6-2

1. 求下列微分方程的通解.

(1) $y'+2y=4x$;

(2) $y'+2xy=\mathrm{e}^{-x^2}$;

(3) $xy'+y=x^2+3x+2$;

(4) $(1+x^2)y'-2xy=(1+x^2)^2$;

(5) $y''=x+\cos x$;

(6) $y''=\dfrac{1}{1+x^2}$;

(7) $y''-y'^2=0$;

(8) $xy''+y'=0$;

(9) $yy''+(y')^2=0$;

(10) $yy''=2y'^2$.

2. 求下列微分方程满足所给初始条件的特解.

(1) $xy'+2y=\sin x, y(\pi)=\dfrac{1}{\pi}$;

(2) $(1+x^2)\dfrac{\mathrm{d}y}{\mathrm{d}x}+2xy=\cos x, y\big|_{x=0}=1$.

3. 设有一质量为 m 的质点作直线运动, 从速度为零的时刻起, 有一个与运动方向一致、大小与时间成正比(比例系数为 k_1)的力作用于它, 此外还受一个与质点速度成正比(比例系数为 k_2)的阻力作用. 求质点运动的速度 v 与时间 t 的函数关系.

第三节　二阶常系数线性微分方程

二阶线性微分方程解的结构

一、二阶常系数齐次线性微分方程

形如

$$y'' + py' + qy = 0 \tag{6-14}$$

的微分方程叫做**二阶常系数齐次线性微分方程**,其中 p, q 为常数.

下面介绍二阶常系数齐次线性微分方程解的结构.

> **定理 1**　若函数 $y_1(x)$ 与 $y_2(x)$ 是二阶常系数齐次线性微分方程(6-14)的两个特解,则
>
> (1) $C_1 y_1(x) + C_2 y_2(x)$(C_1, C_2 是任意常数)也是方程(6-14)的解.
>
> (2) 若 $\dfrac{y_2(x)}{y_1(x)} \neq$ 常数(即 $y = C_1 y_1(x) + C_2 y_2(x)$ 中含有两个独立的任意常数),则 $C_1 y_1(x) + C_2 y_2(x)$ 是方程(6-14)的通解.

例如,$y_1 = \sin x, y_2 = \cos x$ 都是方程 $y'' + y = 0$ 的解,不难验证

$$y = C_1 y_1 + C_2 y_2 = C_1 \sin x + C_2 \cos x$$

也是方程 $y'' + y = 0$ 的解且是其通解.

从方程(6-14)的结构来看,它的解应有如下特点:未知函数的一阶导数 y',二阶导数 y'' 与未知函数 y 只相差常数因子.而指数函数 $y = e^{rx}$ 正是具有这种特点的函数,设想方程(6-14)具有 $y = e^{rx}$(r 为待定常数)形式的解,将

$$y = e^{rx}, y' = re^{rx}, y'' = r^2 e^{rx}$$

代入方程(6-14),得

$$(r^2 + pr + q)e^{rx} = 0,$$

因为 $e^{rx} \neq 0$,故有

$$r^2 + pr + q = 0,$$

只要找到 r,使

$$r^2 + pr + q = 0 \tag{6-15}$$

成立,则 $y = e^{rx}$ 就是方程(6-14)的解.而 r 是方程(6-15)的根,于是,求微分方程(6-14)的解的问题就归结为求代数方程(6-15)的根的问题.

方程(6-15)称为微分方程(6-14)的**特征方程**,特征方程的根叫做**特征根**.

方程(6-15)是一元二次方程,它的根有三种情况,相应地,方程(6-14)的解也有三种情况,如表6-1所示.

二阶常系数线性齐次微分方程

表 6-1

特征方程 $r^2+pr+q=0$ 的两个根 r_1,r_2	微分方程 $y''+py'+qy=0$ 的通解
① 两个不相等的实根 r_1,r_2	$y=C_1\mathrm{e}^{r_1x}+C_2\mathrm{e}^{r_2x}$
② 两个相等实根 $r_1=r_2=r$	$y=(C_1+C_2x)\mathrm{e}^{rx}$
③ 一对共轭复根 $r_{1,2}=\alpha\pm\mathrm{i}\beta$ $(\beta>0)$	$y=\mathrm{e}^{\alpha x}(C_1\cos\beta x+C_2\sin\beta x)$

例 1 求微分方程 $y''-y'-2y=0$ 的通解.

解 所给微分方程的特征方程为

$$r^2-r-2=0,$$

特征根为

$$r_1=2,r_2=-1,$$

故得所给方程的通解为

$$y=C_1\mathrm{e}^{2x}+C_2\mathrm{e}^{-x}.$$

例 2 求微分方程 $y''-2y'+y=0$ 满足初始条件 $y\big|_{x=0}=1,y'\big|_{x=0}=3$ 的特解.

解 所给微分方程的特征方程为

$$r^2-2r+1=0,$$

特征根为

$$r_1=r_2=1,$$

因此所给方程的通解为

$$y=(C_1+C_2x)\mathrm{e}^x.$$

为了求满足初始条件的特解,将上式对 x 求导,得

$$y'=C_2\mathrm{e}^x+(C_1+C_2x)\mathrm{e}^x.$$

将初始条件 $y\big|_{x=0}=1,y'\big|_{x=0}=3$ 分别代入上面两式,得 $C_1=1,C_2=2$.于是所求特解为

$$y=(1+2x)\mathrm{e}^x.$$

例 3 求微分方程 $y''+2y'+5y=0$ 的通解.

解 所给微分方程的特征方程是

$$r^2+2r+5=0,$$

特征根为

$$r_{1,2}=\frac{-2\pm\sqrt{2^2-4\times5}}{2}=-1\pm2\mathrm{i},$$

故所求方程的通解为

$$y=\mathrm{e}^{-x}(C_1\cos2x+C_2\sin2x).$$

二、二阶常系数非齐次线性微分方程

形如

$$y''+py'+qy=f(x) \tag{6-16}$$

的微分方程叫做**二阶常系数非齐次线性微分方程**,其中 p,q 为常数,$f(x) \neq 0$.

对于二阶常系数非齐次线性微分方程(6-16)的通解结构,有如下定理:

定理 2　如果 $\tilde{y}$ 是二阶常系数非齐次线性微分方程(6-16)的一个特解,Y 是方程(6-16)所对应的齐次方程

$$y'' + py' + qy = 0 \qquad\qquad (6\text{-}17)$$

的通解,那么

$$y = Y + \tilde{y} \qquad\qquad (6\text{-}18)$$

是方程(6-16)的通解.

二阶常系数
线性非齐次
微分方程

例如,方程 $y'' - 3y' + 2y = 2x - 3$ 是二阶常系数非齐次线性微分方程,$Y = C_1 e^x + C_2 e^{2x}$ 是其对应的齐次方程 $y'' - 3y' + 2y = 0$ 的通解;又容易验证 $\tilde{y} = x$ 是方程 $y'' - 3y' + 2y = 2x - 3$ 的一个特解.因此

$$y = Y + \tilde{y} = C_1 e^x + C_2 e^{2x} + x$$

是方程 $y'' - 3y' + 2y = 2x - 3$ 的通解.

下面我们来讨论二阶常系数非齐次线性微分方程(6-16)的解法.

方程(6-17)的通解 Y 的求法我们已经讨论过,由定理 2,现在只需解决如何求非齐次线性微分方程(6-16)的一个特解.

这里仅讨论形如

$$y'' + py' + qy = P_n(x) e^{\lambda x} \qquad\qquad (6\text{-}19)$$

的二阶常系数非齐次线性微分方程,其中 $P_n(x)$ 为 n 次多项式,λ 为常数.

二阶常系数非齐次线性微分方程(6-19)具有形如

$$y^* = x^k Q_n(x) e^{\lambda x} \qquad\qquad (6\text{-}20)$$

的特解,其中 $Q_n(x)$ 是 n 次的待定多项式,而 k 的取法规则是:当 λ 不是方程(6-19)所对应的齐次方程的特征方程 $r^2 + pr + q = 0$ 的根时,取 $k = 0$;当 λ 是方程 $r^2 + pr + q = 0$ 的单根时,取 $k = 1$;当 λ 是方程 $r^2 + pr + q = 0$ 的重根时,取 $k = 2$.

例 4　求微分方程 $y'' - 2y' - 3y = 3x + 1$ 的一个特解.

解　这里 $P_m(x) = 3x + 1$,$\lambda = 0$,所给方程对应的齐次方程为

$$y'' - 2y' - 3y = 0.$$

它的特征方程为

$$r^2 - 2r - 3 = 0.$$

由于这里 $\lambda = 0$ 不是特征方程的根,所以应设特解 $\tilde{y} = Ax + B$,把它代入所给方程,得

$$-3Ax - 2A - 3B = 3x + 1,$$

比较两端 x 同次幂的系数,得

$$\begin{cases} -3A = 3, \\ -2A - 3B = 1, \end{cases}$$

二阶常系数
线性非齐次
微分方程

由此求得 $A=-1, B=\frac{1}{3}$，于是求得所给方程的一个特解为

$$\tilde{y} = -x + \frac{1}{3}.$$

例 5 求微分方程 $y''-2y'+y=\mathrm{e}^x$ 的通解.

解 其对应的齐次方程为

$$y''-2y'+y=0,$$

它的特征方程为

$$r^2-2r+1=0,$$

特征根为

$$r_1=r_2=1,$$

故所给方程对应的齐次方程的通解为 $Y=(C_1+C_2 x)\mathrm{e}^x$.

这里，$P_n(x)=1, \lambda=1$ 是特征方程的重根，故设特解为

$$\tilde{y} = Ax^2 \mathrm{e}^x.$$

则

$$\tilde{y}' = (2Ax+Ax^2)\mathrm{e}^x, \quad \tilde{y}'' = (2A+4Ax+Ax^2)\mathrm{e}^x,$$

将 $\tilde{y}, \tilde{y}', \tilde{y}''$ 代入所给方程，化简得

$$A = \frac{1}{2},$$

故得所求特解为

$$\tilde{y} = \frac{1}{2}x^2 \mathrm{e}^x.$$

因此，原方程的通解为

$$y = \left(C_1 + C_2 x + \frac{1}{2}x^2 \right) \mathrm{e}^x.$$

习题 6-3

1. 求下列微分方程的通解.

（1）$y''+5y'+6y=0$；　　　　（2）$y''+6y'+9y=0$；　　　　（3）$y''+2y'+3y=0$.

2. 求下列微分方程满足所给初始条件的特解.

（1）$y''+2y'-3y=0, y(0)=1, y'(0)=2$；

（2）$y''-4y'+4y=0, y(0)=1, y'(0)=1$.

3. 求下列微分方程的通解.

（1）$y''-7y'+12y=x$；　　　　（2）$y''-y'=-6x+2$；

（3）$y''-y'-2y=\mathrm{e}^{2x}$；　　　　（4）$y''-2y'+y=\mathrm{e}^x$.

4. 求下列微分方程满足所给初始条件的特解.

(1) $y''-y'=2(1-x),y(0)=1,y'(0)=1$;

(2) $y''-2y'-3y=e^x,y(0)=0,y'(0)=1$.

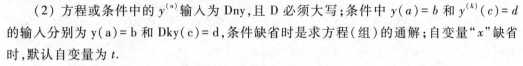

第四节 数学实验六 用 MATLAB 求解微分方程

MATLAB 语言提供了求解常微分方程的函数 dsolve( ),该函数的调用格式为

$$dsolve('方程 1,方程 2,\cdots','条件 1,条件 2,\cdots','x').$$

说明:(1) 对给定的常微分方程(组)'方程 1,方程 2,$\cdots$'中指定的自变量 x 与给定的初始条件'条件 1,条件 2,$\cdots$',求解析解.

(2) 方程或条件中的 $y^{(n)}$ 输入为 Dny,且 D 必须大写;条件中 $y(a)=b$ 和 $y^{(k)}(c)=d$ 的输入分别为 y(a)=b 和 Dky(c)=d,条件缺省时是求方程(组)的通解;自变量"x"缺省时,默认自变量为 t.

例 用 MATLAB 求解下列微分方程:

(1) $y'+y\cos x=e^{-\sin x}$；　　　(2) $(1+x^2)y''=2xy',y\big|_{x=0}=1,y'\big|_{x=0}=3$.

解 (1) 输入

dsolve(' Dy+y * cos (x)= exp(-sin (x))' ,'x')

输出结果如下:

ans =

exp(-sin (x)) * x+exp(-sin (x)) * C1

(2) 输入

dsolve('(1+x^2) * D2y=2 * x * Dy' ,'y(0)= 1,Dy(0)= 3' ,'x')

输出结果如下:

ans =

1+x^3+3 * x

习题 6-4

用 MATLAB 解下列微分方程:

1. $y'+y\cos x=e^{-\sin x}$;　　　　　　2. $y'+y=y^2(\cos x-\sin x)$;

3. $y''-2y'+5y=e^x\sin 2x$;　　　　　4. $y''+y=e^x+\cos x$;

5. $y'-y\tan x=\sec x,y\big|_{x=0}=0$.

复习题六

1. 选择题.

(1) 微分方程 $y'^3+y'y''^4+y^3=x^2$ 的阶数是(　　　).

MATLAB求解常微分方程

A. 1   B. 2   C. 3   D. 4

（2）设方程 $y''+5y'+4y=f(x)$ 的一个解为 $y=x^2$，则 $f(x)=$（   ）.

    A. $4x^2+10x+2$ B. $4x^2+10x+2+e^{-x}$

    C. $4x^2+10x+2-e^{-x}$ D. $4x^2-10x+2$

（3）下列方程中是一阶线性方程的是（   ）.

    A. $\dfrac{dy}{dx}=\dfrac{y}{1-x^2y}$ B. $(y-x)\sin x\,dx-x^2dy=0$

    C. $y'''=y+x\sin x$ D. $y''+xy'=x$

（4）方程 $\dfrac{dy}{dx}=y\tan x+\sec x$ 满足初始条件 $y\big|_{x=0}=0$ 的特解是（   ）.

    A. $y=\dfrac{1}{\cos x}(C+x)$ B. $y=\dfrac{1}{\cos x}(2+x)$

    C. $y=\dfrac{x}{\sin x}$ D. $y=\dfrac{x}{\cos x}$

（5）在下列微分方程中，其通解为 $y=C_1\cos x+C_2\sin x$ 的是（   ）.

    A. $y''-y'=0$ B. $y''+y'=0$

    C. $y''+y=0$ D. $y''-y=0$

（6）求微分方程 $y''-3y'-4y=x^2$ 的一个特解时，应设特解的形式为（   ）.

    A. ax^2 B. ax^2+bx+C

    C. $x(ax^2+bx+C)$ D. $x^2(ax^2+bx+C)$

2. 填空题.

（1）当参数 $C=$ _____ 时，函数 $y=Cx^2+1$ 满足所给初始条件 $y\big|_{x=1}=3$.

（2）曲线上任意点 $M(x,y)$ 处的切线的斜率为 $\sin x$，且曲线通过点 $(0,2)$，则该曲线的方程为 _____.

（3）曲线 $y=Cx^2$ 所满足的一阶微分方程是 _____.

（4）已知 $y_1=e^{x^2}$ 及 $y_2=xe^{x^2}$ 都是微分方程 $y''-4xy'+(4x^2-2)y=0$ 的解，则此方程的通解为 _____.

（5）以 $y=C_1e^x+C_2e^{-2x}$ 为通解的二阶常系数线性齐次微分方程为 _____.

（6）微分方程 $y''-3y'+2y=e^{2x}$ 的特解形式为 $\tilde{y}=$ _____.

3. 求下列微分方程的通解.

（1）$xyy'=1-x^2$；   （2）$(xy^2+x)\,dx+(1-x^2)\,dy=0$；

（3）$y\dfrac{dx}{dy}+x-y^2=0$；   （4）$x^2dy+(2xy-x+1)\,dx=0$；

（5）$2y''-y'-3y=0$；   （6）$4y''+9y=0$；

（7）$y''+5y'+4y=3-2x$；   （8）$y''-y'-2y=xe^{-2x}$.

4. 求下列微分方程满足所给初始条件的特解.

(1) $y'\sin x = y\ln y, y\left(\dfrac{\pi}{2}\right) = \mathrm{e}$;

(2) $(1+x^2)y' - 2xy = (1+x^2)^2, y(0) = 1$;

(3) $y'' + y' + y = 0, y(0) = 1, y'(0) = 0$;

(4) $y'' - 3y' + 2y = 2\mathrm{e}^{2x}, y\big|_{x=0} = 2, y'\big|_{x=0} = 3$.

5. 已知物体在空气中冷却的速率与该物体及空气两者温度的差成正比.假设室温为 20℃时,一物体由 100℃ 冷却到 60℃ 需经 20 min,问需经过多长时间才能使此物体的温度从 100℃ 降到 30℃?

6. 设单位质量的物体在水平面内作直线运动,初速度为 $v\big|_{t=0} = v_0$,已知阻力与速度成正比(比例系数为 1),问时间 t 为多少时,此物体的速度为 $\dfrac{1}{4}v_0$?并求该物体到此时刻所经过的路程.

选修部分

第七章　多元函数微积分学

　　我们前面所讨论的函数,自变量的个数只有一个,即一元函数.但在实际问题中,常常会遇到自变量个数不止一个的情况,我们把这样的函数称为多元函数.多元函数微积分学是一元函数微积分学的推广,它们有很多相似之处,但有的地方也有某些本质的差异.学习多元函数微积分学时,要注意它与一元函数微积分学的联系与区别.本章主要以二元函数为例,讲解多元函数微积分学的一些基础知识,有关概念可类推到二元以上函数.

第一节　多元函数的极限与连续

一、二元函数的概念

1. 平面上的点集、区域和邻域

　　由平面解析几何知道,当在平面上引入了一个直角坐标系后,平面上的点 P 与有序二元实数组 (x, y) 之间就建立了一一对应的关系.于是,我们常把有序实数组 (x, y) 与平面上的点 P 视作等同的.这种建立了坐标系的平面称为坐标平面.坐标平面上具有某种性质 P 的点的集合,称为**平面点集**,记作

$$E = \{(x, y) \mid (x, y) \text{ 具有性质 } P\}.$$

　　例 1　平面上以原点为中心、r 为半径的圆内所有点的集合是 $C = \{(x, y) \mid x^2 + y^2 < r^2\}$（图 7-1）,如果我们以点 P 表示 (x, y),以 $|OP|$ 表示点 P 到原点 O 的距离,那么集合 C 可表示成 $C = \{P \mid |OP| < r\}$.

　　由平面上一条或几条曲线所围成的平面点集称为**平面区域**,通常记作 D.围成平面区域的曲线称为**该区域的边界**,边界上的点称为**边界点**,包括边界在内的区域称为**闭区域**,不包括边界在内的区域称为**开区域**.如果一个区域延伸到无穷远处,那么称该区域为**无界区域**,否则称为**有界区域**.

　　平面图上的区域可用含该区域内的点的坐标的二元不等式或不等式组来表示(称为平面区域的解析式),同一个区域可以有不同的表示形式.

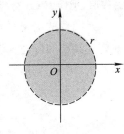

图 7-1

例 2　平面点集 $D_1 = \{(x,y) \mid x^2+y^2 \leqslant R^2\}$ 是有界闭区域.

平面点集 $D_2 = \{(x,y) \mid x^2+y^2 > R^2\}$ 是无界开区域.

一般地,平面点集不一定是平面区域,而平面区域一定是平面点集.

设 $P_0(x_0,y_0)$ 是 xOy 平面上的一个点,δ 是某一正数,与点 $P_0(x_0,y_0)$ 距离小于 δ 的点 $P(x,y)$ 的全体,称为点 P_0 的 δ **邻域**,记为 $U(P_0,\delta)$,即

$$U(P_0,\delta) = \{P \mid |PP_0| < \delta\} \text{ 或 } U(P_0,\delta) = \{(x,y) \mid \sqrt{(x-x_0)^2+(y-y_0)^2} < \delta\}.$$

其中点 $P_0(x_0,y_0)$ 称为**邻域的中心**,δ 称为**邻域的半径**.$U(P_0, \delta)$ 在几何上表示 xOy 平面内以点 $P_0(x_0,y_0)$ 为中心、$\delta\ (>0)$ 为半径的圆的内部点 $P(x,y)$ 的全体(图 7-2).

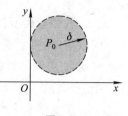

图 7-2

当 $U(P_0,\delta)$ 内不包含中心点 P_0 时,我们称此邻域为点 P_0 的**去心 δ 邻域**,记作 $\mathring{U}(P_0,\delta)$,即 $\mathring{U}(P_0,\delta) = \{(x,y) \mid 0 < \sqrt{(x-x_0)^2+(y-y_0)^2} < \delta\}$.

另外,如果不需要强调邻域的半径 δ,则用 $U(P_0)$ 表示点 P_0 的某个邻域,点 P_0 的去心邻域记作 $\mathring{U}(P_0)$.

2. 二元函数的概念

例 3　圆柱体的体积 V 和它的底半径 r、高 h 之间具有关系 $V = \pi r^2 h$,这里,当 r、h 在集合 $\{(r,h) \mid r>0, h>0\}$ 内取定一对值 (r,h) 时,V 对应的值就随之确定.

例 4　一定量的理想气体的压强 P、体积 V 和绝对温度 T 之间具有关系

$$P = \frac{RT}{V},$$

其中 R 为常数.这里,当 V、T 在集合 $\{(V,T) \mid V>0, T>0\}$ 内取定一对值 (V,T) 时,P 的对应值就随之确定.

定义 1　设有三个变量 x,y,z,如果当变量 x,y 在某一区域 D 内取一确定的值时,通过对应法则 f,变量 z 总有唯一确定的数值与之对应,那么称 z 是变量 x,y 定义在 D 上的**二元函数**,记为 $z=f(x,y),(x,y) \in D$(或 $z=f(P), P \in D$),其中 x,y 称为**自变量**,z 称为**因变量**,点集 D 称为该函数的**定义域**.

上述定义中,与自变量 x,y 的一对值 (x,y) 相对应的因变量 z 的值,也称为 f 在点 (x,y) 处的函数值,记作 $f(x,y)$,即 $z=f(x,y)$.集合 $f(D) = \{z \mid z=f(x,y),(x,y) \in D\}$ 称为函数的**值域**.

二元函数的定义域通常是一个平面区域,与一元函数的定义域类似,当自变量和因变量具有某种实际意义时,我们以自变量的实际意义确定函数的定义域;当函数仅由解析式表示,则定义域就是使该解析式有意义的点 (x,y) 的全体构成的平面点集.

例 5　求二元函数 $z = \ln(x+y-1)$ 的定义域.

解　要使函数有意义,自变量 x,y 应满足 $x+y-1 > 0$,于是函数的定义域为 $D = \{(x,y) \mid x+y-1>0\}$,它是直线 $x+y-1=0$ 的右上方的平面部分,不包括直线 $x+y-1=0$.如图 7-3.

设函数 $z=f(x,y)$ 的定义域为坐标平面上的某个区域 D,对于 D 中的任一点 $P(x,y)$ 就有一个确定的实数 $z=f(x,y)$ 与之对应,于是得到空间直角坐标系中的一点 $M(x,y,z)$,当 P 点在区域 D 中变动时,相应的点 M 就在空间变动;当 P 点取遍 D 中的所有点时,点 M 的轨迹一般来说是空间的一个曲面(图 7-4).这个曲面就是二元函数 $z=f(x,y)$ 的图形.即二元函数的几何图形一般为空间直角坐标系中的一个曲面,而其定义域 D 恰好是这个曲面在坐标平面 xOy 上的投影,因此也把 $z=f(x,y)$ 称为曲面方程.

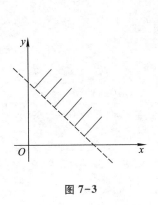

图 7-3

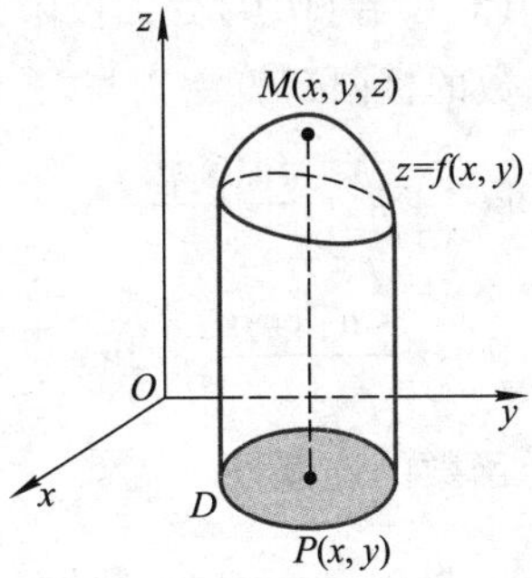

图 7-4

二、二元函数的极限和连续

1. 二元函数的极限

> **定义 2** 设函数 $z=f(x,y)$ 在点 $P_0(x_0,y_0)$ 的某一去心邻域 $\mathring{U}(P_0)$ 内有定义,点 $P(x,y)$ 是去心邻域 $\mathring{U}(P_0)$ 内的任意一点,如果当 $P(x,y)$ 以任何方式无限接近于 $P_0(x_0,y_0)$ 时,对应的函数值无限接近于某个确定的常数 A,那么称当 $(x,y)\to(x_0,y_0)$ 时,函数 $z=f(x,y)$ 有极限 A,记作
> $$\lim_{(x,y)\to(x_0,y_0)} f(x,y)=A, \text{或} f(x,y)\to A((x,y)\to(x_0,y_0)).$$
> 此极限又称为**二重极限**.

二元函数的极限

必须注意:

(1)二重极限存在,是指 P 以任何方式趋于 P_0 时,函数值都无限接近于 A;

(2)如果当 P 以两种不同方式趋于 P_0 时,函数值趋于不同的值,那么函数的极限不存在.

例 6 讨论函数 $f(x,y)=\begin{cases} \dfrac{xy}{x^2+y^2}, & x^2+y^2\neq 0, \\ 0, & x^2+y^2=0 \end{cases}$ 在点 $(0,0)$ 处有无极限.

解 当点 $P(x,y)$ 沿 x 轴趋于点 $(0,0)$ 时,

$$\lim_{(x,y)\to(0,0)} f(x,y) = \lim_{x\to 0} f(x,0) = \lim_{x\to 0} 0 = 0;$$

当点 $P(x,y)$ 沿 y 轴趋于点 $(0,0)$ 时,

$$\lim_{(x,y)\to(0,0)} f(x,y) = \lim_{y\to 0} f(0,y) = \lim_{y\to 0} 0 = 0;$$

当点 $P(x,y)$ 沿直线 $y = kx$ 趋于点 $(0,0)$ 时有

$$\lim_{\substack{(x,y)\to(0,0)\\y=kx}} \frac{xy}{x^2+y^2} = \lim_{x\to 0} \frac{kx^2}{x^2+k^2x^2} = \frac{k}{1+k^2}.$$

因此,函数 $f(x,y)$ 在 $(0,0)$ 处无极限.

多元函数的极限运算法则与一元函数的情况类似.

例 7 求 $\displaystyle\lim_{(x,y)\to(0,2)} \frac{\sin(xy)}{x}$.

解 $\displaystyle\lim_{(x,y)\to(0,2)} \frac{\sin(xy)}{x} = \lim_{(x,y)\to(0,2)} \frac{\sin(xy)}{xy} \cdot y = \lim_{(x,y)\to(0,2)} \frac{\sin(xy)}{xy} \cdot \lim_{(x,y)\to(0,2)} y = 1\times 2 = 2.$

2. 二元函数的连续性

> **定义 3** 设函数 $z=f(x,y)$ 在点 $P_0(x_0,y_0)$ 的某一邻域 $U(P_0)$ 内有定义,点 $P(x,y)$ 是邻域 $U(P_0)$ 内异于 P_0 的任意一点,如果
>
> $$\lim_{(x,y)\to(x_0,y_0)} f(x,y) = f(x_0,y_0),$$
>
> 那么称函数 $f(x,y)$ **在点 $P_0(x_0,y_0)$ 处连续**.

如果函数 $z=f(x,y)$ 在区域 D 的每一点都连续,那么称函数 $z=f(x,y)$ 在区域 D 上连续,或者称 $z=f(x,y)$ 是区域 D 上的连续函数.

可以证明,**多元连续函数的和、差、积仍为连续函数;连续函数的商在分母不为零处仍连续;多元连续函数的复合函数也是连续函数.**

与一元初等函数类似,多元初等函数是指可用一个式子表示的多元函数,这个式子是由常数及具有不同自变量的一元基本初等函数经过有限次的四则运算和有限次的复合运算而得到的.

例如,$\dfrac{x+x^2-y^2}{1+y^2}$,$\sin(x+y)$,$\mathrm{e}^{x^2+y^2+z^2}$ 都是多元初等函数.

一切多元初等函数在其定义区域内是连续的.所谓定义区域是指包含在定义域内的开区域或闭区域.

例 8 求 $\displaystyle\lim_{(x,y)\to(1,2)} \frac{x+y}{xy}$.

解 函数 $f(x,y) = \dfrac{x+y}{xy}$ 是初等函数,它的定义域为

$$D = \{(x,y) \mid x\neq 0, y\neq 0\},$$

点 $P_0(1,2)$ 为 D 的内点,故存在 P_0 的某一邻域 $U(P_0) \subset D$,而任何邻域都是区域,所以

二元函数的连续性

$U(P_0)$ 是 $f(x,y)$ 的一个定义区域,因此

$$\lim_{(x,y)\to(1,2)} f(x,y) = f(1,2) = \frac{3}{2}.$$

一般地,求 $\lim_{P\to P_0} f(P)$ 时,如果 $f(P)$ 是初等函数,且 P_0 是 $f(P)$ 的定义域内的点,那么 $f(P)$ 在点 P_0 处连续,于是 $\lim_{P\to P_0} f(P) = f(P_0)$.

习题 7-1

1. 已知函数 $f(x+y, x-y) = xy + y^2$,求 $f(x,y)$.

2. 求下列函数的定义域.

(1) $z = \sqrt{4x^2 + y^2 - 1}$;

(2) $z = \dfrac{1}{y} + \dfrac{1}{\sqrt{x-y}}$;

(3) $z = \ln(4 - x^2 - y^2) - \dfrac{x+y}{\sqrt{x^2+y^2-1}}$;

(4) $z = \arcsin(1-y) + \ln(x-y)$.

3. 证明下列函数的极限不存在.

(1) $\lim\limits_{(x,y)\to(0,0)} \dfrac{x+y}{x-y}$;

(2) $\lim\limits_{(x,y)\to(0,0)} \dfrac{x^2 y}{x^4 + y^4}$.

4. 表达式 $\lim\limits_{\substack{x\to 0 \\ y\to 0}} f(x,y) = \lim\limits_{x\to 0}\left[\lim\limits_{y\to 0} f(x,y)\right]$ 一定成立吗?

第二节　多元函数微分学

一、偏导数的概念及计算

1. 偏导数的概念

对于二元函数 $z = f(x,y)$,如果只有自变量 x 变化,而自变量 y 固定不变,这时它就是 x 的一元函数,这时函数对 x 的导数,就称为二元函数 $z = f(x,y)$ 对于 x 的偏导数.

定义 1　设函数 $z = f(x,y)$ 在点 (x_0, y_0) 的某一邻域内有定义,当 y 固定在 y_0 而 x 在 x_0 处有增量 Δx 时,相应地函数有增量 $f(x_0 + \Delta x, y_0) - f(x_0, y_0)$,如果极限

$$\lim_{\Delta x \to 0} \frac{f(x_0 + \Delta x, y_0) - f(x_0, y_0)}{\Delta x}$$

存在,那么称此极限为函数 $z = f(x,y)$ 在点 (x_0, y_0) 处**对 x 的偏导数**,记作

$$\left.\frac{\partial z}{\partial x}\right|_{\substack{x=x_0 \\ y=y_0}}, \left.\frac{\partial f}{\partial x}\right|_{\substack{x=x_0 \\ y=y_0}}, z'_x\left.\right|_{\substack{x=x_0 \\ y=y_0}} \text{或} f'_x(x_0, y_0).$$

即

$$f'_x(x_0, y_0) = \lim_{\Delta x \to 0} \frac{f(x_0 + \Delta x, y_0) - f(x_0, y_0)}{\Delta x}. \tag{7-1}$$

类似地，函数 $z = f(x, y)$ 在点 (x_0, y_0) 处**对 y 的偏导数**定义为

$$f'_y(x_0, y_0) = \lim_{\Delta y \to 0} \frac{f(x_0, y_0 + \Delta y) - f(x_0, y_0)}{\Delta y}, \tag{7-2}$$

记作

$$\left.\frac{\partial z}{\partial y}\right|_{\substack{x = x_0 \\ y = y_0}}, \left.\frac{\partial f}{\partial y}\right|_{\substack{x = x_0 \\ y = y_0}}, z'_y \Big|_{\substack{x = x_0 \\ y = y_0}} \text{ 或 } f'_y(x_0, y_0).$$

偏导数

如果函数 $z = f(x, y)$ 在区域 D 内每一点 (x, y) 处对 x 的偏导数都存在，那么这个偏导数就是 x、y 的函数，它就称为函数 $z = f(x, y)$ **对自变量 x 的偏导函数**，记作

$$\frac{\partial z}{\partial x}, \frac{\partial f}{\partial x}, z'_x \text{ 或 } f'_x(x, y).$$

偏导函数的定义式

$$f'_x(x, y) = \lim_{\Delta x \to 0} \frac{f(x + \Delta x, y) - f(x, y)}{\Delta x}. \tag{7-3}$$

类似地，可定义函数 $z = f(x, y)$ 对 y 的偏导函数，记作

$$\frac{\partial z}{\partial y}, \frac{\partial f}{\partial y}, z'_y \text{ 或 } f'_y(x, y).$$

偏导函数的定义式

$$f'_y(x, y) = \lim_{\Delta y \to 0} \frac{f(x, y + \Delta y) - f(x, y)}{\Delta y}. \tag{7-4}$$

偏导数的概念还可推广到二元以上的函数. 例如，三元函数 $u = f(x, y, z)$ 在点 (x, y, z) 处对 x 的偏导数定义为

$$f'_x(x, y, z) = \lim_{\Delta x \to 0} \frac{f(x + \Delta x, y, z) - f(x, y, z)}{\Delta x},$$

其中 (x, y, z) 是函数 $u = f(x, y, z)$ 的定义域内的点. 它们的求法也类似于一元函数的微分法.

2. 偏导数的计算

求 $\dfrac{\partial f}{\partial x}$ 时，只要把 y 暂时看作常量而对 x 求导数；求 $\dfrac{\partial f}{\partial y}$ 时，只要把 x 暂时看作常量而对 y 求导数.

例 1 求 $z = x^2 + 3xy + y^2$ 在点 $(1, 2)$ 处的偏导数.

解 $\dfrac{\partial z}{\partial x} = 2x + 3y, \dfrac{\partial z}{\partial y} = 3x + 2y.$

$$\frac{\partial z}{\partial x}\bigg|_{\substack{x=1\\y=2}} = 2 \cdot 1 + 3 \cdot 2 = 8, \frac{\partial z}{\partial y}\bigg|_{\substack{x=1\\y=2}} = 3 \cdot 1 + 2 \cdot 2 = 7.$$

例 2　求 $z = x^2 \sin 2y$ 的偏导数.

解　$\dfrac{\partial z}{\partial x} = 2x \sin 2y, \dfrac{\partial z}{\partial y} = 2x^2 \cos 2y.$

例 3　设 $z = x^y$ $(x > 0, x \neq 1)$，求证：$\dfrac{x}{y} \dfrac{\partial z}{\partial x} + \dfrac{1}{\ln x} \cdot \dfrac{\partial z}{\partial y} = 2z.$

证　$\dfrac{\partial z}{\partial x} = yx^{y-1}, \dfrac{\partial z}{\partial y} = x^y \ln x,$ 则

$$\frac{x}{y} \frac{\partial z}{\partial x} + \frac{1}{\ln x} \cdot \frac{\partial z}{\partial y} = \frac{x}{y} yx^{y-1} + \frac{1}{\ln x} x^y \ln x = x^y + x^y = 2z.$$

例 4　求 $r = \sqrt{x^2 + y^2 + z^2}$ 的偏导数.

解　$\dfrac{\partial r}{\partial x} = \dfrac{x}{\sqrt{x^2+y^2+z^2}} = \dfrac{x}{r}; \dfrac{\partial r}{\partial y} = \dfrac{y}{\sqrt{x^2+y^2+z^2}} = \dfrac{y}{r}; \dfrac{\partial r}{\partial z} = \dfrac{z}{\sqrt{x^2+y^2+z^2}} = \dfrac{z}{r}.$

例 5　已知理想气体的状态方程为 $PV = RT$（R 为常数），求证：$\dfrac{\partial P}{\partial V} \cdot \dfrac{\partial V}{\partial T} \cdot \dfrac{\partial T}{\partial P} = -1.$

证　因为 $P = \dfrac{RT}{V}, \dfrac{\partial P}{\partial V} = -\dfrac{RT}{V^2},$　$V = \dfrac{RT}{P}, \dfrac{\partial V}{\partial T} = \dfrac{R}{P},$　$T = \dfrac{PV}{R}, \dfrac{\partial T}{\partial P} = \dfrac{V}{R},$ 所以

$$\frac{\partial P}{\partial V} \cdot \frac{\partial V}{\partial T} \cdot \frac{\partial T}{\partial P} = -\frac{RT}{V^2} \cdot \frac{R}{P} \cdot \frac{V}{R} = -\frac{RT}{PV} = -1.$$

本例表明，偏导数的记号是一个整体记号，不能理解为分子与分母之商，单独的 $\partial z, \partial x$ 和 ∂y 均无意义，这是与一元函数导数记号的不同之处.

例 6　求

$$z = f(x,y) = \begin{cases} \dfrac{xy}{x^2+y^2}, & (x,y) \neq (0,0), \\ 0, & (x,y) = (0,0) \end{cases}$$

在点 $(0,0)$ 处的偏导数.

解　在 $(0,0)$ 点，应用偏导数的定义，有

$$f'_x(0,0) = \lim_{\Delta x \to 0} \frac{f(0+\Delta x, 0) - f(0,0)}{\Delta x} = \lim_{\Delta x \to 0} \frac{\dfrac{\Delta x \cdot 0}{(\Delta x)^2 + 0^2} - 0}{\Delta x} = 0,$$

$$f'_y(0,0) = \lim_{\Delta y \to 0} \frac{f(0, 0+\Delta y) - f(0,0)}{\Delta y} = \lim_{\Delta y \to 0} \frac{\dfrac{0 \cdot \Delta y}{0^2 + (\Delta y)^2} - 0}{\Delta y} = 0.$$

此例中，$f(x,y)$ 在 $(0,0)$ 点处的两个偏导数都存在，而从上一节内容可知，$f(x,y)$ 在点 $(0,0)$ 处不连续. 可见偏导数存在，函数并不一定连续，即"一元函数在其可导点处一定

连续"的结论对二元函数不成立.

3. 二阶偏导数

高阶偏导数

定义 2 设函数 $z=f(x,y)$ 在区域 D 内具有偏导数

$$\frac{\partial z}{\partial x}=f'_x(x,y),\quad \frac{\partial z}{\partial y}=f'_y(x,y),$$

那么在 D 内 $f'_x(x,y)$,$f'_y(x,y)$ 都是 x,y 的函数.如果这两个函数对 x,y 的偏导数也存在,那么称它们的偏导数是函数 $z=f(x,y)$ 的**二阶偏导数**.按照对变量求导次序的不同,二阶偏导数有以下几种情形:

$$\frac{\partial}{\partial x}\left(\frac{\partial z}{\partial x}\right)=\frac{\partial^2 z}{\partial x^2}=f''_{xx}(x,y),\quad \frac{\partial}{\partial y}\left(\frac{\partial z}{\partial x}\right)=\frac{\partial^2 z}{\partial x\partial y}=f''_{xy}(x,y),$$

$$\frac{\partial}{\partial x}\left(\frac{\partial z}{\partial y}\right)=\frac{\partial^2 z}{\partial y\partial x}=f''_{yx}(x,y),\quad \frac{\partial}{\partial y}\left(\frac{\partial z}{\partial y}\right)=\frac{\partial^2 z}{\partial y^2}=f''_{yy}(x,y).$$

其中 $\dfrac{\partial^2 z}{\partial x\partial y}$,$\dfrac{\partial^2 z}{\partial y\partial x}$ 称为**混合偏导数**.

同样可得三阶、四阶以及 n 阶偏导数,二阶及二阶以上的偏导数统称为高阶偏导数.

例 7 设 $z=x^3y^2-3xy^3-xy+1$,求 $\dfrac{\partial^2 z}{\partial x^2}$,$\dfrac{\partial^3 z}{\partial x^3}$,$\dfrac{\partial^2 z}{\partial y\partial x}$ 和 $\dfrac{\partial^2 z}{\partial x\partial y}$.

解

$$\frac{\partial z}{\partial x}=3x^2y^2-3y^3-y,\quad \frac{\partial z}{\partial y}=2x^3y-9xy^2-x;$$

$$\frac{\partial^2 z}{\partial x^2}=6xy^2,\quad \frac{\partial^3 z}{\partial x^3}=6y^2;$$

$$\frac{\partial^2 z}{\partial x\partial y}=6x^2y-9y^2-1,\quad \frac{\partial^2 z}{\partial y\partial x}=6x^2y-9y^2-1.$$

在本例中可以看到 $\dfrac{\partial^2 z}{\partial y\partial x}=\dfrac{\partial^2 z}{\partial x\partial y}$,这不是偶然的.一般地,有下述定理:

定理 如果函数 $z=f(x,y)$ 的两个二阶混合偏导数 $\dfrac{\partial^2 z}{\partial y\partial x}$ 及 $\dfrac{\partial^2 z}{\partial x\partial y}$ 在区域 D 内连续,那么在该区域内这两个二阶混合偏导数必相等,即 $\dfrac{\partial^2 z}{\partial y\partial x}=\dfrac{\partial^2 z}{\partial x\partial y}$.

也就是说,二阶混合偏导数在连续的条件下与求导次序无关.

二、全微分

1. 全微分的定义

如图 7-5 所示的一长方形金属薄片,受热后在长和宽两个方向上都发生变形,如果

设受热前的长和宽分别为 x 和 y,则受热变形后为 $x+\Delta x$ 和 $y+\Delta y$,那么该金属薄片的面积 A 改变了多少?

面积 A 的增量 ΔA,称为面积函数的全增量:

$$\Delta A = (x+\Delta x)(y+\Delta y) - xy = y\Delta x + x\Delta y + \Delta x \cdot \Delta y.$$

全增量可分为两部分,第一部分是关于 Δx 和 Δy 的线性表达式 $y\Delta x + x\Delta y$,第二部分为 $\Delta x \cdot \Delta y$. 可以证明第二部分 $\Delta x \cdot \Delta y$ 是当 $(\Delta x, \Delta y) \to (0,0)$ 时比 $\rho = \sqrt{(\Delta x)^2 + (\Delta y)^2}$ 高阶的无穷小量,所以 $\Delta A = (x+\Delta x)(y+\Delta y) - xy = y\Delta x + x\Delta y + o(\rho)$,当 $|\Delta x|$ 和 $|\Delta y|$ 很小时,便有 $\Delta A \approx y\Delta x + x\Delta y$.

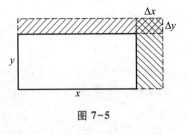

图 7-5

类似于一元函数微分的概念,二元函数全增量的线性主要部分定义为二元函数的全微分.

定义 3 设函数 $z=f(x,y)$ 在点 (x,y) 的某个邻域内有定义,点 $(x+\Delta x, y+\Delta y)$ 在该邻域内,如果函数 $z=f(x,y)$ 在点 (x,y) 处的全增量

$$\Delta z = f(x+\Delta x, y+\Delta y) - f(x,y)$$

可以表示为

$$\Delta z = A\Delta x + B\Delta y + o(\rho),$$

其中 A、B 不依赖于 Δx、Δy 而仅与 x,y 有关,$o(\rho)$ 是当 $\rho = \sqrt{(\Delta x)^2 + (\Delta y)^2} \to 0$ 时比 ρ 高阶的无穷小量,那么称函数 $z=f(x,y)$ 在点 (x,y) 处可微,而称 $A\Delta x + B\Delta y$ 为函数 $z=f(x,y)$ 在点 (x,y) 的**全微分**,记作 $\mathrm{d}z$,即

$$\mathrm{d}z = A\Delta x + B\Delta y.$$

如果函数在区域 D 内各点处都可微分,那么称这个函数在 D 内可微.

可以证明,如果函数 $z=f(x,y)$ 在点 (x,y) 的某一邻域内有连续的偏导数 $\dfrac{\partial z}{\partial x}$、$\dfrac{\partial z}{\partial y}$,那么函数在点 (x,y) 处可微,并且 $\mathrm{d}z = \dfrac{\partial z}{\partial x}\Delta x + \dfrac{\partial z}{\partial y}\Delta y$.

全微分

和一元函数一样,自变量的增量 $\Delta x, \Delta y$ 就是自变量的微分 $\mathrm{d}x, \mathrm{d}y$,因此函数 $z=f(x,y)$ 的全微分可写作

$$\mathrm{d}z = \frac{\partial z}{\partial x}\mathrm{d}x + \frac{\partial z}{\partial y}\mathrm{d}y. \tag{7-5}$$

类似地,三元函数 $u=f(x,y,z)$ 的全微分为

$$\mathrm{d}u = \frac{\partial u}{\partial x}\mathrm{d}x + \frac{\partial u}{\partial y}\mathrm{d}y + \frac{\partial u}{\partial z}\mathrm{d}z. \tag{7-6}$$

例 8 计算函数 $z = x^2 y + y^2$ 的全微分.

解 因为 $\dfrac{\partial z}{\partial x} = 2xy, \dfrac{\partial z}{\partial y} = x^2 + 2y$,所以

$$dz = 2xy\mathrm{d}x + (x^2 + 2y)\mathrm{d}y.$$

例 9 计算函数 $z = e^{xy}$ 在点 $(2,1)$ 处的全微分.

解 因为 $\dfrac{\partial z}{\partial x} = ye^{xy}, \dfrac{\partial z}{\partial y} = xe^{xy}, \dfrac{\partial z}{\partial x}\Big|_{\substack{x=2\\y=1}} = e^2, \dfrac{\partial z}{\partial y}\Big|_{\substack{x=2\\y=1}} = 2e^2$, 所以

$$dz = e^2\mathrm{d}x + 2e^2\mathrm{d}y.$$

例 10 计算函数 $u = x + \sin\dfrac{y}{2} + e^{yz}$ 的全微分.

解 因为 $\dfrac{\partial u}{\partial x} = 1, \dfrac{\partial u}{\partial y} = \dfrac{1}{2}\cos\dfrac{y}{2} + ze^{yz}, \dfrac{\partial u}{\partial z} = ye^{yz}$, 所以

$$du = \mathrm{d}x + \left(\dfrac{1}{2}\cos\dfrac{y}{2} + ze^{yz}\right)\mathrm{d}y + ye^{yz}\mathrm{d}z.$$

2. 全微分在近似计算中的应用

设函数 $z = f(x,y)$ 在点 (x_0, y_0) 处可微, 则函数的全增量与全微分之差是一个比 ρ 高阶的无穷小量, 因此当 $|\Delta x|$ 和 $|\Delta y|$ 都比较小时, 有

$$\Delta z \approx dz = f'_x(x_0, y_0)\Delta x + f'_y(x_0, y_0)\Delta y, \tag{7-7}$$

$$f(x_0 + \Delta x, y_0 + \Delta y) \approx f(x_0, y_0) + f'_x(x_0, y_0)\Delta x + f'_y(x_0, y_0)\Delta y. \tag{7-8}$$

与一元函数的情形类似, 我们可以利用公式 (7-7) 和 (7-8) 对二元函数做近似计算.

例 11 计算 $0.98^{2.03}$ 的近似值.

解 选函数 $f(x,y) = x^y$, 则 $x_0 = 1, y_0 = 2, \Delta x = -0.02, \Delta y = 0.03$,

$$f'_x(x,y)\big|_{(1,2)} = yx^{y-1}\big|_{(1,2)} = 2, f'_y(x,y)\big|_{(1,2)} = x^y\ln x\big|_{(1,2)} = 0, f(1,2) = 1.$$

代入公式

$$f(x_0 + \Delta x, y_0 + \Delta y) \approx f(x_0, y_0) + f'_x(x_0, y_0)\Delta x + f'_y(x_0, y_0)\Delta y,$$

得

$$0.98^{2.03} \approx f(1,2) + f'_x(1,2)\Delta x + f'_y(1,2)\Delta y = 1 + 2 \cdot (-0.02) = 0.96.$$

例 12 当正圆锥体变形时, 它的底面半径由 30 cm 增大到 30.1 cm, 高由 60 cm 减少到 59.5 cm, 求正圆锥体体积变化的近似值.

解 正圆锥体的体积为 $V = \dfrac{1}{3}\pi r^2 h$, 由于

$$dV = \dfrac{\partial V}{\partial r}\Delta r + \dfrac{\partial V}{\partial h}\Delta h = \dfrac{2}{3}\pi rh\Delta r + \dfrac{1}{3}\pi r^2\Delta h,$$

于是有公式

$$\Delta V \approx dV = \dfrac{2}{3}\pi rh\Delta r + \dfrac{1}{3}\pi r^2\Delta h.$$

将 $r = 30, \Delta r = 0.1, h = 60, \Delta h = -0.5$ 代入上式得

$$\Delta V \approx \dfrac{2}{3}\pi \times 30 \times 60 \times 0.1 + \dfrac{1}{3}\pi \times 30^2 \times (-0.5) = -30\pi \ \mathrm{cm}^3.$$

即正圆锥体的体积减小了 $30\pi \ \mathrm{cm}^3$.

全微分在近似计算中的应用

1. 已知函数 $f(x,y) = \arctan \dfrac{y}{x}$，求 $f'_x(1,1)$ 和 $f'_y(1,1)$．

2. 求下列函数的偏导数．

(1) $z = e^{xy} + yx^2$；

(2) $z = \ln\sqrt{x^2 + y^2}$；

(3) $z = \sin(xy) + \cos(2xy)$；

(4) $z = \arctan \dfrac{x}{y}$．

3. 设函数 $u = x + \dfrac{x-y}{y-z}$，证明 $\dfrac{\partial u}{\partial x} + \dfrac{\partial u}{\partial y} + \dfrac{\partial u}{\partial z} = 1$．

4. 求下列函数的二阶偏导数．

(1) $z = x\ln(x+y)$；

(2) $z = x^3 + 3x^2y + y^4 - 4$．

5. 求函数 $z = 2x^2 + 3y^2$，当 $x = 10, y = 8, \Delta x = 0.2, \Delta y = 0.3$ 时的全增量和全微分．

6. 求下列函数的全微分．

(1) $z = x^2 y + \tan(x+y)$；

(2) $z = \sqrt{x^2 + y^2}$；

(3) $w = x^{yz}$；

(4) $z = x\cos(x-y)$．

7. 利用全微分近似计算公式求下列近似值．

(1) $\sin 29° \tan 60°$；

(2) $1.97^{1.05}$．

8. 设矩形长为 $8\ \mathrm{m}$，宽为 $6\ \mathrm{m}$，若长增加 $0.2\ \mathrm{m}$，宽减少 $0.5\ \mathrm{m}$，试用全微分方法计算矩形的面积增量的近似值．

157

第三节　二元函数的极值与最值

在实际问题中，经常会遇到多元函数的最大值、最小值问题．多元函数的最大值、最小值与极大值、极小值之间有密切联系．与一元函数类似，我们可以利用偏导数来讨论多元函数的极值和最值问题，在本节，我们主要讨论二元函数的有关问题．

一、二元函数的极值

1. 二元函数极值的定义

定义　设函数 $z = f(x,y)$ 在点 $P_0(x_0, y_0)$ 的某一邻域内有定义，如果对于该邻域内的任一点 $P(x,y)$（P 异于 P_0），都有 $f(x,y) < f(x_0, y_0)$，那么称函数 $f(x,y)$ 在点 $P_0(x_0, y_0)$ 处有**极大值** $f(x_0, y_0)$，点 $P_0(x_0, y_0)$ 称为函数 $f(x,y)$ 的**极大值点**；如果都有 $f(x,y) > f(x_0, y_0)$，那么称 $f(x,y)$ 在点 $P_0(x_0, y_0)$ 处有**极小值** $f(x_0, y_0)$，点 $P_0(x_0, y_0)$ 称为函数 $f(x,y)$ 的**极小值点**．函数的极大值、极小值统称为**极值**，极大值点、极小值点统称为**极值点**．

二元函数的极值

例 1　函数 $z=2x^2+4y^2$ 在点 $(0,0)$ 处有极小值.因为对于点 $(0,0)$ 的任一邻域内异于 $(0,0)$ 的点,其函数值都为正,而在点 $(0,0)$ 处的函数值为零.从几何上看这是显然的,因为点 $(0,0,0)$ 是开口朝上的椭圆抛物面 $z=2x^2+4y^2$ 的顶点(图 7-6).

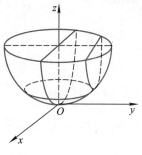

例 2　函数 $z=2-\sqrt{x^2+y^2}$ 在点 $(0,0)$ 处有极大值.因为在点 $(0,0)$ 处函数值为 2,而对于点 $(0,0)$ 的任一邻域内异于 $(0,0)$ 的点,函数值都比 2 小.

例 3　函数 $z=xy$ 在点 $(0,0)$ 处既不取得极大值也不取得极小值.因为在点 $(0,0)$ 处的函数值为零,而在点 $(0,0)$ 的任一邻域内,总有使函数值为正的点,也有使函数值为负的点.

图 7-6

以上关于二元函数的极值概念,很容易推广到三元以及三元以上的函数.

求二元函数的极值问题,一般可以利用偏导数来解决,下面两个定理是关于这个问题的结论.

2. 极值的判定与求法

定理 1(极值的必要条件)　设函数 $z=f(x,y)$ 在点 (x_0,y_0) 处具有偏导数,且在点 (x_0,y_0) 处有极值,则

$$f'_x(x_0,y_0)=0, f'_y(x_0,y_0)=0.$$

类似地可推得,如果三元函数 $u=f(x,y,z)$ 在点 (x_0,y_0,z_0) 处具有偏导数,那么它在点 (x_0,y_0,z_0) 处具有极值的必要条件为 $f'_x(x_0,y_0,z_0)=0, f'_y(x_0,y_0,z_0)=0, f'_z(x_0,y_0,z_0)=0$.

仿照一元函数,凡是能使 $f'_x(x_0,y_0)=0, f'_y(x_0,y_0)=0$ 同时成立的点 (x_0,y_0) 称为函数 $z=f(x,y)$ 的驻点.

从定理 1 可知,具有偏导数的函数的极值点必定是驻点,但函数的驻点不一定是极值点.

例如,函数 $z=xy$ 的驻点是点 $(0,0)$,但函数在点 $(0,0)$ 处既不取得极大值也不取得极小值.

定理 2(极值的充分条件)　设函数 $z=f(x,y)$ 在点 (x_0,y_0) 的某邻域内连续且有一阶及二阶连续偏导数,又 $f'_x(x_0,y_0)=0, f'_y(x_0,y_0)=0$,令

$$f''_{xx}(x_0,y_0)=A, f''_{xy}(x_0,y_0)=B, f''_{yy}(x_0,y_0)=C,$$

则 $z=f(x,y)$ 在点 (x_0,y_0) 处是否取得极值的条件如下:

(1) $AC-B^2>0$ 时具有极值,且当 $A<0$ 时有极大值,当 $A>0$ 时有极小值;

(2) $AC-B^2<0$ 时没有极值;

(3) $AC-B^2=0$ 时可能有极值,也可能没有极值.

由此得到求极值的步骤如下:

第一步 解方程组
$$f'_x(x_0,y_0)=0, f'_y(x_0,y_0)=0,$$
求出实数解,即可得一切驻点.

第二步 对于每一个驻点 (x_0,y_0),求出二阶偏导数的值 A、B 和 C.

第三步 定出 $AC-B^2$ 的符号,按定理 2 的结论判定 $f(x_0,y_0)$ 是否是极值、是极大值还是极小值.

例 4 求函数 $f(x,y)=x^3-y^3+3x^2+3y^2-9x$ 的极值.

解 解方程组
$$\begin{cases} f'_x(x,y)=3x^2+6x-9=0, \\ f'_y(x,y)=-3y^2+6y=0, \end{cases}$$
得驻点为 $(1,0),(1,2),(-3,0),(-3,2)$.

再求出二阶偏导数
$$f''_{xx}(x,y)=6x+6, f''_{xy}(x,y)=0, f''_{yy}(x,y)=-6y+6.$$

在点 $(1,0)$ 处,$AC-B^2=12\cdot6>0$,又 $A>0$,所以函数在 $(1,0)$ 处有极小值 $f(1,0)=-5$;

在点 $(1,2)$ 处,$AC-B^2=12\cdot(-6)<0$,所以 $f(1,2)$ 不是极值;

在点 $(-3,0)$ 处,$AC-B^2=-12\cdot6<0$,所以 $f(-3,0)$ 不是极值;

在点 $(-3,2)$ 处,$AC-B^2=-12\cdot(-6)>0$,又 $A<0$,所以函数在 $(-3,2)$ 处有极大值 $f(-3,2)=31$.

应注意的是,若函数 $z=f(x,y)$ 在 (x_0,y_0) 处偏导数不存在,则点 (x_0,y_0) 也可能是极值点.

例如,函数 $z=-\sqrt{x^2+y^2}$ 在点 $(0,0)$ 处有极大值,而函数 $z=-\sqrt{x^2+y^2}$ 在点 $(0,0)$ 处的偏导数不存在.因此,在考虑函数的极值问题时,除了考虑函数的驻点外,还应考虑函数偏导数不存在的点.

二、二元函数的最值

如果 $f(x,y)$ 在有界闭区域 D 上连续,那么 $f(x,y)$ 在 D 上必定能取得最大值和最小值.这种使函数取得最大值或最小值的点既可能在 D 的内部,也可能在 D 的边界上.我们假定函数在 D 上连续、在 D 内可微分且只有有限个驻点,这时如果函数在 D 的内部取得最大值(最小值),那么这个最大值(最小值)也是函数的极大值(极小值).因此,求最大值和最小值的一般方法是:将函数 $f(x,y)$ 在 D 内的所有驻点处的函数值及在 D 的边界上的最大值和最小值相互比较,其中最大的就是最大值,最小的就是最小值.在实际问题中,如果根据问题的性质,知道函数 $f(x,y)$ 的最大值(最小值)一定在 D 的内部取得,而函数在 D 内只有一个驻点,那么可以肯定该驻点处的函数值就是函数 $f(x,y)$ 在 D 上的最大值(最小值).

例 5 某厂要用铁板做成一个体积为 $8\ \mathrm{m}^3$ 的有盖长方体水箱.问当长、宽、高各取多少时,才能使用料最省(图 7-7).

最大值与最小值

解　设水箱的长为 x m,宽为 y m,则其高应为 $\dfrac{8}{xy}$ m.此水

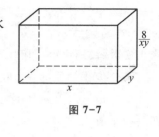

图 7-7

箱所用材料的面积为

$$A = 2\left(xy + y \cdot \dfrac{8}{xy} + x \cdot \dfrac{8}{xy}\right) = 2\left(xy + \dfrac{8}{x} + \dfrac{8}{y}\right) \quad (x>0,y>0).$$

令 $A'_x = 2\left(y - \dfrac{8}{x^2}\right) = 0, A'_y = 2\left(x - \dfrac{8}{y^2}\right) = 0$,得 $x=2,y=2$.

根据题意可知,水箱所用材料面积的最小值一定存在,并在开区域 $D = \{(x,y) \mid x>0, y>0\}$ 内取得.因为函数 A 在 D 内只有一个驻点,所以此驻点一定是 A 的最小值点,即当水箱的长为 2 m、宽为 2 m、高为 2 m 时,水箱所用的材料最省.

例 6　有一宽为 24 cm 的长方形铁板,把它两边折起来作成一断面为等腰梯形的水槽.问怎样折法才能使断面的面积最大(图 7-8)?

解　设折起来的边长为 x cm,倾角 α,如图 7-8 所示,那么梯形断面的下底长为 $24-2x$,上底长为 $24-2x+2x\cos\alpha$,高为 $x\sin\alpha$,所以断面面积

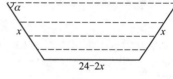

图 7-8

$$A = \dfrac{1}{2}(24-2x+2x\cos\alpha + 24-2x)x\sin\alpha,$$

即

$$A = 24x\sin\alpha - 2x^2\sin\alpha + x^2\sin\alpha\cos\alpha \quad (0<x<12, 0<\alpha\leqslant 90°).$$

可见断面面积 A 是 x 和 α 的二元函数,这就是目标函数,要求使这个函数取得最大值的点 (x,α).

令

$$A'_x = 24\sin\alpha - 4x\sin\alpha + 2x\sin\alpha\cos\alpha = 0,$$

$$A'_\alpha = 24x\cos\alpha - 2x^2\cos\alpha + x^2(\cos^2\alpha - \sin^2\alpha) = 0,$$

由于 $\sin\alpha\neq 0, x\neq 0$,上述方程组可化为

$$\begin{cases} 12-2x+x\cos\alpha = 0, \\ 24\cos\alpha - 2x\cos\alpha + x(\cos^2\alpha - \sin^2\alpha) = 0. \end{cases}$$

解这个方程组,得 $\alpha = 60°, x = 8$ cm.

根据题意可知断面面积的最大值一定存在,并且在 $D = \{(x,y) \mid 0<x<12, 0<\alpha\leqslant 90°\}$ 内取得,通过计算得知 $\alpha = 90°$ 时的函数值比 $\alpha = 60°, x = 8$ cm 时的函数值小.又函数在 D 内只有一个驻点,因此可以断定,当 $x = 8$ cm,$\alpha = 60°$ 时,就能使断面的面积最大.

习题 7-3

1. 求函数 $z = 2xy - 3x^2 - 2y^2$ 的极值点及极值.

2. 求函数 $f(x,y) = e^{2x}(x+y^2+2y)$ 的极值点及极值.

3. 将硬纸折成长方体无盖盒,若纸面积一定,问 x,y,z 成何比例时盒子的容积最大?

第四节　二元函数积分学

一、二重积分的概念和性质

引例　曲顶柱体的体积

设有一立体,它的底是 xOy 面上的有界闭区域 D,它的侧面是以 D 的边界曲线为准线而母线平行于 z 轴的柱面,它的顶是曲面 $z=f(x,y)\geqslant 0$ 且在 D 上连续.这种柱体叫做曲顶柱体,如图7-9所示,现在我们来研究如何定义并计算曲顶柱体的体积 V.

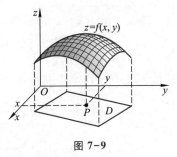

图 7-9

我们知道,平顶柱体的高是不变的,它的体积可以用公式表示为体积=高×底面积.由于曲顶柱体当点 (x,y) 在区域上变动时,高度 $f(x,y)$ 一般是变量而不是常量,因此,求曲顶柱体体积的关键在于解决"常"与"变"的矛盾,解决这一矛盾的基本思想、方法和步骤与用定积分求曲边梯形面积十分相似,仍用"分割取近似,求和取极限"的方法来计算它的体积.

分割　把区域 D 任意分成 n 个小闭区域,称为子域,用 $\Delta\sigma_1,\Delta\sigma_2,\cdots,\Delta\sigma_n$ 代表每个子域并表示其面积的大小(图7-10),分别以这些子域的边界线为准线,作母线平行于 z 轴的柱面,这些柱面把原来的曲顶柱体分为 n 个小曲顶柱体(图7-11).设第 i 个小曲顶柱体体积为 $\Delta V_i(i=1,2,\cdots,n)$,则整个曲顶柱体体积 $V=\sum\limits_{i=1}^{n}\Delta V_i$.

取近似　由于 $f(x,y)$ 在区域 D 上连续,当 $\Delta\sigma_i$ 的直径(闭区域上任意两点间距离的最大值)很小时,小曲顶柱体的高变化不大,故可以"常"代"变",即在 $\Delta\sigma_i$ 内任意取一点 (ξ_i,η_i),以 $f(\xi_i,\eta_i)$ 为高而底为 $\Delta\sigma_i$ 的平顶柱体的体积 $f(\xi_i,\eta_i)\Delta\sigma_i$ 近似代替 ΔV_i,即

$$\Delta V_i\approx f(\xi_i,\eta_i)\Delta\sigma_i \quad (i=1,2,\cdots,n).$$

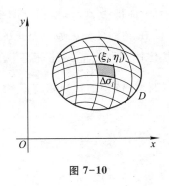

图 7-10

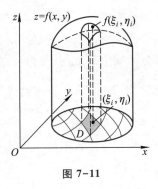

图 7-11

求和　将所有小曲顶柱体体积的近似值求和,得所求曲顶柱体体积的近似值.

$$V=\sum_{i=1}^{n}\Delta V_i\approx\sum_{i=1}^{n}f(\xi_i,\eta_i)\Delta\sigma_i.$$

取极限　令 n 个子域的直径中的最大值（记作 λ）趋于零，取上述和的极限，这一极限值就定义为曲顶柱体的体积.即

$$V = \lim_{\lambda \to 0} \sum_{i=1}^{n} f(\xi_i, \eta_i) \Delta \sigma_i .$$

1. 二重积分的概念

与上述方法相似，还有许多其他问题也可归结为这种形式的和的极限，这里不一一叙述，我们抽去其具体的意义，得出二重积分的概念.

> **定义**　设 $f(x,y)$ 是有界闭区域 D 上的有界函数，将区域 D 任意分成 n 个子域 $\Delta \sigma_1, \Delta \sigma_2, \cdots, \Delta \sigma_n$，其中 $\Delta \sigma_i$ 表示第 i 个子域，也表示它的面积，在每个子域 $\Delta \sigma_i$ 上任取一点 (ξ_i, η_i) 作乘积 $f(\xi_i, \eta_i) \Delta \sigma_i$，并作和 $\sum_{i=1}^{n} f(\xi_i, \eta_i) \Delta \sigma_i$，如果当各子域直径中的最大值 λ 趋于零时该和的极限存在，那么称此极限值为函数 $f(x,y)$ 在闭区域 D 上的**二重积分**，记作
>
> $$\iint\limits_{D} f(x,y) \, \mathrm{d}\sigma .$$
>
> 其中 $f(x,y)$ 叫做被积函数，$f(x,y)\mathrm{d}\sigma$ 叫做被积表达式，$\mathrm{d}\sigma$ 叫做**面积元素**，x 与 y 叫做积分变量，D 叫做积分区域，$\sum_{i=1}^{n} f(\xi_i, \eta_i) \Delta \sigma_i$ 叫做积分和.

根据这一定义，引例中曲顶柱体的体积为 $V = \iint\limits_{D} f(x,y) \, \mathrm{d}\sigma$.

2. 二重积分的几何意义

由引例可知当 $f(x,y) \geqslant 0$ 时，二重积分 $\iint\limits_{D} f(x,y) \, \mathrm{d}\sigma$ 表示以曲面 $z=f(x,y)$ 为顶，以 D 为底的曲顶柱体体积，当 $f(x,y) < 0$ 时，曲顶柱体就在 xOy 面的下方，二重积分的绝对值仍是曲顶柱体体积，但二重积分的值是负的；如果 $f(x,y)$ 在 D 的部分区域上是正的，而在其他的部分区域上是负的，我们可以把 xOy 面上方的柱体体积取成正，xOy 面下方的柱体体积取成负，那么 $\iint\limits_{D} f(x,y) \, \mathrm{d}\sigma$ 就等于这些部分区域上的柱体体积的代数和.

3. 二重积分的性质

比较定积分与二重积分的定义不难得到，二重积分与定积分有类似性质：

性质 1（线性性质）　设 a, b 为常数，则

$$\iint\limits_{D} [af(x,y) + bg(x,y)] \mathrm{d}\sigma = a \iint\limits_{D} f(x,y) \, \mathrm{d}\sigma + b \iint\limits_{D} g(x,y) \, \mathrm{d}\sigma .$$

性质 2（可加性）　若将积分域 D 分为两个子域 D_1 和 D_2，则

二重积分的定义与性质

$$\iint\limits_{D} f(x,y)\,\mathrm{d}\sigma = \iint\limits_{D_1} f(x,y)\,\mathrm{d}\sigma + \iint\limits_{D_2} f(x,y)\,\mathrm{d}\sigma.$$

性质 3（比较性质） 如果在 D 上，$f(x,y) \le g(x,y)$，那么有不等式

$$\iint\limits_{D} f(x,y)\,\mathrm{d}\sigma \le \iint\limits_{D} g(x,y)\,\mathrm{d}\sigma.$$

推论
$$\left| \iint\limits_{D} f(x,y)\,\mathrm{d}\sigma \right| \le \iint\limits_{D} |f(x,y)|\,\mathrm{d}\sigma.$$

性质 4 如果在 D 上 $f(x,y) \equiv 1$，σ 为 D 的面积，那么 $\iint\limits_{D} 1\mathrm{d}\sigma = \iint\limits_{D} \mathrm{d}\sigma = \sigma$.

该性质的几何意义是：高为 1 的平顶柱体体积在数值上等于柱体的底面积.

性质 5（估值定理） 设 M,m 分别是 $f(x,y)$ 在闭区域 D 上的最大值和最小值，σ 为 D 的面积，则有

$$m\sigma \le \iint\limits_{D} f(x,y)\,\mathrm{d}\sigma \le M\sigma.$$

性质 6（二重积分的中值定理） 设函数 $f(x,y)$ 在闭区域 D 上连续，σ 为 D 的面积，则在 D 上至少存在一点 (ξ,η) 使得

$$\iint\limits_{D} f(x,y)\,\mathrm{d}\sigma = f(\xi,\eta)\sigma.$$

此定理的几何解释是：以 D 为底，以 $f(\xi,\eta)$ 为高的平顶柱体体积恰等于曲顶柱体体积.

二、直角坐标系下二重积分的计算

按上节的定义，用求极限的方法求二重积分，一般是相当困难的，本节将从几何直观来说明二重积分的计算方法，即把二重积分化为两次定积分（二次积分）来计算.

1. 转化面积元素

当二重积分存在时，其积分值与积分域的分法及每个子域上点的取法均无关，因此在直角坐标系中，我们可以用平行于坐标轴的两组直线来分割积分域 D，那么除了包含边界点的一些子域外，其余子域都是小矩形域，如图 7-12 所示，设子域 $\Delta\sigma_i$ 沿 x 轴和 y 轴的边长分别为 Δx_i，Δy_i 则 $\Delta\sigma_i = \Delta x_i \cdot \Delta y_i$. 因此，在直角坐标系中，面积元素 $\mathrm{d}\sigma = \mathrm{d}x\mathrm{d}y$，而把二重积分记作 $\iint\limits_{D} f(x,y)\,\mathrm{d}x\mathrm{d}y$.

2. 化二重积分为二次积分

（1）设 $f(x,y) \ge 0$，若 $D = \{(x,y) \mid \varphi_1(x) \le y \le \varphi_2(x), a \le x \le b\}$，其中 $\varphi_1(x),\varphi_2(x)$ 在 $[a,b]$ 上连续，且平行于 y 轴的直线与区域 D 的边界至多交于两点或是边界的一部分，我们称 D 为 **X 型区域**，如图 7-13（a）所示.

直角坐标系下二重积分的计算（一）

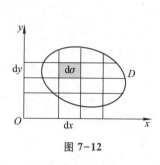

图 7-12

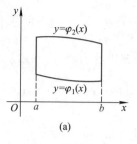
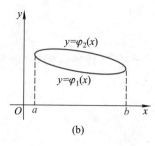

图 7-13

此时二重积分 $\iint\limits_{D} f(x,y)\,\mathrm{d}\sigma$ 在几何上表示以曲面 $z=f(x,y)$ 为顶,以区域 D 为底的曲顶柱体的体积.现在,我们用计算"平行截面面积为已知的立体的体积"的方法,来计算这个曲顶柱体的体积.

先算截面积,为此在 $[a,b]$ 上任取一点 x,过该点作平行于 yOz 面的平面,这平面截曲顶柱体所得截面是一个曲边梯形,如图 7-14 的阴影部分,其面积为 $A(x)=\int_{\varphi_1(x)}^{\varphi_2(x)} f(x,y)\,\mathrm{d}y$,于是,应用计算平面截面面积为已知的立体体积的方法,得曲顶柱体的体积为

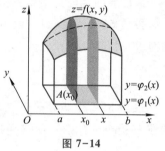

图 7-14

$$V=\int_a^b A(x)\,\mathrm{d}x=\int_a^b\left[\int_{\varphi_1(x)}^{\varphi_2(x)} f(x,y)\,\mathrm{d}y\right]\mathrm{d}x=\int_a^b\mathrm{d}x\int_{\varphi_1(x)}^{\varphi_2(x)} f(x,y)\,\mathrm{d}y,$$

这个体积就是所求二重积分的值,从而有等式

$$\iint\limits_{D} f(x,y)\,\mathrm{d}x\mathrm{d}y=\int_a^b\mathrm{d}x\int_{\varphi_1(x)}^{\varphi_2(x)} f(x,y)\,\mathrm{d}y. \tag{7-9}$$

虽然在上述讨论中,我们假定 $f(x,y)>0$,实际上公式(7-9)的成立并不受此限制.

(2)类似地,如果区域 $D=\{(x,y)\mid\psi_1(y)\leqslant x\leqslant\psi_2(y),c\leqslant y\leqslant d\}$,其中 $\psi_1(y),\psi_2(y)$ 在 $[c,d]$ 上连续,且平行于 x 轴的直线与 D 的边界至多交于两点或是边界的一部分,我们称 D 为 **Y 型区域**,如图 7-15(b)所示.

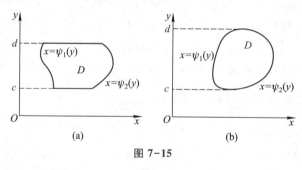

图 7-15

计算公式

$$\iint\limits_{D} f(x,y)\,\mathrm{d}\sigma=\int_c^d\mathrm{d}y\int_{\psi_1(y)}^{\psi_2(y)} f(x,y)\,\mathrm{d}x. \tag{7-10}$$

例 1 计算 $\iint\limits_{D} x^2 y \mathrm{d}\sigma$,其中 D 是由直线 $y=x$ 及抛物线 $y=x^2$ 所围成的闭区域.

解 画出区域 D ,如图 7-16 所示.

解法一 把 D 看成是 X 型区域: $x^2 \leqslant y \leqslant x$, $0 \leqslant x \leqslant 1$.于是

$$\iint\limits_{D} x^2 y \mathrm{d}\sigma = \int_0^1 \left[\int_{x^2}^{x} x^2 y \mathrm{d}y\right]\mathrm{d}x = \int_0^1 \left[x^2 \cdot \frac{y^2}{2}\right]_{x^2}^{x}\mathrm{d}x$$

$$= \frac{1}{2}\int_0^1 (x^4 - x^6)\mathrm{d}x = \frac{1}{35}.$$

解法二 把 D 看成是 Y 型区域: $y \leqslant x \leqslant \sqrt{y}$, $0 \leqslant y \leqslant 1$.于是

$$\iint\limits_{D} x^2 y \mathrm{d}\sigma = \int_0^1 \left[\int_y^{\sqrt{y}} x^2 y \mathrm{d}x\right]\mathrm{d}y = \int_0^1 \left[y \cdot \frac{x^3}{3}\right]_y^{\sqrt{y}}\mathrm{d}y = \frac{1}{3}\int_0^1 (y^{\frac{5}{2}} - y^4)\mathrm{d}y = \frac{1}{35}.$$

例 2 将二重积分 $\iint\limits_{D} xy \mathrm{d}\sigma$ 化为二次积分,其中 D 是由直线 $y=x-2$ 及抛物线 $y^2=x$ 所围成的闭区域.

解 如图 7-17 所示,若将积分区域 D 看成 X 型区域,那么表示为 $D=D_1+D_2$.其中 D_1 : $0 \leqslant x \leqslant 1$, $-\sqrt{x} \leqslant y \leqslant \sqrt{x}$; D_2 : $1 \leqslant x \leqslant 4$, $x-2 \leqslant y \leqslant \sqrt{x}$.于是

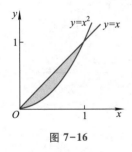

图 7-16

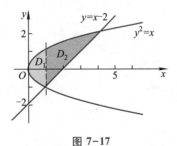

图 7-17

$$\iint\limits_{D} xy \mathrm{d}\sigma = \int_0^1 \mathrm{d}x \int_{-\sqrt{x}}^{\sqrt{x}} xy \mathrm{d}y + \int_1^4 \mathrm{d}x \int_{x-2}^{\sqrt{x}} xy \mathrm{d}y,$$

若将积分区域 D 看成 Y 型区域,表示为 D : $-1 \leqslant y \leqslant 2$, $y^2 \leqslant x \leqslant y+2$,于是

$$\iint\limits_{D} xy \mathrm{d}\sigma = \int_{-1}^2 \mathrm{d}y \int_{y^2}^{y+2} xy \mathrm{d}x.$$

显然,该二重积分将积分区域 D 看成 Y 型区域比将积分区域 D 看成 X 型区域容易计算.可见,选取适当的积分次序有时是很重要的.

例 3 计算由曲面 $z=1-4x^2-y^2$ 及 xOy 平面所围成的立体体积 V .

解 画出立体的图形,如图 7-18 所示,由于图形关于 xOz 平面及 yOz 平面对称,所以只计算在第一卦限部分的体积,再乘以 4 即可,投影域 D 是由 x 轴、y 轴及曲线 $y=\sqrt{1-4x^2}$ 所围成.故

$$V = 4 \iint_D (1 - 4x^2 - y^2) \, d\sigma = 4 \int_0^{\frac{1}{2}} dx \int_0^{\sqrt{1-4x^2}} (1 - 4x^2 - y^2) \, dy$$

$$= 4 \int_0^{\frac{1}{2}} \left[y - 4x^2 y - \frac{1}{3} y^3 \right]_0^{\sqrt{1-4x^2}} dx$$

$$= 4 \cdot \frac{2}{3} \int_0^{\frac{1}{2}} (1 - 4x^2)^{\frac{3}{2}} dx$$

$$= \frac{\pi}{4}.$$

特别地,如果 D 既是 X 型区域又是 Y 型区域,那么由公式(7-9)及(7-10)得

$$\iint_D f(x,y) \, dxdy = \int_a^b dx \int_{\varphi_1(x)}^{\varphi_2(x)} f(x,y) \, dy = \int_c^d dy \int_{\psi_1(y)}^{\psi_2(y)} f(x,y) \, dx.$$

上式表明,这两个不同次序的二次积分相等,因为它们都等于同一个二重积分.当 D 既非 X 型区域又非 Y 型区域时,如图 7-19 所示,可将 D 分成几个子域,使每个子域是 X 型区域或 Y 型区域,然后分别将每个子域上的二重积分化为二次积分,根据二重积分的性质 2,它们的和就是 D 上的二重积分.

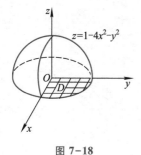

图 7-18

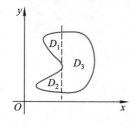

图 7-19

习题 7-4

1. 填空题.

(1) 二重积分的值只与_____有关.

(2) 设 D 是以 $(0,0),(1,0),(1,1)$ 为顶点的三角形区域,则 $\iint_D d\sigma = $ _____.

(3) 设 D 是矩形区域:$0 \leqslant x \leqslant 1, 0 \leqslant y \leqslant 1$,而 $\iint_D f(x,y) \, d\sigma = A$,则 $\iint_D [f(x,y) + 1] \, d\sigma = $ _____.

2. 根据二重积分的性质,比较下列积分的大小.

(1) $\iint_D (x+y)^2 \, d\sigma$ 与 $\iint_D (x+y)^3 \, d\sigma$,其中 D 是由 x 轴、y 轴与直线 $x+y=1$ 围成的区域.

(2) $\iint\limits_{D}\ln(x+y)\mathrm{d}\sigma$ 与 $\iint\limits_{D}[\ln(x+y)]^{2}\mathrm{d}\sigma$,其中 D 是三角形区域,三顶点分别为 $(1,0),(1,1),(2,0)$.

3. 把二重积分 $\iint\limits_{D}f(x,y)\mathrm{d}x\mathrm{d}y$ 化为二次积分,积分区域给定如下.

(1) D 由 $y=x,y=2-x$ 及 $x=2$ 所围成;

(2) D 由 $y=x^{2},y=4-x^{2}$ 所围成.

4. 交换二重积分 $\int_{0}^{1}\mathrm{d}x\int_{x}^{\sqrt{x}}f(x,y)\mathrm{d}y$ 的积分次序.

5. 计算下列二重积分.

(1) $\iint\limits_{D}\dfrac{\sin x}{x}\mathrm{d}x\mathrm{d}y$,D:由 $y=x,y=x^{2}$ 所围成的区域;

(2) $\iint\limits_{D}(x+2y)\mathrm{d}\sigma$,D:由 $y=\dfrac{1}{x},x=2,y=2$ 所围成的区域;

(3) $\iint\limits_{D}\mathrm{e}^{x+y}\mathrm{d}x\mathrm{d}y$,D:$0\leqslant x\leqslant 1,0\leqslant y\leqslant 1$;

(4) $\iint\limits_{D}(1+x)\sin y\mathrm{d}\sigma$,D:顶点为 $(0,0),(1,0),(1,2)$ 及 $(0,1)$ 的梯形区域.

第五节	数学实验七 用 MATLAB 求二元函数的极值和二重积分

一、用 MATLAB 求二元函数的极值

在 MATLAB 最优化工具箱中求多元函数极值常用的方法有单纯形法和拟牛顿法,主要命令是 fminsearch 与 fminunc,其调用格式如下:

fminsearch(fun,x0):用单纯形法求多元函数 fun 在 x0 附近的极值点;

fminunc(fun,x0):用拟牛顿法求多元函数 fun 在 x0 附近的极值点.

例 1 求函数 $f(x_{1},x_{2})=100(x_{2}-x_{1}^{2})^{2}+(1-x_{1})^{2}$ 在 $(-1.2,1)$ 附近的极小值点.

MATLAB 输入命令:

```
syms x
fun=inline('100*(x(2)-x(1)^2)^2+(1-x(1))^2')
x0=[-1.2,1]
fminunc(fun,x0)
```

MATLAB 输出结果:

```
ans =
1.000,1.000
```

所以,函数 $f(x_1, x_2) = 100(x_2 - x_1^2)^2 + (1 - x_1)^2$ 的极小值点为 $(1, 1)$.

例 2 求函数 $f(x_1, x_2, x_3) = x_1^4 + \sin x_2 - \cos x_3$ 在 $(0, 5, 4)$ 附近的极小值.

MATLAB 输入命令:

```
syms x
x0=[0,5,4];
ff=inline('x(1)^4+sin(x(2))-cos(x(3))');
[xmin,fval]=fminsearch(ff,x0)
```

MATLAB 输出结果:

```
fval=
-2.000
```

所以,函数 $f(x_1, x_2, x_3) = x_1^4 + \sin x_2 - \cos x_3$ 的极小值为 -2.

二、用 MATLAB 求二重积分

二重积分运算的命令和功能如表 7-1:

表 7-1

命令	功能
int(int(f,y,c,d),x,a,b)	计算 $\int_a^b \mathrm{d}x \int_c^d f(x,y)\mathrm{d}y$

由于二重积分可以化成二次积分来进行计算,因此只要确定出积分区域,就可以反复使用 int 命令来计算二重积分.

例 3 计算二重积分 $I = \iint\limits_D x^2 \mathrm{e}^{-y^2} \mathrm{d}x\mathrm{d}y$,其中 D 是由直线 $x=0, y=1, y=x$ 所围成的区域.

解 该积分可以写成

$$I = \int_0^1 \mathrm{d}y \int_0^y x^2 \mathrm{e}^{-y^2} \mathrm{d}x$$

或

$$I = \int_0^1 \mathrm{d}x \int_x^1 x^2 \mathrm{e}^{-y^2} \mathrm{d}y.$$

按第一种形式的求解步骤为

```
syms x y
I1=int(x^2*exp(-y^2),x,0,y)
I1=
1/3*y^3*exp(-y^2)
I=int(I1,y,0,1)
I=
```

$$-1/3 * \exp(-1) + 1/6$$

有意思的是,如果采用第二种形式,手工无法计算,而用 MATLAB 却照样可以算出结果:

```
syms x y
I1 = int(x^2 * exp(-y^2), y, x, 1)
I1 =
1/2 * erf(1) * pi * (1/2) * x^2 - 1/2 * erf(x) * pi^(1/2) * x^2
I = int(I1, x, 0, 1)
I =
-1/3 * exp(-1) + 1/6
```

其中 $\mathrm{erf}(x) = \dfrac{2}{\sqrt{\pi}} \displaystyle\int_0^x \mathrm{e}^{-t^2} \mathrm{d}t$.

例 4　计算二重积分 $A = \displaystyle\int_0^1 \mathrm{d}x \int_x^{x+1} (x^2 + y^2 + 1) \mathrm{d}y$.

解　MATLAB 的命令为

```
syms x y
AA = int(x^2+y^2+1, y, x, x+1)
AA = 2 * x^2 + x + 4/3
A = int(AA, x, 0, 1)
A =
5/2
```

习题 7-5

用 MATLAB 计算下列各题.

1. 求函数 $f(x,y) = (6x - x^2)(4y - y^2)$ 在 $(3.1, 2)$ 附近的极大值点.

2. 求函数 $f(x,y) = x^3 + y^3 - 3xy$ 在 $(1.2, 1)$ 附近的极小值.

3. $\displaystyle\int_0^\pi \mathrm{d}y \int_0^{\sin y} x \mathrm{d}x$.

4. $\displaystyle\int_{-1}^2 \mathrm{d}x \int_{x^2}^{x+2} xy \mathrm{d}y$.

5. $\displaystyle\iint_D \frac{y^2}{x^2} \mathrm{d}x \mathrm{d}y$,其中区域 $D: \dfrac{1}{2} \leqslant x \leqslant 2, 1 \leqslant y \leqslant 2$.

复习题七

1. 选择题.

(1) 函数 $z = \dfrac{1}{\ln(x+y)}$ 的定义域是(　).

A. $x+y\neq0$ B. $x+y>0$ C. $x+y\neq1$ D. $x+y>0$ 且 $x+y\neq1$

(2) $\lim\limits_{\substack{x\to0\\y\to0}}\dfrac{xy}{\sqrt{xy+1}-1}=($).

A. -2 B. 0   C. 2   D. ∞

(3) 设 $z=x^{y}$,则 $\dfrac{\partial z}{\partial x}\bigg|_{(e,1)}=($).

A. $\dfrac{1}{e}$ B. 1   C. e   D. $\dfrac{1}{2}$

(4) 设 $u=e^{x}\sin y$,则 $\dfrac{\partial^{2}u}{\partial x\partial y}=($).

A. $e^{x}\cos y$ B. $e^{x}\sin y$ C. $-e^{x}\cos y$ D. $-e^{x}\sin y$

(5) 设 D 由 $0\leqslant x\leqslant1,-1\leqslant y\leqslant1$ 围成,则 $\iint\limits_{D}x^{2}y\mathrm{d}\sigma=($).

A. 1   B. -1 C. 2   D. 0

(6) 设 D 是平面区域 $a^{2}\leqslant x^{2}+y^{2}\leqslant b^{2}$,其中 $0<a<b$,则 $\iint\limits_{D}\mathrm{d}\sigma=($).

A. $(a^{2}+b^{2})\pi$ B. $a^{2}\pi$ C. $(b^{2}-a^{2})\pi$ D. $b^{2}\pi$

(7) 设区域 D 是由直线 $y=x,x=1,y=0$ 围成,则 $\iint\limits_{D}f(x,y)\mathrm{d}\sigma=($).

A. $\displaystyle\int_{0}^{1}\mathrm{d}x\int_{0}^{1}f(x,y)\mathrm{d}y$ B. $\displaystyle\int_{0}^{1}\mathrm{d}x\int_{x}^{1}f(x,y)\mathrm{d}y$

C. $\displaystyle\int_{0}^{y}\mathrm{d}x\int_{0}^{1}f(x,y)\mathrm{d}y$ D. $\displaystyle\int_{0}^{1}\mathrm{d}x\int_{0}^{x}f(x,y)\mathrm{d}y$

(8) 设 D 是平面区域 $0\leqslant x\leqslant\sqrt{2},1\leqslant y\leqslant e$,则 $\iint\limits_{D}\dfrac{x}{y}\mathrm{d}\sigma=($).

A. 1   B. $\dfrac{\sqrt{2}}{2}$ C. e   D. $\dfrac{1}{2}$

2. 填空题.

(1) 若 $f\left(x+y,\dfrac{y}{x}\right)=x^{2}-y^{2}$,则 $f(x,y)=$ _____.

(2) 设 $z=x\ln(x+y)$,则 $\dfrac{\partial z}{\partial x}=$ _____,$\dfrac{\partial z}{\partial y}=$ _____,$\dfrac{\partial^{2}z}{\partial x\partial y}=$ _____.

(3) 设 $z=\ln(x+y^{2})$,则 $\mathrm{d}z\big|_{\substack{x=1\\y=0}}=$ _____.

(4) 设函数 $f(x,y)$ 在有界闭区域 D 上连续,σ 是 D 的面积,则在 D 上至少存在一点 (ξ,η),使得 $\iint\limits_{D}f(x,y)\mathrm{d}\sigma=$ _____.

(5) 将二重积分 $\displaystyle\int_{0}^{1}\mathrm{d}x\int_{0}^{x^{2}}f(x,y)\mathrm{d}y$ 交换积分次序得 _____.

3. 计算题.

(1) 求下列函数的定义域.

① $z = \dfrac{\sqrt{4x-y^2}}{\ln(1-x^2-y^2)}$；

② $z = \dfrac{1}{\sqrt{x-y}} + \dfrac{1}{\sqrt{x+y}}$.

(2) 求下列函数的偏导数.

① $z = \arctan\sqrt{xy}$ ；

② $z = x\mathrm{e}^{-xy}$ ；

③ $z = \dfrac{\mathrm{e}^{xy}}{\mathrm{e}^x + \mathrm{e}^y}$.

(3) 求下列函数的极值.

$f(x,y) = 4(x-y) - x^2 - y^2$.

(4) 交换下列积分次序.

① $\displaystyle\int_0^1 \mathrm{d}y \int_{\mathrm{e}^y}^{\mathrm{e}} f(x,y)\,\mathrm{d}x$ ；

② $\displaystyle\int_0^1 \mathrm{d}y \int_{\sqrt{y}}^{\sqrt[3]{y}} f(x,y)\,\mathrm{d}x$ ；

③ $\displaystyle\int_0^1 \mathrm{d}y \int_y^1 g(x,y)\,\mathrm{d}x$ ；

④ $\displaystyle\int_0^{\mathrm{e}} \mathrm{d}y \int_1^2 g(x,y)\,\mathrm{d}x + \int_{\mathrm{e}}^{\mathrm{e}^2} \mathrm{d}y \int_{\ln y}^2 g(x,y)\,\mathrm{d}y$.

扫一扫，看答案

(5) 计算下列二重积分.

① $\displaystyle\iint_D xy\,\mathrm{d}\sigma$ ，其中 D 由曲线 $y = x^2+1$ 及直线 $y = 2x$ 和 $x = 0$ 所围成.

② $\displaystyle\iint_D \left(\dfrac{x}{y}\right)^3 \mathrm{d}x\mathrm{d}y$ ，其中 D 由 $y = 2x, y = x, x = 2$ 及 $y = 4$ 所围成.

③ $\displaystyle\iint_D x\mathrm{e}^{x+y}\,\mathrm{d}x\mathrm{d}y$ ，其中 $D = \{(x,y) \mid 0 \leqslant x \leqslant 1, 0 \leqslant y \leqslant 1\}$.

(6) 求内接于半径为 R 的球且具有最大体积的长方体.

(7) 某厂生产甲、乙两种产品，计划每天总产量为 42 件，如果生产甲产品 x 件，乙产品 y 件，则总成本函数（单位：元）为 $C(x,y) = 8x^2 - xy + 12y^2$，求最小成本.

第八章 级数

级数理论是高等数学不可缺少的重要组成部分,级数是表示函数的一种方法,它是研究函数的性质以及进行数值计算的重要工具.

本章主要介绍数项级数、函数项级数、幂级数以及如何将某些函数展开成幂级数.

第一节 数项级数

一、数项级数的概念

定义 1 给定一个数列 $\{a_n\}$,将它的各项顺次用"+"号连接起来的表达式

$$a_1+a_2+\cdots+a_n+\cdots \tag{8-1}$$

称为**数项级数**或**无穷级数**(经常简称为**级数**),其中 a_1 称为数项级数的首项(或第一项),a_n 称为数项级数的通项(或第 n 项).

数项级数(8-1)也常写为:$\displaystyle\sum_{n=1}^{\infty} a_n$ 或简写为 $\sum a_n$.

定义 2 数项级数(8-1)的前 n 项的和,记为

$$S_n = a_1+a_2+\cdots+a_n = \sum_{k=1}^{n} a_k, \tag{8-2}$$

称为数项级数(8-1)的**部分和**.

定义 3 如果数项级数(8-1)的部分和数列 $\{S_n\}$ 有极限,设 $\lim\limits_{n\to\infty} S_n = S$($S$ 为有限实数),那么称级数(8-1)**收敛**,并称 S 为数项级数(8-1)的和,记为

$$S = a_1+a_2+\cdots+a_n+\cdots \text{ 或 } S = \sum_{k=1}^{\infty} a_k.$$

如果部分和数列 $\{S_n\}$ 没有极限,那么称数项级数(8-1)**发散**.

常数项级数
的概念

例 1 讨论几何级数(也称等比级数)

$$a+ar+ar^2+\cdots+ar^{n-1}+\cdots \quad (a\neq 0)$$

的敛散性.

解 （1）当 $r\neq 1$ 时，级数的部分和为

$$S_n = a+ar+\cdots+ar^{n-1} = a\cdot\frac{1-r^n}{1-r}.$$

（i）当 $|r|<1$ 时，有 $\lim\limits_{n\to\infty}S_n = \lim\limits_{n\to\infty}a\cdot\frac{1-r^n}{1-r} = \frac{a}{1-r}$，此时级数收敛，其和为 $\frac{a}{1-r}$；

（ii）当 $|r|>1$ 时，有 $\lim\limits_{n\to\infty}S_n = \infty$，级数发散.

（2）当 $r=1$ 时，$S_n = a+a+\cdots+a = na$，$\lim\limits_{n\to\infty}S_n = \infty$，级数发散.

（3）当 $r=-1$ 时，由于 $\lim\limits_{n\to\infty}S_n = \begin{cases} a, & \text{当 } n \text{ 为奇数时,} \\ 0, & \text{当 } n \text{ 为偶数时,} \end{cases}$ 从而级数发散.

综上所述，我们得到如下结论：

$$\sum_{k=1}^{n} ar^{n-1} = \begin{cases} \text{收敛,其和为} \dfrac{a}{1-r}, & \text{当 } |r|<1, \\ \text{发散,} & \text{当 } |r|\geq 1 \end{cases} \quad (a\neq 0).$$

例 2 讨论数项级数 $\displaystyle\sum_{n=1}^{\infty}\frac{1}{n(n+1)}$ 的敛散性.

解 级数的部分和为

$$S_n = \frac{1}{1\cdot 2}+\frac{1}{2\cdot 3}+\cdots+\frac{1}{n(n+1)} = \left(1-\frac{1}{2}\right)+\left(\frac{1}{2}-\frac{1}{3}\right)+\cdots+\left(\frac{1}{n}-\frac{1}{n+1}\right) = 1-\frac{1}{n+1},$$

由于 $\lim\limits_{n\to\infty}S_n = \lim\limits_{n\to\infty}\left(1-\dfrac{1}{n+1}\right) = 1$，所以级数 $\displaystyle\sum_{n=1}^{\infty}\frac{1}{n(n+1)}$ 收敛，其和为 1.

二、数项级数收敛的基本性质

由级数收敛的定义以及极限的运算法则不难验证级数具有下列基本性质：

性质 1 若级数 $\displaystyle\sum_{n=1}^{\infty}a_n$ 收敛，其和为 S，则级数 $\displaystyle\sum_{n=1}^{\infty}ca_n$ 也收敛，且和为 cS.

性质 2 若级数 $\displaystyle\sum_{n=1}^{\infty}a_n$ 与 $\displaystyle\sum_{n=1}^{\infty}b_n$ 均收敛，其和分别为 a 和 b，则级数 $\displaystyle\sum_{n=1}^{\infty}(a_n\pm b_n)$ 也收敛，其和为 $a\pm b$.

性质 3 在级数 $\displaystyle\sum_{n=1}^{\infty}a_n$ 中去掉、增加或改变有限项，所得的新级数与级数 $\displaystyle\sum_{n=1}^{\infty}a_n$ 具有相同的敛散性.

性质 4 在收敛级数的项中任意添加括号后所得的新级数仍收敛，且其和不变.

例 3 讨论调和级数 $1+\dfrac{1}{2}+\dfrac{1}{3}+\cdots+\dfrac{1}{n}+\cdots$ 的敛散性.

解 将此级数从第三项起，把第三项第四项两项相加，第五项到第八项(共四项)相

加,第九项到十六项(共八项)相加…,得到新级数

$$1 + \frac{1}{2} + \left(\frac{1}{3} + \frac{1}{4} \right) + \left(\frac{1}{5} + \cdots + \frac{1}{8} \right) + \left(\frac{1}{9} + \cdots + \frac{1}{16} \right) + \cdots .$$

因为此级数的部分和

$$S_n = 1 + \frac{1}{2} + \left(\frac{1}{3} + \frac{1}{4} \right) + \cdots + \left(\frac{1}{2^{n-1}+1} + \frac{1}{2^{n-1}+2} + \cdots + \frac{1}{2^n} \right) ,$$

由于

$$\frac{1}{3} + \frac{1}{4} > \frac{1}{4} + \frac{1}{4} = \frac{1}{2}, \frac{1}{5} + \frac{1}{6} + \frac{1}{7} + \frac{1}{8} > \frac{1}{8} + \frac{1}{8} + \frac{1}{8} + \frac{1}{8} = \frac{1}{2}, \cdots ,$$

$$\frac{1}{2^{n-1}+1} + \frac{1}{2^{n-1}+2} + \cdots + \frac{1}{2^n} > \underbrace{\frac{1}{2^n} + \frac{1}{2^n} + \cdots + \frac{1}{2^n}}_{2^{n-1}\text{个}} = \frac{1}{2},$$

所以 $S_n > 1 + \underbrace{\frac{1}{2} + \frac{1}{2} + \cdots + \frac{1}{2}}_{n\text{个}} = 1 + \frac{n}{2}$,从而 $\lim\limits_{n \to \infty} S_n$ 不存在.

由于级数 $\sum\limits_{n=1}^{\infty} \frac{1}{n}$ 加括号后得到的级数发散,所以级数 $\sum\limits_{n=1}^{\infty} \frac{1}{n}$ 发散.

性质 5(级数收敛的必要条件) 若级数 $\sum\limits_{n=1}^{\infty} a_n$ 收敛,则一定有 $\lim\limits_{n \to \infty} a_n = 0$.

注意:(1) 由此性质可知,如果 $\lim\limits_{n \to \infty} a_n \neq 0$ 或者此极限不存在,那么级数 $\sum\limits_{n=1}^{\infty} a_n$ 发散.

(2) $\lim\limits_{n \to \infty} a_n = 0$ 只是级数 $\sum\limits_{n=1}^{\infty} a_n$ 收敛的必要条件而不是充分条件,具体说,即使有 $\lim\limits_{n \to \infty} a_n = 0$,也不能断言级数 $\sum\limits_{n=1}^{\infty} a_n$ 收敛.

例如,对于调和级数 $\sum\limits_{n=1}^{\infty} \frac{1}{n}$ 来说,$\lim\limits_{n \to \infty} \frac{1}{n} = 0$,但是调和级数 $\sum\limits_{n=1}^{\infty} \frac{1}{n}$ 却是发散的.

例 4 判断下列数项级数是否收敛.

(1) $\sum\limits_{n=1}^{\infty} (-1)^{n-1}$;   (2) $\sum\limits_{n=1}^{\infty} \frac{n^2}{2n^2+1}$.

解 (1) 因为 $\lim\limits_{n \to \infty} (-1)^{n-1}$ 不存在,所以级数 $\sum\limits_{n=1}^{\infty} (-1)^{n-1}$ 发散.

(2) 因为 $\lim\limits_{n \to \infty} \frac{n^2}{2n^2+1} = \lim\limits_{n \to \infty} \frac{1}{2+\frac{1}{n^2}} = \frac{1}{2} \neq 0$,所以级数 $\sum\limits_{n=1}^{\infty} \frac{n^2}{2n^2+1}$ 发散.

三、正项级数敛散性判别法

利用级数收敛的定义,只能判断一些部分和的极限容易求出的数项级数的敛散性,而对于那些级数部分和的极限不容易求出的数项级数,就不宜继续利用级数收敛定义来

判断其敛散性了.为此,我们根据级数的结构,给出级数敛散性的判断方法.

在数项级数 $\sum\limits_{n=1}^{\infty} a_n$ 中,若 $a_n \geq 0 (n=1,2,\cdots)$,则称 $\sum\limits_{n=1}^{\infty} a_n$ 为**正项级数**.

正项级数的比较审敛法

定理 1 正项级数 $\sum\limits_{n=1}^{\infty} a_n$ 收敛的充要条件是部分和数列 $\{S_n\}$ 有界.

定理 2(比较原则) 设 $\sum\limits_{n=1}^{\infty} a_n$ 和 $\sum\limits_{n=1}^{\infty} b_n$ 是两个正项级数,如果存在某个正数 N,对一切 $n>N$ 都有

$$a_n \leq b_n,$$

那么有

(i) 若级数 $\sum\limits_{n=1}^{\infty} b_n$ 收敛,则级数 $\sum\limits_{n=1}^{\infty} a_n$ 收敛;

(ii) 若级数 $\sum\limits_{n=1}^{\infty} a_n$ 发散,则级数 $\sum\limits_{n=1}^{\infty} b_n$ 发散.

例 5 讨论 p 级数

$$\sum_{n=1}^{\infty} \frac{1}{n^p} = 1 + \frac{1}{2^p} + \frac{1}{3^p} + \cdots + \frac{1}{n^p} + \cdots$$

的敛散性,其中 $p>0$ 为常数.

解 当 $p=1$ 时,$\sum\limits_{n=1}^{\infty} \frac{1}{n^p} = \sum\limits_{n=1}^{\infty} \frac{1}{n}$ 发散;

当 $0<p<1$ 时,由于 $\frac{1}{n} \leq \frac{1}{n^p}$,而调和级数 $\sum\limits_{n=1}^{\infty} \frac{1}{n}$ 发散,由比较原则可知 p 级数发散.

当 $p>1$ 时,对 p 级数依照下列形式添加括号构成新级数

$$1 + \left(\frac{1}{2^p} + \frac{1}{3^p}\right) + \left(\frac{1}{4^p} + \frac{1}{5^p} + \frac{1}{6^p} + \frac{1}{7^p}\right) + \left(\frac{1}{8^p} + \cdots + \frac{1}{15^p}\right) + \cdots.$$

此级数的各项不大于下列级数中相对应的项

$$1 + \left(\frac{1}{2^p} + \frac{1}{2^p}\right) + \left(\frac{1}{4^p} + \frac{1}{4^p} + \frac{1}{4^p} + \frac{1}{4^p}\right) + \left(\frac{1}{8^p} + \cdots + \frac{1}{8^p}\right) + \cdots$$

$$= 1 + \frac{1}{2^{p-1}} + \left(\frac{1}{2^{p-1}}\right)^2 + \cdots + \left(\frac{1}{2^{p-1}}\right)^n + \cdots.$$

此级数为公比 $r = \frac{1}{2^{p-1}} < 1$ 的几何级数,它是收敛的,由比较判别法可知,当 $p>1$ 时,p 级数收敛.

综上所述有 $\sum\limits_{n=1}^{\infty} \frac{1}{n^p} = \begin{cases} 收敛, & 当 p>1 时, \\ 发散, & 当 0<p \leq 1 时. \end{cases}$

注意:(1) 今后将 p 级数作为比较级数,其敛散性的结论应当熟记.

(2) 利用正项级数的比较原则判断级数敛散性的一般方法是:

第一步,对所给出的正项级数是收敛或是发散做出一个初步判断;

第二步,对照所作的判断去选择一个比较级数:如果判断所给级数 $\sum\limits_{n=1}^{\infty} a_n$ 收敛,那么需找一个比较级数 $\sum\limits_{n=1}^{\infty} b_n$,使 $a_n \leqslant b_n$,并且 $\sum\limits_{n=1}^{\infty} b_n$ 收敛;如果判断所给级数 $\sum\limits_{n=1}^{\infty} a_n$ 发散,那么需找一个比较级数 $\sum\limits_{n=1}^{\infty} b_n$,使 $0 < b_n \leqslant a_n$,并且 $\sum\limits_{n=1}^{\infty} b_n$ 发散;

第三步,根据比较的结果给出级数 $\sum\limits_{n=1}^{\infty} a_n$ 是收敛或者发散的结论.

(3) 在高等数学中,经常用到的比较级数有

① 几何级数 $\sum\limits_{n=1}^{\infty} ar^{n-1}$ $(a>0)=\begin{cases} 收敛, & 当\ 0<r<1, \\ 发散, & 当\ r \geqslant 1; \end{cases}$

② 调和级数 $\sum\limits_{n=1}^{\infty} \dfrac{1}{n}$ 发散;

③ p 级数 $\sum\limits_{n=1}^{\infty} \dfrac{1}{n^p} = \begin{cases} 收敛, & p>1, \\ 发散, & 0<p \leqslant 1. \end{cases}$

例 6 判断下列级数的敛散性.

(1) $\sum\limits_{n=1}^{\infty} \dfrac{1}{\sqrt{1+n^2}}$;   (2) $\sum\limits_{n=1}^{\infty} \dfrac{1}{n^2-2n+3}$.

解 (1) 因为 $\dfrac{1}{\sqrt{1+n^2}} > \dfrac{1}{\sqrt{n^2+2n+1}} = \dfrac{1}{n+1} \geqslant \dfrac{1}{2n}$,又因为 $\sum\limits_{n=1}^{\infty} \dfrac{1}{2n}$ 发散,所以由比较判别法可知级数 $\sum\limits_{n=1}^{\infty} \dfrac{1}{\sqrt{1+n^2}}$ 发散.

(2) 因为当 $n \geqslant 2$ 时,$\dfrac{1}{n^2-2n+3} < \dfrac{1}{n^2-2n+1} = \dfrac{1}{(n-1)^2}$,又因为 $\sum\limits_{n=2}^{\infty} \dfrac{1}{(n-1)^2}$ 收敛,所以级数 $\sum\limits_{n=1}^{\infty} \dfrac{1}{n^2-2n+3}$ 收敛.

定理 3(比值判别法(达朗贝尔判别法)) 若 $\sum\limits_{n=1}^{\infty} a_n$ 为正项级数且 $\lim\limits_{n \to \infty} \dfrac{a_{n+1}}{a_n} = \rho$,则

(1) 当 $\rho < 1$ 时,级数 $\sum\limits_{n=1}^{\infty} a_n$ 收敛;

(2) 当 $\rho > 1$ 时,级数 $\sum\limits_{n=1}^{\infty} a_n$ 发散;

(3) 当 $\rho = 1$ 时,级数 $\sum\limits_{n=1}^{\infty} a_n$ 的敛散性不能确定.

例 7 判断下列级数的敛散性.

（1）$\displaystyle\sum_{n=1}^{\infty} \frac{n^n}{a^n n!}$（$a>0$ 且 $a \neq e$）；　　（2）$\displaystyle\sum_{n=1}^{\infty} \frac{n^2}{2^n}$.

解　（1）因为 $a_n = \dfrac{n^n}{a^n n!}, a_{n+1} = \dfrac{(n+1)^{n+1}}{a^{n+1}(n+1)!}$，则

$$\lim_{n \to \infty} \frac{a_{n+1}}{a_n} = \lim_{n \to \infty} \frac{(n+1)^n}{an^n} = \frac{1}{a} \lim_{n \to \infty} \left(1 + \frac{1}{n}\right)^n = \frac{e}{a},$$

所以当 $a>e$ 时，级数收敛，当 $a<e$ 时，级数发散.

（2）因为 $a_n = \dfrac{n^2}{2^n}$，则

$$\lim_{n \to \infty} \frac{a^{n+1}}{a^n} = \lim_{n \to \infty} \frac{(n+1)^2}{2n^2} = \frac{1}{2} < 1,$$

所以级数 $\displaystyle\sum_{n=1}^{\infty} \frac{n^2}{2^n}$ 收敛.

四、一般项级数敛散性判别法

上面我们介绍了正项级数的敛散性判别法，关于一般项级数的敛散性判别问题要比正项级数复杂些. 下面仅介绍交错级数和某些特殊的数项级数的敛散性判别法.

1. 交错级数

若级数的各项符号正负相间，即

$$a_1 - a_2 + a_3 - a_4 + \cdots + (-1)^{n+1} a_n + \cdots = \sum_{n=1}^{\infty} (-1)^{n+1} a_n \quad (a_n > 0, n = 1, 2, \cdots),$$

则称之为**交错级数**.

交错级数是一般项级数中最简单而又最重要的级数，它具有如下重要结论：

正项级数的
比值审敛法

> **定理 4（莱布尼茨判别法）**　若级数 $\displaystyle\sum_{n=1}^{\infty} (-1)^{n+1} a_n$ （$a_n > 0, n = 1, 2, \cdots$）满足下述两个条件：
>
> （i）$a_n \geqslant a_{n+1}$ （$n = 1, 2, \cdots$）；
>
> （ii）$\displaystyle\lim_{n \to \infty} a_n = 0$，
>
> 则级数 $\displaystyle\sum_{n=1}^{\infty} (-1)^{n+1} a_n$ 收敛，且其和 $S \leqslant a_1$.

证明从略.

例 8　判断级数 $1 - \dfrac{1}{2} + \dfrac{1}{3} - \dfrac{1}{4} + \cdots + (-1)^{n+1} \dfrac{1}{n} + \cdots$ 的敛散性.

解 因为 $a_n = \dfrac{1}{n} > \dfrac{1}{n+1} = a_{n+1}$ ，且 $\lim\limits_{n\to\infty} a_n = \lim\limits_{n\to\infty} \dfrac{1}{n} = 0$ ，所以交错级数 $\sum\limits_{n=1}^{\infty} (-1)^{n+1} \dfrac{1}{n}$

收敛.

2. 绝对收敛与条件收敛

一般项级数 $\sum\limits_{n=1}^{\infty} a_n$ 的各项若取绝对值，则得到的新级数为正项级数 $\sum\limits_{n=1}^{\infty} |a_n|$.一般

项级数 $\sum\limits_{n=1}^{\infty} a_n$ 与正项级数 $\sum\limits_{n=1}^{\infty} |a_n|$ 的敛散性有如下关系：

178

第
八
章

级
数

> **定理 5** 若级数 $\sum\limits_{n=1}^{\infty} |a_n|$ 收敛，则 $\sum\limits_{n=1}^{\infty} a_n$ 一定收敛.

> **定义 4** 若 $\sum\limits_{n=1}^{\infty} |a_n|$ 收敛，则称级数 $\sum\limits_{n=1}^{\infty} a_n$ 为绝对收敛级数.

上述定理说明绝对收敛的级数一定收敛.

> **定义 5** 若 $\sum\limits_{n=1}^{\infty} a_n$ 收敛，且 $\sum\limits_{n=1}^{\infty} |a_n|$ 发散，则称级数 $\sum\limits_{n=1}^{\infty} a_n$ 为**条件收敛级数**或称级
>
> 数 $\sum\limits_{n=1}^{\infty} a_n$ **条件收敛**.

例如，$\sum\limits_{n=1}^{\infty} (-1)^{n+1} \dfrac{1}{n}$ 收敛，但 $\sum\limits_{n=1}^{\infty} \left| (-1)^{n+1} \dfrac{1}{n} \right| = \sum\limits_{n=1}^{\infty} \dfrac{1}{n}$ 发散，所以级数 $\sum\limits_{n=1}^{\infty} (-1)^{n+1}$

$\dfrac{1}{n}$ 条件收敛.

例 9 判别下列级数的敛散性.如果级数收敛，那么是绝对收敛，还是条件收敛？

(1) $\sum\limits_{n=1}^{\infty} \dfrac{a^n}{n!}$ （$a \neq 0$）； (2) $\sum\limits_{n=1}^{\infty} (-1)^{n+1} \dfrac{1}{n^p}$ （$p>0$）.

解 （1）因为对于级数 $\sum\limits_{n=1}^{\infty} \dfrac{|a^n|}{n!}$ 有 $\lim\limits_{n\to\infty} \dfrac{a_{n+1}}{a_n} = \lim\limits_{n\to\infty} \dfrac{|a|}{n+1} = 0$ ，所以级数 $\sum\limits_{n=1}^{\infty} \dfrac{|a^n|}{n!}$ 收敛，从

而级数 $\sum\limits_{n=1}^{\infty} \dfrac{a^n}{n!}$ 绝对收敛.

（2）当 $p>1$ 时，由于级数 $\sum\limits_{n=1}^{\infty} \left| (-1)^{n+1} \dfrac{1}{n^p} \right| = \sum\limits_{n=1}^{\infty} \dfrac{1}{n^p}$ 收敛，所以级数 $\sum\limits_{n=1}^{\infty} (-1)^{n+1} \dfrac{1}{n^p}$

绝对收敛.

当 $0<p\leqslant 1$ 时，级数 $\sum\limits_{n=1}^{\infty} \left| (-1)^{n+1} \dfrac{1}{n^p} \right| = \sum\limits_{n=1}^{\infty} \dfrac{1}{n^p}$ 发散，由于

$$0 < \frac{1}{(n+1)^p} < \frac{1}{n^p} \quad (n = 1, 2 \cdots) \text{ 且} \lim_{n \to \infty} \frac{1}{n^p} = 0,$$

由莱布尼茨判别法可知 $\sum\limits_{n=1}^{\infty} (-1)^{n+1} \dfrac{1}{n^p}$ 收敛, 由此可知当 $0 < p \le 1$ 时, 级数 $\sum\limits_{n=1}^{\infty} (-1)^{n+1} \dfrac{1}{n^p}$ 条件收敛.

习题 8-1

1. 判断下列级数的敛散性.

(1) $1 + \dfrac{1}{2} + \dfrac{1}{4} + \cdots + \dfrac{1}{2^{n-1}} + \cdots$;

(2) $\left(\dfrac{2}{3} + \dfrac{4}{5} \right) + \left(\dfrac{2^2}{3^2} + \dfrac{4^2}{5^2} \right) + \cdots + \left(\dfrac{2^n}{3^n} + \dfrac{4^n}{5^n} \right) + \cdots$;

(3) $\dfrac{1}{1 \cdot 3} + \dfrac{1}{3 \cdot 5} + \cdots + \dfrac{1}{(2n-1)(2n+1)} + \cdots$;

(4) $\sum\limits_{n=1}^{\infty} (\sqrt{n-1} - \sqrt{n})$.

2. 判断下列级数的敛散性.

(1) $\sum\limits_{n=1}^{\infty} \dfrac{1}{n^2 + a^2}$;　　(2) $\sum\limits_{n=1}^{\infty} 2^n \sin \dfrac{\pi}{3^n}$;　　(3) $\sum\limits_{n=1}^{\infty} \dfrac{n!}{n^n}$;　　(4) $\sum\limits_{n=1}^{\infty} \dfrac{3^n n!}{n^n}$.

3. 判断下列级数的敛散性. 如果级数收敛, 它是绝对收敛, 还是条件收敛?

(1) $\sum\limits_{n=1}^{\infty} \dfrac{\sin nx}{n!}$;　　(2) $\sum\limits_{n=1}^{\infty} (-1)^n \dfrac{n}{n+1}$;　　(3) $\sum\limits_{n=1}^{\infty} (-1)^n \dfrac{1}{n(n+1)}$.

第二节　幂级数

在第一节中我们了解到可以用数项级数来表示或者定义一个数, 在这一节我们将讨论怎样用函数项级数(尤其是幂级数)来表示或定义一个函数, 并研究这个函数所具有的性质.

一、函数项级数的概念

> **定义 1**　设 $\{u_n(x)\}$ 为定义在数集 E 上的一个函数列, 表达式
> $$u_1(x) + u_2(x) + \cdots + u_n(x) + \cdots, \ x \in E$$
> 称为定义在 E 上的**函数项级数**, 简记为 $\sum\limits_{n=1}^{\infty} u_n(x)$.

定义 2 记 $S_n(x) = u_1(x) + u_2(x) + \cdots + u_n(x) = \sum\limits_{k=1}^{n} u_k(x)$，$x \in E$，$n = 1, 2, \cdots$ 为函数项级数 $\sum\limits_{n=1}^{\infty} u_n(x)$ 的**部分和函数列**.

若 $x_0 \in E$，数项级数 $u_1(x_0) + u_2(x_0) + \cdots + u_n(x_0) + \cdots$ 收敛，即部分和数列 $S_n(x_0) = \sum\limits_{k=1}^{n} u_k(x_0)$ 当 $n \to \infty$ 时极限存在，则称函数项级数 $\sum\limits_{n=1}^{\infty} u_n(x)$ 在点 x_0 收敛，x_0 称为此函数项级数的收敛点. 若函数项级数在 E 的某个数集 D 上的每一点都收敛，则称函数项级数在数集 D 上收敛. 函数项级数全体收敛点组成的集合称为函数项级数的**收敛域**.

若 $u_1(x_0) + u_2(x_0) + \cdots + u_n(x_0) + \cdots$ 不收敛，则称函数项级数 $\sum\limits_{n=1}^{\infty} u_n(x)$ 在点 x_0 发散.

函数项级数在其收敛域 D 上每一点 x 与其所对应的数项级数的和构成一个定义在 D 上的函数，称之为此函数项级数的和函数，并写为

$$u_1(x) + u_2(x) + \cdots + u_n(x) + \cdots = S(x), \quad x \in D.$$

即

$$\lim_{n \to \infty} S_n(x) = S(x), \quad x \in D.$$

也就是说，函数项级数的收敛性就是指它的部分和函数列的收敛性.

二、幂级数及其收敛性

幂级数的收敛域

定义 3 形如

$$\sum_{n=0}^{\infty} a_n (x - x_0)^n = a_0 + a_1(x - x_0) + \cdots + a_n(x - x_0)^n + \cdots$$

（a_n，$n = 0, 1, 2, \cdots$ 均为常数）的函数项级数，称为**幂级数**.

幂级数是最简单的函数项级数，从形式上看，幂级数可以看作是多项式函数的延伸. 它在理论研究和实际应用上都有着非常重要的作用，特别是在应用幂级数表示或定义函数方面，我们对它的作用会有许多认识和了解.

本节将主要讨论 $x_0 = 0$ 即 $\sum\limits_{n=0}^{\infty} a_n x^n$ 的情形. 这种形式的好处在于它既不失一般性，而且表现形式又比较简单.

幂级数 $\sum\limits_{n=0}^{\infty} a_n x^n$ 显然在 $x = 0$ 处是收敛的，除此之外，它还在哪些点收敛？对此，首先给出如下定理.

定理 1(阿贝尔(Abel)定理) (1)若幂级数 $\sum\limits_{n=0}^{\infty} a_n x^n$ 在 $x=x_1(x_1 \neq 0)$ 处收敛,则对满足不等式 $|x|<|x_1|$ 的一切 x,$\sum\limits_{n=0}^{\infty} a_n x^n$ 都绝对收敛.

(2)若幂级数 $\sum\limits_{n=0}^{\infty} a_n x^n$ 在 $x=x_2$ 处发散,则对满足不等式 $|x|>|x_2|$ 的一切 x,$\sum\limits_{n=0}^{\infty} a_n x^n$ 都发散.

由本定理知道幂级数 $\sum\limits_{n=0}^{\infty} a_n x^n$ 的收敛域是以原点为中心的对称区间.若以 $2R$ ($R \geqslant 0$)表示区间的长度,则称 R 为幂级数的**收敛半径**.

当 $R=0$ 时,幂级数 $\sum\limits_{n=0}^{\infty} a_n x^n$ 仅在 $x=0$ 处收敛.

当 $R=+\infty$ 时,幂级数 $\sum\limits_{n=0}^{\infty} a_n x^n$ 在$(-\infty, +\infty)$上收敛.

当 $0<R<+\infty$ 时,幂级数在$(-R,R)$内收敛;对于满足不等式 $|x|>R$ 的一切 x,幂级数都发散;当 $x=\pm R$ 时,幂级数可能收敛也可能发散.

定义 4 若 $R(R \geqslant 0)$ 为 $\sum\limits_{n=0}^{\infty} a_n x^n$ 的收敛半径,则称$(-R,R)$为 $\sum\limits_{n=0}^{\infty} a_n x^n$ 的**收敛区间**.

如何来求幂级数 $\sum\limits_{n=0}^{\infty} a_n x^n$ 的收敛半径 R 呢? 我们有如下重要定理.

定理 2 对于幂级数 $\sum\limits_{n=0}^{\infty} a_n x^n$,若 $\lim\limits_{n \to \infty} \dfrac{|a_{n+1}|}{|a_n|} = \rho$,则

(1)当 $0<\rho<+\infty$ 时,$R=\dfrac{1}{\rho}$;

(2)当 $\rho=0$ 时,$R=+\infty$;

(3)当 $\rho=+\infty$ 时,$R=0$.

例 1 求下列幂级数的收敛区间.

(1) $\sum\limits_{n=1}^{\infty} \dfrac{x^n}{n!}$;   (2) $\sum\limits_{n=1}^{\infty} n! \, x^n$;   (3) $\sum\limits_{n=1}^{\infty} \dfrac{2n-1}{2^{2n-1}} x^n$.

解 (1)因为 $\lim\limits_{n \to \infty} \dfrac{|a_{n+1}|}{|a_n|} = \lim\limits_{n \to \infty} \dfrac{n!}{(n+1)!} = \lim\limits_{n \to \infty} \dfrac{1}{n+1} = 0$,所以收敛半径 $R=+\infty$,收敛区间为$(-\infty, +\infty)$.

(2)因为 $\lim\limits_{n \to \infty} \dfrac{|a_{n+1}|}{|a_n|} = \lim\limits_{n \to \infty} \dfrac{(n+1)!}{n!} = \lim\limits_{n \to \infty} (n+1) = +\infty$,所以收敛半径 $R=0$,幂级数

仅在 $x=0$ 处收敛.

（3）因为 $\lim\limits_{n\to\infty}\dfrac{|a_{n+1}|}{|a_n|}=\lim\limits_{n\to\infty}\left|\dfrac{\dfrac{2n+1}{2^{2n+1}}}{\dfrac{2n-1}{2^{2n-1}}}\right|=\lim\limits_{n\to\infty}\dfrac{1}{4}\cdot\dfrac{2n+1}{2n-1}=\dfrac{1}{4}$，所以收敛半径 $R=4$，收敛

区间为 $(-4,4)$.

例 2　求下列幂级数的收敛区间.

（1）$\displaystyle\sum_{n=1}^{\infty}\dfrac{1}{n}(x-2)^n$；　　　　（2）$\displaystyle\sum_{n=1}^{\infty}\dfrac{x^{2n}}{n\cdot3^n}$；　　　　（3）$\displaystyle\sum_{n=1}^{\infty}x^{n!}$.

解　（1）由于所给的幂级数不是标准形式，可设 $t=x-2$，将原幂级数转化为 $\displaystyle\sum_{n=1}^{\infty}\dfrac{t^n}{n}$，

对于幂级数 $\displaystyle\sum_{n=1}^{\infty}\dfrac{t^n}{n}$ 来说，由于 $\lim\limits_{n\to\infty}\dfrac{|a_{n+1}|}{|a_n|}=\lim\limits_{n\to\infty}\dfrac{n}{n+1}=1=\rho$，所以 $\displaystyle\sum_{n=1}^{\infty}\dfrac{t^n}{n}$ 的收敛半径 $R=1$，

收敛区间为 $-1<t<1$，从而有 $-1<x-2<1$，于是 $1<x<3$，即所求的幂级数 $\displaystyle\sum_{n=1}^{\infty}\dfrac{(x-2)^n}{n}$ 的收敛

区间为 $(1,3)$.

（2）所给的幂级数不是标准形式，可设 $t=x^2$ 将原幂级数转化为 $\displaystyle\sum_{n=1}^{\infty}\dfrac{t^n}{n\cdot3^n}$，对于转化

后的幂级数来说，由于 $\lim\limits_{n\to\infty}\dfrac{|a_{n+1}|}{|a_n|}=\lim\limits_{n\to\infty}\dfrac{n\cdot3^n}{(n+1)\cdot3^{n+1}}=\dfrac{1}{3}$.所以幂级数 $\displaystyle\sum_{n=1}^{\infty}\dfrac{t^n}{n\cdot3^n}$ 的收敛半

径为 $R=3$，收敛区间为 $|t|<3$，从而有 $x^2<3$，所以所求幂级数的收敛区间为 $(-\sqrt{3},\sqrt{3})$.

（3）所给的幂级数不是标准形式，它像上题一样一些项没有出现，我们称这样的幂级数为"缺项"的幂级数.一般说来，对于这样"缺项"的幂级数不能直接运用达朗贝尔判别法求其收敛半径与收敛区间，但可以通过变量代换把它转化为标准的即不"缺项"的幂级数，然后再运用达朗贝尔判别法求解.上面第 2 题采用的正是这种方法.然而对于大多数"缺项"的幂级数，上述方法并不适用，它不具有一般性.我们把各项取绝对值后直接运用正项级数的达朗贝尔判别法，考查通项与紧临的后项之比的极限，方法如下：

因为

$$\lim_{n\to\infty}\dfrac{|u_{n+1}(x)|}{|u_n(x)|}=\lim_{n\to\infty}\left|\dfrac{x^{(n+1)!}}{x^{n!}}\right|=\lim_{n\to\infty}|x|^{n\cdot n!},$$

当 $|x|<1$ 时，上述极限存在等于零.

当 $|x|>1$ 时，上述极限等于 $+\infty$.

所以所求的极限半径 $R=1$，收敛区间为 $(-1,1)$.

请读者利用这种方法将上题做一遍.

三、幂级数的性质

若幂级数 $\sum\limits_{n=0}^{\infty} a_n x^n$ 的收敛半径 $R \neq 0$,收敛区间为 $(-R,R)$,设其和函数为 $S(x)$,则幂级数 $\sum\limits_{n=0}^{\infty} a_n x^n$ 有如下性质:

性质 1　幂级数 $\sum\limits_{n=0}^{\infty} a_n x^n$ 的和函数 $S(x)$ 是 $(-R,R)$ 内的连续函数.

性质 2　幂级数 $\sum\limits_{n=0}^{\infty} a_n x^n$ 的和函数 $S(x)$ 在 $(-R,R)$ 内是可积的,且有逐项积分公式 $\int_0^x S(t)\,\mathrm{d}t = \sum\limits_{n=0}^{\infty} \dfrac{a_n}{n+1} x^{n+1}$,逐项求积分后得到的幂级数的收敛半径仍为 R.

性质 3　幂级数 $\sum\limits_{n=0}^{\infty} a_n x^n$ 的和函数 $S(x)$ 在 $(-R,R)$ 内是可导的,且有逐项求导公式 $S'(x) = \sum\limits_{n=1}^{\infty} n a_n x^{n-1}$,逐项求导后得到的幂级数的收敛半径仍为 R.

性质 4　若幂级数 $\sum\limits_{n=0}^{\infty} a_n x^n$ 与 $\sum\limits_{n=0}^{\infty} b_n x^n$ 的收敛半径分别为 R_a 与 R_b,则有

$$\sum_{n=0}^{\infty} \lambda a_n x^n = \lambda \sum_{n=0}^{\infty} a_n x^n, \quad |x| < R_a;$$

$$\sum_{n=0}^{\infty} a_n x^n \pm \sum_{n=0}^{\infty} b_n x^n = \sum_{n=0}^{\infty} (a_n \pm b_n) x^n, \quad |x| < R,$$

其中 λ 为任意常数,$R = \min\{R_a, R_b\}$.

利用幂级数的基本性质,可以求某些幂级数的和函数,而在求幂级数和函数的时候,我们经常要用到几何级数的结论:几何级数在 $(-1,1)$ 内有

$$\frac{1}{1-x} = 1 + x + x^2 + \cdots + x^{n-1} + \cdots = \sum_{n=0}^{\infty} x^n, \quad x \in (-1,1).$$

例 3　求下列幂级数的收敛区间与和函数.

$$(1)\ \sum_{n=0}^{\infty} \frac{x^{2n+1}}{2n+1}; \qquad\qquad (2)\ \sum_{n=1}^{\infty} n x^{n-1}.$$

解　(1) 因为 $\lim\limits_{n \to \infty} \left| \dfrac{\dfrac{x^{2n+3}}{2n+3}}{\dfrac{x^{2n+1}}{2n+1}} \right| = \lim\limits_{n \to \infty} \left| \dfrac{2n+1}{2n+3} x^2 \right| = x^2$,所以当 $x^2 < 1$ 时,幂级数收敛,于是所求的收敛区间为 $(-1,1)$. 令 $S(x) = \sum\limits_{n=0}^{\infty} \dfrac{x^{2n+1}}{2n+1}$,则由于幂级数在其收敛区间内可以逐项求导,所以有

$$S'(x) = \left(\sum_{n=0}^{\infty} \frac{x^{2n+1}}{2n+1} \right)' = \sum_{n=0}^{\infty} \left(\frac{x^{2n+1}}{2n+1} \right)' = \sum_{n=0}^{\infty} x^{2n} = \frac{1}{1-x^2}, x \in (-1,1).$$

因为当 $x \in (-1,1)$ 时,有

$$S(x) - S(0) = \int_0^x S'(t)\,\mathrm{d}t = \int_0^x \frac{1}{1-t^2}\,\mathrm{d}t = \frac{1}{2}\ln \frac{1+x}{1-x},$$

由于 $S(0) = 0$,所以 $S(x) = \frac{1}{2}\ln\frac{1+x}{1-x}$,即有

$$\sum_{n=0}^{\infty} \frac{x^{2n+1}}{2n+1} = \frac{1}{2}\ln \frac{1+x}{1-x}, x \in (-1,1).$$

(2) 因为 $\lim\limits_{n\to\infty} \left| \frac{a_{n+1}}{a_n} \right| = \lim\limits_{n\to\infty} \frac{n+1}{n} = 1$,所以幂级数的收敛区间为 $(-1,1)$.

令 $S(x) = \sum_{n=0}^{\infty} n x^{n-1}, x \in (-1,1)$,根据幂级数在其收敛区间内可以逐项求积的性质可得

$$\int_0^x S(t)\,\mathrm{d}t = \int_0^x \left(\sum_{n=1}^{\infty} n x^{n-1} \right) \mathrm{d}t = \sum_{n=1}^{\infty} x^n = \frac{x}{1-x}, x \in (-1,1),$$

所以 $S(x) = \left(\frac{x}{1-x} \right)' = \frac{1}{(1-x)^2}, x \in (-1,1)$,即有 $\sum_{n=1}^{\infty} n x^{n-1} = \frac{1}{(1-x)^2}, x \in (-1,1)$.

习题 8-2

1. 求下列幂级数的收敛区间.

(1) $\sum_{n=1}^{\infty} (n+1)x^n$;　　(2) $\sum_{n=1}^{\infty} \frac{x^n}{n^2}$;　　(3) $\sum_{n=1}^{\infty} \frac{x^{2n+1}}{(2n+1)!}$;　　(4) $\sum_{n=1}^{\infty} \frac{x^{n+1}}{n^2 \cdot 2^n}$.

2. 求下列幂级数的收敛区间与和函数.

(1) $x - \frac{x^2}{2} + \frac{x^3}{3} - \frac{x^4}{4} + \cdots + (-1)^{n-1} \frac{x^n}{n} + \cdots$;

(2) $1 + 2x + 3x^2 + 4x^3 + \cdots + (n+1)x^n + \cdots$.

第三节　函数展开成幂级数

在第二节中,我们讨论了幂级数的收敛半径、收敛区间以及幂级数所确定的和函数的分析性质,下面我们介绍幂级数另一方面的问题,即如何把已知函数表示成某一幂级数,也就是函数幂级数的展开问题.

一、泰勒级数

如果函数 $f(x)$ 在点 x_0 的某邻域内有 n 阶连续导数,存在 $n+1$ 阶导数,那么函数 $f(x)$

幂级数的和
函数

在点 x_0 的邻域内有

$$f(x) = f(x_0) + f'(x_0)(x-x_0) + \frac{f''(x_0)}{2!}(x-x_0)^2 + \cdots + \frac{f^{(n)}(x_0)}{n!}(x-x_0)^n + R_n(x)$$

成立.其中 $R_n(x) = \frac{f^{(n+1)}(\xi)}{(n+1)!}(x-x_0)^{n+1}$，$\xi$ 介于 x 与 x_0 之间,称 $R_n(x)$ 为函数 $f(x)$ 的泰勒公式余项,也称拉格朗日余项.

称 $f(x_0) + f'(x_0)(x-x_0) + \frac{f''(x_0)}{2!}(x-x_0)^2 + \cdots + \frac{f^{(n)}(x_0)}{n!}(x-x_0)^n$ 为函数 $f(x)$ 在 x_0 点的 n 次泰勒多项式.

如果函数 $f(x)$ 在点 x_0 存在任意阶导数,那么 $f(x)$ 的泰勒多项式的项就可以无限地写下去,即有

$$f(x_0) + f'(x_0)(x-x_0) + \frac{f''(x_0)}{2!}(x-x_0)^2 + \cdots + \frac{f^{(n)}(x_0)}{n!}(x-x_0)^n + \cdots.$$

这种结构的幂级数是由泰勒多项式演变而来,我们给它一个专有名称,定义如下:

定义 1 如果函数 $f(x)$ 在点 x_0 存在任意阶导数,那么称幂级数

$$f(x_0) + f'(x_0)(x-x_0) + \frac{f''(x_0)}{2!}(x-x_0)^2 + \cdots + \frac{f^{(n)}(x_0)}{n!}(x-x_0)^n + \cdots$$

为函数 $f(x)$ 在点 x_0 处的**泰勒级数**,记为

$$f(x) \sim f(x_0) + f'(x_0)(x-x_0) + \frac{f''(x_0)}{2!}(x-x_0)^2 + \cdots + \frac{f^{(n)}(x_0)}{n!}(x-x_0)^n + \cdots$$

或

$$f(x) \sim \sum_{n=0}^{\infty} \frac{f^{(n)}(x_0)}{n!}(x-x_0)^n.$$

称 $\frac{f^{(n)}(x_0)}{n!}$ $(n=0,1,2,\cdots)$ 为泰勒系数.

任何一个函数 $f(x)$,只要 $f(x)$ 在 x_0 点存在任意阶导数,那么它在 x_0 点的泰勒级数就一定存在,但是函数 $f(x)$ 在 x_0 的泰勒级数是否收敛呢? 如果收敛的话,其和函数是否就是 $f(x)$ 呢? 先观察下例:

例 1 函数

$$f(x) = \begin{cases} \mathrm{e}^{-\frac{1}{x^2}}, & x \neq 0, \\ 0, & x = 0 \end{cases}$$

在点 $x_0 = 0$ 处的任意阶导数都存在,且都等于 0.即有

$$f(0) = f'(0) = f''(0) = \cdots = f^{(n)}(0) = \cdots = 0,$$

所以 $f(x)$ 在 $x_0 = 0$ 点的泰勒级数为

第三节　函数展开成幂级数

$$f(0)+f'(0)x+\frac{f''(0)}{2!}x^2+\cdots+\frac{f^{(n)}(0)}{n!}x^n+\cdots$$

$$=0+0\cdot x+\frac{0}{2!}\cdot x^2+\cdots+\frac{0}{n!}\cdot x^n+\cdots.$$

显然它在$(-\infty,+\infty)$上收敛于和函数$S(x)\equiv0$,因此,函数$f(x)$在$x_0=0$点的泰勒级数的和函数并不等于$f(x)$.现在的问题是,在什么条件下,函数$f(x)$的泰勒级数才能收敛于函数$f(x)$本身呢? 下面的定理给出了这个问题的答案.

定理 设函数$f(x)$在点x_0的某邻域内具有任意阶导数,那么$f(x)$在区间(x_0-r,x_0+r)内等于它的泰勒级数的和函数的充分条件为:对一切满足不等式$|x-x_0|<r$的x,有$\lim\limits_{n\to\infty}R_n(x)=0$.

这里$R_n(x)$是函数$f(x)$在x_0点的泰勒公式余项.

定义 2 如果在x_0的某邻域内,$f(x)$的泰勒级数的和函数等于$f(x)$,那么称函数$f(x)$在x_0的这一邻域内可以展开成泰勒级数,并称等式

$$f(x)=f(x_0)+f'(x_0)(x-x_0)+\frac{f''(x_0)}{2!}(x-x_0)^2+\cdots+\frac{f^{(n)}(x_0)}{n!}(x-x_0)^n+\cdots$$

的右边为$f(x)$在x_0点的**泰勒展开式**,或称为**幂级数展开式**.

在实际应用中,主要讨论函数$f(x)$在$x_0=0$处的泰勒展开式

$$f(0)+f'(0)x+\frac{f''(0)}{2!}x^2+\cdots+\frac{f^{(n)}(0)}{n!}x^n+\cdots,$$

称之为**麦克劳林级数**,或称为**麦克劳林展开式**.

二、常见的初等函数的幂级数展开式

例 2 将$f(x)=e^x$展开成麦克劳林级数.

解 因为$f(x)$在$x=0$点处存在任意阶导数,且

$$f(0)=f'(0)=f''(0)=\cdots=f^{(n)}(0)=\cdots=1.$$

$f(x)$的拉格朗日型余项为$R_n(x)=\frac{e^{\theta x}}{(n+1)!}x^{n+1}(0\leqslant\theta\leqslant1)$,从而有$|R_n(x)|\leqslant\frac{e^{|x|}}{(n+1)!}|x|^{n+1}$,它对任何实数$x$,都有$\lim\limits_{n\to\infty}\frac{e^{|x|}}{(n+1)!}|x|^{n+1}=0$,因而有$\lim\limits_{n\to\infty}R_n(x)=0$.于是

$$f(x)=f(0)+f'(0)x+\frac{f''(0)}{2!}x^2+\cdots+\frac{f^{(n)}(0)}{n!}x^n+\cdots$$

$$=1+x+\frac{x^2}{2!}+\cdots+\frac{x^n}{n!}+\cdots,x\in(-\infty,+\infty),$$

即有 $\mathrm{e}^x = \sum_{n=0}^{\infty} \dfrac{x^n}{n!}$, $x \in (-\infty, +\infty)$.

例 3 将 $f(x) = \sin x$ 展开成麦克劳林级数.

解 因为 $f^{(n)}(x) = \sin\left(x + \dfrac{n\pi}{2}\right)$, $n = 1, 2, \cdots$. 由于 $f(x) = \sin x$ 的拉格朗日型余项

$$R_n(x) = \frac{\sin\left(\xi + \dfrac{n+1}{2}\pi\right)}{(n+1)!}x^{n+1}, 于是$$

$$|R_n(x)| \leqslant \frac{|x|^{n+1}}{(n+1)!},$$

它对任何实数 x, 都有 $\lim\limits_{n \to \infty} \dfrac{|x|^{n+1}}{(n+1)!} = 0$, 因而有 $\lim\limits_{n \to \infty} R_n(x) = 0$. 于是 $f(x) = \sin x$ 在 $(-\infty, +\infty)$ 上能展开成麦克劳林级数

$$f(x) = f(0) + f'(0)x + \frac{f''(0)}{2!}x^2 + \cdots + \frac{f^{(n)}(0)}{n!}x^n + \cdots.$$

即

$$\sin x = x - \frac{x^3}{3!} + \frac{x^5}{5!} + \cdots + (-1)^n \frac{x^{2n+1}}{(2n+1)!} + \cdots, x \in (-\infty, +\infty).$$

$$\sin x = \sum_{n=0}^{\infty} (-1)^n \frac{x^{2n+1}}{(2n+1)!}, x \in (-\infty, +\infty).$$

同理可求得

$$\cos x = \sum_{n=0}^{\infty} (-1)^n \frac{x^{2n}}{(2n)!}, x \in (-\infty, +\infty).$$

通过上述三个例题的解题过程我们感觉到, 将函数 $f(x)$ 展成幂级数存在两个方面的困难: 一方面是要求出 $f(x)$ 的各阶导数, 并求出 $f^{(n)}(0)$ 的值; 另一方面是要求出余项 $R_n(x)$, 并且要判定 $R_n(x)$ 的极限是否为零. 一般来说这两个方面都是比较困难的, 上述这种直接从定义出发求函数幂级数展开式的方法, 称之为"直接展开法", 在高等数学中, 只有少数比较简单的函数才可以采用这种"直接展开法". 更多的情况是从已知的函数的展开式出发, 通过变量代换、四则运算或者逐项求导、逐项求积等方法来求得函数的幂级数展开式, 这一类求函数幂级数展开式的方法, 通常称之为"间接展开法". 下面举例说明怎样用"间接展开法"求函数幂级数展开式.

例 4 求函数 $f(x) = a^x (a > 0$ 且 $a \neq 1)$ 的麦克劳林级数.

解 因为

$$a^x = \mathrm{e}^{\ln a^x} = \mathrm{e}^{x\ln a},$$

又因为

$$\mathrm{e}^x = \sum_{n=0}^{\infty} \frac{x^n}{n!}, x \in (-\infty, +\infty),$$

所以有

$$a^x = \sum_{n=0}^{\infty} \frac{(\ln a)^n}{n!} x^n, x \in (-\infty, +\infty).$$

例 5 将 $f(x) = \arctan x$ 展开成麦克劳林级数.

解 因为

$$f'(x) = (\arctan x)' = \frac{1}{1+x^2},$$

又因为

$$\frac{1}{1+x^2} = 1 - x^2 + x^4 + \cdots + (-1)^n x^{2n} + \cdots, x \in (-1,1),$$

从而有

$$(\arctan x)' = 1 - x^2 + x^4 + \cdots + (-1)^n x^{2n} + \cdots, x \in (-1,1).$$

对上式从 0 到 $x(|x|<1)$ 逐项求积分,得

$$\arctan x = x - \frac{x^3}{3} + \frac{x^5}{5} + \cdots + (-1)^n \frac{x^{2n+1}}{2n+1} + \cdots, x \in (-1,1).$$

例 6 将 $f(x) = \dfrac{1}{(1-x)(2-x)}$ 展开成麦克劳林级数.

解 $f(x) = \dfrac{1}{1-x} - \dfrac{1}{2-x}$,由于

$$\frac{1}{1-x} = \sum_{n=0}^{\infty} x^n, x \in (-1,1),$$

$$\frac{1}{2-x} = \frac{1}{2} \cdot \frac{1}{1-\frac{x}{2}} = \frac{1}{2} \sum_{n=0}^{\infty} \left(\frac{x}{2}\right)^n = \sum_{n=0}^{\infty} \frac{x^n}{2^{n+1}}, x \in (-2,2),$$

所以有

$$\frac{1}{(1-x)(2-x)} = \sum_{n=0}^{\infty} x^n - \sum_{n=0}^{\infty} \frac{x^n}{2^{n+1}} = \sum_{n=0}^{\infty} \left(1 - \frac{1}{2^{n+1}}\right) x^n, x \in (-1,1).$$

习题 8-3

求下列函数的麦克劳林级数.

(1) $f(x) = 2^x$;

(2) $f(x) = \dfrac{1}{2}(e^x - e^{-x})$;

(3) $f(x) = \sin^2 x$;

(4) $f(x) = \dfrac{1}{2x^2 - 3x + 1}$.

第四节 数学实验八 用 MATLAB 求级数的和

完成级数求和的 MATLAB 函数是 symsum( ),无论是数项级数求和或者是函数项级数求和都可以使用,而完成幂级数展开式的 MATLAB 函数是 taylor( ),求级数的和与函数的泰勒级数输入格式见表 8-1:

表 8-1

输入命令格式	含 义
symsum(f,k,k1,k2)	symsum(f,k,k1,k2)表示求级数的和,其中 f 表示一个函数的通项,是一个符号表达式;k 是级数自变量,k 省略时使用系统的默认变量,如果给出的变量中只含有一个变量,则在函数调用时可以省略 k;k1 和 k2 是求和的开始项和末项
taylor(f,x,n,a)	taylor(f,x,n,a)表示将函数按变量展开为泰勒级数,展开到第 n 项为止;n 的缺省值为 6;参数 a 指定将函数 f 在自变量 x=a 处展开,a 的缺省值是 0

一、求级数的和

例 1 用 MATLAB 求级数 $f = \sum\limits_{n=1}^{\infty} \dfrac{1}{n^2}$ 的和.

解 在 MATLAB 窗口中输入如下命令:

```
syms n;
f=1/n^2;
symsum(f,n,1,2)
```

运行结果如下:

```
ans=
    5/4
```

继续输入命令:

```
symsum(f,n,1,inf)
```

运行结果如下:

```
ans=
    1/6*pi^2
```

例 2 用 MATLAB 求级数 $f = \dfrac{1}{1\times4} + \dfrac{1}{4\times7} + \dfrac{1}{7\times10} + \cdots + \dfrac{1}{(3n-2)(3n+1)} + \cdots$ 的和.

解 在 MATLAB 窗口中输入如下命令:

```
syms n;
f=1/((3*n-2)*(3*n+1));
s=symsum(f,n,1,inf)
```

运行结果如下:

```
s=
    1/3
```

例 3 用 MATLAB 求和级数 $\sum\limits_{n=1}^{\infty} n(n+1)x^{n-1}$.

MATLAB求解级数

解 在 MATLAB 窗口中输入如下命令：

```
syms n x;
f=n*(n+1)*x^(n-1);
s1=symsum(f,n,1,inf)
```

运行结果如下：

```
s1=
    -2/(x-1)^3
```

二、函数幂级数展开

例 4 求函数 $f=e^x$ 在 $x=0$ 处前 8 项的泰勒级数展开式.

解 在 MATLAB 窗口中输入如下命令：

```
syms x;
f=exp(x);
taylor(f,x,8,0)
```

运行结果如下：

```
ans=
    1+x+1/2*x^2+1/6*x^3+1/24*x^4+1/120*x^5+1/720*x^6+1/5040*x^7.
```

例 5 求函数 $f=\ln x$ 在 $x=1$ 处前 8 项的泰勒级数展开式.

解 在 MATLAB 窗口中输入如下命令：

```
syms x;
f=log(x);
taylor(f,x,8,1)
```

运行结果如下：

```
ans=
x-1-1/2*(x-1)^2+1/3*(x-1)^3-1/4*(x-1)^4+1/5*(x-1)^5-1/6*
(x-1)^6+1/7*(x-1)^7.
```

习题 8-4

1. 用 MATLAB 求下列无穷级数的和.

(1) $\displaystyle\sum_{n=1}^{\infty}\frac{(-1)^{n-1}}{2n-1}$;   (2) $\displaystyle\sum_{n=1}^{\infty}(n+1)x^{2n}$.

2. 用 MATLAB 求下列函数在指定点处展开得到的泰勒级数的前 8 项.

(1) $\ln(2+x), x_0=0$;   (2) $\sin 2x, x_0=\dfrac{\pi}{2}$.

复习题八

1. 选择题.

(1) 下列命题正确的是( ).

    A. 若 $\lim\limits_{n\to\infty} a_n = 0$, 则 $\sum\limits_{n=1}^{\infty} a_n$ 收敛   B. 若 $\lim\limits_{n\to\infty} \sum\limits_{n=1}^{\infty} a_n$ 收敛, 则 $\lim\limits_{n\to\infty} a_n = 0$

    C. 若 $\lim\limits_{n\to\infty} \sum\limits_{n=1}^{\infty} a_n$ 发散, 则 $\lim\limits_{n\to\infty} a_n \neq 0$ D. 若 $\lim\limits_{n\to\infty} a_n \neq 0$, 则 $\sum\limits_{n=1}^{\infty} a_n$ 不一定发散

(2) 下列命题正确的是( ).

    A. 若 $\sum\limits_{n=1}^{\infty} a_n$ 与 $\sum\limits_{n=1}^{\infty} b_n$ 均发散, 则 $\sum\limits_{n=1}^{\infty} (a_n + b_n)$ 发散

    B. 若 $\sum\limits_{n=1}^{\infty} (a_n + b_n)$ 发散, 则 $\sum\limits_{n=1}^{\infty} a_n$ 与 $\sum\limits_{n=1}^{\infty} b_n$ 发散

    C. 若 $\sum\limits_{n=1}^{\infty} (a_n + b_n)$ 收敛, 则 $\sum\limits_{n=1}^{\infty} a_n$ 与 $\sum\limits_{n=1}^{\infty} b_n$ 收敛

    D. 若 $\sum\limits_{n=1}^{\infty} a_n$ 收敛, $\sum\limits_{n=1}^{\infty} b_n$ 发散, 则 $\sum\limits_{n=1}^{\infty} (a_n + b_n)$ 发散

(3) 下列命题正确的是( ).

    A. 若 $\sum\limits_{n=1}^{\infty} |a_n|$ 收敛, 则 $\sum\limits_{n=1}^{\infty} a_n$ 收敛

    B. 若 $\sum\limits_{n=1}^{\infty} a_n$ 收敛, 则 $\sum\limits_{n=1}^{\infty} |a_n|$ 收敛

    C. 若 $\sum\limits_{n=1}^{\infty} |a_n|$ 发散, 则 $\sum\limits_{n=1}^{\infty} a_n$ 发散

    D. 若 $\sum\limits_{n=1}^{\infty} a_n$ 发散, 但 $\sum\limits_{n=1}^{\infty} |a_n|$ 不一定发散

(4) 若 $0 \leqslant a_n \leqslant \dfrac{1}{n}$, 则下列级数中一定收敛的是( ).

    A. $\sum\limits_{n=1}^{\infty} a_n$ B. $\sum\limits_{n=1}^{\infty} (-1)^n a_n$ C. $\sum\limits_{n=1}^{\infty} \sqrt{a_n}$ D. $\sum\limits_{n=1}^{\infty} (-1)^n a_n^2$

(5) 若幂级数 $\sum\limits_{n=1}^{\infty} a_n x^n$ 在 $x = 2$ 处收敛, 则该幂级数在 $x = 1$ 处必定( ).

    A. 发散   B. 敛散性不能确定   C. 绝对收敛   D. 条件收敛

2. 填空题.

(1) 数项级数 $\dfrac{1}{2} + \dfrac{1}{9} + \dfrac{1}{2^2} + \dfrac{1}{2\times 9} + \cdots + \dfrac{1}{2^n} + \dfrac{1}{n\times 9} + \cdots$ 的敛散性为_____.

(2) $\sum\limits_{n=1}^{\infty} n! \, x^{2n}$ 的收敛半径为_____, $\sum\limits_{n=1}^{\infty} \dfrac{x^n}{n!}$ 的收敛区间为_____.

(3) $\displaystyle\sum_{n=1}^{\infty} \frac{1}{2^n}(x-1)^n$ 的收敛区间为_____.

3. 判定下列级数的敛散性.

(1) $\displaystyle\sum_{n=1}^{\infty} \left(\frac{n}{n+1}\right)^n$;　　　　(2) $\displaystyle\sum_{n=1}^{\infty} \frac{(-1)^{n-1}n^2}{2n^2+1}$;

(3) $\displaystyle\sum_{n=1}^{\infty} \frac{(-1)^n}{2n}$;　　　　(4) $\displaystyle\sum_{n=1}^{\infty} \frac{1}{n^2+3}$.

4. 判断下列级数的敛散性,如果级数收敛,请进一步判断是条件收敛或是绝对收敛.

(1) $\displaystyle\sum_{n=1}^{\infty} (-1)^{n-1}\frac{1}{\sqrt{n}}$;　　　(2) $\displaystyle\sum_{n=1}^{\infty} (-1)^n\frac{1}{n^2}$;　　　(3) $\displaystyle\sum_{n=1}^{\infty} \frac{x^n}{a^n}\ (|a|>1)$.

5. 求下列幂级数的收敛区间.

(1) $\displaystyle\sum_{n=1}^{\infty} \frac{n+1}{n}x^n$;　　　　(2) $\displaystyle\sum_{n=1}^{\infty} \frac{x^n}{2^n}$;

(3) $\displaystyle\sum_{n=1}^{\infty} n^2x^{n-1}$;　　　　(4) $\displaystyle\sum_{n=1}^{\infty} n(x-1)^n$.

6. 将下列函数展开成为麦克劳林级数.

(1) $f(x)=\mathrm{e}^{2x}$;　　　　(2) $f(x)=\dfrac{3}{x^2+x-2}$;　　　　(3) $f(x)=\dfrac{x^3}{x^2+1}$.

第九章　傅里叶级数与拉普拉斯变换

在函数项级数中,除幂级数外,还有一类非常重要的函数项级数,它的各项皆为三角函数,我们称之为傅里叶级数.它在电学、力学、声学等学科中都有着广泛的应用.拉普拉斯变换的实质仍然是积分运算,它在电学、力学、控制论等工程技术和科学研究中有比傅里叶变换更加广泛的应用.

本章从傅里叶级数的定义出发,导出拉普拉斯变换的定义,接着简要介绍拉普拉斯变换以及它的逆变换的基本性质与简单应用.

第一节　傅里叶级数

一、傅里叶级数

1. 三角函数系的正交性

函数族 $\cos x, \sin x, \cos 2x, \sin 2x, \cdots, \cos nx, \sin nx$ 称为**三角函数系**.

> **定理 1**(三角函数系的正交性)　三角函数系中任意两个不同函数的积在 $[-\pi, \pi]$ 上的积分等于 0,即有
> $$\int_{-\pi}^{\pi} 1 \cdot \cos nx \mathrm{d}x = 0 \quad (n = 1, 2, \cdots);$$
> $$\int_{-\pi}^{\pi} 1 \cdot \sin nx \mathrm{d}x = 0 \quad (n = 1, 2, \cdots);$$
> $$\int_{-\pi}^{\pi} \cos mx \sin nx \mathrm{d}x = 0 \quad (m, n = 1, 2, \cdots);$$
> $$\int_{-\pi}^{\pi} \sin mx \sin nx \mathrm{d}x = 0 \quad (m, n = 1, 2, \cdots \text{且} m \neq n);$$
> $$\int_{-\pi}^{\pi} \cos mx \cos nx \mathrm{d}x = 0 \quad (m, n = 1, 2, \cdots \text{且} m \neq n).$$

2. 傅里叶级数

称函数项级数 $\dfrac{a_0}{2} + \sum\limits_{n=1}^{\infty} (a_n \cos nx + b_n \sin nx)$ 为**傅里叶级数**, $a_0, a_n, b_n (n = 1, 2, \cdots)$ 称

为傅里叶级数的系数,简称为**傅里叶系数**.

定理 2(收敛定理) 设函数 $f(x)$ 是以 2π 为周期的周期函数,若在一个周期 $[-\pi, \pi]$ 上满足条件:

(1) $f(x)$ 是连续函数或者仅有有限个第一类间断点;

(2) $f(x)$ 仅有有限个极值点.

则 $f(x)$ 的傅里叶级数收敛,且有

当 x 是 $f(x)$ 的连续点时,$f(x)$ 的傅里叶级数收敛于 $f(x)$;

当 x 是 $f(x)$ 的间断点时,$f(x)$ 的傅里叶级数收敛于点 x 处的 $f(x)$ 的左、右极限的算术平均值

$$\frac{f(x+0)+f(x-0)}{2}.$$

二、函数展开成傅里叶级数

设 $f(x)$ 是以 2π 为周期的周期函数,要将其展开成傅里叶级数

$$\frac{a_0}{2} + \sum_{n=1}^{\infty} (a_n \cos nx + b_n \sin nx),$$

就必须把 $a_0, a_n, b_n (n=1,2,\cdots)$ 这些傅里叶系数求出来,如何来求呢?

设

$$f(x) = \frac{a_0}{2} + \sum_{n=1}^{\infty} (a_n \cos nx + b_n \sin nx), \qquad (*)$$

对上式两边从 $-\pi$ 到 π 逐项积分

$$\int_{-\pi}^{\pi} f(x)\,\mathrm{d}x = \int_{-\pi}^{\pi} \frac{a_0}{2}\mathrm{d}x + \sum_{n=1}^{\infty} \left(a_n \int_{-\pi}^{\pi} \cos nx\mathrm{d}x + b_n \int_{-\pi}^{\pi} \sin nx\mathrm{d}x \right),$$

根据三角函数的正交性,上式右边除第一项外,其余各项均为零,所以

$$\int_{-\pi}^{\pi} f(x)\,\mathrm{d}x = \frac{a_0}{2} \int_{-\pi}^{\pi} \mathrm{d}x = a_0 \pi,$$

于是得

$$a_0 = \frac{1}{\pi} \int_{-\pi}^{\pi} f(x)\,\mathrm{d}x.$$

其次求 a_n,用 $\cos kx$ 乘 $(*)$ 两边,再从 $-\pi$ 到 π 逐项积分得

$$\int_{-\pi}^{\pi} f(x) \cos kx\mathrm{d}x = \frac{a_0}{2} \int_{-\pi}^{\pi} \cos kx\mathrm{d}x + \sum_{n=1}^{\infty} \left(a_n \int_{-\pi}^{\pi} \cos nx\cos kx\mathrm{d}x + b_n \int_{-\pi}^{\pi} \sin nx\cos kx\mathrm{d}x \right).$$

根据三角函数系的正交性,上式右边除 $n=k$ 时 $\int_{-\pi}^{\pi} \cos nx\cos kx\mathrm{d}x$ 不等于零外,其余各项均为零,所以

幂级数展开式

$$\int_{-\pi}^{\pi} f(x) \cos kx \mathrm{d}x = a_k \int_{-\pi}^{\pi} \cos^2 kx \mathrm{d}x = a_k \pi,$$

于是得

$$a_k = \frac{1}{\pi} \int_{-\pi}^{\pi} f(x) \cos kx \mathrm{d}x \quad (k = 1, 2, \cdots).$$

同理可得

$$b_k = \frac{1}{\pi} \int_{-\pi}^{\pi} f(x) \sin kx \mathrm{d}x \quad (k = 1, 2, \cdots).$$

例 1 设 $f(x)$ 是以 2π 为周期的函数,它在 $[-\pi, \pi)$ 上的表达式为

$$f(x) = \begin{cases} -1, & -\pi \leqslant x < 0, \\ 1, & 0 \leqslant x < \pi. \end{cases}$$

将 $f(x)$ 展开成傅里叶级数.

解 所给函数在点 $x = k\pi$ $(k = 0, \pm 1, \pm 2, \cdots)$ 处不连续,在其他点都连续,满足收敛定理的条件.它可以展开成傅里叶级数,其傅里叶系数为

$$a_n = \frac{1}{\pi} \int_{-\pi}^{\pi} f(x) \cos nx \mathrm{d}x$$

$$= \frac{1}{\pi} \int_{-\pi}^{0} (-1) \cos nx \mathrm{d}x + \frac{1}{\pi} \int_{0}^{\pi} 1 \cdot \cos nx \mathrm{d}x = 0 \quad (n = 0, 1, 2, \cdots).$$

$$b_n = \frac{1}{\pi} \int_{-\pi}^{\pi} f(x) \sin kx \mathrm{d}x = \frac{1}{\pi} \int_{-\pi}^{0} (-1) \sin nx \mathrm{d}x + \frac{1}{\pi} \int_{0}^{\pi} 1 \cdot \sin nx \mathrm{d}x$$

$$= \frac{1}{\pi} \left[\frac{1}{n} \cos nx \right]_{-\pi}^{0} + \frac{1}{\pi} \left[-\frac{1}{n} \cos nx \right]_{0}^{\pi}$$

$$= \frac{1}{n\pi} (1 - \cos n\pi - \cos n\pi + 1)$$

$$= \frac{2}{n\pi} [1 - (-1)^n] = \begin{cases} \dfrac{4}{n\pi}, & n = 1, 3, 5, \cdots, \\ 0, & n = 2, 4, 6, \cdots. \end{cases}$$

所以当 $x \neq k\pi$ $(k = 0, \pm 1, \pm 2, \cdots)$ 时,有

$$f(x) = \frac{4}{\pi} \left[\sin x + \frac{1}{3} \sin 3x + \cdots + \frac{1}{2n-1} \sin(2n-1)x + \cdots \right].$$

在 $x = k\pi$ $(k = 0, \pm 1, \pm 2, \cdots)$ 时,上式右边收敛于 $\dfrac{f(\pi - 0) + f(\pi + 0)}{2} = \dfrac{1-1}{2} = 0$. 函数图形如图 9-1 所示.

应当注意,如果函数 $f(x)$ 只在 $[-\pi, \pi)$ 上有意义,并且满足收敛定理的条件,那么我们可以在 $[-\pi, \pi)$ 外补充函数 $f(x)$ 的定义,使它拓展成以 2π 为周期的周期函数 $F(x)$,按这种方式拓展函数的过程称为**周期延拓**,这样 $F(x)$ 就是以 2π 为周期的周期函数,而且满足收敛定理的条件,我们可以将 $F(x)$ 展开成傅里叶级数,然后限定 x 在 $[-\pi, \pi)$ 内,此

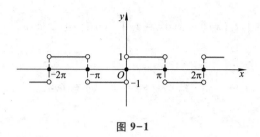

图 9-1

时有 $F(x) \equiv f(x)$，这样就得到了 $f(x)$ 的傅里叶级数展开式.根据收敛定理,该傅里叶级数在区间端点 $x = \pm\pi$ 处收敛于 $\frac{1}{2}[f(-\pi+0)+f(\pi-0)]$.

例2 将函数 $f(x) = \begin{cases} -x, & -\pi \leqslant x < 0, \\ x, & 0 \leqslant x < \pi \end{cases}$ 展开成傅里叶级数.

解 所给函数在区间 $[-\pi, \pi)$ 上满足收敛定理的条件,把它拓展成以 2π 为周期的函数,如图 9-2.因为函数 $f(x)$ 在 $[-\pi, \pi)$ 上连续,所以拓展后的周期函数的傅里叶级数在 $[-\pi, \pi)$ 上收敛于 $f(x)$.计算傅里叶系数如下:

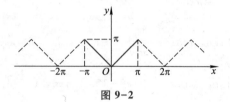

图 9-2

$$a_n = \frac{1}{\pi} \int_{-\pi}^{\pi} f(x) \cos nx \, dx = \frac{1}{\pi} \int_{-\pi}^{0} (-x) \cos nx \, dx + \frac{1}{\pi} \int_{0}^{\pi} x \cos nx \, dx$$

$$= -\frac{1}{\pi} \left[\frac{x \sin nx}{n} + \frac{\cos nx}{n^2} \right]_{-\pi}^{0} + \frac{1}{\pi} \left[\frac{x \sin nx}{n} + \frac{\cos nx}{n^2} \right]_{0}^{\pi}$$

$$= \frac{2}{n^2 \pi} (\cos n\pi - 1)$$

$$= \begin{cases} -\dfrac{4}{n^2 \pi}, & n = 1, 3, 5, \cdots, \\ 0, & n = 2, 4, 6, \cdots. \end{cases}$$

$$a_0 = \frac{1}{\pi} \int_{-\pi}^{\pi} f(x) \, dx = \frac{1}{\pi} \int_{-\pi}^{0} (-x) \, dx + \frac{1}{\pi} \int_{0}^{\pi} x \, dx = \frac{1}{\pi} \left[-\frac{x^2}{2} \right]_{-\pi}^{0} + \frac{1}{\pi} \left[\frac{x^2}{2} \right]_{0}^{\pi} = \pi,$$

$$b_n = \frac{1}{\pi} \int_{-\pi}^{\pi} f(x) \sin nx \, dx = \frac{1}{\pi} \int_{-\pi}^{0} (-x) \sin nx \, dx + \frac{1}{\pi} \int_{0}^{\pi} x \sin nx \, dx$$

$$= -\frac{1}{\pi} \left[-\frac{x \cos nx}{n} + \frac{\sin nx}{n^2} \right]_{-\pi}^{0} + \frac{1}{\pi} \left[-\frac{x \cos nx}{n} + \frac{\sin nx}{n^2} \right]_{0}^{\pi} = 0 \quad (n = 1, 2, 3, \cdots).$$

所以

$$f(x) = \frac{\pi}{2} - \frac{4}{\pi} \left(\cos x + \frac{1}{3^2} \cos 3x + \frac{1}{5^2} \cos 5x + \cdots \right), \quad x \in [-\pi, \pi).$$

在收敛定理中，$f(x)$ 是以 2π 为周期的函数，或者定义在 $[-\pi,\pi)$ 上然后作以 2π 为周期的延拓函数，下面讨论以 $2l$ 为周期的函数的傅里叶级数展开式.

定理 3 设周期为 $2l$ 的周期函数 $f(x)$ 满足收敛定理的条件，则它的傅里叶级数展开式为

$$f(x) = \frac{a_0}{2} + \sum_{n=1}^{\infty}\left(a_n\cos\frac{n\pi x}{l} + b_n\sin\frac{n\pi x}{l}\right), \tag{9-1}$$

其中

$$\begin{cases} a_n = \dfrac{1}{l}\displaystyle\int_{-l}^{l}f(x)\cos\dfrac{n\pi x}{l}\mathrm{d}x & (n=0,1,2,\cdots), \\[3mm] b_n = \dfrac{1}{l}\displaystyle\int_{-l}^{l}f(x)\sin\dfrac{n\pi x}{l}\mathrm{d}x & (n=1,2,3,\cdots). \end{cases} \tag{9-2}$$

三角级数

当 $f(x)$ 为奇函数时，

$$f(x) = \sum_{n=1}^{\infty}b_n\sin\frac{n\pi x}{l}, \tag{9-3}$$

其中

$$b_n = \frac{2}{l}\int_0^l f(x)\sin\frac{n\pi x}{l}\mathrm{d}x \quad (n=1,2,3,\cdots). \tag{9-4}$$

当 $f(x)$ 为偶函数时，

$$f(x) = \frac{a_0}{2} + \sum_{n=1}^{\infty}a_n\cos\frac{n\pi x}{l}, \tag{9-5}$$

其中

$$a_n = \frac{2}{l}\int_0^l f(x)\cos\frac{n\pi x}{l}\mathrm{d}x \quad (n=0,1,2,\cdots). \tag{9-6}$$

例 3 设 $f(x)$ 是周期为 4 的周期函数，它在 $[-2,2)$ 上的表达式为

$$f(x) = \begin{cases} 0, & -2\leqslant x<0, \\ k, & 0\leqslant x<2 \end{cases} \quad (\text{常数 } k\neq 0).$$

将 $f(x)$ 展开成傅里叶级数.

解 这时 $l=2$，按公式（9-2）有

$$a_n = \frac{1}{2}\int_0^2 k\cos\frac{n\pi x}{2}\mathrm{d}x = \left[\frac{k}{n\pi}\sin\frac{n\pi x}{2}\right]_0^2 = 0 \quad (n\neq 0),$$

$$a_0 = \frac{1}{2}\int_{-2}^0 0\mathrm{d}x + \frac{1}{2}\int_0^2 k\mathrm{d}x = k,$$

$$b_n = \frac{1}{2}\int_0^2 k\sin\frac{n\pi x}{2}\mathrm{d}x = \left[-\frac{k}{n\pi}\cos\frac{n\pi x}{2}\right]_0^2$$

$$= \frac{k}{n\pi}(1-\cos n\pi) = \begin{cases} \dfrac{2k}{n\pi}, & n=1,3,5,\cdots, \\[3mm] 0, & n=2,4,6,\cdots. \end{cases}$$

将求得的系数 a_n, b_n 代入（9-1）式，得

$$f(x) = \frac{k}{2} + \frac{2k}{\pi}\left(\sin\frac{\pi x}{2} + \frac{1}{3}\sin\frac{3\pi x}{2} + \frac{1}{5}\sin\frac{5\pi x}{2} + \cdots\right) \quad (-\infty < x < \infty; x \neq 0, \pm 2, \pm 4, \cdots).$$

$f(x)$ 的傅里叶级数的和函数的图形如图 9-3 所示.

应当注意的是，在实际应用中，有时需要把定义在 $[0, l]$（或 $[-l, 0]$）上的函数展开成余弦级数或者正弦级数.为此，先把定义在 $[0, l]$（或 $[-l, 0]$）上的函数作偶式延拓或作奇式延拓到 $[-l, l]$ 上，然后求延拓后函数的傅里叶级数.但是，对于定义在 $[0, l]$（或 $[-l, 0]$）上的函数，将它展开成正弦级数或余弦级数时，可以不作延拓而直接由（9-4）式或（9-6）式计算傅里叶系数.

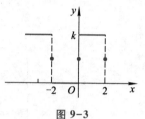

图 9-3

例 4 把 $f(x) = x$ 在 $(0, 2)$ 内展开成

（1）正弦级数；

（2）余弦级数.

解 （1）为了把 $f(x)$ 展开为正弦级数，对 $f(x)$ 作奇延拓（图9-4）并由公式（9-3）有

$$a_n = 0, \quad n = 0, 1, 2, \cdots,$$

$$b_n = \frac{2}{2}\int_0^2 x\sin\frac{n\pi x}{2}dx = -\frac{4}{n\pi}\cos n\pi = \frac{4}{n\pi}(-1)^{n+1}, \quad n = 1, 2, \cdots.$$

所以当 $x \in (0, 2)$ 时，由（9-3）式及收敛定理得到

$$f(x) = x = \sum_{n=1}^{\infty}\frac{4}{n\pi}(-1)^{n+1}\sin\frac{n\pi x}{2} = \frac{4}{\pi}\left(\sin\frac{\pi x}{2} - \frac{1}{2}\sin\frac{2\pi x}{2} + \frac{1}{3}\sin\frac{3\pi x}{2} + \cdots\right).$$

但当 $x = 0, 2$ 时，右边级数收敛于 0.

（2）为了要把 f 展开为余弦级数，对 f 作偶延拓（图9-5）.由公式（9-2）得 f 的傅里叶系数为

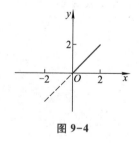

图 9-4

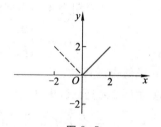

图 9-5

$$b_n = 0, n = 1, 2, \cdots, \quad a_0 = \int_0^2 x dx = 2,$$

$$a_n = \frac{2}{2}\int_0^2 x\cos\frac{n\pi x}{2}dx = \frac{4}{n^2\pi^2}(\cos n\pi - 1)$$

$$= \frac{4}{n^2\pi^2}[(-1)^n - 1], \quad n = 1, 2, \cdots$$

或

第九章 傅里叶级数与拉普拉斯变换

$$a_{2k-1} = \frac{-8}{(2k-1)^2 \pi^2}, a_{2k} = 0 \quad (k = 1, 2, \cdots).$$

所以当 $x \in (0,2)$ 时,由(9-5)式及收敛定理得到

$$f(x) = x = 1 + \sum_{k=1}^{\infty} \frac{-8}{(2k-1)^2 \pi^2} \cos \frac{(2k-1)\pi x}{2}$$

$$= 1 - \frac{8}{\pi^2} \left(\cos \frac{\pi x}{2} + \frac{1}{3^2} \cos \frac{3\pi x}{2} + \frac{1}{5^2} \cos \frac{5\pi x}{2} + \cdots \right).$$

习题 9-1

1. 将下列函数展开成傅里叶级数.

(1) $f(x) = x, \quad x \in (-\pi, \pi)$;

(2) $f(x) = x^2, \quad x \in (-\pi, \pi)$;

(3) $f(x) = \begin{cases} -x, & -\pi < x \leqslant 0, \\ x, & 0 < x \leqslant \pi. \end{cases}$

2. 将下列函数展开成傅里叶级数.

(1) $f(x) = \begin{cases} 0, & -4 \leqslant x < 0, \\ 2, & 0 \leqslant x < 4. \end{cases}$

(2) $f(x) = \begin{cases} 1, & -1 \leqslant x < 0, \\ x, & 0 \leqslant x < 1. \end{cases}$

3. 将函数 $f(x) = \frac{\pi}{2} - x$ 在 $[0, \pi]$ 上展开成正弦级数.

第二节 拉普拉斯变换及其性质

在数学中,为了把较为复杂的运算转化为较简单的运算,常常采用一种变换手段,拉普拉斯变换是在数学等自然科学和各种工程技术领域中都有着广泛应用的一种积分变换.我们将简要介绍它的定义、基本性质和一些简单应用.

一、拉普拉斯变换的基本概念

定义 设函数 $f(t)$ 定义在 $t \geqslant 0$ 上,若反常积分 $\int_0^{+\infty} f(t) e^{-st} dt$ 收敛,则此积分就确定了一个参数为 s 的函数,记为 $F(s)$,即

$$F(s) = \int_0^{+\infty} f(t) e^{-st} dt,$$

称此式为函数 $f(t)$ 的拉普拉斯变换式,记作 $L[f(t)] = F(s)$. $F(s)$ 称为 $f(t)$ 的**拉普拉斯变换(或像函数)**.而 $f(t)$ 为 $F(s)$ 的拉普拉斯逆变换(或像原函数),记为

$$L^{-1}[F(s)] = f(t).$$

注:(1) 定义中,只要求在 $t \geqslant 0$ 上函数 $f(t)$ 有定义,为了方便,以后总假定当 $t < 0$ 时,

$f(x) \equiv 0$.因为一个物理过程在 $t<0$ 时还未发生,所以这种假定是成立的;

（2）对于 $F(s)$ 中的参数 s,它可以在复数域内取值,但在这里只考虑在实数域内取值;

（3）拉普拉斯变换是一种积分变换,是将给定的函数通过特定的反常积分（也叫拉普拉斯积分）转换成一个新的函数.一般说来,在工程技术中所遇到的函数,它的拉普拉斯变换总是存在的.

二、几种常用函数的拉普拉斯变换

1. 一次函数 $f(t) = at$（a 为常数）的拉普拉斯变换

$$L[at] = \int_0^{+\infty} (at)e^{-st}dt = -\frac{a}{s}\int_0^{+\infty} t d(e^{-st})$$

$$= -\frac{at}{s}e^{-st}\Big|_0^{+\infty} + \frac{a}{s}\int_0^{+\infty} e^{-st}dt$$

$$= \frac{-a}{s^2}e^{-st}\Big|_0^{+\infty} = \frac{a}{s^2}.$$

2. 指数函数 $f(t) = e^{at}$（a 为常数）的拉普拉斯变换

$$L[e^{at}] = \int_0^{+\infty} e^{at}e^{-st}dt = \int_0^{+\infty} e^{-(s-a)t}dt$$

$$= \left[-\frac{e^{-(s-a)t}}{s-a}\right]_0^{+\infty} = \frac{1}{s-a} \quad (s>a).$$

3. 斜坡函数 $f(t) = t$ 的拉普拉斯变换

$$L[t] = \int_0^{+\infty} te^{-st}dt = -\frac{1}{s}\left[te^{-st}\right]_0^{+\infty} + \frac{1}{s}\int_0^{+\infty} e^{-st}dt$$

$$= \frac{1}{s}\left[-\frac{e^{-st}}{s}\right]_0^{+\infty} = \frac{1}{s^2} \quad (s>0).$$

4. 三角函数的拉普拉斯变换

由定义可以推出正弦函数 $f(t) = \sin bt$ 的拉普拉斯变换为

$$L[\sin bt] = \int_0^{+\infty} \sin bt e^{-st}dt = \left[-\frac{e^{-st}(s\sin bt + b\cos bt)}{s^2+b^2}\right]_0^{+\infty} = \frac{b}{s^2+b^2} \quad (s>0).$$

同理,可以推出余弦函数 $f(t) = \cos bt$ 的拉普拉斯变换为

$$L[\cos bt] = \frac{s}{s^2+b^2} \quad (s>0).$$

5. 单位阶跃函数 $u(t) = \begin{cases} 0, & t<0, \\ 1, & t \geqslant 0 \end{cases}$ 的拉普拉斯变换

$$L[u(t)] = \int_0^{+\infty} u(t)e^{-st}dt = \int_0^{+\infty} 1 \cdot e^{-st}dt = \left[-\frac{e^{-st}}{s}\right]_0^{+\infty} = \frac{1}{s} \quad (s>0).$$

三、拉普拉斯变换简表及其应用

在求较简单函数的拉普拉斯变换的过程中,为了方便查公式,将常用函数的拉普拉斯变换列为一个简表(见表 9-1).表 9-1 中的 16 个公式要求熟记,利用表 9-1,就可以求一些常用函数的拉普拉斯变换了.用表 9-1 求拉普拉斯变换,就是将所求拉普拉斯变换的像原函数与 $f(t)$ 栏中的函数式对照,找出常数 a,b 和 n,然后将这些常数值代入 $F(s)$ 栏中的像函数式,就得到了所求函数的拉普拉斯变换.

表 9-1

序号	$f(t)$	$F(s)$	序号	$f(t)$	$F(s)$
1	$u(t)$	1	9	$\mathrm{e}^{at}t$	$\dfrac{1}{(s-a)^2}$
2	1	$\dfrac{1}{s}$	10	$\mathrm{e}^{at}t^2$	$\dfrac{2}{(s-a)^3}$
3	t	$\dfrac{1}{s^2}$	11	$\mathrm{e}^{at}t^n$	$\dfrac{n!}{(s-a)^{n+1}}$
4	t^2	$\dfrac{2}{s^3}$	12	$\mathrm{e}^{at}\sin bt$	$\dfrac{b}{(s-a)^2+b^2}$
5	t^n	$\dfrac{n!}{s^{n+1}}$	13	$\mathrm{e}^{at}\cos bt$	$\dfrac{s-a}{(s-a)^2+b^2}$
6	e^{at}	$\dfrac{1}{s-a}$	14	$t\sin bt$	$\dfrac{2bs}{(s^2+b^2)^2}$
7	$\sin bt$	$\dfrac{b}{s^2+b^2}$	15	$t\cos bt$	$\dfrac{s^2-b^2}{(s^2+b^2)^2}$
8	$\cos bt$	$\dfrac{s}{s^2+b^2}$	16	$\mathrm{e}^{at}-\mathrm{e}^{bt}$	$\dfrac{a-b}{(s-a)(s+b)}$

例 1 求指数函数 $f(t)=\mathrm{e}^{2t}$ 的拉普拉斯变换.

解 对照表 9-1 中变换 6 的函数式,得 $a=2$;将 $a=2$ 代入像函数式,得

$$F(s)=L[\mathrm{e}^{2t}]=\frac{1}{s-2}.$$

例 2 求三角函数 $f(t)=\sin\dfrac{1}{2}t$ 的拉普拉斯变换.

解 对照表 9-1 中变换 7 的函数式,得 $b=\dfrac{1}{2}$;将 $b=\dfrac{1}{2}$ 代入像函数式,得

$$F(s) = L\left[\sin\frac{1}{2}t\right] = \frac{\dfrac{1}{2}}{s^2+\left(\dfrac{1}{2}\right)^2} = \frac{2}{4s^2+1}.$$

四、拉普拉斯变换的性质

拉普拉斯变换有以下性质,利用这些性质,结合拉普拉斯变换简表 9-1,可以求一些较为复杂函数的拉普拉斯变换.

性质 1(线性性质) 若 a,b 是常数,$L[f_1(t)] = F_1(s)$,$L[f_2(t)] = F_2(s)$,则

$$L[af_1(t)+bf_2(t)] = aL[f_1(t)] + bL[f_2(t)] = aF_1(s) + bF_2(s).$$

例 3 求函数 $f(t) = \dfrac{1}{a}(1-\mathrm{e}^{-at})$ 的拉普拉斯变换.

解 由表 9-1 可得 $L(1) = \dfrac{1}{s}$,$L(\mathrm{e}^{-at}) = \dfrac{1}{s+a}$,所以由拉普拉斯变换的线性性质可得

$$L\left[\frac{1}{a}(1-\mathrm{e}^{-at})\right] = \frac{1}{a}L[1-\mathrm{e}^{-at}] = \frac{1}{a}(L[1]-L[\mathrm{e}^{-at}]) = \frac{1}{a}\left(\frac{1}{s}-\frac{1}{s+a}\right) = \frac{1}{s(s+a)}.$$

性质 2(平移性质) 若 $L[f(t)] = F(s)$,则

(1) $L[f(t-a)] = \mathrm{e}^{-as}F(s)$ (常数 $a>0$);

(2) $L[\mathrm{e}^{at}f(t)] = F(s-a)$ (a 为常数).

例 4 求 $L[\mathrm{e}^{-at}\sin bt]$ 与 $L[\mathrm{e}^{-at}\cos bt]$.

解 由表 9-1 可知

$$L[\sin bt] = \frac{b}{s^2+b^2},\ L[\cos bt] = \frac{s}{s^2+b^2},$$

由平移性质,得

$$L[\mathrm{e}^{-at}\sin bt] = \frac{b}{(s+a)^2+b^2},$$

$$L[\mathrm{e}^{-at}\cos bt] = \frac{s+a}{(s+a)^2+b^2}.$$

例 5 求函数 $u(t-\tau) = \begin{cases} 0, & t<\tau \\ 1, & t\geqslant\tau \end{cases}$ 的拉普拉斯变换.

解 因为 $L[u(t)] = \dfrac{1}{s}$,所以由平移性质,有

$$L[u(t-\tau)] = \frac{1}{s}\mathrm{e}^{-\tau s}.$$

性质 3(微分性质)

(1) 像原函数的微分性质:若 $L[f(t)] = F(s)$,则

$$L[f'(t)] = sF(s) - f(0),$$

$$L[f''(t)] = s^2 F(s) - sf(0) - f'(0).$$

推广到 n 阶导数的情形,有

$$L[f^{(n)}(t)] = s^n F(s) - s^{n-1} f(0) - s^{n-2} f'(0) - \cdots - f^{(n-1)}(0).$$

(2)像函数的微分性质:若 $L[f(t)] = F(s)$,则

$$L[tf(t)] = -F'(s),$$

$$L[t^n f(t)] = (-1)^n F^{(n)}(s).$$

例 6 求 $L[t\cos bt]$.

解 因为 $L[\cos bt] = \dfrac{s}{s^2+b^2}$,所以由微分性质,得

$$L[t\cos bt] = -\left(\frac{s}{s^2+b^2}\right)' = -\frac{s^2+b^2-s\cdot 2s}{(s^2+b^2)^2} = \frac{s^2-b^2}{(s^2+b^2)^2}.$$

例 7 已知 $f(t) = e^{-3t}$,求其一阶、二阶导数的拉普拉斯变换.

解 因为 $L[f(t)] = L[e^{-3t}] = \dfrac{1}{s+3}$,所以由微分性质,得

$$L[f'(t)] = sF(s) - f(0) = \frac{s}{s+3} - 1 = -\frac{3}{s+3},$$

$$L[f''(t)] = s^2 F(s) - sf(0) - f'(0) = \frac{s^2}{s+3} - s - (-3) = \frac{9}{s+3}.$$

性质 4(积分性质)

(1)像原函数的积分性质:若 $L[f(t)] = F(s)$,则

$$L\left[\int_0^t f(t)\,dt\right] = \frac{F(s)}{s}.$$

(2)像函数的积分性质:若 $L[f(t)] = F(s)$,则

$$L[t^{-1}f(t)] = \int_s^{+\infty} F(s)\,ds.$$

例 8 求 $L[t], L[t^2], \cdots, L[t^n]$($n$ 是正整数).

解 因为 $t = \int_0^t dt, t^2 = \int_0^t 2t\,dt, t^3 = \int_0^t 3t^2\,dt, \cdots, t^n = \int_0^t nt^{n-1}\,dt$,所以由积分性质有

$$L[t] = L\left[\int_0^t dt\right] = \frac{L[1]}{s} = \frac{1}{s^2},$$

$$L[t^2] = L\left[\int_0^t 2t\,dt\right] = \frac{2L[t]}{s} = \frac{2}{s^3},$$

$$L[t^3] = L\left[\int_0^t 3t^2\,dt\right] = \frac{3L[t^2]}{s} = \frac{3!}{s^4},$$

$$\cdots\cdots\cdots$$

一般地,有

$$L[t^n] = L\left[\int_0^t nt^{n-1}dt\right] = \frac{nL[t^{n-1}]}{s} = \frac{n!}{s^{n+1}}.$$

例 9 求 $L\left[\dfrac{\sin bt}{t}\right]$.

解 因为 $L[\sin bt] = \dfrac{b}{s^2+b^2}$,所以由积分性质,有

$$L\left[\frac{1}{t}\sin bt\right] = \int_s^{+\infty} \frac{b}{s^2+b^2}ds = \left[\arctan \frac{s}{b}\right]_s^{+\infty}$$

$$= \frac{\pi}{2} - \arctan \frac{s}{b}.$$

习题 9-2

1. 利用表 9-1,求下列各函数的拉普拉斯变换.

(1) $f(t) = e^{-t}$; (2) $f(t) = \sin \dfrac{t}{4}$; (3) $f(t) = t^3$; (4) $f(t) = \sin t\cos t$;

(5) $f(t) = te^t$; (6) $f(t) = e^t\sin t$; (7) $f(t) = t\sin t$; (8) $f(t) = e^{2t} - e^t$.

2. 求下列各函数的拉普拉斯变换.

(1) $f(t) = 3t+1$; (2) $f(t) = te^t + 1$; (3) $f(t) = \cos^2 t$; (4) $f(t) = 2te^{-t}$;

(5) $f(t) = e^{-t}\sin 2t$.

第三节 拉普拉斯逆变换及其性质

以上主要讨论了由已知函数 $f(t)$ 求它的像函数 $F(s)$ 的问题,但在实际中常会碰到已知像函数 $F(s)$ 反过来求其像原函数 $f(t)$ 的情况.这就是下面将要介绍的拉普拉斯逆变换,通过它可以将像函数的代数方程解还原为微分方程的解.

一、拉普拉斯逆变换的概念和性质

1. 拉普拉斯逆变换

若 $F(s)$ 为 $f(t)$ 的拉普拉斯变换,则称 $f(t)$ 为 $F(s)$ 的拉普拉斯逆变换,记作 $f(t) = L^{-1}[F(s)]$.

拉普拉斯逆变换

2. 性质

拉普拉斯逆变换也具有与拉普拉斯变换类似的性质.

(1) 线性性质 若 $L^{-1}[F_1(s)] = f_1(t)$,$L^{-1}[F_2(s)] = f_2(t)$,且 a,b 为常数,则

$$L^{-1}[aF_1(s) + bF_2(s)] = aL^{-1}[F_1(s)] + bL^{-1}[F_2(s)]$$
$$= af_1(t) + bf_2(t).$$

(2) 平移性质 若 $L^{-1}[F(s)] = f(t)$,则

$$L^{-1}[e^{-as}F(s)] = f(t-a) \quad (常数\ a > 0);$$

$$L^{-1}[F(s-a)] = e^{at}f(t) \quad (a\ 为常数).$$

二、简单像函数的拉普拉斯逆变换

例 1 求下列像函数的拉普拉斯逆变换.

(1) $F(s) = \dfrac{1}{s+2}$;   (2) $F(s) = \dfrac{1}{(s+2)^2}$;   (3) $F(s) = \dfrac{3s+5}{s^2}$.

解 (1) 由表 9-1 中的变换 6 知 $a = -2$,所以

$$f(t) = L^{-1}\left[\frac{1}{s+2}\right] = e^{-2t}.$$

(2) 由表 9-1 中的变换 9 知 $a = -2$,所以

$$f(t) = L^{-1}\left[\frac{1}{(s+2)^2}\right] = te^{-2t}.$$

(3) 由 $F(s) = \dfrac{3}{s} + \dfrac{5}{s^2}$,再根据线性性质,并结合查表,得

$$f(t) = L^{-1}\left[\frac{3}{s} + \frac{5}{s^2}\right] = 3L^{-1}\left[\frac{1}{s}\right] + 5L^{-1}\left[\frac{1}{s^2}\right] = 3 + 5t.$$

三、较复杂像函数的拉普拉斯逆变换

例 2 求 $F(s) = \dfrac{s}{s^2+3s+2}$ 的拉普拉斯逆变换.

解 设 $\dfrac{s}{s^2+3s+2} = \dfrac{s}{(s+1)(s+2)} = \dfrac{A}{s+1} + \dfrac{B}{s+2}$,去分母,得

$$s = A(s+2) + B(s+1).$$

令 $s = -1$,有

$$-1 = A(-1+2),得 A = -1;$$

又令 $s = -2$,有

$$-2 = B(-2+1),得 B = 2.$$

于是

$$F(s) = \frac{-1}{s+1} + \frac{2}{s+2} = \frac{2}{s+2} - \frac{1}{s+1}.$$

故 $$f(t) = L^{-1}\left[\frac{s}{s^2+3s+2}\right] = 2L^{-1}\left[\frac{1}{s+2}\right] - L^{-1}\left[\frac{1}{s+1}\right] = 2e^{-2t} - e^{-t}.$$

例 3 求 $F(s) = \dfrac{s+3}{s(s+2)^2}$ 的拉普拉斯逆变换.

解 设 $\dfrac{s+3}{s(s+2)^2} = \dfrac{A}{s} + \dfrac{B}{s+2} + \dfrac{C}{(s+2)^2}$,去分母,得

$$s+3 = A(s+2)^2 + Bs(s+2) + Cs.$$

令 $s=0$,有

$$3 = A(0+2)^2, 得 A = \frac{3}{4};$$

又令 $s=-2$,有

$$1 = -2C, 得 C = -\frac{1}{2};$$

再比较 s^2 项系数,有 $A+B=0$,将 $A=\frac{3}{4}$ 代入得 $B=-\frac{3}{4}$.

于是

$$F(s) = \frac{s+3}{s(s+2)^2} = \frac{\frac{3}{4}}{s} - \frac{\frac{3}{4}}{s+2} - \frac{\frac{1}{2}}{(s+2)^2}.$$

故

$$f(t) = L^{-1}\left[\frac{s+3}{s(s+2)^2}\right] = \frac{3}{4}L^{-1}\left[\frac{1}{s}\right] - \frac{3}{4}L^{-1}\left[\frac{1}{s+2}\right] - \frac{1}{2}L^{-1}\left[\frac{1}{(s+2)^2}\right]$$

$$= \frac{3}{4} - \frac{3}{4}e^{-2t} - \frac{1}{2}te^{-2t} = \frac{1}{4}(3 - 3e^{-2t} - 2te^{-2t}).$$

从上面的例子可以看出,对于比较简单的像函数,其拉普拉斯逆变换可以直接利用性质和通过查表求得,或经简单的变形,然后查表求得.但对于比较复杂的像函数,要先用部分分式法将像函数分解为几个分式的和,然后再求之.

四、拉普拉斯变换的应用

由于拉普拉斯变换提供了求解初值问题的一种简便方法,所以拉氏变换在各种线性系统理论分析中的应用十分广泛.下面我们介绍利用拉氏变换求解线性微分方程的方法.

解线性微分方程的基本思想如下:

$$
\begin{array}{ccc}
\text{微分方程+初始条件} & \xrightarrow{\;L_{\text{变换}}\;} & \text{代数方程} \\
\uparrow & & \downarrow \\
\text{原解} & \xleftarrow[\;L^{-1}_{\text{变换}}\;]{} & \text{像解}
\end{array}
$$

1. 解常系数线性微分方程初值问题

例 4 求 $y''' + 3y'' + 3y' + y = 1$ 满足初始条件 $y(0) = y'(0) = y''(0) = 0$ 的特解.

解 设 $L[y(t)] = Y(s)$,对方程两边取拉氏变换,根据拉氏变换的微分性质并考虑到初始条件,可得像方程

$$s^3 Y(s) + 3s^2 Y(s) + 3s Y(s) + Y(s) = \frac{1}{s},$$

于是

$$Y(s) = \frac{1}{s(s+1)^3} = \frac{1}{s} - \frac{1}{s+1} - \frac{1}{(s+1)^2} - \frac{1}{(s+1)^3},$$

取逆变换,得

$$y(t) = 1 - e^{-t} - te^{-t} - \frac{1}{2}t^2 e^{-t}.$$

2. 解常系数线性微分方程边值问题

例 5　求 $y'' - 2y' + 2y = 0$ 满足 $y(0) = 0, y(1) = 2$ 的特解.

解　像方程为

$$s^2 Y(s) - sy(0) - y'(0) - 2sY(s) + 2y(0) + Y(s) = 0,$$

于是

$$Y(s) = \frac{y'(0)}{(s-1)^2},$$

取逆变换,得

$$y(t) = y'(0)te^t,$$

用 $y(1) = 2$ 代入上式可得

$$2 = y(1) = y'(0)e,$$

即

$$y'(0) = 2e^{-1},$$

所以

$$y(t) = 2te^{t-1}.$$

以上各例如果用求解常微分方程的古典方法去做,就会发现运算太烦琐了,对于比较特别的方程(如非齐次项且具有跳跃点时),求解起来就不只是烦琐而是困难了.应用拉普拉斯变换,我们将微分的运算转化为代数运算,并将初始条件和边界条件一并考虑,借助拉氏变换表,求解微分方程变得异常简便.

习题 9-3

1. 求下列函数的拉普拉斯逆变换.

(1) $F(s) = \dfrac{1}{s^2 + 1}$;

(2) $F(s) = \dfrac{s}{(s-a)(s-b)}$;

(3) $F(s) = \dfrac{s+c}{(s+a)(s+b)}$;

(4) $F(s) = \dfrac{2bs}{(s^2 + b^2)^2}$.

2. 求下列微分方程的解.

(1) $y'' - 2y' + 2y = 2e^t \cos t, y(0) = y'(0) = 0$;

(2) $y'' + 4y = 2\sin 2t, y(0) = 0, y'(0) = 1$.

数学实验九　用 MATLAB 求函数的拉普拉斯变换与拉普拉斯逆变换

用 MATLAB 求函数的拉普拉斯变换与拉普拉斯逆变换的输入格式如表 9-2：

表 9-2

输入命令格式	含义
Laplace(f)	求函数 $f(t)$ 的拉普拉斯变换
ilaplace(L)	求 L 的拉普拉斯逆变换

例 1　求下列函数的拉普拉斯变换.

（1）$f(t) = t^2$；　　　　　　　　（2）$f(t) = e^{4t}$.

解　（1）在 MATLAB 窗口中输入如下命令：

```
syms t;
laplace(t^2)
```

运行结果如下：

```
ans =
    2/s^3
```

（2）在 MATLAB 窗口中输入如下命令：

```
syms t;
laplace(exp(4*t))
```

运行结果如下：

```
ans =
    1/(s-4)
```

例 2　求下列函数的拉普拉斯逆变换.

（1）$\dfrac{1}{(s+1)^2}$；　　　　　　　　（2）$\dfrac{1}{s^2+4}$.

解　（1）在 MATLAB 窗口中输入如下命令：

```
syms s;
ilaplace(1/(1+s)^2)
```

运行结果如下：

```
ans =
    t*exp(-t)
```

即拉普拉斯逆变换为：$f(t) = te^{-t}$.

（2）在 MATLAB 窗口中输入如下命令：

```
syms s;
ilaplace(1/(s^2+4))
```
运行结果如下:

```
ans =
    (1/2)*sin(2*t)
```

即拉普拉斯逆变换为: $f(t)=\dfrac{1}{2}\sin(2t)$.

习题 9-4

1. 求下列函数的拉普拉斯变换.

(1) $f(t)=t^2+1$;   (2) $f(t)=te^{3t}$.

2. 求下列函数的拉普拉斯逆变换.

(1) $\dfrac{1}{(s-1)^2}$;   (2) $\dfrac{1}{s^2+7}$.

复习题九

1. 选择题.

(1) 若 $f(x)$ 是奇函数,则 $f(x)$ 可展开成(   ).

    A. 正弦函数   B. 余弦函数   C. 一般函数   D. 常数

(2) 对仅定义在 $[-\pi,\pi]$ 上的函数 $f(x)$,求傅里叶级数展开前,需首先对 $f(x)$ 进行
(   ).

    A. 偶延拓   B. 奇延拓   C. 周期延拓   D. 单位延拓

(3) $L[u(t-\tau)]=($ $)$.

    A. $\dfrac{1}{p}$ B. $e^{-pr}\dfrac{1}{p}$ C. $e^{pr}\dfrac{1}{p}$ D. $-\dfrac{1}{p}$

(4) $L^{-1}\left[\dfrac{1}{p}\right]=($ $)$.

    A. t B. pt C. $-u(t)$ D. $u(t)$

2. 下列函数 $f(x)$ 的周期为 2π,试将下列函数展开成傅里叶级数,其中 $f(x)$ 在 $[-\pi,\pi)$ 上的表达式分别为

(1) $f(x)=\begin{cases}0, & -\pi\leqslant x<0,\\ 1, & 0\leqslant x<\pi;\end{cases}$ (2) $f(x)=x$;

(3) $f(x)=\begin{cases}-\dfrac{\pi}{4}, & -\pi\leqslant x<0,\\ \dfrac{\pi}{4}, & 0\leqslant x<\pi;\end{cases}$ (4) $f(x)=\begin{cases}\pi-x, & -\pi\leqslant x<0,\\ \pi+x, & 0\leqslant x<\pi.\end{cases}$

扫一扫,看
答案

3. 将下列函数分别展开成正弦级数或余弦级数.

(1) $f(x) = x^2, 0 \leqslant x < 1$　（正弦级数）;

(2) $f(x) = \dfrac{\pi}{2} - x, 0 \leqslant x < \pi$　（余弦级数）.

4. 求下列各函数的拉普拉斯变换.

(1) $f(t) = t^2$;　　　　　　(2) $f(t) = e^{-2t}$;

(3) $f(t) = \cos 2t$;　　　　　(4) $f(t) = \sin kt$　（k 为实数）.

5. 利用拉普拉斯变换的性质, 求下列函数的拉普拉斯变换.

(1) $f(t) = t^2 + 3t - 1$;　　　(2) $f(t) = 4\sin 2t - 3\cos 3t$;

(3) $f(t) = 1 + te^t$;　　　　(4) $f(t) = e^{2t}\sin 2t$.

6. 求下列各函数的拉普拉斯逆变换.

(1) $F(s) = \dfrac{s}{s^2 + 1}$;　　　　(2) $F(s) = \dfrac{1}{s(s-1)^2}$;

(3) $F(s) = \dfrac{1}{s^2(s+1)}$;　　　(4) $F(s) = \dfrac{s}{(s+2)(s+3)}$.

第十章 线性代数与线性规划初步

线性代数是高等代数的一大分支.由于科学研究中的非线性模型通常可以被近似为线性模型,使得线性代数在自然科学和社会科学中有重要应用.在计算机广泛应用的今天,计算机图形学、计算机辅助设计、密码学、虚拟现实等技术无不以线性代数为其理论和算法基础的一部分.线性代数主要包括行列式、矩阵、线性方程组和线性规划等内容.

第一节 行列式

一、行列式的定义

1. 二元线性方程组与二阶行列式

对于二元线性方程组

$$\begin{cases} a_{11}x_1 + a_{12}x_2 = b_1, \\ a_{21}x_1 + a_{22}x_2 = b_2. \end{cases} \tag{10-1}$$

用加减消元法分别消去方程组(10-1)中的 x_1, x_2,当 $a_{11}a_{22} - a_{12}a_{21} \neq 0$ 时,得线性方程组(10-1)的唯一解为

$$x_1 = \frac{a_{22}b_1 - a_{12}b_2}{a_{11}a_{22} - a_{12}a_{21}}, \quad x_2 = \frac{a_{11}b_2 - a_{21}b_1}{a_{11}a_{22} - a_{12}a_{21}}. \tag{10-2}$$

行列式的定义

我们用记号 $\begin{vmatrix} a_{11} & a_{12} \\ a_{21} & a_{22} \end{vmatrix}$ 表示代数和 $a_{11}a_{22} - a_{12}a_{21}$,称之为**二阶行列式**.行列式一般用大写字母表示,其中每一个数称为元素,横排叫做行,竖排叫做列.即

$$D = \begin{vmatrix} a_{11} & a_{12} \\ a_{21} & a_{22} \end{vmatrix} = a_{11}a_{22} - a_{12}a_{21}. \tag{10-3}$$

二阶行列式表示的代数和,可以用图 10-1 的方法记忆,即实线连接的两个元素的乘积减去虚线连接的两个元素的乘积.元素 a_{ij} 中的下标 i 和 j 依次表示行数和列数.

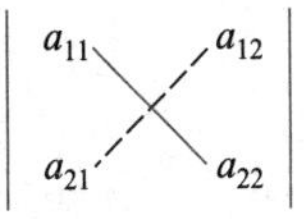

图 10-1

当 $D \neq 0$ 时,用二阶行列式的记号,解(10-2)可以表示为

$$x_1 = \frac{\begin{vmatrix} b_1 & a_{12} \\ b_2 & a_{22} \end{vmatrix}}{\begin{vmatrix} a_{11} & a_{12} \\ a_{21} & a_{22} \end{vmatrix}}, \quad x_2 = \frac{\begin{vmatrix} a_{11} & b_1 \\ a_{21} & b_2 \end{vmatrix}}{\begin{vmatrix} a_{11} & a_{12} \\ a_{21} & a_{22} \end{vmatrix}}.$$

其中分母是方程组(10-1)的系数按它们在方程组中的次序排列构成的行列式,称为方程组的**系数行列式**;分子是常数项 b_1,b_2 分别替换行列式中 x_1 所在列的系数和 x_2 所在列的系数后构成的行列式.

例 1 用行列式解线性方程组 $\begin{cases} 3x-2y-3=0, \\ x+3y+1=0. \end{cases}$

解 将方程组写成一般形式 $\begin{cases} 3x-2y=3, \\ x+3y=-1. \end{cases}$

因为

$$\begin{vmatrix} a_{11} & a_{12} \\ a_{21} & a_{22} \end{vmatrix} = \begin{vmatrix} 3 & -2 \\ 1 & 3 \end{vmatrix} = 3 \times 3 - (-2) \times 1 = 11 \neq 0,$$

$$\begin{vmatrix} b_1 & a_{12} \\ b_2 & a_{22} \end{vmatrix} = \begin{vmatrix} 3 & -2 \\ -1 & 3 \end{vmatrix} = 3 \times 3 - (-2) \times (-1) = 7,$$

$$\begin{vmatrix} a_{11} & b_1 \\ a_{21} & b_2 \end{vmatrix} = \begin{vmatrix} 3 & 3 \\ 1 & -1 \end{vmatrix} = 3 \times (-1) - 3 \times 1 = -6.$$

所以方程组的解为: $x = \dfrac{7}{11}$, $y = -\dfrac{6}{11}$.

2. 三元线性方程组与三阶行列式

一般形式的三元线性方程组为

$$\begin{cases} a_{11}x_1 + a_{12}x_2 + a_{13}x_3 = b_1, \\ a_{21}x_1 + a_{22}x_2 + a_{23}x_3 = b_2, \\ a_{31}x_1 + a_{32}x_2 + a_{33}x_3 = b_3. \end{cases} \tag{10-4}$$

用加减消元法解此方程组,并对其解的形式进行分析后,也可类似于二阶行列式,用记号

$$\begin{vmatrix} a_{11} & a_{12} & a_{13} \\ a_{21} & a_{22} & a_{23} \\ a_{31} & a_{32} & a_{33} \end{vmatrix} \tag{10-5}$$

表示 $a_{11}a_{22}a_{33}+a_{21}a_{32}a_{13}+a_{31}a_{12}a_{23}-a_{31}a_{22}a_{13}-a_{21}a_{12}a_{33}-a_{11}a_{32}a_{23}$,式(10-5)称为**三阶行列式**.即

$$D = \begin{vmatrix} a_{11} & a_{12} & a_{13} \\ a_{21} & a_{22} & a_{23} \\ a_{31} & a_{32} & a_{33} \end{vmatrix} = a_{11}a_{22}a_{33} + a_{21}a_{32}a_{13} + a_{31}a_{12}a_{23} - a_{31}a_{22}a_{13} - a_{21}a_{12}a_{33} - a_{11}a_{32}a_{23}.$$

三阶行列式表示的代数和,也可以用图 10-2 的方法记忆,其中各实线连接的三个元素的乘积是代数和中的正项,各虚线连接的三个元素的乘积是代数和中的负项.

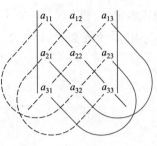

图 10-2

这里 D 称为方程组(10-4)的系数行列式,若用 b_1、b_2、b_3 分别代替系数行列式中第一、第二、第三列便是

$$D_1 = \begin{vmatrix} b_1 & a_{12} & a_{13} \\ b_2 & a_{22} & a_{23} \\ b_3 & a_{32} & a_{33} \end{vmatrix}, \quad D_2 = \begin{vmatrix} a_{11} & b_1 & a_{13} \\ a_{21} & b_2 & a_{23} \\ a_{31} & b_3 & a_{33} \end{vmatrix}, \quad D_3 = \begin{vmatrix} a_{11} & a_{12} & b_1 \\ a_{21} & a_{22} & b_2 \\ a_{31} & a_{32} & b_3 \end{vmatrix}.$$

于是,方程组(10-4)的解可表示为

$$x_1 = \frac{D_1}{D}, \quad x_2 = \frac{D_2}{D}, \quad x_3 = \frac{D_3}{D}.$$

例 2 解线性方程组 $\begin{cases} 2x_1 - x_2 - x_3 = 2, \\ x_1 + x_2 + 4x_3 = 0, \\ 3x_1 - 7x_2 + 5x_3 = -1. \end{cases}$

解 因为

$$D = \begin{vmatrix} a_{11} & a_{12} & a_{13} \\ a_{21} & a_{22} & a_{23} \\ a_{31} & a_{32} & a_{33} \end{vmatrix} = \begin{vmatrix} 2 & -1 & -1 \\ 1 & 1 & 4 \\ 3 & -7 & 5 \end{vmatrix} = 69 \neq 0,$$

$$D_1 = \begin{vmatrix} b_1 & a_{12} & a_{13} \\ b_2 & a_{22} & a_{23} \\ b_3 & a_{32} & a_{33} \end{vmatrix} = \begin{vmatrix} 2 & -1 & -1 \\ 0 & 1 & 4 \\ -1 & -7 & 5 \end{vmatrix} = 69,$$

$$D_2 = \begin{vmatrix} a_{11} & b_1 & a_{13} \\ a_{21} & b_2 & a_{23} \\ a_{31} & b_3 & a_{33} \end{vmatrix} = \begin{vmatrix} 2 & 2 & -1 \\ 1 & 0 & 4 \\ 3 & -1 & 5 \end{vmatrix} = 23,$$

$$D_3 = \begin{vmatrix} a_{11} & a_{12} & b_1 \\ a_{21} & a_{22} & b_2 \\ a_{31} & a_{32} & b_3 \end{vmatrix} = \begin{vmatrix} 2 & -1 & 2 \\ 1 & 1 & 0 \\ 3 & -7 & -1 \end{vmatrix} = -23.$$

所以方程组的解为

$$x_1 = \frac{D_1}{D} = \frac{69}{69} = 1, \quad x_2 = \frac{D_2}{D} = \frac{23}{69} = \frac{1}{3}, \quad x_3 = \frac{D_3}{D} = \frac{-23}{69} = -\frac{1}{3}.$$

3. n 阶行列式

由以上讨论可知,二阶行列式由 $2^2 = 4$ 个元素按一定的顺序排成两行两列组成;三阶行列式由 $3^2 = 9$ 个元素按一定的顺序排成三行三列组成.根据这个规律,可以给出 n 阶行列式的定义,即

用 n^2 个元素 $a_{ij}(i = 1, 2, \cdots, n; j = 1, 2, \cdots, n)$ 组成的记号

$$
\begin{vmatrix}
a_{11} & a_{12} & \cdots & a_{1n} \\
a_{21} & a_{22} & \cdots & a_{2n} \\
\vdots & \vdots & & \vdots \\
a_{n1} & a_{n2} & \cdots & a_{nn}
\end{vmatrix}
\tag{10-6}
$$

称为 **n 阶行列式**.行列式有时可简记为 $|a_{ij}|$ 或 $\det D$.

为了说明 n 阶行列式的展开式,先以三阶行列式为例,应用对角线法则进行讨论.

$$
D = \begin{vmatrix}
a_{11} & a_{12} & a_{13} \\
a_{21} & a_{22} & a_{23} \\
a_{31} & a_{32} & a_{33}
\end{vmatrix}
$$

$$
= a_{11}a_{22}a_{33} + a_{21}a_{32}a_{13} + a_{31}a_{12}a_{23} - a_{31}a_{22}a_{13} - a_{21}a_{12}a_{33} - a_{11}a_{32}a_{23}
$$

$$
= a_{11}(a_{22}a_{33} - a_{32}a_{23}) + a_{12}(a_{31}a_{23} - a_{21}a_{33}) + a_{13}(a_{21}a_{32} - a_{22}a_{31})
$$

$$
= a_{11}(a_{22}a_{33} - a_{32}a_{23}) - a_{12}(a_{21}a_{33} - a_{31}a_{23}) + a_{13}(a_{21}a_{32} - a_{22}a_{31})
$$

$$
= a_{11}\begin{vmatrix} a_{22} & a_{23} \\ a_{32} & a_{33} \end{vmatrix} - a_{12}\begin{vmatrix} a_{21} & a_{23} \\ a_{31} & a_{33} \end{vmatrix} + a_{13}\begin{vmatrix} a_{21} & a_{22} \\ a_{31} & a_{32} \end{vmatrix}.
$$

分析以上结果:其中第一项为 a_{11} 与二阶行列式 $\begin{vmatrix} a_{22} & a_{23} \\ a_{32} & a_{33} \end{vmatrix}$ 之积,这个行列式恰是在 D 中划去 a_{11} 所在的行和列之后,余下的元素按原来顺序构成的行列式,称为元素 a_{11} 的**余子式**,记为 M_{11}.

一般地,行列式中元素 a_{ij} 的余子式 M_{ij} 是将行列式中第 i 行和第 j 列的元素都划去后,所余下的元素按原来顺序构成的行列式. M_{ij} 与 $(-1)^{i+j}$ 相乘的结果称为 a_{ij} 的**代数余子式**,记为 A_{ij},即 $A_{ij} = (-1)^{i+j} \cdot M_{ij}$.

因此 D 的展开式中的第一项,就是元素 a_{11} 与其代数余子式之乘积,即

$$
a_{11}A_{11} = (-1)^{1+1}a_{11}M_{11} = (-1)^2 a_{11}M_{11} = a_{11}\begin{vmatrix} a_{22} & a_{23} \\ a_{32} & a_{33} \end{vmatrix};
$$

第二项就是元素 a_{12} 与其代数余子式之乘积,即

$$
a_{12}A_{12} = (-1)^{1+2}a_{12}M_{12} = (-1)^3 a_{12}M_{12} = -a_{12}\begin{vmatrix} a_{21} & a_{23} \\ a_{31} & a_{33} \end{vmatrix};
$$

第三项就是元素 a_{13} 与其代数余子式之乘积,即

$$a_{13}A_{13} = (-1)^{1+3}a_{13}M_{13} = (-1)^4 a_{13}M_{13} = a_{13}\begin{vmatrix} a_{21} & a_{22} \\ a_{31} & a_{32} \end{vmatrix}.$$

于是,可以将 D 的展开式简记为

$$D = a_{11}A_{11} + a_{12}A_{12} + a_{13}A_{13}.$$

这就是行列式 D 按其第一行展开的展开式.

类似地也可将 D 按其任一行(或列)展开.如将 D 按第二列展开为

行列式按行
按列展开

$$D = \begin{vmatrix} a_{11} & a_{12} & a_{13} \\ a_{21} & a_{22} & a_{23} \\ a_{31} & a_{32} & a_{33} \end{vmatrix} = a_{12}A_{12} + a_{22}A_{22} + a_{32}A_{32}$$

$$= (-1)^{1+2}a_{12}M_{12} + (-1)^{2+2}a_{22}M_{22} + (-1)^{3+2}a_{32}M_{32}$$

$$= -a_{12}\begin{vmatrix} a_{21} & a_{23} \\ a_{31} & a_{33} \end{vmatrix} + a_{22}\begin{vmatrix} a_{11} & a_{13} \\ a_{31} & a_{33} \end{vmatrix} - a_{32}\begin{vmatrix} a_{11} & a_{13} \\ a_{21} & a_{23} \end{vmatrix}.$$

可以证明,n 阶行列式

$$D = \begin{vmatrix} a_{11} & a_{12} & \cdots & a_{1n} \\ a_{21} & a_{22} & \cdots & a_{2n} \\ \vdots & \vdots & & \vdots \\ a_{n1} & a_{n2} & \cdots & a_{nn} \end{vmatrix}$$

等于它的任意一行(或列)的各元素与其对应的代数余子式的乘积之和,即

$$D = a_{i1}A_{i1} + a_{i2}A_{i2} + \cdots + a_{in}A_{in}$$

或

$$D = a_{1j}A_{1j} + a_{2j}A_{2j} + \cdots + a_{nj}A_{nj}.$$

由于 A_{ij} 是元素 a_{ij} 的代数余子式,显然是比 D 低一阶的行列式,即 $(n-1)$ 阶行列式.可见,n 阶行列式可展开为 n 项,每一项为 $(n-1)$ 阶行列式.因此,利用行列式的这种特点,可将 n 阶行列式按某行(列)展开为 n 个 $(n-1)$ 阶行列式之和,从而化简行列式.

例 3 将行列式 $D = \begin{vmatrix} 1 & 0 & 8 \\ 5 & 2 & 6 \\ -2 & 3 & 9 \end{vmatrix}$ 按第二行展开,并求值.

解 因为

$$A_{21} = (-1)^{2+1}M_{21} = (-1)^3 \begin{vmatrix} 0 & 8 \\ 3 & 9 \end{vmatrix} = 24,$$

$$A_{22} = (-1)^{2+2}M_{22} = (-1)^4 \begin{vmatrix} 1 & 8 \\ -2 & 9 \end{vmatrix} = 25,$$

$$A_{23} = (-1)^{2+3}M_{23} = (-1)^5 \begin{vmatrix} 1 & 0 \\ -2 & 3 \end{vmatrix} = -3,$$

所以 $D = a_{21}A_{21} + a_{22}A_{22} + a_{23}A_{23} = 5 \times 24 + 2 \times 25 + 6 \times (-3) = 152.$

二、行列式的性质及计算

将行列式 D 的行与列互换后得到的行列式,称为**转置行列式**,记为 D^T.即如果

$$D = \begin{vmatrix} a_{11} & a_{12} & \cdots & a_{1n} \\ a_{21} & a_{22} & \cdots & a_{2n} \\ \vdots & \vdots & & \vdots \\ a_{n1} & a_{n2} & \cdots & a_{nn} \end{vmatrix}, \text{则} \quad D^T = \begin{vmatrix} a_{11} & a_{21} & \cdots & a_{n1} \\ a_{12} & a_{22} & \cdots & a_{n2} \\ \vdots & \vdots & & \vdots \\ a_{1n} & a_{2n} & \cdots & a_{nn} \end{vmatrix}.$$

可以证明 n 阶行列式有以下性质.

性质1 行列式与它的转置行列式的值相等,即 $D^T = D$.

由此性质可知,行列式中的行与列具有同等的地位,行列式的性质凡是对行成立的对列也同样成立,反之亦然.

性质2 若互换行列式的两行(列),则行列式变号.

如
$$\begin{vmatrix} a_{11} & a_{12} \\ a_{21} & a_{22} \end{vmatrix} \xrightarrow{\text{①行} \leftrightarrow \text{②行}} - \begin{vmatrix} a_{21} & a_{22} \\ a_{11} & a_{12} \end{vmatrix}.$$

性质3 若行列式某行(列)所有元素为零,则此行列式的值为零.

性质4 行列式的某一行(列)中所有的元素都乘以数 k,等于以数 k 乘此行列式.

如
$$\begin{vmatrix} ka_{11} & ka_{12} \\ a_{21} & a_{22} \end{vmatrix} = k \begin{vmatrix} a_{11} & a_{12} \\ a_{21} & a_{22} \end{vmatrix}.$$

性质5 若行列式中有两行(列)对应元素成比例,则此行列式的值为零.

推论 若行列式有两行(列)对应元素完全相同,则此行列式的值为零.

性质6 若行列式的某一行(列)的各元素都是两个数之和,则此行列式可以写成两个行列式之和.

如
$$\begin{vmatrix} a_{11}+b_{11} & a_{12} \\ a_{21}+b_{21} & a_{22} \end{vmatrix} = \begin{vmatrix} a_{11} & a_{12} \\ a_{21} & a_{22} \end{vmatrix} + \begin{vmatrix} b_{11} & a_{12} \\ b_{21} & a_{22} \end{vmatrix}.$$

性质7 将行列式的某一行(列)的各元素乘以不为零的数 k 后再加到另一行(列)对应的元素上,则行列式的值不变.

如
$$\begin{vmatrix} a_{11} & a_{12} \\ a_{21} & a_{22} \end{vmatrix} \xrightarrow{\text{①行}+k \cdot \text{②行}} \begin{vmatrix} a_{11}+ka_{21} & a_{12}+ka_{22} \\ a_{21} & a_{22} \end{vmatrix}.$$

例4 计算行列式

$$D = \begin{vmatrix} 2 & -4 & 7 \\ 3 & -6 & 3 \\ -5 & 10 & 9 \end{vmatrix}.$$

解 因为第一列与第二列对应元素成比例,根据性质5,得 $D = 0$.

例 5　计算 $D = \begin{vmatrix} 1 & -1 & 8 & -2 \\ 2 & 1 & -2 & 2 \\ 5 & 1 & 1 & -3 \\ -3 & 0 & 4 & 5 \end{vmatrix}$.

解　$D = \begin{vmatrix} 1 & -1 & 8 & -2 \\ 2 & 1 & -2 & 2 \\ 5 & 1 & 1 & -3 \\ -3 & 0 & 4 & 5 \end{vmatrix} \xrightarrow{\text{②行+①行}} \begin{vmatrix} 1 & -1 & 8 & -2 \\ 3 & 0 & 6 & 0 \\ 5 & 1 & 1 & -3 \\ -3 & 0 & 4 & 5 \end{vmatrix}$

$\xrightarrow{\text{③行+①行}} \begin{vmatrix} 1 & -1 & 8 & -2 \\ 3 & 0 & 6 & 0 \\ 6 & 0 & 9 & -5 \\ -3 & 0 & 4 & 5 \end{vmatrix} \xrightarrow{\text{按第②列展开}} (-1) \times (-1)^{1+2} \begin{vmatrix} 3 & 6 & 0 \\ 6 & 9 & -5 \\ -3 & 4 & 5 \end{vmatrix}$

$\xrightarrow{\text{②行+③行}} \begin{vmatrix} 3 & 6 & 0 \\ 3 & 13 & 0 \\ -3 & 4 & 5 \end{vmatrix} = (-1)^{3+3} 5 \begin{vmatrix} 3 & 6 \\ 3 & 13 \end{vmatrix} = 15 \begin{vmatrix} 1 & 6 \\ 1 & 13 \end{vmatrix} = 15 \times (13-6) = 105.$

习题 10-1

1. 求下列行列式的值或展开式.

（1）$\begin{vmatrix} 4 & 3 \\ 5 & 7 \end{vmatrix}$;　　　　（2）$\begin{vmatrix} \cos\alpha & \sin\alpha \\ \sin\beta & \cos\beta \end{vmatrix}$;　　　（3）$\begin{vmatrix} 1 & -1 & 8 \\ 1 & 5 & 0 \\ 2 & -3 & 4 \end{vmatrix}$.

2. 用行列式解下列方程组.

（1）$\begin{cases} 4x+3y-5=0, \\ 3x+4y-6=0; \end{cases}$　　　　（2）$\begin{cases} 2x+5y=1, \\ x+2y=1; \end{cases}$

（3）$\begin{cases} x+y-2z+3=0, \\ 5x-2y+7z-22=0, \\ 2x-5y+4z-4=0; \end{cases}$　　　（4）$\begin{cases} x+2y+4z=31, \\ 5x+y+2z-29=0, \\ 3x-y+z=10. \end{cases}$

3. 用行列式的性质计算下列行列式.

（1）$\begin{vmatrix} -1 & 2 & -3 & 1 \\ 2 & 0 & 0 & -1 \\ 2 & 3 & 0 & 2 \\ 3 & 1 & 5 & 1 \end{vmatrix}$;　　（2）$\begin{vmatrix} 1 & 2 & 3 \\ 0 & 1 & 2 \\ 1 & 1 & 1 \end{vmatrix}$;　　（3）$\begin{vmatrix} 1 & -1 & 1 & 1 \\ -1 & 1 & 1 & 1 \\ -1 & 1 & -1 & 1 \\ 1 & -1 & 1 & 1 \end{vmatrix}$.

矩阵是一个重要的概念,它是从许多实际问题中抽象出来的一个数学概念,是研究线性方程组的有力工具,它在计算机科学、经济学、社会科学等方面有着广泛应用.

一、矩阵的定义

首先我们看几个例子.

例1 设有线性方程组

$$\begin{cases} 2x_1 - 3x_2 + x_3 + x_4 = -1, \\ 3x_1 + 2x_2 - 5x_3 + 7x_4 = 2, \\ x_1 + 6x_2 - x_3 + 4x_4 = -1, \\ x_1 - 5x_2 - 3x_3 + 2x_4 = 3. \end{cases}$$

这个方程组的未知量系数及常数项按方程组中的顺序组成一个矩形阵列如下

$$\begin{pmatrix} 2 & -3 & 1 & 1 & -1 \\ 3 & 2 & -5 & 7 & 2 \\ 1 & 6 & -1 & 4 & -1 \\ 1 & -5 & -3 & 2 & 3 \end{pmatrix}.$$

例2 某工厂月生产 m 种产品,各种产品有 n 个销售地区,如果以 a_{ij} 表示第 $i(i=1, 2, \cdots, m)$ 种产品销往第 $j(j=1, 2, \cdots, n)$ 个地区的数量,则配送表如表 10-1:

表 10-1

产品	销量					
	1	2	$\cdots$	j	$\cdots$	n
1	a_{11}	a_{12}	$\cdots$	a_{1j}	$\cdots$	a_{1n}
2	a_{21}	a_{22}	$\cdots$	a_{2j}	$\cdots$	a_{2n}
$\vdots$	$\vdots$	$\vdots$		$\vdots$		$\vdots$
i	a_{i1}	a_{i2}	$\cdots$	a_{ij}	$\cdots$	a_{in}
$\vdots$	$\vdots$	$\vdots$		$\vdots$		$\vdots$
m	a_{m1}	a_{m2}	$\cdots$	a_{mj}	$\cdots$	a_{mn}

矩阵的概念

这个由 m 行 n 列构成的配送阵列为

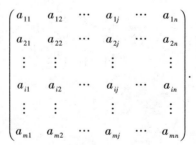

$$\begin{pmatrix} a_{11} & a_{12} & \cdots & a_{1j} & \cdots & a_{1n} \\ a_{21} & a_{22} & \cdots & a_{2j} & \cdots & a_{2n} \\ \vdots & \vdots & & \vdots & & \vdots \\ a_{i1} & a_{i2} & \cdots & a_{ij} & \cdots & a_{in} \\ \vdots & \vdots & & \vdots & & \vdots \\ a_{m1} & a_{m2} & \cdots & a_{mj} & \cdots & a_{mn} \end{pmatrix}.$$

由例 2 可以看出,这种阵列有着广泛的现实背景.这种矩形阵列,我们称之为矩阵.下面给出矩阵的定义.

定义 1　由 $m \times n$ 个数 $a_{ij}(i = 1,2,\cdots,m; j = 1,2,\cdots,n)$ 排列成的一个 m 行 n 列的矩形表,称为一个 $m \times n$ **矩阵**,记作

$$\begin{pmatrix} a_{11} & a_{12} & \cdots & a_{1n} \\ a_{21} & a_{22} & \cdots & a_{2n} \\ \vdots & \vdots & & \vdots \\ a_{m1} & a_{m2} & \cdots & a_{mn} \end{pmatrix} \text{ 或 } \begin{bmatrix} a_{11} & a_{12} & \cdots & a_{1n} \\ a_{21} & a_{22} & \cdots & a_{2n} \\ \vdots & \vdots & & \vdots \\ a_{m1} & a_{m2} & \cdots & a_{mn} \end{bmatrix}. \tag{10-7}$$

其中 a_{ij} 称为矩阵第 i 行第 j 列的元素.

一般情形下,我们用大写黑字母 $\boldsymbol{A},\boldsymbol{B},\boldsymbol{C},\cdots$ 表示矩阵.为了标明矩阵的行数 m 和列数 n,用 $\boldsymbol{A}_{m \times n}$ 表示,或记作 $(a_{ij})_{m \times n}$.

所有元素均为 0 的矩阵,称为**零矩阵**,记作 $\boldsymbol{O}$.

如果矩阵 $\boldsymbol{A} = (a_{ij})$ 的行数与列数都等于 n,则称 $\boldsymbol{A}$ 为 **n 阶矩阵**(或称 **n 阶方阵**).

如果 n 阶方阵的主对角线元素均为 1,其余元素均为 0,那么称该方阵为 **n 阶单位矩阵**.

注意:(1) n 阶矩阵仅仅是由 n^2 个元素排成的一个正方形数表,而 n 阶行列式表示一个数值.一个由 n 阶矩阵 $\boldsymbol{A}$ 的元素按原来的排列构成的 n 阶行列式,称为矩阵 $\boldsymbol{A}$ 的行列式,记作

$$|\boldsymbol{A}| = \begin{vmatrix} a_{11} & a_{12} & \cdots & a_{1n} \\ a_{21} & a_{22} & \cdots & a_{2n} \\ \vdots & \vdots & & \vdots \\ a_{n1} & a_{n2} & \cdots & a_{nn} \end{vmatrix}.$$

(2) 两个行列式相等即它们的值相等.两个矩阵相等是指它们的行数、列数分别相同,且全部对应元素相等.

方程组

$$\begin{cases} a_{11}x_1 + a_{12}x_2 + \cdots + a_{1n}x_n = b_1, \\ a_{21}x_1 + a_{22}x_2 + \cdots + a_{2n}x_n = b_2, \\ \qquad\qquad \cdots\cdots\cdots\cdots \\ a_{m1}x_1 + a_{m2}x_2 + \cdots + a_{mn}x_n = b_m \end{cases} \tag{10-8}$$

的系数可以表示为一个 $m \times n$ 矩阵

$$\boldsymbol{A} = \begin{pmatrix} a_{11} & a_{12} & \cdots & a_{1n} \\ a_{21} & a_{22} & \cdots & a_{2n} \\ \vdots & \vdots & & \vdots \\ a_{m1} & a_{m2} & \cdots & a_{mn} \end{pmatrix},$$

$\boldsymbol{A}$ 称为线性方程组(10-8)的**系数矩阵**.

在系数矩阵 A 中加入方程组的常数项 $b_i(i=1,2,\cdots,m)$ 作为最后一列,得到的 $(n+1)$ 列矩阵

$$\tilde{A}=\begin{pmatrix} a_{11} & a_{12} & \cdots & a_{1n} & b_1 \\ a_{21} & a_{22} & \cdots & a_{2n} & b_2 \\ \vdots & \vdots & & \vdots & \vdots \\ a_{m1} & a_{m2} & \cdots & a_{mn} & b_m \end{pmatrix}$$

称为方程组(10-8)的**增广矩阵**.

二、矩阵的运算

矩阵虽然不表示一个算式或数值,但矩阵与矩阵之间仍可进行加、减和乘的运算,矩阵与数之间也存在相乘运算.

1. 矩阵的加、减法

> **定义 2** 设 $A=(a_{ij})$ 及 $B=(b_{ij})$ 都是 $m \times n$ 矩阵,则
> $$A+B=(a_{ij}+b_{ij});A-B=(a_{ij}-b_{ij}).$$

注意:只有行数相同、列数也相同的矩阵才能进行相加(减)的运算,其算法为对应元素相加(减).

例 3 将某两种品牌的服装(单位:套)从三个产地运往五个销地,其调运方案分别为矩阵 A 与矩阵 B,即

$$A=\begin{pmatrix} 4 & 3 & 2 & 3 & 0 \\ 3 & 0 & 4 & 6 & 4 \\ 1 & 5 & 7 & 9 & 6 \end{pmatrix}, \quad B=\begin{pmatrix} 1 & 3 & 2 & 5 & 5 \\ 3 & 7 & 3 & 6 & 5 \\ 2 & 0 & 1 & 8 & 1 \end{pmatrix}.$$

则从各产地运往各销地两种品牌服装的总量(单位:套)为

$$\begin{aligned} A+B &= \begin{pmatrix} 4 & 3 & 2 & 3 & 0 \\ 3 & 0 & 4 & 6 & 4 \\ 1 & 5 & 7 & 9 & 6 \end{pmatrix}+\begin{pmatrix} 1 & 3 & 2 & 5 & 5 \\ 3 & 7 & 3 & 6 & 5 \\ 2 & 0 & 1 & 8 & 1 \end{pmatrix} \\ &= \begin{pmatrix} 4+1 & 3+3 & 2+2 & 3+5 & 0+5 \\ 3+3 & 0+7 & 4+3 & 6+6 & 4+5 \\ 1+2 & 5+0 & 7+1 & 9+8 & 6+1 \end{pmatrix} \\ &= \begin{pmatrix} 5 & 6 & 4 & 8 & 5 \\ 6 & 7 & 7 & 12 & 9 \\ 3 & 5 & 8 & 17 & 7 \end{pmatrix}. \end{aligned}$$

矩阵的加法满足以下规律:

(1) 交换律:$A+B=B+A$;

(2) 结合律:$(A+B)+C=A+(B+C)$.

矩阵的运算(一)

2. 数与矩阵相乘

先看一个实例.

例 4 设三个产地与四个销地间的里程(单位:km)为矩阵

$$A = \begin{pmatrix} 135 & 183 & 218 & 68 \\ 124 & 120 & 300 & 105 \\ 95 & 92 & 20 & 420 \end{pmatrix}.$$

已知货物每吨每千米的运费为 5 元,则各地区每吨货物的运费(单位:元/吨)可以记为矩阵

$$5A = 5 \times \begin{pmatrix} 135 & 183 & 218 & 68 \\ 124 & 120 & 300 & 105 \\ 95 & 92 & 20 & 420 \end{pmatrix} = \begin{pmatrix} 5\times135 & 5\times183 & 5\times218 & 5\times68 \\ 5\times124 & 5\times120 & 5\times300 & 5\times105 \\ 5\times95 & 5\times92 & 5\times20 & 5\times420 \end{pmatrix}$$

$$= \begin{pmatrix} 675 & 915 & 1\,090 & 340 \\ 620 & 600 & 1\,500 & 525 \\ 475 & 460 & 100 & 2\,100 \end{pmatrix}.$$

我们将上面例题中这种数与矩阵之间的关系如下定义.

> **定义 3** 数 k 与矩阵 $A = (a_{ij})_{m\times n}$ 的每一个元素都相乘得到的矩阵称为**数与矩阵的乘法矩阵**,简称为**数乘矩阵**,即
>
> $$kA = k(a_{ij})_{m\times n} = (ka_{ij})_{m\times n}.$$

数与矩阵相乘满足以下规律:

(1)分配律:$k(A+B) = kA + kB$,

   $(k_1+k_2)A = k_1A + k_2A$;

(2)结合律:$k_1(k_2A) = (k_1k_2)A$.

其中 k, k_1, k_2 为实数,A, B 均为 $m\times n$ 矩阵.

3. 矩阵乘法

先看一个实例.

例 5 某地有甲、乙、丙三个工厂,均生产Ⅰ、Ⅱ、Ⅲ三种产品,矩阵 A 表示一年中生产各种产品的数量,矩阵 B 表示各种产品的单位价格(元)及单位税后利润(元),即

$$A = \begin{matrix} & \text{Ⅰ} & \text{Ⅱ} & \text{Ⅲ} \\ & \begin{pmatrix} 50 & 90 & 80 \\ 70 & 100 & 68 \\ 40 & 60 & 70 \end{pmatrix} & \begin{matrix} \text{甲} \\ \text{乙} \\ \text{丙} \end{matrix} \end{matrix} \qquad B = \begin{matrix} \begin{matrix} \text{单位} & \text{单位} \\ \text{价格} & \text{利润} \end{matrix} \\ \begin{pmatrix} 3 & 1 \\ 4 & 2 \\ 5 & 3 \end{pmatrix} \begin{matrix} \text{Ⅰ} \\ \text{Ⅱ} \\ \text{Ⅲ} \end{matrix} \end{matrix}$$

求各工厂的总收入及总利润.

解 设 c_{i1} 及 c_{i2}($i = 1, 2, 3$)分别表示第 i 个工厂生产三种产品的总收入及总利润,则

$$c_{11} = a_{11}b_{11}+a_{12}b_{21}+a_{13}b_{31} = 50 \times 3+90 \times 4+80 \times 5 = 910,$$

$$c_{21} = a_{21}b_{11}+a_{22}b_{21}+a_{23}b_{31} = 70 \times 3+100 \times 4+68 \times 5 = 950,$$

$$c_{31} = a_{31}b_{11}+a_{32}b_{21}+a_{33}b_{31} = 40 \times 3+60 \times 4+70 \times 5 = 710,$$

$$c_{12} = a_{11}b_{12}+a_{12}b_{22}+a_{13}b_{32} = 50 \times 1+90 \times 2+80 \times 3 = 470,$$

$$c_{22} = a_{21}b_{12}+a_{22}b_{22}+a_{23}b_{32} = 70 \times 1+100 \times 2+68 \times 3 = 474,$$

$$c_{32} = a_{31}b_{12}+a_{32}b_{22}+a_{33}b_{32} = 40 \times 1+60 \times 2+70 \times 3 = 370,$$

所以三个工厂的总收入及总利润为

$$C = \begin{pmatrix} 910 & 470 \\ 950 & 474 \\ 710 & 370 \end{pmatrix} \begin{matrix} 甲 \\ 乙 \\ 丙 \end{matrix}.$$

总收入 总利润

从上例可以看出:矩阵 C 中的元素 c_{ij} 是由矩阵 A 第 i 行元素与矩阵 B 的第 j 列对应元素分别乘积之和.

我们将上例中这种矩阵之间的关系定义为矩阵的乘法.

> **定义 4** 设矩阵 $A = (a_{ij})_{m \times s}$,$B = (b_{ij})_{s \times n}$,则矩阵 A 与矩阵 B 的乘积矩阵为 $C = (c_{ij})_{m \times n}$,记作 $C = AB$,其中
>
> $$c_{ij} = a_{i1}b_{1j} + a_{i2}b_{2j} + \cdots + a_{is}b_{sj} = \sum_{k=1}^{s} a_{ik}b_{kj} \ (i = 1, 2, \cdots, m; j = 1, 2, \cdots, n).$$

注意:(1)只有当左矩阵 A 的列数与右矩阵 B 的行数相等时,才能作乘法运算 AB;

(2)乘积矩阵 C 的行数等于左矩阵 A 的行数,列数等于右矩阵 B 的列数;

(3)乘积矩阵 C 的第 i 行第 j 列的元素等于左矩阵 A 的第 i 行与右矩阵 B 的第 j 列对应元素乘积之和,故称为行乘列法则.

矩阵的运算(二)

例 6 已知 $A = \begin{pmatrix} 1 & 3 & -1 \\ 5 & 7 & 2 \end{pmatrix}$,$B = \begin{pmatrix} 2 & 4 \\ 0 & -1 \\ 1 & 3 \end{pmatrix}$,求 AB 和 BA.

解 因为 A 的列数为 3,B 的行数也为 3,所以 A 与 B 可以相乘.

$$AB = \begin{pmatrix} 1 & 3 & -1 \\ 5 & 7 & 2 \end{pmatrix} \begin{pmatrix} 2 & 4 \\ 0 & -1 \\ 1 & 3 \end{pmatrix}$$

$$= \begin{pmatrix} 1 \times 2+3 \times 0+(-1) \times 1 & 1 \times 4+3 \times (-1)+(-1) \times 3 \\ 5 \times 2+7 \times 0+2 \times 1 & 5 \times 4+7 \times (-1)+2 \times 3 \end{pmatrix}$$

$$= \begin{pmatrix} 1 & -2 \\ 12 & 19 \end{pmatrix}.$$

因为 B 的列数是 2,A 的行数也是 2,所以 B 与 A 可以相乘.

$$BA = \begin{pmatrix} 2 & 4 \\ 0 & -1 \\ 1 & 3 \end{pmatrix} \begin{pmatrix} 1 & 3 & -1 \\ 5 & 7 & 2 \end{pmatrix}$$

$$= \begin{pmatrix} 2\times1+4\times5 & 2\times3+4\times7 & 2\times(-1)+4\times2 \\ 0\times1+(-1)\times5 & 0\times3+(-1)\times7 & 0\times(-1)+(-1)\times2 \\ 1\times1+3\times5 & 1\times3+3\times7 & 1\times(-1)+3\times2 \end{pmatrix}$$

$$= \begin{pmatrix} 22 & 34 & 6 \\ -5 & -7 & -2 \\ 16 & 24 & 5 \end{pmatrix}.$$

由此例可以看出 $AB \neq BA$. 一般地, 矩阵乘法不满足交换律.

矩阵的乘法满足以下规律:

(1) 分配律: $A(B+C) = AB+AC$, $(B+C)A = BA+CA$;

(2) 结合律: $(AB)C = A(BC)$, $k(AB) = (kA)B = A(kB)$.

其中 k 为任意实数, 矩阵 A, B, C 在各式中相乘时均满足矩阵乘法的条件 (左矩阵的列数等于右矩阵的行数).

根据矩阵的乘法和相等的概念, 可以把线性方程组用矩阵的形式表示.

例如, 线性方程组

$$\begin{cases} x_1+x_3 = -2, \\ 2x_1+x_2 = 1, \\ -3x_1+2x_2-5x_3 = 2 \end{cases}$$

可表示为 $AX = B$ 的形式, 其中 $A = \begin{pmatrix} 1 & 0 & 1 \\ 2 & 1 & 0 \\ -3 & 2 & -5 \end{pmatrix}$, $X = \begin{pmatrix} x_1 \\ x_2 \\ x_3 \end{pmatrix}$, $B = \begin{pmatrix} -2 \\ 1 \\ 2 \end{pmatrix}$.

4. 矩阵转置

将矩阵 A 的行与列依次互换所得到的矩阵, 称为 A 的转置矩阵, 记为 A^{T}.

如 $A = \begin{pmatrix} 1 & 2 \\ 0 & 4 \\ 6 & 8 \end{pmatrix}$, 则 $A^{\mathrm{T}} = \begin{pmatrix} 1 & 0 & 6 \\ 2 & 4 & 8 \end{pmatrix}$. 对于任何矩阵 A 都有 $(A^{\mathrm{T}})^{\mathrm{T}} = A$.

习题 10-2

1. 计算下列矩阵.

(1) $\begin{pmatrix} 1 & 3 & 9 \\ 4 & 7 & 6 \end{pmatrix} + \begin{pmatrix} -2 & 8 & 7 \\ 5 & 2 & -1 \end{pmatrix}$; (2) $\begin{pmatrix} -1 & 7 \\ 5 & -3 \end{pmatrix} - \begin{pmatrix} 3 & 7 \\ 8 & 10 \end{pmatrix}$;

(3) $5\begin{pmatrix} 1 & 5 \\ 0 & 2 \end{pmatrix} + 2\begin{pmatrix} 0 & 0 \\ 1 & 3 \end{pmatrix} + 7\begin{pmatrix} 0 & 0 \\ 0 & 1 \end{pmatrix}$.

2. 设 $A = \begin{pmatrix} 1 & 3 & 2 & 1 \\ 2 & 1 & 1 & 4 \\ 3 & 2 & 0 & 5 \end{pmatrix}, B = \begin{pmatrix} 4 & -3 & 2 & 1 \\ -2 & 2 & -1 & -4 \\ -3 & -1 & 0 & 1 \end{pmatrix}$，求：(1) $2A - B$；(2) $2A + 3B$.

3. 计算下列各式中的 AB 和 BA.

(1) $A = \begin{pmatrix} 1 & -3 & -1 \\ 5 & 1 & 0 \end{pmatrix}, B = \begin{pmatrix} 1 & 3 \\ 5 & 6 \\ 7 & 9 \end{pmatrix}$；

(2) $A = \begin{pmatrix} 1 & 3 & 2 \\ 0 & -1 & 5 \\ 0 & 0 & 1 \end{pmatrix}, B = \begin{pmatrix} 1 & -3 & 2 \\ 0 & 2 & -4 \\ 0 & 0 & 1 \end{pmatrix}$.

4. 某厂生产四种产品，4—6月份的生产数量及产品的单位价格如表10-2.

表 10-2

月份	产品及产量			
	一	二	三	四
4	1 000	600	550	850
5	500	950	600	500
6	800	750	700	450
单位价格（元）	85	25	40	30

作矩阵 $A = (a_{ij})_{3 \times 4}$，其中 a_{ij} 表示 i 月份生产 j 种产品的产量；$B = (b_j)_{4 \times 1}$，b_j 表示 j 种产品的单位价格.计算该厂各月份的总产值.

第三节　矩阵的初等变换与秩

本节将介绍矩阵的初等变换，今后可用于求逆矩阵及解线性方程组.

定义1　以下三种变换称为**矩阵的初等行变换**：

(1) 任意两行互换；

(2) 以一个非零常数 k 乘以某一行的每个元素；

(3) 某一行每一个元素的 k 倍加到另一行对应元素上.

把定义中的"行"换成"列"，可得到矩阵的初等列变换的定义.

矩阵的初等行变换和初等列变换统称为矩阵的**初等变换**.本书只讨论初等行变换.

对于任意矩阵，都可以由初等变换将其转化为满足下列条件的矩阵：

（1）若矩阵有零行（元素全部为零的行），零行全部在下方；

（2）各非零行第一个不为零的元素（称首非零元）的列标随着行标的递增而严格递增.称满足上述条件的矩阵为**阶梯形矩阵**.

一般地，矩阵

$$A = \begin{pmatrix} a_{11} & a_{12} & \cdots & a_{1n} \\ a_{21} & a_{22} & \cdots & a_{2n} \\ \vdots & \vdots & & \vdots \\ a_{m1} & a_{m2} & \cdots & a_{mn} \end{pmatrix}$$

总可以通过适当的初等变换，变为阶梯形矩阵.

一个矩阵对应的阶梯形矩阵中非零行的数目，只与该矩阵的本质有关，与初等变换的过程无关，它在讨论线性方程组解的情况时，起着很重要的作用.

定义 2　矩阵 A 对应的阶梯形矩阵的非零行的行数称为矩阵 A 的**秩**，记为 $R(A)$.

求一个矩阵的秩时，只需要利用初等变换将其转化为阶梯形矩阵，找出其中不为零的行数即可.

例　求矩阵 $A = \begin{pmatrix} 2 & 3 & 4 & 5 & 6 \\ 1 & 2 & 3 & 4 & 5 \\ 3 & 4 & 5 & 6 & 2 \end{pmatrix}$ 的秩.

解　$A = \begin{pmatrix} 2 & 3 & 4 & 5 & 6 \\ 1 & 2 & 3 & 4 & 5 \\ 3 & 4 & 5 & 6 & 2 \end{pmatrix} \xrightarrow{\text{①行}\leftrightarrow\text{②行}} \begin{pmatrix} 1 & 2 & 3 & 4 & 5 \\ 2 & 3 & 4 & 5 & 6 \\ 3 & 4 & 5 & 6 & 2 \end{pmatrix} \xrightarrow{\text{②行}-2\cdot\text{①行}}$

$\begin{pmatrix} 1 & 2 & 3 & 4 & 5 \\ 0 & -1 & -2 & -3 & -4 \\ 3 & 4 & 5 & 6 & 2 \end{pmatrix} \xrightarrow{\text{③行}-3\cdot\text{①行}} \begin{pmatrix} 1 & 2 & 3 & 4 & 5 \\ 0 & -1 & -2 & -3 & -4 \\ 0 & -2 & -4 & -6 & -13 \end{pmatrix}$

$\xrightarrow{-1\cdot\text{②行}} \begin{pmatrix} 1 & 2 & 3 & 4 & 5 \\ 0 & 1 & 2 & 3 & 4 \\ 0 & -2 & -4 & -6 & -13 \end{pmatrix} \xrightarrow{\text{③行}+2\cdot\text{②行}} \begin{pmatrix} 1 & 2 & 3 & 4 & 5 \\ 0 & 1 & 2 & 3 & 4 \\ 0 & 0 & 0 & 0 & -5 \end{pmatrix}$,

所以 $R(A) = 3$.

习题 10-3

1. 求下列各矩阵的秩.

（1）$A = \begin{pmatrix} 1 & -2 & 3 & -1 & 2 \\ 3 & -1 & 5 & -3 & -1 \\ 2 & 1 & 2 & -2 & -3 \end{pmatrix}$；

（2）$B = \begin{pmatrix} 1 & 0 & 1 & 0 & 0 \\ 1 & 1 & 0 & 0 & 0 \\ 0 & 1 & 1 & 0 & 0 \\ 0 & 0 & 1 & 1 & 0 \\ 0 & 1 & 0 & 1 & 1 \end{pmatrix}$.

矩阵的秩

2. 求下列各方程组的系数矩阵和增广矩阵的秩.

$(1)\begin{cases} -2x_1+x_2+x_3=1, \\ x_1-2x_2+x_3=-2, \\ x_1+x_2-2x_3=4; \end{cases}$ $(2)\begin{cases} x_1-2x_2+x_3+x_4=1, \\ x_1-2x_2+x_3-x_4=-1, \\ x_1-2x_2+x_3-5x_4=-5. \end{cases}$

第四节　矩阵的逆及其求法

一、逆矩阵的概念

利用矩阵的乘法和矩阵相等的定义,将线性方程组(10-8)(当 $m=n$ 时)写成矩阵方程形式

$$AX=B,$$

其中

$$A=\begin{pmatrix} a_{11} & a_{12} & \cdots & a_{1n} \\ a_{21} & a_{22} & \cdots & a_{2n} \\ \vdots & \vdots & & \vdots \\ a_{n1} & a_{n2} & \cdots & a_{nn} \end{pmatrix}, X=\begin{pmatrix} x_1 \\ x_2 \\ \vdots \\ x_n \end{pmatrix}, B=\begin{pmatrix} b_1 \\ b_2 \\ \vdots \\ b_n \end{pmatrix}.$$

这样,解线性方程组的问题就变成求矩阵方程 $AX=B$ 中未知矩阵 X 的问题.我们知道,一元一次方程 $ax=b$ $(a\neq 0)$ 的解可以写成 $x=a^{-1}b$.类似地,矩阵方程 $AX=B$ 的解是否也可以表示为 $X=A^{-1}B$ 的形式? 如果可以,那么 X 可求出,但 A^{-1} 的含义和存在的条件是什么呢? 我们引入

> **定义**　设 n 阶方阵 A,如果存在 n 阶方阵 B,使得 $AB=BA=E$(E 为与 A 同阶的单位方阵),那么称 A 是可逆矩阵,把方阵 B 称为 A 的**逆矩阵**,记为 A^{-1},即 $B=A^{-1}$.

逆矩阵

例如

$$A=\begin{pmatrix} 2 & 2 & 3 \\ 1 & -1 & 0 \\ -1 & 2 & 1 \end{pmatrix}, B=\begin{pmatrix} 1 & -4 & -3 \\ 1 & -5 & -3 \\ -1 & 6 & 4 \end{pmatrix}.$$

因为

$$AB=\begin{pmatrix} 2 & 2 & 3 \\ 1 & -1 & 0 \\ -1 & 2 & 1 \end{pmatrix}\begin{pmatrix} 1 & -4 & -3 \\ 1 & -5 & -3 \\ -1 & 6 & 4 \end{pmatrix}=\begin{pmatrix} 1 & 0 & 0 \\ 0 & 1 & 0 \\ 0 & 0 & 1 \end{pmatrix}=E,$$

$$BA=\begin{pmatrix} 1 & -4 & -3 \\ 1 & -5 & -3 \\ -1 & 6 & 4 \end{pmatrix}\begin{pmatrix} 2 & 2 & 3 \\ 1 & -1 & 0 \\ -1 & 2 & 1 \end{pmatrix}=\begin{pmatrix} 1 & 0 & 0 \\ 0 & 1 & 0 \\ 0 & 0 & 1 \end{pmatrix}=E.$$

所以 B 是 A 的逆矩阵,同时 A 也是 B 的逆矩阵.因此,A 与 B 称为互逆矩阵.

需要说明的是,只有方阵才可能有逆矩阵,且并非所有方阵都有逆矩阵.

可以证明,逆矩阵有如下性质:

性质 1 若 A 可逆,则逆矩阵 A^{-1} 唯一存在.

性质 2 若 A 可逆,则 $(A^{-1})^{-1}=A$.

性质 3 若 A、B 为同阶方阵且均可逆,则 AB 也可逆,且 $(AB)^{-1}=B^{-1}A^{-1}$.

性质 4 若 A 可逆,则 A^{T} 也可逆,且 $(A^{\mathrm{T}})^{-1}=(A^{-1})^{\mathrm{T}}$.

性质 5 若 A 可逆,则 $|A| \neq 0$.反之,若 $|A| \neq 0$,则 A 可逆.

例 1 已知 $AX=AY$,且 $|A| \neq 0$,求证:$X=Y$.

证 因为 $|A| \neq 0$,故存在 A^{-1},用 A^{-1} 左乘 $AX=AY$,得

$$A^{-1}AX=A^{-1}AY, \text{即 } EX=EY,$$

从而
$$X=Y.$$

二、逆矩阵的求法

用初等变换求一个可逆矩阵 A 的逆矩阵,其具体方法为:把方阵 A 和同阶的单位矩阵 E,写成一个长方矩阵 $(A \vdots E)$,对该矩阵实施初等行变换,当虚线左边的 A 变成单位矩阵 E 时,虚线右边的 E 就变成了 A^{-1},即

$$(A \vdots E) \xrightarrow{\text{初等行变换}} (E \vdots A^{-1}),$$

从而可求 A^{-1}.

例 2 用初等变换求 $A=\begin{pmatrix} 0 & 1 & 2 \\ 1 & 1 & 4 \\ 2 & -1 & 0 \end{pmatrix}$ 的逆矩阵.

初等变换及
初等矩阵
(二)

解 因为

$$(A \vdots E)=\begin{pmatrix} 0 & 1 & 2 & \vdots & 1 & 0 & 0 \\ 1 & 1 & 4 & \vdots & 0 & 1 & 0 \\ 2 & -1 & 0 & \vdots & 0 & 0 & 1 \end{pmatrix} \xrightarrow[\text{③行}-2\cdot\text{①行}]{\text{①行}\leftrightarrow\text{②行}} \begin{pmatrix} 1 & 1 & 4 & \vdots & 0 & 1 & 0 \\ 0 & 1 & 2 & \vdots & 1 & 0 & 0 \\ 0 & -3 & -8 & \vdots & 0 & -2 & 1 \end{pmatrix}$$

$$\xrightarrow[\text{①行}-\text{②行}]{\text{③行}+3\cdot\text{②行}} \begin{pmatrix} 1 & 0 & 2 & \vdots & -1 & 1 & 0 \\ 0 & 1 & 2 & \vdots & 1 & 0 & 0 \\ 0 & 0 & -2 & \vdots & 3 & -2 & 1 \end{pmatrix} \xrightarrow[\text{②行}+\text{③行}]{\text{①行}+\text{③行}} \begin{pmatrix} 1 & 0 & 0 & \vdots & 2 & -1 & 1 \\ 0 & 1 & 0 & \vdots & 4 & -2 & 1 \\ 0 & 0 & -2 & \vdots & 3 & -2 & 1 \end{pmatrix}$$

$$\xrightarrow{-\frac{1}{2}\cdot\text{③行}} \begin{pmatrix} 1 & 0 & 0 & \vdots & 2 & -1 & 1 \\ 0 & 1 & 0 & \vdots & 4 & -2 & 1 \\ 0 & 0 & 1 & \vdots & -\frac{3}{2} & 1 & -\frac{1}{2} \end{pmatrix},$$

此时 $\begin{pmatrix} 0 & 1 & 2 \\ 1 & 1 & 4 \\ 2 & -1 & 0 \end{pmatrix} \begin{pmatrix} 2 & -1 & 1 \\ 4 & -2 & 1 \\ -\dfrac{3}{2} & 1 & -\dfrac{1}{2} \end{pmatrix} = \begin{pmatrix} 2 & -1 & 1 \\ 4 & -2 & 1 \\ -\dfrac{3}{2} & 1 & -\dfrac{1}{2} \end{pmatrix} \begin{pmatrix} 0 & 1 & 2 \\ 1 & 1 & 4 \\ 2 & -1 & 0 \end{pmatrix} = E,$

所以 $\boldsymbol{A}^{-1} = \begin{pmatrix} 2 & -1 & 1 \\ 4 & -2 & 1 \\ -\dfrac{3}{2} & 1 & -\dfrac{1}{2} \end{pmatrix}.$

由此可知, n 阶方阵 $\boldsymbol{A}$ 可逆的充要条件是 $\boldsymbol{A}$ 可以通过初等行变换化为单位矩阵. 同样还有, n 阶方阵 $\boldsymbol{A}$ 可逆的充要条件是 $R(\boldsymbol{A}) = n$.

利用逆矩阵求解线性方程组 (10-8) 的具体方法将在本章第五节详细介绍.

习题 10-4

1. 求下列矩阵的逆矩阵.

(1) $\boldsymbol{A} = \begin{pmatrix} 1 & 3 \\ 2 & 4 \end{pmatrix};$ (2) $\boldsymbol{B} = \begin{pmatrix} -1 & 2 & 3 & 5 \\ 0 & 2 & 3 & 4 \\ 0 & 0 & -3 & 1 \\ 0 & 0 & 0 & 4 \end{pmatrix}.$

2. 设方阵 $\boldsymbol{A}$, 且 $|\boldsymbol{A}| \neq 0$, 试证:
(1) 若 $\boldsymbol{AB} = \boldsymbol{BA}$, 则 $\boldsymbol{A}^{-1}\boldsymbol{B} = \boldsymbol{BA}^{-1}$;
(2) 若 $\boldsymbol{XA} = \boldsymbol{YA}$, 则 $\boldsymbol{X} = \boldsymbol{Y}$.

第五节 线性方程组及其解法

线性方程组的求解是当今不少研究领域遇到的一个共同问题,具有重大的理论价值和应用价值. 本节将介绍几种简单解法.

线性方程组的一般形式是 (10-8), 即

$$\begin{cases} a_{11}x_1 + a_{12}x_2 + \cdots + a_{1n}x_n = b_1, \\ a_{21}x_1 + a_{22}x_2 + \cdots + a_{2n}x_n = b_2, \\ \cdots\cdots\cdots\cdots \\ a_{m1}x_1 + a_{m2}x_2 + \cdots + a_{mn}x_n = b_m. \end{cases}$$

若常数项全部为零,即

$$\begin{cases} a_{11}x_1 + a_{12}x_2 + \cdots + a_{1n}x_n = 0, \\ a_{21}x_1 + a_{22}x_2 + \cdots + a_{2n}x_n = 0, \\ \cdots\cdots\cdots\cdots \\ a_{m1}x_1 + a_{m2}x_2 + \cdots + a_{mn}x_n = 0, \end{cases} \tag{10-9}$$

称之为**齐次线性方程组**;若常数项不全为零,称之为**非齐次线性方程组**.

一、克拉默法则

本章第一节已介绍应用行列式求解二元线性方程组(10-1)和三元线性方程组(10-4)的公式,本节将进一步讨论用 n 阶行列式求解 n 元线性方程组的一般方法.为此,先给出克拉默法则.

克拉默法则 当 $m=n$ 时,方程组(10-8)为

$$\begin{cases} a_{11}x_1+a_{12}x_2+\cdots+a_{1n}x_n=b_1, \\ a_{21}x_1+a_{22}x_2+\cdots+a_{2n}x_n=b_2, \\ \qquad\cdots\cdots\cdots\cdots \\ a_{n1}x_1+a_{n2}x_2+\cdots+a_{nn}x_n=b_n. \end{cases} \qquad (10\text{-}10)$$

其系数矩阵为

$$A=\begin{pmatrix} a_{11} & a_{12} & \cdots & a_{1n} \\ a_{21} & a_{22} & \cdots & a_{2n} \\ \vdots & \vdots & & \vdots \\ a_{n1} & a_{n2} & \cdots & a_{nn} \end{pmatrix},$$

若系数行列式 $D=|A|\neq0$,则该方程组有且只有唯一解

$$x_j=\frac{D_j}{D} \quad (j=1,2,\cdots,n).$$

其中 D_j 是把系数行列式 D 中第 j 列换成方程组的常数项 $b_1,b_2,\cdots,b_n$ 所成的行列式,即

$$D_j=\begin{vmatrix} a_{11} & \cdots & a_{1,j-1} & b_1 & a_{1,j+1} & \cdots & a_{1n} \\ a_{21} & \cdots & a_{2,j-1} & b_2 & a_{2,j+1} & \cdots & a_{2n} \\ \vdots & & \vdots & \vdots & \vdots & & \vdots \\ a_{n1} & \cdots & a_{n,j-1} & b_n & a_{n,j+1} & \cdots & a_{nn} \end{vmatrix}.$$

克拉默法则

例 1 用克拉默法则解方程组

$$\begin{cases} x_1+x_2+x_3+x_4=0, \\ x_2+x_3+x_4+x_5=0, \\ x_1+2x_2+3x_3=2, \\ x_2+2x_3+3x_4=-2, \\ x_3+2x_4+3x_5=2. \end{cases}$$

解 因为

$$D = |A| = \begin{vmatrix} 1 & 1 & 1 & 1 & 0 \\ 0 & 1 & 1 & 1 & 1 \\ 1 & 2 & 3 & 0 & 0 \\ 0 & 1 & 2 & 3 & 0 \\ 0 & 0 & 1 & 2 & 3 \end{vmatrix} = 16 \neq 0,$$

再计算

$$D_1 = \begin{vmatrix} 0 & 1 & 1 & 1 & 0 \\ 0 & 1 & 1 & 1 & 1 \\ 2 & 2 & 3 & 0 & 0 \\ -2 & 1 & 2 & 3 & 0 \\ 2 & 0 & 1 & 2 & 3 \end{vmatrix} = 16, D_2 = \begin{vmatrix} 1 & 0 & 1 & 1 & 0 \\ 0 & 0 & 1 & 1 & 1 \\ 1 & 2 & 3 & 0 & 0 \\ 0 & -2 & 2 & 3 & 0 \\ 0 & 2 & 1 & 2 & 3 \end{vmatrix} = -16,$$

$$D_3 = \begin{vmatrix} 1 & 1 & 0 & 1 & 0 \\ 0 & 1 & 0 & 1 & 1 \\ 1 & 2 & 2 & 0 & 0 \\ 0 & 1 & -2 & 3 & 0 \\ 0 & 0 & 2 & 2 & 3 \end{vmatrix} = 16, D_4 = \begin{vmatrix} 1 & 1 & 1 & 0 & 0 \\ 0 & 1 & 1 & 0 & 1 \\ 1 & 2 & 3 & 2 & 0 \\ 0 & 1 & 2 & -2 & 0 \\ 0 & 0 & 1 & 2 & 3 \end{vmatrix} = -16,$$

$$D_5 = \begin{vmatrix} 1 & 1 & 1 & 1 & 0 \\ 0 & 1 & 1 & 1 & 0 \\ 1 & 2 & 3 & 0 & 2 \\ 0 & 1 & 2 & 3 & -2 \\ 0 & 0 & 1 & 2 & 2 \end{vmatrix} = 16.$$

由克拉默法则,得方程组的解为

$$x_1 = \frac{D_1}{D} = 1, x_2 = \frac{D_2}{D} = -1, x_3 = \frac{D_3}{D} = 1, x_4 = \frac{D_4}{D} = -1, x_5 = \frac{D_5}{D} = 1.$$

二、利用逆矩阵求解线性方程组

n 元线性方程组(10-10)对应的矩阵方程为 $AX = B$,当 $|A| \neq 0$ 时,A 可逆.将 A^{-1} 左乘方程 $AX = B$ 的两边,得

$$A^{-1}(AX) = A^{-1}B,$$
$$(A^{-1}A)X = A^{-1}B, EX = A^{-1}B,$$
$$X = A^{-1}B.$$

即为方程组(10-10)的解.

例 2 用逆矩阵解线性方程组

$$\begin{cases} x_1 + x_3 = -2, \\ 2x_1 + x_2 = 1, \\ -3x_1 + 2x_2 - 5x_3 = 2. \end{cases}$$

解 因为

$$(A \vdots E) = \begin{pmatrix} 1 & 0 & 1 & \vdots & 1 & 0 & 0 \\ 2 & 1 & 0 & \vdots & 0 & 1 & 0 \\ -3 & 2 & -5 & \vdots & 0 & 0 & 1 \end{pmatrix} \xrightarrow[\text{③行}+3\cdot\text{①行}]{\text{②行}-2\cdot\text{①行}} \begin{pmatrix} 1 & 0 & 1 & \vdots & 1 & 0 & 0 \\ 0 & 1 & -2 & \vdots & -2 & 1 & 0 \\ 0 & 2 & -2 & \vdots & 3 & 0 & 1 \end{pmatrix}$$

$$\xrightarrow{\text{③行}-2\cdot\text{②行}} \begin{pmatrix} 1 & 0 & 1 & \vdots & 1 & 0 & 0 \\ 0 & 1 & -2 & \vdots & -2 & 1 & 0 \\ 0 & 0 & 2 & \vdots & 7 & -2 & 1 \end{pmatrix}$$

$$\xrightarrow[\substack{\text{①行}-\text{③行} \\ \text{②行}+2\cdot\text{③行}}]{\frac{1}{2}\text{③行}} \begin{pmatrix} 1 & 0 & 0 & \vdots & -\dfrac{5}{2} & 1 & -\dfrac{1}{2} \\ 0 & 1 & 0 & \vdots & 5 & -1 & 1 \\ 0 & 0 & 1 & \vdots & \dfrac{7}{2} & -1 & \dfrac{1}{2} \end{pmatrix}.$$

则

$$A^{-1} = \begin{pmatrix} -\dfrac{5}{2} & 1 & -\dfrac{1}{2} \\ 5 & -1 & 1 \\ \dfrac{7}{2} & -1 & \dfrac{1}{2} \end{pmatrix},$$

所以

$$X = A^{-1}B = \begin{pmatrix} -\dfrac{5}{2} & 1 & -\dfrac{1}{2} \\ 5 & -1 & 1 \\ \dfrac{7}{2} & -1 & \dfrac{1}{2} \end{pmatrix} \begin{pmatrix} -2 \\ 1 \\ 2 \end{pmatrix} = \begin{pmatrix} 5 \\ -9 \\ -7 \end{pmatrix}.$$

即方程组的解为 $x_1 = 5, x_2 = -9, x_3 = -7$.

只有当方程组的方程个数与未知量个数相等,且系数行列式不为零时,才能用克拉默法则和逆矩阵来求解.针对一般的线性方程组(10-8),我们介绍一种更具有普遍性的解法.

三、用初等行变换求解线性方程组

先看一个例子.

例如,用消元法解方程组

$$\begin{cases} 2x_1 - x_2 + 3x_3 = 1, \\ 4x_1 + 2x_2 + 5x_3 = 4, \\ 2x_1 \qquad + 2x_3 = 6. \end{cases}$$

解 $\begin{cases} 2x_1 - x_2 + 3x_3 = 1, \\ 4x_1 + 2x_2 + 5x_3 = 4, \\ 2x_1 \qquad + 2x_3 = 6 \end{cases} \xrightarrow[\text{③式}-\text{①式}]{\text{②式}-2\cdot\text{①式}} \begin{cases} 2x_1 - x_2 + 3x_3 = 1, \\ \quad 4x_2 - x_3 = 2, \\ \quad x_2 - x_3 = 5 \end{cases} \xrightarrow{\text{②式}\leftrightarrow\text{③式}} \begin{cases} 2x_1 - x_2 + 3x_3 = 1, \\ \quad x_2 - x_3 = 5, \\ \quad 4x_2 - x_3 = 2 \end{cases}$

$\xrightarrow{\text{③式}-4\cdot\text{②式}} \begin{cases} 2x_1 - x_2 + 3x_3 = 1, \\ \quad x_2 - x_3 = 5, \\ \quad 3x_3 = -18. \end{cases}$

求出原方程组的解为

$$x_1 = 9, x_2 = -1, x_3 = -6.$$

上述消元过程用到如下三种变换:

(1) 交换两个方程的位置;

(2) 用一个非零常数乘某一方程;

(3) 一个方程的每一项加上另一个方程对应项的倍数.

这样就得到一个与原方程组同解的方程组,使得某些未知量在方程组中出现的次数逐渐减少,从而求得其解.

我们发现在这三种变换过程中,仅仅只对方程组的系数和常数进行运算,未知量并未参与运算,所以整个消元过程相当于对增广矩阵作一系列初等行变换,将增广矩阵化为行阶梯形矩阵,即

$$\widetilde{A} = \begin{pmatrix} 2 & -1 & 3 & 1 \\ 4 & 2 & 5 & 4 \\ 2 & 0 & 2 & 6 \end{pmatrix} \xrightarrow[\text{③行}-\text{①行}]{\text{②行}-2\cdot\text{①行}} \begin{pmatrix} 2 & -1 & 3 & 1 \\ 0 & 4 & -1 & 2 \\ 0 & 1 & -1 & 5 \end{pmatrix} \xrightarrow[\text{③行}-4\cdot\text{②行}]{\text{②行}\leftrightarrow\text{③行}} \begin{pmatrix} 2 & -1 & 3 & 1 \\ 0 & 1 & -1 & 5 \\ 0 & 0 & 3 & -18 \end{pmatrix}.$$

最后一个行阶梯形矩阵对应的方程组与消元后的最后一个方程组相同.

这说明初等行变换不破坏方程组的同解性.

例3 用初等行变换解方程组

$$\begin{cases} 2x_1 - x_2 + 3x_3 = 3, \\ 3x_1 + x_2 - 5x_3 = 0, \\ 4x_1 - x_2 + x_3 = 3, \\ x_1 + 3x_2 - 13x_3 = -6. \end{cases}$$

解 对增广矩阵进行初等行变换:

$$\widetilde{A} = \begin{pmatrix} 2 & -1 & 3 & 3 \\ 3 & 1 & -5 & 0 \\ 4 & -1 & 1 & 3 \\ 1 & 3 & -13 & -6 \end{pmatrix} \xrightarrow[\substack{\text{③行}-4\cdot\text{④行} \\ \text{①行}\leftrightarrow\text{④行}}]{\substack{\text{①行}-2\cdot\text{④行} \\ \text{②行}-3\cdot\text{④行}}} \begin{pmatrix} 1 & 3 & -13 & -6 \\ 0 & -8 & 34 & 18 \\ 0 & -13 & 53 & 27 \\ 0 & -7 & 29 & 15 \end{pmatrix}$$

$$\xrightarrow[\text{③行-④行}]{\text{②行-④行}}\begin{pmatrix} 1 & 3 & -13 & -6 \\ 0 & -1 & 5 & 3 \\ 0 & -6 & 24 & 12 \\ 0 & -7 & 29 & 15 \end{pmatrix}\xrightarrow[\text{④行-7·②行}]{\text{③行-6·②行}}\begin{pmatrix} 1 & 3 & -13 & -6 \\ 0 & -1 & 5 & 3 \\ 0 & 0 & -6 & -6 \\ 0 & 0 & -6 & -6 \end{pmatrix}$$

$$\xrightarrow[-\frac{1}{6}·\text{③行}]{\text{④行-③行}}\begin{pmatrix} 1 & 3 & -13 & -6 \\ 0 & -1 & 5 & 3 \\ 0 & 0 & 1 & 1 \\ 0 & 0 & 0 & 0 \end{pmatrix}.$$

则原方程组化简为

$$\begin{cases} x_1 + 3x_2 - 13x_3 = -6, \\ \quad\ -x_2 + 5x_3 = 3, \\ \qquad\qquad x_3 = 1, \end{cases}$$

得原方程组的解

$$x_1 = 1, x_2 = 2, x_3 = 1.$$

四、线性方程组解的讨论

在工程技术和工程管理中有许多问题经常可以归结为线性方程组类型的数学模型,这些模型中方程和未知量的个数常常有多个,而且方程个数与未知量的个数也不一定相同.那么这样的线性方程组是否有解? 如果有解,解是否唯一? 若解不唯一,解的结构如何?

先考察两个例子.

例 4 用初等行变换讨论齐次线性方程组

$$\begin{cases} 2x_1 - x_2 + x_3 + \quad x_4 = 0, \\ x_1 + 2x_2 - x_3 + 4x_4 = 0, \\ x_1 + 7x_2 - 4x_3 + 11x_4 = 0. \end{cases}$$

解 对增广矩阵进行初等行变换

$$\tilde{A} = \begin{pmatrix} 2 & -1 & 1 & 1 & 0 \\ 1 & 2 & -1 & 4 & 0 \\ 1 & 7 & -4 & 11 & 0 \end{pmatrix}\xrightarrow[\substack{\text{③行-2·②行} \\ \text{①行↔②行}}]{\text{①行-2·②行}}\begin{pmatrix} 1 & 2 & -1 & 4 & 0 \\ 0 & -5 & 3 & -7 & 0 \\ 0 & 5 & -3 & 7 & 0 \end{pmatrix}$$

$$\xrightarrow[\text{③行-②行}]{-1·\text{②行}}\begin{pmatrix} 1 & 2 & -1 & 4 & 0 \\ 0 & 5 & -3 & 7 & 0 \\ 0 & 0 & 0 & 0 & 0 \end{pmatrix}\xrightarrow{\text{①行}-\frac{2}{5}·\text{②行}}\begin{pmatrix} 1 & 0 & \frac{1}{5} & \frac{6}{5} & 0 \\ 0 & 5 & -3 & 7 & 0 \\ 0 & 0 & 0 & 0 & 0 \end{pmatrix},$$

则原方程组化简为

$$\begin{cases} x_1 + \dfrac{1}{5}x_3 + \dfrac{6}{5}x_4 = 0, \\ 5x_2 - 3x_3 + 7x_4 = 0. \end{cases}$$

得

$$\begin{cases} x_1 = -\dfrac{1}{5}x_3 - \dfrac{6}{5}x_4, \\ x_2 = \dfrac{3}{5}x_3 - \dfrac{7}{5}x_4. \end{cases}$$

其中 x_3, x_4 为自由未知量. 由于 x_3, x_4 的取值是任意实数, 故方程组有无穷多个解.

例 5 讨论线性方程组

$$\begin{cases} x_1 - 3x_2 + 4x_3 + 2x_4 = 2, \\ x_1 - 3x_2 + 4x_3 + 3x_4 = 3, \\ x_1 - 3x_2 + 4x_3 + 2x_4 = 5 \end{cases}$$

的解的情况.

解 对增广矩阵进行初等行变换:

$$\widetilde{A} = \begin{pmatrix} 1 & -3 & 4 & 2 & 2 \\ 1 & -3 & 4 & 3 & 3 \\ 1 & -3 & 4 & 2 & 5 \end{pmatrix} \xrightarrow[\text{③行-①行}]{\text{②行-①行}} \widetilde{A} = \begin{pmatrix} 1 & -3 & 4 & 2 & 2 \\ 0 & 0 & 0 & 1 & 1 \\ 0 & 0 & 0 & 0 & 3 \end{pmatrix}.$$

则原方程组化简为

$$\begin{cases} x_1 - 3x_2 + 4x_3 + 2x_4 = 2, \\ \qquad\qquad\qquad\quad x_4 = 1, \\ \qquad\qquad\qquad\qquad 0 = 3, \end{cases}$$

其中第三个方程不成立. 所以原方程组无解.

分析上述例题的求解过程, 在例 3 中, 未知数个数 $n = 3$, $R(A) = R(\widetilde{A}) = 3$, 这时方程组有唯一解; 例 4 中, 未知数个数 $n = 4$, $R(A) = R(\widetilde{A}) = 2 < 4$, 这时方程组有无穷多个解; 例 5 中, $R(A) = 2$, $R(\widetilde{A}) = 3$, $R(A) \neq R(\widetilde{A})$, 这时方程组无解. 可以看出, 方程组是否有解, 关键在于增广矩阵与系数矩阵的秩是否相等.

定理 1 线性方程组 (10-8) 有解的充要条件是其系数矩阵与增广矩阵的秩相等. 即 $R(A) = R(\widetilde{A})$.

定理 2 若线性方程组 (10-8) 有解, 即 $R(A) = R(\widetilde{A}) = r$, 则
(1) 当 $r = n$ 时, 方程组有唯一解;
(2) 当 $r < n$ 时, 方程组有无穷多个解.

例 6 讨论非齐次线性方程组

$$\begin{cases} x_1 + 2x_2 + 3x_3 = 6, \\ 2x_1 + 3x_2 + x_3 = -1, \\ x_1 + x_2 + ax_3 = -7, \\ 3x_1 + 5x_2 + 4x_3 = b \end{cases}$$

的解的情况,并求其解.

解 对增广矩阵进行初等行变换:

$$\tilde{A} = \begin{pmatrix} 1 & 2 & 3 & 6 \\ 2 & 3 & 1 & -1 \\ 1 & 1 & a & -7 \\ 3 & 5 & 4 & b \end{pmatrix} \xrightarrow[\substack{③行-①行 \\ ④行-3\cdot①行}]{②行-2\cdot①行} \begin{pmatrix} 1 & 2 & 3 & 6 \\ 0 & -1 & -5 & -13 \\ 0 & -1 & a-3 & -13 \\ 0 & -1 & -5 & b-18 \end{pmatrix}$$

$$\xrightarrow[\substack{③行+②行 \\ ④行+②行}]{-1\cdot②行} \begin{pmatrix} 1 & 2 & 3 & 6 \\ 0 & 1 & 5 & 13 \\ 0 & 0 & a+2 & 0 \\ 0 & 0 & 0 & b-5 \end{pmatrix}.$$

因为未知数个数为 3,所以

(1) 当 $R(A) \neq R(\tilde{A})$,即 $b \neq 5$ 时,方程组无解;

(2) 当 $R(A) = R(\tilde{A}) = 3$,即 $b = 5$ 且 $a \neq -2$ 时,方程组有唯一解,
这时,增广矩阵为

$$\begin{pmatrix} 1 & 2 & 3 & 6 \\ 0 & 1 & 5 & 13 \\ 0 & 0 & a+2 & 0 \\ 0 & 0 & 0 & 0 \end{pmatrix},$$

对应的方程组为

$$\begin{cases} x_1 + 2x_2 + 3x_3 = 6, \\ x_2 + 5x_3 = 13, \\ (a+2)x_3 = 0, \end{cases}$$

解得

$$x_1 = -20, x_2 = 13, x_3 = 0.$$

(3) 当 $R(A) = R(\tilde{A}) = 2 < 3$,即 $b = 5$ 且 $a = -2$ 时,方程组有无穷多个解.这时,增广矩
阵为

$$\begin{pmatrix} 1 & 2 & 3 & 6 \\ 0 & 1 & 5 & 13 \\ 0 & 0 & 0 & 0 \\ 0 & 0 & 0 & 0 \end{pmatrix} \xrightarrow{①行-2\cdot②行} \begin{pmatrix} 1 & 0 & -7 & -20 \\ 0 & 1 & 5 & 13 \\ 0 & 0 & 0 & 0 \\ 0 & 0 & 0 & 0 \end{pmatrix},$$

对应的方程组为

$$\begin{cases} x_1 - 7x_3 = -20, \\ x_2 + 5x_3 = 13, \end{cases}$$

从而

$$\begin{cases} x_1 = -20 + 7x_3, \\ x_2 = 13 - 5x_3, \quad (x_3 \text{ 为自由未知量}). \\ x_3 = x_3 \end{cases}$$

习题 10-5

1. 用克拉默法则解下列线性方程组.

(1) $\begin{cases} 2x_1 + 3x_2 + 5x_3 = 2, \\ x_1 + 2x_2 = 5, \\ 3x_2 + 5x_3 = 4. \end{cases}$
(2) $\begin{cases} 2x_1 + x_2 - 5x_3 + x_4 = 1, \\ x_1 - 3x_2 - 6x_4 = 2, \\ 2x_2 - x_3 + 2x_4 = 3, \\ x_1 + 4x_2 - 7x_3 + 6x_4 = 4. \end{cases}$

2. 用逆矩阵解下列线性方程组.

(1) $\begin{cases} x_1 - x_2 - x_3 = 2, \\ 2x_1 - x_2 - 3x_2 = 1, \\ -3x_1 - 2x_2 + 5x_3 = 0. \end{cases}$
(2) $\begin{cases} 2x_1 + 2x_2 - x_3 = 9, \\ 2x_1 - x_2 + 2x_2 = 18, \\ -x_1 + 2x_2 + 2x_3 = 27. \end{cases}$

3. 用初等行变换解下列线性方程组.

(1) $\begin{cases} x_1 - 2x_2 + 3x_3 - x_4 = 1, \\ 3x_1 - x_2 + 5x_3 - 3x_4 = 2, \\ 2x_1 + x_2 + 2x_3 - 2x_4 = 3. \end{cases}$
(2) $\begin{cases} x_1 + 2x_2 + 2x_3 + x_4 = 0, \\ 2x_1 + x_2 - 2x_3 - 2x_4 = 0, \\ x_1 - x_2 - 4x_3 - 3x_4 = 0. \end{cases}$

第六节 线性规划初步

线性规划是运筹学的一个重要分支,它主要研究两类最优化问题:一是对已确定的任务,如何计划管理,使完成任务所需资源最少;二是如何安排资源,使完成的任务最多. 一般解决线性规划问题的运算量是比较大的,不过随着计算机的普及,用计算机辅助解决问题,使线性规划在实际问题中的应用更加广泛和深入.

一、线性规划的数学模型

线性规划的数学模型是描述实际问题的数学形式,它反映了实际问题数量间的本质规律.

例 某厂制造 A 和 B 两种产品,需要三种资源——煤、电力和原材料.表 10-3 列出了生产单位产品对三种资源的需求量.

表 10-3

资源	产品		现有资源量
	A	B	
煤/t	5	4	280
电力/kW	3	10	340
原材料/t	1	20	590
单位利润/万元	9	11	

试确定在现有资源条件下,如何组织生产才能使工厂利润最大? 并确定最优化生产方案.

设 $x_j(j=1,2)$ 分别表示产品 A、B 的产量, Z 为总利润,则可建立数学模型为

目标函数

$$\max Z = 9x_1 + 11x_2.$$

约束条件

$$\begin{cases} 5x_1 + 4x_2 \leqslant 280, \\ 3x_1 + 10x_2 \leqslant 340, \\ x_1 + 20x_2 \leqslant 590. \end{cases}$$

变量下界

$$[\,0\ \ 0\,]\,(x_1 \geqslant 0, x_2 \geqslant 0).$$

上述模型即为一线性规划模型,下面描述线性规划模型的一般形式.

目标函数

$$\max(\min)Z = c_1 x_1 + c_2 x_2 + \cdots + c_n x_n,$$

约束条件

$$\begin{cases} a_{11}x_1 + a_{12}x_2 + \cdots + a_{1n}x_n \leqslant (\,=\,,\geqslant) b_1, \\ a_{21}x_1 + a_{22}x_2 + \cdots + a_{2n}x_n \leqslant (\,=\,,\geqslant) b_2, \\ \qquad\qquad \cdots\cdots\cdots\cdots \\ a_{m1}x_1 + a_{m2}x_2 + \cdots + a_{mn}x_n \leqslant (\,=\,,\geqslant) b_m. \end{cases}$$

变量下界

$$x_j \geqslant 0 (j=1,2,\cdots,n)$$

其中 $a_{ij}, b_i, c_j (i=1,2,\cdots,m; j=1,2,\cdots,n)$ 均为常数.

上述模型中 $x_1, x_2, \cdots, x_n$ 称为**决策变量**.

决策变量、**约束条件**、**目标函数**是构成线性规划模型的三要素.

建立线性规划模型的步骤:

(1) 确定问题的决策变量 $(x_1, x_2, \cdots, x_n)$;

(2) 建立问题的约束条件;

（3）确定问题的目标函数.

二、线性规划问题的图解法

对于线性规划问题的求解,一般有纯代数解法、图形解法以及计算机辅助求解三种方法,本书中不介绍纯代数解法,有兴趣的读者可以找其他参考书.在本节中介绍图解法,在本章第七节数学实验中介绍计算机辅助求解.

对于只有两个决策变量的线性规划问题,可以用图解法,其优点是直观清晰,例如求解本节的例 1.

在平面上建立直角坐标系 xOy,把决策变量 x_1,x_2 分别视为 x,y,则原数学模型表示为

目标函数

$$\max Z = 9x + 11y.$$

约束条件

$$\begin{cases} 5x + 4y \leqslant 280, \\ 3x + 10y \leqslant 340, \\ x + 20y \leqslant 590. \end{cases}$$

变量下界

$$[0\ 0]\,(x \geqslant 0, y \geqslant 0).$$

每一个约束条件都表示平面上的一个区域,即平面的一个子集,例如,条件 $5x + 4y \leqslant 280$ 表示平面上直线 $5x + 4y = 280$ 及下方区域,如图 10-3.

所有的约束条件确定了平面上的一个区域,如图 10-4,是一个凸多边形 $OABCD$,多边形的每个顶点都满足约束条件.

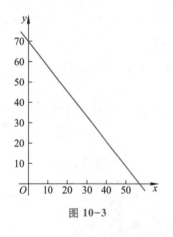

图 10-3

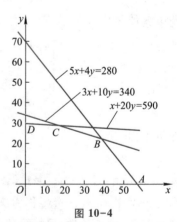

图 10-4

由于目标函数 $Z = 9x + 11y$,当 Z 为常数时是一条直线,其斜率为 $-\dfrac{9}{11}$,当 Z 取不同的值时,得到一组平行直线,在每一条直线上,无论 x,y 取何值,Z 为定值.如在直线 $9x +$

$11y = 450$ 上，无论 x,y 取何值，$Z = 450$；在直线 $9x + 11y = 590$ 上，无论 x,y 取何值，$Z = 590$，如图 10-5.

当取适当的 Z 值，使目标函数 $Z = 9x + 11y$ 与约束条件确定的凸多边形相交于极限位置时，所得的交点就是既满足约束条件，又使得 Z 取得最大值的最优解．比如，方程组

$$\begin{cases} 5x + 4y = 280, \\ 3x + 10y = 340 \end{cases} \text{的解为} \begin{cases} x = \dfrac{720}{19} \\ y = \dfrac{430}{19} \end{cases}, \text{代入 } 9x + 11y \text{ 得 } 590,$$ 也就是说，直线 $9x + 11y = 590$ 与约束条

件确定的凸多边形有唯一的交点 B，当 $Z > 590$ 时，直线 $9x + 11y = Z$ 与凸多边形没有交点，如图 10-6.

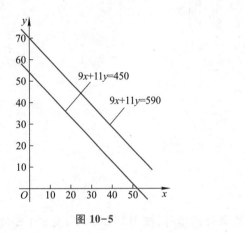

图 10-5

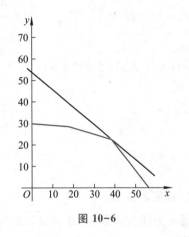

图 10-6

即取 $x_1 = \dfrac{720}{19}$，$x_2 = \dfrac{430}{19}$ 时，目标函数取得最大值 590，也就是说，生产 A 产品 $\dfrac{720}{19}$t，生产 B 产品 $\dfrac{430}{19}$t 时，可获得最大利润，其最大利润为 590 万元.

习题 10-6

1. 某厂生产甲乙两种产品，每千克甲产品用 A 原料 2 kg，B 原料 8 kg；每千克乙产品用 A 原料 4 kg，B 原料 6 kg. 现有 A 原料 20 kg，B 原料 48 kg. 甲乙两种产品每千克售价分别为 40 元和 60 元. 问如何安排生产才能使收入最大？

2. 某蔬菜收购点租用车辆，将 200 t 新鲜萝卜运往某市销售，可供租用的大卡车和农用车分别为 20 辆和 40 辆，若每辆卡车载重 16 t，运费 1 920 元，每辆农用车载重 5 t，运费 720 元，问两种车各租多少辆时，可全部运完萝卜，且运费最低？并求出最低运费.

一、矩阵及行列式的运算

1. 矩阵的生成

为了得到矩阵

$$A = \begin{pmatrix} 1 & 2 & 3 \\ 4 & 5 & 6 \\ 7 & 8 & 9 \end{pmatrix},$$

可输入

>>A = [1 2 3;4 5 6;7 8 9]

显示

A =

    1 2 3

    4 5 6

    7 8 9

2. 矩阵的运算

设 k 为任意实数, A,B 为满足矩阵运算条件的矩阵,在 MATLAB 中,规定了矩阵的如下运算:

A±B	矩阵的加减(A,B 为同型矩阵)
k * A	数乘矩阵
A * B	矩阵的乘法(A 的列数等于 B 的行数)
A.* B	两矩阵对应元素相乘(A,B 为同型矩阵)
A./ B	两矩阵对应元素相除(A,B 为同型矩阵)
A.′	矩阵的转置
A′	矩阵的共轭转置
inv(A)或 A^(-1)	矩阵 A 的逆
A^k	矩阵 A 的 k 次幂
A.^k	A 中每个元素的 k 次幂
rank(A)	计算矩阵 A 的秩

3. 行列式的计算

用 det(A)计算矩阵 A 对应行列式的值,例如

>>A = [5 2 3;6 5 4;7 8 9];

>>det(A)

```
ans =
    52
```

二、解线性方程组

用 $X = A \backslash B$（左除）得到非齐次线性方程组 $AX = B (B \neq 0)$ 的一个特解，用函数 null $(A, 'r')$ 得到线性方程组 $AX = 0$ 的有理基础解系.

例1 解线性方程组

$$\begin{cases} 2x_1 - 4x_2 + 5x_3 + 3x_4 = 7, \\ 3x_1 - 6x_2 + 4x_3 + 2x_4 = 7, \\ 4x_1 - 8x_2 + 17x_3 + 11x_4 = 21. \end{cases}$$

输入
```
>>format rat
>>A = [2 -4 5 3 ;3 -6 4 2 ;4 -8 17 11 ];
>>B = [7 7 21]';
>>AB = [A B];
>>RA = rank(A)
RA =
     2
>>RAB = rank(AB)
RAB =
     2
```

因为 $R(A) = R(AB) < 4$，即系数矩阵的秩等于增广矩阵的秩，小于未知数的个数，所以方程组有无穷多解，再输入

```
>>X0 = A\B
X0 =
     0
    -1/2
     1
     0
>>Y = null(A, 'r')
Y =
     2          2/7
     1          0
     0         -5/7
     0          1
>>syms k1 k2      % 申明 k1,k2 为符号量
```

```
>>X=X0+k1*Y(:,1)+k2*Y(:,2)
X =
[ 2*k1+2/7*k2]
[     -1/2+k1]
[     1-5/7*k2]
[           k2]
```

即为方程组的全部解.

三、线性规划求解

MATLAB 提供了 linprog( ) 函数求线性规划问题中使目标函数最小的优化方案,其一般格式是:

$$[X \text{ fval}]=\text{linprog}(f,A,B,Aeq,Beq,LB,UB)$$

这里 f 是由目标函数系数构成的向量.A,B 分别是约束条件中不等式组的系数矩阵和常数矩阵.Aeq,Beq 分别是约束条件中方程组的系数矩阵和常数矩阵.LB,UB 分别是决策变量的下界和上界.返回值 X 是目标函数取得最小值时决策变量的一组取值,fval 是优化结束后得到的目标函数值.

注意:这个函数是计算满足目标函数取得最小值的一组变量的值,如果要求的是使目标函数取得最大值时的情况,则通常转化为计算-Z 的最小值的方法来实现.

例如对于本章第六节中的例 1,输入

```
clear
format rat
f=[-9 -11];
A=[5 4;3 10;1 20];
B=[280;340;590];
LB=[0 0];
[X fval]=linprog(f,A,B,[],[],LB,[])
format short
```

运行结果为:

```
X =
    720/19
    430/19
fval =
    -590
```

也就是说,生产 A 产品 $\dfrac{720}{19}$ t,生产 B 产品 $\dfrac{430}{19}$ t 时,可获得最大利润,其最大利润为 590 万元.这与图形解法所得到的结论是一致的.

注意：在使用 linprog( ) 函数时,用中括号"[ ]"表示缺省值.

例 2 设有甲、乙、丙 3 个水泥厂供应 A,B,C 三个建筑公司的水泥,各公司年需求量及各水泥厂到三个建筑公司的单位运价见表 10-4.

表 10-4

水泥厂	建筑公司		
	A(万元/万吨)	B(万元/万吨)	C(万元/万吨)
甲	4	1	2
乙	1	2	4
丙	4	2	3
年需求量(万吨)	65	30	50

(1) 若水泥产量刚好能满足三个建筑公司的需求量,且甲,乙,丙三个水泥厂的年生产量分别为 30,90,25 万吨,求运费最少的运输方案.

(2) 若水泥厂通过技术更新,提高了年产量,且甲,乙,丙三个水泥厂的年生产量分别为 40,105,35 万吨,求运费最少的运输方案.

解 (1) 因为总产量为 $30+90+25=145$,总销量为 $65+30+50=145$,这是一个产销相等的平衡运输问题.

设 $x_{ij}(i=1,2,3,j=1,2,3)$ 分别表示从甲,乙,丙三个水泥厂向 A,B,C 三个建筑公司运送的水泥量,可建立如下线性规划模型.

目标函数

$$\min Z = 4x_{11}+x_{12}+2x_{13}+x_{21}+2x_{22}+4x_{23}+4x_{31}+2x_{32}+3x_{33}.$$

约束条件

方程组

$$\begin{cases} x_{11}+x_{12}+x_{13}=30, \\ x_{21}+x_{22}+x_{23}=90, \\ x_{31}+x_{32}+x_{33}=25, \\ x_{11}+x_{21}+x_{31}=65, \\ x_{12}+x_{22}+x_{32}=30, \\ x_{13}+x_{23}+x_{33}=50. \end{cases}$$

下界

$$LB=[0\ 0\ 0\ 0\ 0\ 0\ 0\ 0\ 0].$$

输入

```
clear
f=[4 1 2 1 2 4 4 2 3];
Aeq=[1 1 1 0 0 0 0 0 0
     0 0 0 1 1 1 0 0 0
```

$$0 0 0 0 0 0 1 1 1$$

$$1 0 0 1 0 0 1 0 0$$

$$0 1 0 0 1 0 0 1 0$$

$$0 0 1 0 0 1 0 0 1];$$

Beq = [30 90 25 65 30 50]´;

LB = [0 0 0 0 0 0 0 0];

[X fval] = linprog(f,[],[],Aeq,Beq,LB,[])

运行结果为

>>Optimization terminated successfully.（优化成功终止）

X =

0. 0000

2. 6226

27. 3774

65. 0000

25. 0000

0. 0000

0. 0000

2. 3774

22. 6226

fval =

245. 0000

即为最优运输方案.

（2）因为总产量为 $40+105+35=180$，总销量为 $65+30+50=145$，这是一个产大于销的运输问题.

设 $x_{ij}(i=1,2,3,j=1,2,3)$ 分别表示从甲，乙，丙三个水泥厂向 A,B,C 三个建筑公司运送的水泥量，可建立如下线性规划模型.

目标函数

$$\min Z = 4x_{11}+x_{12}+2x_{13}+x_{21}+2x_{22}+4x_{23}+4x_{31}+2x_{32}+3x_{33}.$$

约束条件

不等式组 $\begin{cases} 4x_{11}+x_{12}+2x_{13} \leqslant 40, \\ x_{21}+2x_{22}+4x_{23} \leqslant 105, \\ 4x_{31}+2x_{32}+3x_{33} \leqslant 35. \end{cases}$

方程组 $\begin{cases} 4x_{11}+x_{21}+4x_{31} = 65, \\ x_{12}+2x_{22}+2x_{32} = 30, \\ 2x_{13}+4x_{23}+3x_{33} = 50. \end{cases}$

下界   LB=[0 0 0 0 0 0 0 0 0].

输入

```
clear
f=[4 1 2 1 2 4 4 2 3];
A=[1 1 1 0 0 0 0 0 0
   0 0 0 1 1 1 0 0 0
   0 0 0 0 0 0 1 1 1];
B=[40;105;35];
Aeq=[1 0 0 1 0 0 1 0 0
     0 1 0 0 1 0 0 1 0
     0 0 1 0 0 1 0 0 1];
Beq=[65 30 50]';
LB=[0 0 0 0 0 0 0 0 0];
[X fval]=linprog(f,A,B,Aeq,Beq,LB,[])
```

运行结果为

```
>>Optimization terminated successfully.
X =
    0.0000
    7.8189
   32.1811
   65.0000
   17.3612
    0.0000
    0.0000
    4.8199
   17.8189
fval =
  235.0000
```

即为最优运输方案.

习题 10-7

用 MATLAB 求下列问题的解.

1. 设矩阵 $A=\begin{pmatrix} 1 & -2 & 1 & 2 \\ 2 & 3 & -4 & 0 \\ -3 & 5 & 0 & -4 \end{pmatrix}$, $B=\begin{pmatrix} -3 & 3 & 0 & -3 \\ 0 & -4 & 9 & 12 \\ 6 & -8 & -9 & 5 \end{pmatrix}$.

求:(1) $3A-B$;

(2) $2A+3B$；

(3) 若 X 满足 $A+X=B$，求 X；

(4) 若 Y 满足 $(3A-Y)+2(B-Y)=O$，求 Y.

2. 设矩阵

$$A=\begin{pmatrix} 1 & 2 & 3 \\ -2 & 1 & 2 \end{pmatrix},B=\begin{pmatrix} 2 & 1 & 0 \\ 0 & 1 & -1 \end{pmatrix}.$$

求：(1) $\det(AB^{\mathrm{T}})^4$；

(2) $\det(B^{\mathrm{T}}B)$.

3. 求满足下列方程的矩阵 X.

(1) $\begin{pmatrix} 1 & -2 & 0 \\ 1 & -2 & -1 \\ -3 & 1 & 2 \end{pmatrix}X=\begin{pmatrix} -1 & 4 \\ 2 & 5 \\ 1 & -3 \end{pmatrix}$；

(2) $X-\begin{pmatrix} 0 & 0 & -1 \\ 1 & 0 & -1 \\ -2 & 1 & 0 \end{pmatrix}X=\begin{pmatrix} 2 \\ 0 \\ -3 \end{pmatrix}$；

(3) $\begin{pmatrix} 1 & -2 & 0 \\ 4 & -2 & -1 \\ -3 & 1 & 2 \end{pmatrix}X\begin{pmatrix} 3 & -1 & 2 \\ 1 & 0 & -1 \\ -2 & 1 & 4 \end{pmatrix}=\begin{pmatrix} 5 & 0 & -1 \\ 1 & -3 & 0 \\ -2 & 1 & 3 \end{pmatrix}$.

4. 求下列线性方程组的全部解.

(1) $\begin{cases} x_1+3x_2+5x_3-4x_4=1, \\ x_1+3x_2+2x_3-2x_4+x_5=-1, \\ x_1-4x_2+x_3-x_4-x_5=3, \\ x_1-4x_2+x_3+x_4-x_5=3, \\ x_1+2x_2+x_3-x_4+x_5=-1. \end{cases}$
(2) $\begin{cases} 2x_1-2x_2+3x_3-4x_4=1, \\ 3x_1-2x_2+2x_3-3x_4=2, \\ 5x_1+x_2-x_3+2x_4=-1, \\ 2x_1-x_2+x_3-3x_4=4. \end{cases}$

5. 要做 100 套钢架，每套由长 2.9 m、2.1 m 和 1.5 m 的原钢各一根组成，已知原钢原料为 7.4 m，问应该如何下料，使用原钢材料最省？

复 习 题 十

1. 选择题.

(1) 下列哪些情况，行列式的值为零？（　　）

  A. 行列式某行元素全为 0　　　　　　B. 行列式某列元素的余子式全为 0

  C. 行列式某行元素全部相等　　　　　D. 行列式某两列元素对应相等

(2) 在下列哪些情况下，行列式的值一定不变？（　　）

  A. 行列式转置

B. 行列式两列互换

C. 行列式的第一行乘以 2,最后一列乘以 $\dfrac{1}{2}$

D. 行列式某两列元素全部反号

（3）若 $\begin{vmatrix} a_{11} & a_{12} & a_{13} \\ a_{21} & a_{22} & a_{23} \\ a_{31} & a_{32} & a_{33} \end{vmatrix} = D$，则 $\begin{vmatrix} a_{11} & 2a_{12} & 3a_{13} \\ a_{21} & 2a_{22} & 3a_{23} \\ a_{31} & 2a_{32} & 3a_{33} \end{vmatrix} = ($　　$)$.

A. D　　　　　　　B. $2D$　　　　　　C. $-6D$　　　　　D. $6D$

（4）设 A,B 都是 n 阶方阵,下面结论正确的是(　　).

　　A. 若 A,B 均可逆,则 $A+B$ 可逆　　　　B. 若 A,B 均可逆,则 AB 可逆

　　C. 若 A,B 均可逆,则 $A-B$ 可逆　　　　D. 若 $A+B$ 可逆,则 A,B 均可逆

（5）下列结论正确的是(　　).

　　A. 方程个数小于未知量个数的线性方程组一定有解

　　B. 方程个数等于未知量个数的线性方程组一定有唯一解

　　C. 方程个数大于未知量个数的线性方程组一定有无穷多解

　　D. A、B、C 均不对

（6）若线性方程组的增广矩阵为 $\tilde{A} = \begin{pmatrix} 1 & \lambda & -1 \\ 2 & 6 & 0 \end{pmatrix}$,则当 $\lambda = ($　　$)$时线性方程组

无解.

　　A. 3　　　　　　　B. -3　　　　　　C. 1　　　　　　　D. -1

（7）设线性方程组 $AX=B$ 的增广矩阵通过初等行变换化为

$$\begin{pmatrix} 1 & 3 & 1 & 2 & 6 \\ 0 & -1 & 5 & 1 & 2 \\ 0 & 0 & 0 & 2 & -1 \\ 0 & 0 & 0 & 0 & 0 \end{pmatrix},$$

则此线性方程组(　　).

　　A. 无解　　　　　　　　　　　　　　B. 有唯一解

　　C. 有无穷多解　　　　　　　　　　　D. 不能判断解的情况

2. 填空题.

（1）行列式 $\begin{vmatrix} 2 & 1 & -4 \\ 1 & 3 & 2 \\ -3 & 1 & 5 \end{vmatrix}$ 的代数余子式 $A_{31} = $＿＿＿＿＿,$A_{23} = $＿＿＿＿＿.

（2）设 $A = \begin{pmatrix} -1 & 1 & 2 \\ 0 & 3 & 4 \end{pmatrix}$,$B = \begin{pmatrix} 0 & -1 & 3 \\ 2 & 5 & 6 \end{pmatrix}$,则 $B-2A = $＿＿＿＿＿.

（3）$\begin{pmatrix} x & y \\ -1 & 2 \end{pmatrix} + \begin{pmatrix} 2y & -4x \\ 1 & -1 \end{pmatrix} = \begin{pmatrix} 1 & 0 \\ 0 & 1 \end{pmatrix}$,则 $x = $＿＿＿＿＿,$y = $＿＿＿＿＿.

(4) 设 A 是一个 $m \times n$ 矩阵，B 是一个 $n \times s$ 矩阵，那么 AB 是一个 _____ 矩阵.

(5) $\begin{pmatrix} a_1 \\ a_2 \\ \vdots \\ a_n \end{pmatrix} (b_1 \quad b_2 \quad \cdots \quad b_n) = $ _____.

(6) 设 A 为 n 阶可逆矩阵，则 $R(A) = $ _____.

(7) 已知矩阵 $A = \begin{pmatrix} 0 & -2 \\ -1 & 0 \\ 3 & 2 \end{pmatrix}$，$B = \begin{pmatrix} 0 & -1 & 3 \\ 1 & 4 & 2 \end{pmatrix}$，则 $A^{\mathrm{T}} + B = $ _____.

(8) 已知矩阵 $A = \begin{pmatrix} 1 & 1 & 2 & -2 \\ 1 & 3 & -x & -2x \\ 1 & -1 & 6 & 0 \end{pmatrix}$ 的秩 $R(A) = 2$，则 $x = $ _____.

3. 计算下列行列式.

(1) $\begin{vmatrix} 6 & -3 \\ 8 & 9 \end{vmatrix}$；(2) $\begin{vmatrix} -1 & -1 & 2 \\ 1 & -5 & 3 \\ 7 & -3 & 4 \end{vmatrix}$；(3) $\begin{vmatrix} 0 & c & 0 \\ a & 0 & d \\ 0 & b & 0 \end{vmatrix}$；(4) $\begin{vmatrix} 0 & 0 & 0 & 7 & 5 \\ 0 & 0 & 3 & 1 & 0 \\ 0 & 2 & 1 & 0 & 0 \\ 2 & 2 & 2 & 0 & 2 \\ 1 & 0 & 0 & 8 & -1 \end{vmatrix}$.

4. 已知 $XA = B$，其中 $A = \begin{pmatrix} 1 & 2 \\ 3 & 4 \end{pmatrix}$，$B = \begin{pmatrix} 2 & 4 \\ 4 & 10 \\ 6 & 8 \end{pmatrix}$，求 X.

5. 当 k 取何值时，$A = \begin{pmatrix} 1 & 0 & 0 \\ 0 & k & 0 \\ 0 & -1 & 1 \end{pmatrix}$ 可逆，并求出它的逆矩阵.

6. 设线性方程组 $\begin{cases} x_1 + 2x_2 + 3x_3 = 1, \\ x_1 + 3x_2 + 6x_3 = 2, \\ 2x_1 + 3x_2 + ax_3 = b, \end{cases}$ 试问 a, b 为何值时，方程组无解？有唯一解？有无穷多解？

7. 某投资公司拥有甲、乙、丙三家公司的股票，其股份数分别为 $100, 200, 300$ 股，前年和去年甲、乙、丙三家公司每股红利（单位：元）如下表所示：

公司	前年每股红利	去年每股红利
甲	2.5	2.0
乙	3.0	4.5
丙	1.6	2.3

试用矩阵计算该投资者前年和去年从各公司获红利的总额.

8. 设某种商品在奇数月的销售量如下表:

扫一扫,看
答案

月份	1	3	5	7	9	11
销售量(t)	500	350	560	300	250	800

设月份为 x,销售量为 y,求满足表中关系的 5 次多项式函数 $y=f(x)$.

9. 某公司有 6 个建筑工地要开工,每个工地的位置(用平面坐标 a,b 表示,距离单位:km)及水泥日用量 d/t 由下表给出.目前有两个临时料场位于 $A(5,1)$,$B(2,7)$,日储量各有 20 t.假设从料场到工地之间均有直线道路相连,试制定每天的供应计划,即从 A,B 两料场分别向各工地运送多少水泥,使总的吨千米数最小.

a,b,d	工地					
	1	2	3	4	5	6
a	1.25	8.75	0.5	5.75	3	7.25
b	1.25	0.75	4.75	5	6.5	7.75
d	3	5	4	7	6	11

第十一章 概率初步

概率论产生于 17 世纪,作为研究随机现象数量统计规律性的数学分支,是近代数学的重要组成部分.它具有独特的思维方法和解题技巧,特别强调逻辑的严谨性.目前,作为一种强大的方法工具,概率论被广泛应用于科学研究、经济预测与决策、社会生活的众多领域.本章我们将介绍概率论的基础理论和基本分析方法.

第一节 随机事件及其概率

我们可以将各种各样的科学实验、自然现象和社会现象分为两类,其中一类现象的结果是确定的,另一类现象的结果是非确定的,如

引例 1 在地球表面上抛一石块,观察石块的运动情况.

引例 2 投篮十次,统计投中的次数.

对于引例 1,当石块上升到一定高度时,必定会下落到地面.此类现象被称为**确定性现象**.对于引例 2,投中的次数肯定是 0 次,1 次,…,10 次这十一种可能之一,但最终投中的次数是随机的,是事先不可能确定的.此类现象被称为**随机现象**.

一、随机事件

1. 随机试验

随机现象及其统计规律性

通常,我们把对随机现象的一次观察称为一次**随机试验**,简称**试验**,它具备以下特点:

(1) 在相同条件下可以重复进行;

(2) 试验前可以预言其所有可能出现的结果;

(3) 最终出现的结果是随机的,但肯定是所有可能结果中的一个.

随机试验、随机事件与样本空间

随机试验常用大写字母 E 表示.由 E 的一切可能结果构成的集合称为 E 的**样本空间**,常用 Ω 表示.试验 E 的每个不可拆分的直接结果称为该次试验的一个**样本点**,常用 ω 表示,即 $\Omega = \{\omega_1, \omega_2, \cdots\}$.

例如,引例 2 的样本空间为 $\Omega = \{0, 1, 2, \cdots, 10\}$,$0, 1, \cdots, 10$ 是其样本点.

2. 随机事件

随机试验可能出现的具有某些特征的若干结果构成的集合称为**随机事件**,简称**事件**,通常用 $A, B, C, \cdots$ 表示.任一事件均可视为含有一个或多个样本点的集合,在试验中,

如果某一样本点表征的结果出现,那么表示所有含有该样本点的随机事件都发生了.

只含一个样本点的事件称为不可拆分的**基本事件**,因此,每个样本点都对应一个基本事件.含有两个或两个以上样本点的事件称为**复合事件**,一个复合事件可以拆分成若干个基本事件,也可以拆分成若干个复合事件.包含所有样本点的事件称为**必然事件**,一次试验的样本空间 Ω 就是一个必然事件.不包含任何样本点的事件为**不可能事件**,记为 $\varnothing$.

3. 事件的关系与运算

（1）包含关系

如果事件 A 的发生必然导致事件 B 的发生,即事件 B 包含事件 A 中所有样本点,那么称事件 B 包含事件 A,或称事件 A 包含于事件 B,记为 $B \supset A$ 或 $A \subset B$.

（2）相等关系

如果事件 A 发生必然导致事件 B 发生,事件 B 发生也必然导致事件 A 发生,即若 $A \subset B$ 且 $B \subset A$,那么称事件 A 与 B **相等**（或**等价**）,记为 $A = B$.相等事件包含完全相同的样本点.

（3）互不相容关系

如果事件 A 与事件 B 不能同时发生,则称事件 A 与 B **互不相容**（**互斥**）,事件 A 与 B 互不相容包含三种情形:A 发生则 B 不能发生;B 发生则 A 不能发生;A,B 都没有发生.

（4）和事件

如果事件 C 等价于"事件 A,B 至少有一个发生"或"事件 A 发生或事件 B 发生",那么称事件 C 为 A,B 的**和事件**,记为 $C = A \cup B$ 或 $C = A + B$.和事件 C 包含事件 A 与事件 B 所有的样本点.

（5）积事件

如果事件 C 等价于"事件 A,B 同时发生",那么称事件 C 为事件 A 与 B 的**积事件**,记为 $C = A \cap B$ 或 $C = AB$.积事件 C 包含事件 A 与事件 B 共有的样本点.

（6）差事件

如果事件 C 等价于"事件 A 发生而 B 不发生",那么称事件 C 为事件 A 与事件 B 的**差事件**,记为 $C = A - B$.显然,在 A 中除去 A,B 共有的样本点,剩余的样本点构成的集合就是事件 A 与 B 的差事件 C 对应的样本点集合,所以也有 $C = A - AB$.

（7）完备事件组

设试验 E 的样本空间为 Ω,如果 E 的 n 个事件 $A_1, A_2, \cdots, A_n$ 两两互不相容,且 $A_1 \cup A_2 \cup \cdots \cup A_n = \Omega$,那么称 $A_1, A_2, \cdots, A_n$ 构成 E 的一个**完备事件组**,每次试验有且仅有一个事件 $A_i (i = 1, 2, \cdots, n)$ 发生.

（8）对立事件

如果事件 A 与 B 不可能同时发生,但肯定有一个发生,即 $A \cup B = \Omega$ 且 $A \cap B = \varnothing$,那么称事件 A 与 B 互为**对立事件**（**互逆事件**）,记作 $B = \overline{A}$（或 $A = \overline{B}$）,事件 A 的对立事件（逆事件）记为 $\overline{A}$,A 与 $\overline{A}$ 有如下关系

$$\overline{A} = \Omega - A; A \cup \overline{A} = \Omega; A \cap \overline{A} = \varnothing; \overline{\overline{A}} = A.$$

显然 A 与 $\overline{A}$ 构成一个完备事件组.

注意:对立事件也是互不相容事件,但两个互不相容事件不一定是对立事件.

事件的关系和运算可用文氏图表示如下:

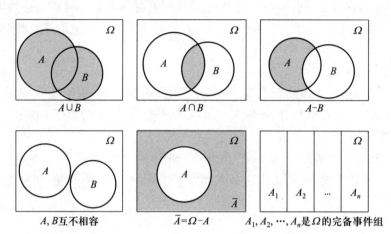

(9) 事件的运算律

假设 A,B,C 为三个随机事件,事件的运算满足以下运算律:

① **交换律**: $A\cup B=B\cup A$; $A\cap B=B\cap A$.

② **结合律**: $A\cup(B\cup C)=(A\cup B)\cup C$; $A\cap(B\cap C)=(A\cap B)\cap C$.

③ **分配律**: $A\cap(B\cup C)=(A\cap B)\cup(A\cap C)$; $A\cup(B\cap C)=(A\cup B)\cap(A\cup C)$.

④ **对偶律(De Morgan 定律)**: $\overline{A\cup B}=\overline{A}\cap\overline{B}$; $\overline{A\cap B}=\overline{A}\cup\overline{B}$.

例 1 设 A,B,C 为三个事件,用事件运算表示以下事件:

(1) A,B,C 同时发生;

(2) A,B,C 至少有一个发生;

(3) A,B,C 都不发生;

(4) A 发生但 B,C 不发生;

(5) A,B,C 只有一个发生.

解 根据事件的运算及运算律,以上事件可表示为

(1) ABC;

(2) $A+B+C$;

(3) $\overline{A}\,\overline{B}\,\overline{C}$ 或 $\overline{A+B+C}$;

(4) $A\,\overline{B}\,\overline{C}$ 或 $A\,\overline{(B+C)}$ 或 $A-(B+C)$;

(5) $A\,\overline{B}\,\overline{C}+\overline{A}\,B\,\overline{C}+\overline{A}\,\overline{B}\,C$.

分析可知(2)与(3)互为对立事件,也是互不相容事件;(1)与(5)为互不相容事件,但不是对立事件.

二、随机事件的频率与概率

1. 随机事件的频率

将某一试验在相同的条件下,重复进行 n 次,如果事件 A 发生 m 次,那么

$$f_n(A) = \frac{m}{n}$$

为事件 A 发生的频率.

频率具有以下基本性质:

(1) $0 \leqslant f_n(A) \leqslant 1$;

(2) $f_n(\Omega) = 1$;

(3) 若 $A_1, A_2, \cdots, A_n$ 是两两互不相容的事件,则

$$f_n(A_1 \cup A_2 \cup \cdots \cup A_n) = f_n(A_1) + f_n(A_2) + \cdots + f_n(A_n).$$

频率描述了事件在试验中发生的频繁程度, $f_n(A)$ 的值越大,表示事件 A 发生的可能性越大,反之,表示事件 A 发生的可能性越小.并且,当试验的重复次数 n 逐渐增大时,频率 $f_n(A)$ 将逐渐稳定于某个常数,这种稳定性就是所谓的"统计规律性".

2. 随机事件的概率

1933 年苏联数学家科尔莫戈罗夫提出了度量事件发生可能性大小的概率的公理化定义.可以说,频率的稳定性和频率的基本性质正是这一定义的理论基础.

> **定义 1** 设 E 为随机事件, Ω 为其样本空间,对于 E 的每一事件 A 赋予一实数 $P(A)$,如果 $P(A)$ 满足:
>
> (1) 对于 E 中的每一事件 A,有 $P(A) \geqslant 0$;
>
> (2) 对于 E 中的必然事件 Ω,有 $P(\Omega) = 1$;
>
> (3) 若 $A_1, A_2, \cdots$ 是两两互不相容的事件,则
>
> $$P(A_1 \cup A_2 \cup \cdots) = P(A_1) + P(A_2) + \cdots,$$
>
> 那么称 $P(A)$ 为事件 A 的**概率**.

显然,概率具有以下重要性质:

(1) 不可能事件发生的概率为 0,即 $P(\varnothing) = 0$;

(2) 对于任一事件 A,有 $0 \leqslant P(A) \leqslant 1$;

(3) 对于任意两事件 A, B,有 $P(A \cup B) = P(A) + P(B) - P(AB)$;

(4) 若 $A_1, A_2, \cdots, A_n$ 是两两互不相容的事件,则

$$P(A_1 \cup A_2 \cup \cdots \cup A_n) = P(A_1) + P(A_2) + \cdots + P(A_n);$$

(5) 设 A, B 为试验 E 中的任意两事件,则

$$P(B-A) = P(B) - P(AB);$$

若 $A \subset B$,则有

$$P(B-A) = P(B) - P(A);$$

(6) 对于任一事件 A,有 $P(\bar{A}) = 1 - P(A)$.

概率的加法公式

3. 古典概型

所谓古典概型就是具有下列特征的随机试验：

（1）有限性：试验中所有可能的直接结果（基本事件）只有有限个.

（2）等可能性：每个基本事件发生的可能性都相等.

"有限性"和"等可能性"是古典概型的两个基本要素，"有限性"也可理解为试验的样本空间只包含有限个样本点."等可能性"是说每个基本事件发生的概率是相等的.只有同时满足这两个特征的试验才是古典概型.

在求古典概型事件的概率时，关键是"计数"，即统计出试验所含基本事件总数，以及被考察事件所含基本事件数.如果总的基本事件数为 n，事件 A 包含 m 个基本事件，则事件 A 发生的概率为

$$P(A) = \frac{\text{事件 } A \text{ 所含的基本事件数}}{\text{基本事件的总数}} = \frac{m}{n}.$$

在基本事件总数不是非常大的情况下，直接"计数"求得概率并不困难，然而在有些试验中，样本空间所含基本事件总数，以及被考察事件所含基本事件数不易直接计算出来，需要利用计数原理及排列组合理论进行计算.

例 2 一班有 50 位同学，二班有 40 位同学，从这两个班选出 10 位同学参加一项活动，求下述事件的概率：

（1）二班同学被选中 4 人；

（2）一班同学被选中 3 人或 5 人.

解 设事件 A = "二班同学被选中 4 人"，事件 B = "一班同学被选中 3 人或 5 人"，90 人选 10 人，总共有 C_{90}^{10} 种选法，基本事件总数是 C_{90}^{10}.

（1）完成事件 A 分两个步骤，第一步从一班选 6 人，有 C_{50}^6 种选法；第二步从二班选 4 人，有 C_{40}^4 种选法，根据乘法原理，事件 A 的选法有 $C_{50}^6 C_{40}^4$ 种，所以

$$P(A) = \frac{C_{50}^6 \cdot C_{40}^4}{C_{90}^{10}} = 0.253\ 9.$$

（2）若设 B_1 = "一班同学被选中 3 人"，B_2 = "一班同学被选中 5 人"，则事件 $B = B_1 \cup B_2$ 并有 $B_1 \cap B_2 = \varnothing$，根据乘法原理，事件 B_1 的选法有 $C_{50}^3 C_{40}^7$ 种，事件 B_2 的选法有 $C_{50}^5 C_{40}^5$ 种，再根据加法原理，事件 B 的选法有 $C_{50}^3 C_{40}^7 + C_{50}^5 C_{40}^5$ 种，所以

$$P(B) = \frac{C_{50}^3 C_{40}^7 + C_{50}^5 C_{40}^5}{C_{90}^{10}} = 0.307\ 6.$$

三、条件概率

1. 条件概率

对于试验 E 中的任意事件 A 和 B，有时需要求当事件 A 发生的条件下，事件 B 发生的概率，记作 $P(B \mid A)$.

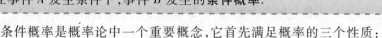

定义 2 设 A,B 为试验 E 中的任意两个随机事件,且 $P(A)>0$,称

$$P(B \mid A) = \frac{P(AB)}{P(A)}$$

为在事件 A 发生条件下,事件 B 发生的**条件概率**.

条件概率是概率论中一个重要概念,它首先满足概率的三个性质:

性质 1 对于任意事件 B,有 $P(B \mid A) \geqslant 0$;

性质 2 对于必然事件 Ω,有 $P(\Omega \mid A) = 1$;

性质 3 若 $B_1,B_2,\cdots$ 是两两互不相容的事件,则有

$$P(B_1 \cup B_2 \cup \cdots \mid A) = P(B_1 \mid A) + P(B_2 \mid A) + \cdots.$$

同时还具有自身的特性,如

(1) $P(\varnothing \mid A) = 0$;

(2) $P(B \mid A) = 1 - P(\overline{B} \mid A)$;

(3) $P(B_1 \cup B_2 \mid A) = P(B_1 \mid A) + P(B_2 \mid A) - P(B_1 B_2 \mid A)$.

特别地,当 $B_1 \cap B_2 = \varnothing$,有 $P(B_1 \cup B_2 \mid A) = P(B_1 \mid A) + P(B_2 \mid A)$.

条件概率的计算通常有两种方法:

(1) 如果试验具备古典概型的特征,且相关事件及样本空间所含基本事件数容易计算,此时条件概率既可用古典概型的概率计算公式计算,也可用条件概率的定义公式计算.

(2) 如果试验不具备古典概型的特征,则条件概率只能用条件概率的定义公式计算.

例 3 一批零件共 100 个,次品率为 10%,从中抽取两次,采取不放回抽样,求第二次才取到次品的概率.

解 设事件 A="第一次取到合格品",事件 B="第二次取到次品",由题意可知,次品有 10 个,合格品有 90 个,且第一次取到的是合格品,需要求的概率为 $P(B \mid A)$.试验具备古典概型的特征,因此可用两种方法计算条件概率 $P(B \mid A)$.

解法一 运用古典概型的概率计算公式计算 $P(B \mid A)$,事件"第二次取出次品"对应的样本空间所含样本点数为 99,"第二次取出次品"有 10 种可能,所以

$$P(B \mid A) = \frac{10}{99}.$$

解法二 运用条件概率定义公式计算 $P(B \mid A)$

$$P(AB) = \frac{90 \times 10}{100 \times 99} = \frac{1}{11}, \quad P(B \mid A) = \frac{P(AB)}{P(A)} = \frac{10}{99}.$$

2. 乘法公式

当 $P(A)>0,P(B)>0$ 时,由条件概率计算公式可以导出概率的乘法公式

$$P(AB) = P(A)P(B \mid A) = P(B)P(A \mid B).$$

乘法公式可以推广到三个乃至有限个,如当 $P(A_1 A_2 A_3)>0$ 时,有

乘法公式

$$P(A_1 A_2 A_3) = P(A_1)P(A_2 \mid A_1)P(A_3 \mid A_1 A_2).$$

例 4 在 10 张彩票中只有一张中奖,甲、乙、丙三人依次抽,彩票抽出后即作废,甲第一个抽,丙最后抽,求三人各自中奖的概率.

解 设 $A =$ "甲中奖";$B =$ "乙中奖";$C =$ "丙中奖";$D_i =$ "中奖彩票在第 i 次时抽出" $(i = 1, 2, 3)$.显然,乙中奖的前提是甲没中奖,丙中奖的前提是甲、乙都没中奖,所以

$$P(A) = P(D_1) = \frac{1}{10} = 0.1,$$

$$P(B) = P(\overline{D_1} D_2) = P(\overline{D_1})P(D_2 \mid \overline{D_1}) = \frac{9}{10} \times \frac{1}{9} = \frac{1}{10} = 0.1,$$

$$P(C) = P(\overline{D_1}\, \overline{D_2} D_3) = P(\overline{D_1})P(\overline{D_2} \mid \overline{D_1})P(D_3 \mid \overline{D_1}\, \overline{D_2}) = \frac{9}{10} \times \frac{8}{9} \times \frac{1}{8} = 0.1,$$

三人中奖的概率相等,并不受抽奖次序的影响.

3. 全概率公式

对于一些复杂事件的概率计算,我们往往需要将加法公式和乘法公式结合起来使用,全概率公式正体现了这一思想.

> **定理** 若 $A_1, A_2, \cdots, A_n$ 构成 E 的一个完备事件组,且 $P(A_i) > 0 (i = 1, 2, \cdots, n)$,$B$ 为 E 的事件,则
>
> $$P(B) = P(A_1)P(B \mid A_1) + P(A_2)P(B \mid A_2) + \cdots + P(A_n)P(B \mid A_n).$$
>
> 上式称为**全概率公式**.

全概率公式

在复杂事件的概率计算中,常常先将复杂事件拆分成若干两两互不相容的简单事件,再利用全概率公式简化其计算.

例 5 小王徒步上班有四种路线可以选择,设 $A_i =$ "选择第 i 种路线" $(i = 1, 2, 3, 4)$,$B =$ "小王上班迟到",根据以往的经验,相关数据如表 11-1:

表 11-1

路线编号	选择第 i 种路线的概率	选择第 i 种路线迟到的概率
1	0.3	0.2
2	0.2	0.15
3	0.4	0.1
4	0.1	0.3

求小王上班迟到的概率.

解 $P(B) = P(A_1)P(B \mid A_1) + P(A_2)P(B \mid A_2) + P(A_3)P(B \mid A_3) + P(A_4)P(B \mid A_4)$
$= 0.3 \times 0.2 + 0.2 \times 0.15 + 0.4 \times 0.1 + 0.1 \times 0.3 = 0.16.$

使用全概率公式时,关键是找到一个相应的完备事件组 $A_1, A_2, \cdots, A_n$,完备事件组中各事件的概率之和等于 1.例 5 中四种路线的选择构成一个完备事件组,事件 B 是伴随 A_1, A_2, A_3, A_4 中的某一事件一同发生的.

四、事件的独立性

1. 独立性

相对于条件概率 $P(B \mid A)$，通常称 $P(B)$ 为无条件概率，一般情况下 $P(B \mid A) \neq P(B)$。如果事件 A 是否发生不影响事件 B 发生的概率，事件 B 发生与否也不影响事件 A 发生的概率，则说明 A, B 之间不存在相互关联。

> **定义 3** 如果两事件 A, B 满足等式
> $$P(AB) = P(A)P(B),$$
> 则称事件 A, B **相互独立**，简称 A, B **独立**。

当 A, B 相互独立时，容易证明 A 与 $\overline{B}$、$\overline{A}$ 与 B、$\overline{A}$ 与 $\overline{B}$ 也是三对相互独立的事件，在运用事件相互独立性讨论事件概率时，要注意 A, B 独立和 A, B 互不相容的区别，假设 $P(A) > 0$，$P(B) > 0$：

A, B 独立时，A 和 B 可以同时发生，且 $P(AB) = P(A)P(B) > 0$。

独立性的概念可以推广到三个事件或更多个事件的情况。设 $A_1, A_2, \cdots, A_n$ 是 n 个事件，如果其中任意 $i (i = 2, 3, \cdots, n)$ 个事件的积事件概率等于 i 个事件各自概率的乘积，则称 n 个事件 $A_1, A_2, \cdots, A_n$ 相互独立。对应的乘法公式为

$$P(A_1 A_2 \cdots A_i) = P(A_1)P(A_2) \cdots P(A_i) \quad (i = 2, \cdots, n).$$

事件间是否存在相互独立性，在具体应用中并不是根据定义推导的，而是基于问题的实际背景判断的。

由 n 个事件 $A_1, A_2, \cdots, A_n$ 相互独立，我们还可以得到以下常用结论：

（1）其中任意 k 个事件也相互独立；

（2）对应的 n 个对立事件 $\overline{A_1}, \overline{A_2}, \cdots, \overline{A_n}$ 也相互独立，相应地有

$$P(\overline{A_1}\, \overline{A_2} \cdots \overline{A_n}) = P(\overline{A_1})P(\overline{A_2}) \cdots P(\overline{A_n});$$

（3）$A_1, A_2, \cdots, A_n$ 的和事件的概率可以表示为

$$P(A_1 \cup A_2 \cup \cdots \cup A_n) = 1 - P(\overline{A_1}\, \overline{A_2} \cdots \overline{A_n}) = 1 - P(\overline{A_1})P(\overline{A_2}) \cdots P(\overline{A_n}).$$

例 6 某射击运动员进行打靶训练，已知每发击中 10 环的概率为 0.5，求 6 发中至少有 1 发击中 10 环的概率。

解 设 $B = $ "6 发中至少 1 发击中 10 环"，$A_i = $ "第 i 发击中 10 环"（$i = 1, 2, \cdots, 6$），易知事件 $A_1, A_2, \cdots, A_6$ 相互独立，且 $B = A_1 \cup A_2 \cup \cdots \cup A_6$，$B$ 的对立事件 $\overline{B}$ 为 "6 发都没有击中 10 环"，由对偶律可得 $\overline{B} = \overline{A_1 \cup A_2 \cup \cdots \cup A_6} = \overline{A_1}\, \overline{A_2} \cdots \overline{A_6}$，所求概率为

$$P(B) = 1 - P(\overline{B}) = 1 - P(\overline{A_1}\, \overline{A_2} \cdots \overline{A_6}) = 1 - P(\overline{A_1})P(\overline{A_2}) \cdots P(\overline{A_6}) = 1 - 0.5^6 \approx 0.98.$$

2. 二项概率公式

某些随机试验只包含两个互为对立事件的可能结果，可以表示为 $A, \overline{A}$。通常称这一类试验为**伯努利试验**。在相同条件下将某一伯努利试验独立地重复进行 n 次，则称这一系列

重复的独立试验为 **n 重伯努利(Bernoulli)试验**或 **n 重伯努利概型**.

如果在 n 重伯努利概型中,设 $P(A)=p$,$P(\overline{A})=1-p=q$,则 n 次试验中事件 A 发生 m 次的概率为

$$P_n(m)=C_n^m p^m q^{n-m} \quad (m=0,1,2,\cdots,n).$$

伯努利概型
与二项公式

这一计算公式正好是 $(px+q)^n$ 的二项展开式中含有 x^m 的项的系数,所以通常被称为二项概率公式.

例7 某推销员选择 10 位客户推销一种新产品,每位客户是否购买该产品相互独立,假设各客户购买产品的概率为 0.1,求(1)恰好有 2 位客户购买产品的概率;(2)至少有 2 位客户购买产品的概率.

解 对每一位客户进行推销只有两种可能的结果:"成功"或"失败",所以此题可理解为 10 重伯努利概型,其中 $n=10$,$P(A)=p=0.1$,$P(\overline{A})=q=0.9$,设事件 $B=$"恰好有 2 位客户购买产品",事件 $C=$"至少有 2 位客户购买产品",则

(1) $P(B)=C_{10}^2(0.1)^2(0.9)^{10-2}=0.193\ 7$,

(2) $P(C)=1-P(\overline{C})=1-C_{10}^0 0.1^0 0.9^{10}-C_{10}^1 0.1^1 0.9^9$

$\qquad =1-0.348\ 7-0.387\ 4=0.263\ 9.$

习题 11-1

1. 写出下列随机试验的样本空间,并用样本点的集合表示下列各事件.

(1) 从分别标记数字 1~10 的十张卡片中任取一张,卡片编号大于等于 5;

(2) 记录甲在一场九局五胜制的乒乓球比赛中获胜的局数,甲至少有两局获胜.

2. 甲、乙、丙三人各投篮一次,事件 $A=$"甲投中",$B=$"乙投中",$C=$"丙投中",请用 A,B,C 表示下列事件,并找出其中的对立事件和互不相容事件.

(1) 三人均投中;　　　　　　　　(2) 甲投中而乙丙没有投中;

(3) 三人都没有投中;　　　　　　(4) 三人至少有一人投中;

(5) 三人至少有两人投中;　　　　(6) 三人至多有一人投中.

3. 盒中有 8 个大小相同的乒乓球,其中 5 个是白色,3 个是黄色,现从中连取两次,每次取一个,求:(1) 每次抽取后放回,两个都是白色球的概率;(2) 每次抽取后不放回,两个都是黄色球的概率.

4. 一批小白鼠,有 40% 注射过药物 x,有 45% 注射过药物 y,有 30% 同时注射了 x,y 两种药物,从中任意取出一只小白鼠,求它:(1) 至少注射了其中一种药物的概率;(2) 没有注射任何一种药物的概率.

5. 以往的气象资料显示,甲市全年雨天的比例为 12%,乙市全年雨天的比例为 10%,全年至少有一市为雨天的比例是 16%,求:(1) 任意一天甲乙两市都下雨的概率;(2) 甲市为雨天的条件下,乙市也下雨的概率.

6. 袋里有 10 枚面值均为一元的硬币,其中有 4 枚是 2000 年发行的,现在连续任意取三次,每次取一枚,取出后不放回,求取出的硬币都是 2000 年发行的概率.

7. 第一个盒子里有 8 个玻璃球,5 个蓝色的,3 个红色的,第二个盒子里有 12 个玻璃球,6 个蓝色的,6 个红色的.球的大小形状均相同,从任意一个盒子里任意取出一个玻璃球,求抽出的是蓝色玻璃球的概率.

8. 民政部门发售一组七位数的彩票,规定中一等奖的彩票末五位的数字依次为 20367,求某人购买一张彩票能中一等奖的概率.

9. 六台设备相互独立工作,每台设备正常工作的概率为 0.9,求:

(1) 只有一台设备出现故障的概率;

(2) 至少有四台设备正常工作的概率.

10. 一个由 9 位专家组成的评审团对某项议案进行审定,设每位专家同意议案通过的概率为 0.6,规定只有同意议案通过的人数过半,该项议案才能生效,求议案被审定生效的概率.

第二节　随机变量的概念及其类型

在上一节中,我们习惯了用大写字母直观地表示某一随机事件,如:事件 $A =$ "硬币的正面朝上".本节我们将引入概率论的一个基础概念:随机变量,统一以变量的形式表示随机事件,借助普通实值函数讨论随机事件的概率问题,从根本上实现随机现象的数学分析.

一、随机变量的概念

为了运用统一的数学形式全面研究随机试验,对于任一试验,我们为其样本空间的每个样本点 ω (基本事件)赋予一个唯一的实数,即构造一种以试验的样本空间为定义域,以实数集的某一子集为值域的单值函数,由于试验结果的不确定性,导致该函数的取值具有随机性,故称其为**随机函数**,又称**随机变量**.随机变量通常用大写英文字母 X, Y, Z 等表示,它们的具体取值用小写英文字母 x, y, z 等表示.

随机变量的取值取决于试验的结果,在试验之前是无法预知的,并且,随机变量的每一种取值都对应一定的概率,这是它与普通函数最本质的区别.

引入随机变量后,**任一随机事件都可表示为随机变量的某个具体取值或某一取值范围**.

随机变量的
概念与分类

二、随机变量的类型

随机变量根据其取值的特点不同,可分为离散型随机变量和非离散型随机变量,对于非离散型随机变量,我们只介绍其中的连续型随机变量.

如果随机变量 X 的所有取值可以一一列举,即只能取有限个数值 $x_1, x_2, \cdots, x_n$,或可列无穷个数值 $x_1, x_2, \cdots, x_n, \cdots$,则称 X 为**离散型随机变量**.

当随机变量取值连续地充满一个或若干个实数区间时,是不能一一列举的,这一类随机变量被称为**连续型随机变量**.

习题 11-2

1. 判断下列哪些随机变量是离散型随机变量,哪些是连续型随机变量.

(1) 某学校一天收到的邮件数 X_1;　　　　(2) 测量某物体的长度时产生的误差 X_2;

(3) 一长途汽车站每天的客流量 X_3;　　　 (4) 某单位一天内的用水量 X_4.

2. 抽查 100 件产品发现的次品数记为 X,用随机变量 X 表示下列事件.

(1) 抽查结果显示没有次品;　　　　　　　(2) 发现恰好有 20 件次品;

(3) 至少有 10 件次品;　　　　　　　　　 (4) 次品数小于 12 大于 3.

第三节　离散型随机变量的概率分布及其数字特征

随机变量概念建立后,我们就可以在牢固的数学基础之上研究概率论的相关理论,如各种概率模型下随机变量的分布函数,随机变量的数字特征.

一、随机变量的分布函数

对于随机变量,我们希望使用普通实值函数的形式全面刻画它的统计规律性,分布函数正起到了这一作用.

定义 1　设 X 是一个随机变量,x 是任意实数,则函数
$$F(x) = P(X \leqslant x), \quad x \in (-\infty, +\infty)$$
称为 X 的**分布函数**,也称为**概率累积函数**.

分布函数是一种自变量和函数值均为实数的普通函数,函数值实际上是事件 $(X \leqslant x)$ 的概率,或者说是 X 落在区间 $(-\infty, x]$ 上的累积概率.

对于任意实数 $x_1 < x_2$,有
$$P(x_1 < X \leqslant x_2) = P(X \leqslant x_2) - P(X \leqslant x_1) = F(x_2) - F(x_1),$$
即事件 $(x_1 < X \leqslant x_2)$ 的概率等于分布函数在 x_2, x_1 处的函数值之差.又有
$$P(X > x_1) = 1 - P(X \leqslant x_1) = 1 - F(x_1).$$

分布函数作为计算事件概率的函数,它既具有普通函数的性质,又有自身的特殊性质:

(1) 分布函数是非减函数,若 $x \leqslant y$,则 $F(x) \leqslant F(y)$;

(2) 分布函数是右连续的,即 $\lim\limits_{x \to x_0^+} F(x) = F(x_0)$;

(3) 对于分布函数 $F(x)$,有 $\lim\limits_{x \to -\infty} F(x) = 0$,$\lim\limits_{x \to +\infty} F(x) = 1$.

二、离散型随机变量的概率分布

（一）离散型随机变量的分布律

分布列及其
基本性质

> **定义 2** 设离散型随机变量 X 的所有可能取值构成序列 $x_1, x_2, \cdots, x_k, \cdots$，如果各种可能取值对应的概率
>
> $$P(X = x_k) = p_k \quad (k = 1, 2, \cdots)$$
>
> 满足以下两条性质：
>
> （1）非负性：$p_k \geqslant 0 (k = 1, 2, \cdots)$；
>
> （2）完备性：$\sum\limits_{k=1}^{+\infty} p_k = 1$，
>
> 则称 $P(X = x_k) = p_k (k = 1, 2, \cdots)$ 为离散型随机变量 X 的**分布律**或**分布列**.

以上两条性质是判别分布律的依据.有时常用表格的形式直观地描述分布律如下（表 11-2）：

表 11-2

X	x_1	x_2	$\cdots$	x_k	$\cdots$
p	p_1	p_2	$\cdots$	p_k	$\cdots$

可见,概率值 p_k 按照一定规律分布在随机变量 X 的各个取值点上,这就是 $P(X = x_k) = p_k$ 被称为离散型随机变量 X 的分布律的缘故.

例 1 两次抛掷一枚均匀的硬币,用随机变量 X 表示两次抛掷中出现正面的次数,易知样本空间为 $\Omega = \{反反, 反正, 正反, 正正\}$,对应的随机变量取值可设置为(表 11-3)

表 11-3

样本点	反反	反正	正反	正正
X	0	1	1	2

求 X 的分布律.

解 事件 $(X = 0)$ 和事件 $(X = 2)$ 各包含一个样本点;事件 $(X = 1)$ 包含两个样本点.各事件概率为 $P(X = 0) = \dfrac{1}{4}$; $P(X = 1) = \dfrac{1}{2}$; $P(X = 2) = \dfrac{1}{4}$. X 的分布律为(表 11-4)

表 11-4

X	0	1	2
p	1/4	1/2	1/4

（二）离散型随机变量的分布函数

设离散型随机变量 X 的所有可能取值的序列为 $x_1,x_2,\cdots,x_k,\cdots,x_n$，记 $P(X=x_k)=p_k$，$k=1,2,\cdots,n$，则它的分布函数 $F(x)$ 等于所有位于 x 左侧的那些小于或等于 x 的 x_k 处的概率 p_k 之和，即

$$F(x)=P(X\leqslant x)=\sum_{x_k\leqslant x}P(X=x_k)=\sum_{x_k\leqslant x}p_k.$$

例 2　已知随机变量 X 的分布律为（表 11-5）

表 11-5

X	-1	1	2
p	0.2	0.4	0.4

求：(1) X 的分布函数；(2) $P\left(X\leqslant\dfrac{1}{2}\right)$；(3) $P(X>1)$．

解　(1) X 的分布函数为

$$F(x)=\begin{cases}0, & x<-1,\\ 0.2, & -1\leqslant x<1,\\ 0.2+0.4, & 1\leqslant x<2,\\ 0.2+0.4+0.4, & x\geqslant2\end{cases}=\begin{cases}0, & x<-1,\\ 0.2, & -1\leqslant x<1,\\ 0.6, & 1\leqslant x<2,\\ 1, & x\geqslant2.\end{cases}$$

(2) $P\left(X\leqslant\dfrac{1}{2}\right)=F\left(\dfrac{1}{2}\right)=0.2$，

(3) $P(X>1)=1-P(X\leqslant1)=1-F(1)=1-0.6=0.4$．

一般地，如果 X 有 n 个可能取值，则其分布函数由 $n+1$ 段函数构成，且每段函数均为常函数．

（三）离散型随机变量的三种重要分布

1. (0-1) 分布

常用的离散型分布

如果随机变量 X 可能的取值只有两个：0 或 1，它的分布律是

$$P(X=k)=p^k(1-p)^{1-k},k=0,1(0<p<1),$$

那么称 X 服从 "0-1" **分布**或**两点分布**，"0-1" 分布的分布律可用表格表示如下（表 11-6）

表 11-6

X	0	1
p_k	$1-p$	p

如果一个随机试验的样本空间 Ω 只含两个样本点，那么总可以在 Ω 上定义一个服从 "0-1" 分布的随机变量来描述这个试验的两个可能结果．

2. 二项分布

二项分布是从 n 重伯努利概型抽象出来的，设单次伯努利试验中事件 A 发生的概率为 p，事件 $\overline{A}$ 发生的概率为 $q=1-p$，如果用随机变量 X 表示 n 次伯努利试验中事件 A 发生

的次数,它的分布律为

$$P(X=k) = C_n^k p^k q^{n-k} \quad (k=0,1,2,\cdots,n),$$

则称随机变量 X 服从参数为 n,p 的**二项分布**,常记为 $X \sim b(n,p)$.

特别地,当 $n=1$ 时,二项分布就是 $(0-1)$ 分布.由二项式定理易证二项分布满足分布律的非负性和完备性.

例3 抛掷一枚均匀的硬币 6 次,求

(1)出现四次正面的概率;

(2)至少出现两次正面的概率.

解 抛掷硬币 6 次相当于 6 重伯努利试验,用随机变量 X 记出现正面的次数,则 X 服从参数为 $6,\dfrac{1}{2}$ 的二项分布.

(1) $P(X=4) = C_6^4 \left(\dfrac{1}{2}\right)^4 \left(\dfrac{1}{2}\right)^{6-4} = \dfrac{6 \times 5 \times 4 \times 3}{4 \times 3 \times 2} \times \left(\dfrac{1}{2}\right)^6 = \dfrac{15}{64};$

(2) $P(X \geqslant 2) = 1 - P(X=0) - P(X=1) = 1 - C_6^0 \left(\dfrac{1}{2}\right)^0 \left(\dfrac{1}{2}\right)^{6-0} - C_6^1 \left(\dfrac{1}{2}\right)^1 \left(\dfrac{1}{2}\right)^{6-1} = \dfrac{57}{64}.$

3. 泊松(Poisson)分布

设 X 是一个离散型随机变量,它的取值为 $0,1,2,\cdots$,如果各个取值对应的概率为

$$P(X=k) = \dfrac{\lambda^k e^{-\lambda}}{k!} \quad (k=0,1,2,\cdots),$$

这里的 λ 是已知的正常数,则称 X 服从参数为 λ 的**泊松分布**,记为 $X \sim \pi(\lambda)$.可以证明泊松分布满足分布律的非负性和完备性.

现实中,泊松分布的应用十分广泛,如工序质量控制理论中的质量数据,生物物理学中辐射生物学的定量分析,某地区某一段时间内发生交通事故的次数,某城市地铁的客流量等,都可以用服从泊松分布的随机变量来研究.

例4 设随机变量 X 表示一页文稿中出现错别字的个数,且 X 服从参数 $\lambda = 0.25$ 的泊松分布,求在此页文稿中错别字不超过两个的概率.

解 已知 $X \sim \pi(0.25)$,此页文稿中错别字不超过 2 个的概率为

$$P(X \leqslant 2) = P(X=0) + P(X=1) + P(X=2)$$

$$= \dfrac{0.25^0 e^{-0.25}}{0!} + \dfrac{0.25^1 e^{-0.25}}{1!} + \dfrac{0.25^2 e^{-0.25}}{2!}$$

$$= e^{-0.25} + \dfrac{1}{4} e^{-0.25} + \dfrac{1}{32} e^{-0.25} = \dfrac{41}{32} e^{-0.25}.$$

在满足一定的条件时,常用泊松分布来近似二项分布.二项分布中,当 n 的值较大时,概率的计算是相当麻烦的.一般地,如果二项分布中 n 充分大($n \geqslant 10$),p 很小($p \leqslant 0.1$)时,我们可以用服从参数 $\lambda = np$ 的泊松分布来近似参数为 n,p 的二项分布,从而减小计算的复杂程度.

例5 假设任意一位患者在注射血清时出现不良反应的概率为 0.001,求 2 000 位接受注射血清的患者中(1)有三位出现不良反应的概率;(2)超过两位出现不良反应的

概率.

解 用随机变量 X 表示出现不良反应的患者数,则 $X \sim b(2\,000, 0.001)$,此处 n 与 p 相差的倍数较大,所以可以用参数 $\lambda = np = 2$ 的泊松分布来近似,则

（1） $P(X=3) = \dfrac{2^3 e^{-2}}{3!} = \dfrac{4}{3} e^{-2}$;

（2） $P(X>2) = 1 - P(X=0) - P(X=1) - P(X=2)$

$$= 1 - \dfrac{2^0 e^{-2}}{0!} - \dfrac{2^1 e^{-2}}{1!} - \dfrac{2^2 e^{-2}}{2!} = 1 - 5e^{-2}.$$

三、离散型随机变量的数字特征

在实际应用中,往往希望知道随机变量在数量上的一些本质特征,比如随机变量所有取值的平均值,以及各个取值与平均值的偏离程度,这两种数据被称为随机变量的数字特征.下面我们介绍随机变量的两个常用的数字特征:数学期望和方差.

1. 离散型随机变量的数学期望

定义 3 设离散型随机变量 X 的分布律为
$$P(X=x_k) = p_k, \quad k = 1, 2, \cdots,$$
若级数 $\displaystyle\sum_{k=1}^{+\infty} x_k p_k$ 绝对收敛,则称级数 $\displaystyle\sum_{k=1}^{+\infty} x_k p_k$ 为随机变量 X 的**数学期望**,记为 $E(X)$,即
$$E(X) = x_1 p_1 + x_2 p_2 + \cdots + x_k p_k + \cdots = \sum_{k=1}^{+\infty} x_k p_k.$$
X 的数学期望又简称为 X 的**期望**或**均值**.

由定义可知离散型随机变量 X 的期望等于它的所有可能取值 x_k 与对应的概率 p_k 的乘积之和.在实际应用中,我们往往还需要计算离散型随机变量的函数的数学期望.

若 Y 是离散型随机变量 X 的函数 $Y = g(X)$（g 是连续函数）,X 的分布律为:$P(X=x_k) = p_k, k = 1, 2, \cdots$,若级数 $\displaystyle\sum_{k=1}^{\infty} g(x_k) p_k$ 绝对收敛,则有

$$E(Y) = E[g(X)] = \sum_{k=1}^{\infty} g(x_k) p_k.$$

显然 Y 也是离散型随机变量.

例 6 设随机变量 X 的分布律为（表 11-7）

表 11-7

X	-2	1	2
p	0.2	0.3	0.5

求 $E(X)$,$E(X^2)$.

解 $E(X) = (-2) \times 0.2 + 1 \times 0.3 + 2 \times 0.5 = 0.9$.

这里 $Y = g(X) = X^2$,$E(X^2) = (-2)^2 \times 0.2 + 1^2 \times 0.3 + 2^2 \times 0.5 = 3.1$.

数学期望的应用

例7 甲、乙两人用一枚骰子做游戏,规定如下(表11-8)

表11-8

出现的点数	1	2	3	4	5	6
甲的输赢(元)	20	30	10	−20	−20	−14

问此规定是否公平.

解 可根据甲或乙的输赢的期望是否为 0 来判断此规定是否公平,如果甲和乙的输赢期望都为 0,说明规定是合理的;如果甲的输赢期望为正,说明规定对甲有利;反之则对乙有利,后两种情况都说明规定不合理.用随机变量 X 表示各种点数对应的甲的输赢(注意这里 X 的可能取值不是骰子出现的点数而是甲的输赢),其分布律如下(表11-9)

表11-9

X	20	30	10	−20	−20	−14
p	$\dfrac{1}{6}$	$\dfrac{1}{6}$	$\dfrac{1}{6}$	$\dfrac{1}{6}$	$\dfrac{1}{6}$	$\dfrac{1}{6}$

甲的输赢的期望为

$$E(X)=20\times\frac{1}{6}+30\times\frac{1}{6}+10\times\frac{1}{6}+(-20)\times\frac{1}{6}+(-20)\times\frac{1}{6}+(-14)\times\frac{1}{6}=1>0.$$

所以规定对甲有利,对乙是不公平的.

可以证明数学期望具有以下性质(设 X 和 Y 是随机变量,$E(X)$,$E(Y)$ 存在):

(1) 若 k 是常数,则有 $E(k)=k$;

(2) 若 k 是常数,则有 $E(kX)=kE(X)$;

(3) $E(X+Y)=E(X)+E(Y)$(可以推广到有限个随机变量之和的情况);

(4) 若 X 和 Y 相互独立,则有 $E(XY)=E(X)E(Y)$(可以推广到有限个相互独立的随机变量之积的情况).

上述数学期望的性质同样适用于连续型随机变量.

例8 假设有一批产品共 20 000 件,其中有 1 000 件次品,从中抽取 200 件进行检查,求查出的次品数的数学期望.

解 设 X 为查出的次品数,令

$$X_i=\begin{cases}1, & \text{第 } i \text{ 件产品为次品,}\\ 0, & \text{第 } i \text{ 件产品为合格品}\end{cases} \quad (i=1,2,\cdots,200).$$

则 $X=X_1+X_2+\cdots+X_{200}$,X_i 的分布律为(表11-10)

表11-10

X_i	0	1
p	$\dfrac{19}{20}$	$\dfrac{1}{20}$

其期望为 $E(X_i) = 0 \times \dfrac{19}{20} + 1 \times \dfrac{1}{20} = \dfrac{1}{20}$ $(i = 1, 2, \cdots, 200)$.

根据随机变量数学期望的性质(3)可得

$$E(X) = E(X_1 + X_2 + \cdots + X_{200}) = 200 \times \frac{1}{20} = 10.$$

此题直接求 $E(X)$ 比较困难,我们将 X 分解为 n 个简单的随机变量 X_i 的和,先求出 $E(X_i)$,再利用期望的加法性质将 n 个 $E(X_i)$ 累加起来即为 $E(X)$.这种化繁为简的处理手法在实际问题求解中是非常有效的.

2. 离散型随机变量的方差

随机变量的数学期望反映了随机变量取值的平均水平,比如用随机变量表示某种产品的质量参数,它的期望 $E(X)$ 是产品平均质量水平的表征,为了进行质量控制,经营者还需要用 X 的取值与其期望 $E(X)$ 的偏离程度来衡量产品质量是否稳定,如果偏离程度小,说明产品质量稳定,反之则说明需要通过改进生产工艺和技术,提高产品质量.在实际应用时可以用方差来度量这一偏离程度.

> **定义 4** 设 X 是一个随机变量,若
> $$E[X - E(X)]^2$$
> 存在,则称其为 X 的**方差**,记为 $D(X)$ 或 $\mathrm{Var}(X)$,即
> $$D(X) = E[X - E(X)]^2.$$

定义 4 适用于离散型随机变量和连续型随机变量.方差的数值越大,X 的取值越分散,与 $E(X)$ 的偏离程度越大;方差的数值越小,X 的取值越集中,与 $E(X)$ 的偏离程度越小.同时定义 $\sigma(X) = \sqrt{D(X)}$ 为 X 的**标准差**或**均方差**.X 的标准差的尺度和单位与 X 的尺度和单位相同,即如果 X 的单位是 mm,那么 $\sigma(X)$ 的单位也是 mm,所以实际度量这种偏离程度时常常使用标准差.

方差

显然随机变量 X 的方差就是定义在 X 上的函数 $[X - E(X)]^2$ 的数学期望,利用数学期望的性质可以导出方差的一般计算公式为

$$D(X) = E(X^2) - [E(X)]^2.$$

对于离散型随机变量 X,设其分布律为 $P(X = x_k) = p_k, k = 1, 2, \cdots$,则

$$D(X) = \sum_{k=1}^{+\infty} [x_k - E(X)]^2 p_k.$$

例 9 设离散型随机变量 X 的分布律为(表 11-11)

表 11-11

X	-1	0	1	2
p	0.2	0.1	0.3	0.4

求 $(1) E(X), (2) D(X)$.

解　(1) $E(X) = (-1) \times 0.2 + 0 \times 0.1 + 1 \times 0.3 + 2 \times 0.4 = 0.9$.

(2) 根据方差的一般计算公式 $D(X) = E(X^2) - [E(X)]^2$, 先求得
$$E(X^2) = (-1)^2 \times 0.2 + 0^2 \times 0.1 + 1^2 \times 0.3 + 2^2 \times 0.4 = 2.1,$$
则
$$D(X) = E(X^2) - [E(X)]^2 = 2.1 - 0.9^2 = 1.29.$$

由数学期望的性质可以证明方差具有以下性质 (设 X 和 Y 是随机变量, $D(X), D(Y)$ 均存在):

(1) 若 k 为常数, 则 $D(k) = 0$;

(2) 若 k 为常数, 则 $D(kX) = k^2 D(X)$;

(3) $D(X+Y) = D(X) + D(Y) + 2E[(X-E(X))(Y-E(Y))]$.

特别地, 当 X 和 Y 相互独立时, 有
$$D(X+Y) = D(X) + D(Y).$$

若随机变量 $X_1, X_2, \cdots, X_n$ 相互独立, 则
$$D(X_1 + X_2 + \cdots + X_n) = D(X_1) + D(X_2) + \cdots + D(X_n).$$

方差的性质适用于离散型随机变量和连续型随机变量.

例 10　设 X, Y 是相互独立的随机变量, $D(X)$ 和 $D(Y)$ 均存在, h 是常数, 利用方差的性质化简 $(1) D(-X); (2) D(X+h); (3) D(X-Y)$.

解　(1) $D(-X) = D[(-1)X] = (-1)^2 D(X) = D(X)$;

(2) $D(X+h) = D(X) + D(h) = D(X) + 0 = D(X)$;

(3) $D(X-Y) = D(X) + D(Y)$.

表 11-12 给出了离散型随机变量的三种重要分布的期望和方差.

表 11-12

分布	分布律	数学期望	方差
$(0-1)$ 分布	$P(X=0) = 1-p,$ $P(X=1) = p$	p	$p(1-p)$
二项分布 $X \sim b(n,p)$	$P(X=k) = C_n^k p^k (1-p)^{n-k},$ $k = 0, 1, 2, \cdots, n$	np	$np(1-p)$
泊松分布 $X \sim \pi(\lambda)$	$P(X=k) = \dfrac{\lambda^k e^{-\lambda}}{k!},$ $k = 0, 1, 2, \cdots$	λ	λ

习题 11-3

1. 判断下列给出的形式是否是离散型随机变量的概率分布.

（1）

X	1	2	3	4
p	0.4	−0.1	0.5	0.2

（2）

X	1	2	$\cdots$	n	$\cdots$
p	$\dfrac{2}{3}$	$\dfrac{2}{3}\times\dfrac{1}{3}$	$\cdots$	$\dfrac{2}{3}\times\left(\dfrac{1}{3}\right)^{n-1}$	$\cdots$

2. 设随机变量 X 的分布律为 $P(X=k)=\dfrac{k}{10}, k=1,2,3,4$，求

（1）$P(X=3)$；　　（2）$P(1.5\leqslant X\leqslant 3)$；　　（3）$P(X\geqslant 3)$；　　（4）分布函数 $F(x)$.

3. 设离散型随机变量 X 的分布函数为

$$F(x)=\begin{cases} 0, & x<1, \\ 1/8, & 1\leqslant x<3, \\ 1/4, & 3\leqslant x<5, \\ m, & x\geqslant 5. \end{cases}$$

求：（1）m 的值；（2）$P(2.3\leqslant X<4.5)$；（3）X 的分布律.

4. 一家仪表厂生产的某种仪表中 1% 存在缺陷，任取 100 台仪表，求正好有两台存在缺陷的概率. 使用两种方法：（1）二项分布；（2）对二项分布的泊松近似.

5. 甲乙两种品牌的台灯，它们的寿命（单位:h）X,Y 的分布律如下（表 11-13）

表 11-13

X	900	1 000	1 100
p	0.1	0.8	0.1
Y	950	1 000	1 050
p	0.3	0.4	0.3

求 $E(X),E(Y),D(X),D(Y)$，并确定哪种品牌的台灯质量好.

6. 设随机变量 X 的分布律为 $P(X=k)=\dfrac{1}{5}, k=1,2,3,4,5$，求：$E(X),E(X^2)$，$E(X+1)^2,D(X)$.

第四节　连续型随机变量的概率分布及数字特征

一、连续型随机变量的概率分布

连续型随机变量的所有取值是不能够一一列出的，所以它们的概率分布情况无法用

分布律刻画.

（一）连续型随机变量的分布函数

> **定义** 如果对于随机变量 X 的分布函数 $F(x)$，存在非负可积函数 $f(x)$，使得对于任意实数 x 有
>
> $$F(x) = \int_{-\infty}^{x} f(t)\,\mathrm{d}t,$$
>
> 那么称 X 为**连续型随机变量**，其中，函数 $f(x)$ 称为 X 的**概率密度函数**，或简称为**概率密度**.

由微积分的知识可知，连续型随机变量 X 的分布函数 $F(x)$ 是连续函数，而且是从 0 连续单调递增到 1 的函数.由于等式

$$P(k \leqslant X \leqslant k) = P(X = k) = \int_{k}^{k} f(x)\,\mathrm{d}x = 0 \ (k \text{ 为常数})$$

显然成立，所以对于连续型随机变量 X，它取任一实数值 k 的概率为 0.这还表明虽然不可能事件的概率为 0，但概率为 0 的事件不一定是不可能事件，因为事件 $(X=k)$ 是完全可能发生的.

基于以上结论，在计算连续型随机变量位于某一区间的概率时，就不需要区分该区间是闭区间或开区间或半开半闭区间了，也就是说

$$P(a \leqslant X \leqslant b) = P(a < X < b) = P(a < X \leqslant b)$$
$$= P(a \leqslant X < b) = F(b) - F(a) = \int_{a}^{b} f(x)\,\mathrm{d}x,$$

其中 a,b 为常数，且 $a < b$.

概率密度 $f(x)$ 完整地描述了连续型随机变量的概率分布情况，它具有以下重要性质：

（1）非负性：$f(x) \geqslant 0$；

（2）完备性：$\int_{-\infty}^{+\infty} f(x)\,\mathrm{d}x = 1$；

（3）如果 $f(x)$ 在点 x 处连续，则有 $F'(x) = f(x)$.

例 1 设连续型随机变量 X 的概率密度为

$$f(x) = \begin{cases} kx^2, & 0 \leqslant x < 3, \\ 0, & \text{其他}. \end{cases}$$

求（1）常数 k；（2）X 的分布函数 $F(x)$；（3）$P(1 < X < 2)$.

分布函数及其性质

解 （1）由概率密度的性质可知 $k \geqslant 0$，且

$$1 = \int_{-\infty}^{+\infty} kx^2\,\mathrm{d}x = \int_{0}^{3} kx^2\,\mathrm{d}x = \frac{1}{3}kx^3 \Big|_{0}^{3} = 9k,$$

所以 $k = \dfrac{1}{9}$.

（2）注意到分布函数 $F(x)$ 是概率累积函数，且是右连续的，所以

$$F(x) = \begin{cases} 0, & x < 0, \\ \int_0^x \frac{1}{9}t^2\,\mathrm{d}t, & 0 \leqslant x < 3, \\ \int_0^3 \frac{1}{9}t^2\,\mathrm{d}t, & x \geqslant 3 \end{cases} = \begin{cases} 0, & x<0, \\ \dfrac{x^3}{27}, & 0 \leqslant x<3, \\ 1, & x \geqslant 3. \end{cases}$$

（3）方法一　$P(1 < X < 2) = \int_1^2 \frac{1}{9}x^2\,\mathrm{d}x = \frac{7}{27}$（利用概率密度计算）；

方法二　$P(1<X<2) = F(2) - F(1) = \frac{8}{27} - \frac{1}{27} = \frac{7}{27}$（利用分布函数计算）.

例 2　设连续型随机变量 X 的分布函数为

$$F(x) = \begin{cases} 0, & x<-1, \\ ax+b, & -1 \leqslant x<2, \\ 1, & x \geqslant 2. \end{cases}$$

试确定常数 a,b 的值，并求 X 的概率密度 $f(x)$.

解　因为 $F(x)$ 连续，所以

$$\lim_{x \to -1}(ax+b) = 0, \text{得 } b-a=0,$$

且

$$\lim_{x \to 2}(ax+b) = 1, \text{得 } 2a+b=1,$$

解得 $a=b=\dfrac{1}{3}$，即

$$F(x) = \begin{cases} 0, & x<-1, \\ \dfrac{1}{3}x + \dfrac{1}{3}, & -1 \leqslant x<2, \\ 1, & x \geqslant 2. \end{cases}$$

对 $F(x)$ 求导，即得

$$f(x) = \begin{cases} \dfrac{1}{3}, & -1 \leqslant x<2, \\ 0, & \text{其他}. \end{cases}$$

（二）连续型随机变量的三种重要分布

1. 均匀分布

设连续型随机变量 X 的概率密度为

$$f(x) = \begin{cases} \dfrac{1}{b-a}, & a<x<b, \\ 0, & \text{其他}. \end{cases}$$

则称 X 在区间 (a,b) 内服从**均匀分布**,记为 $X \sim U(a,b)$.相应的分布函数为

$$F(x) = \begin{cases} 0, & x < a, \\ \dfrac{x-a}{b-a}, & a \leqslant x < b, \\ 1, & x \geqslant b. \end{cases}$$

显然 $f(x) \geqslant 0$,且 $\displaystyle\int_{-\infty}^{+\infty} f(x)\mathrm{d}x = \int_a^b \dfrac{1}{b-a}\mathrm{d}x = 1$.

均匀分布反映了 X 取值于区间 (a,b) 的任意相等长度的子区间内的概率是相等的,所谓的"均匀"指的就是这种等可能性.对于任意的 $(k,k+l) \subset (a,b)$,有

$$P(k < x < k+l) = \int_k^{k+l} \dfrac{1}{b-a}\mathrm{d}x = \dfrac{l}{b-a}.$$

此概率只与子区间 $(k,k+l)$ 的长度 l 有关,与子区间 $(k,k+l)$ 在 (a,b) 内所处的位置无关.

例 3 设某班次长途客车随机地在上午 9 点 20 分到 9 点 50 分之间停靠 A 站,且客车在其间任意时刻到达 A 站的可能性相等,一位乘客 9 点 20 至 9 点 40 分之间任意时刻到 A 站等候该次客车,求他不超过 10 min 就能坐上车的概率.

解 设乘客的候车时间为随机变量 X,显然 $X \sim U(9:20, 9:50)$,概率密度函数为

$$f(x) = \begin{cases} \dfrac{1}{30}, & 9:20 \leqslant x \leqslant 9:50, \\ 0, & \text{其他.} \end{cases}$$

乘客候车时间不超过 10 min 的概率与他何时开始候车无关,事件对应的概率为

$$P(0 \leqslant X \leqslant 10) = \int_0^{10} \dfrac{1}{30}\mathrm{d}x = \dfrac{10}{30} = \dfrac{1}{3}.$$

2. 指数分布

设连续型随机变量 X 的密度函数为

$$f(x) = \begin{cases} \lambda \mathrm{e}^{-\lambda x}, & x > 0, \\ 0, & x \leqslant 0. \end{cases}$$

其中 $\lambda > 0$ 为常数,则称 X 服从参数为 λ 的**指数分布**,记为 $X \sim e(\lambda)$.

显然 $f(x) \geqslant 0$,可以证明 $\displaystyle\int_{-\infty}^{+\infty} f(x)\mathrm{d}x = \int_0^{+\infty} \lambda \mathrm{e}^{-\lambda x}\mathrm{d}x = 1$.指数分布的分布函数为

$$F(x) = \begin{cases} 1 - \mathrm{e}^{-\lambda x}, & x > 0, \\ 0, & x \leqslant 0. \end{cases}$$

指数分布在现实中有着非常广泛的应用,如旅客进机场的时间间隔,产品的无故障运行期,短期记忆的持续时间,克隆体生理年龄的演变等,都可视为服从指数分布.

例 4 工厂生产的某种设备的寿命 X(以年为单位)服从参数为 2 的指数分布,求:(1)寿命在 1 年到 3 年之间的概率;(2)寿命超过 5 年(不包含 5 年)的概率;(3)在已经使用了 a 年的前提条件下,还可以继续使用至少 b 年的概率.

解 X 的概率密度为 $f(x) = \begin{cases} 2e^{-2x}, & x>0, \\ 0, & x\le 0, \end{cases}$ 分布函数为 $F(x) = \begin{cases} 1-e^{-2x}, & x>0, \\ 0, & x\le 0. \end{cases}$

（1）$P(1 < X < 3) = \int_1^3 2e^{-2x}\mathrm{d}x = -e^{-2x}\Big|_1^3 = e^{-2} - e^{-6}$（利用概率密度计算）；

（2）$P(X>5) = 1 - P(X\le 5) = 1 - F(5) = 1 - (1 - e^{-10}) = e^{-10}$（利用分布函数计算）；

（3）$P(X\ge a+b \mid X>a) = \dfrac{P((X\ge a+b)\cap(X>a))}{P(X>a)} = \dfrac{P(X\ge a+b)}{P(X>a)}$

$$= \frac{1-F(a+b)}{1-F(a)} = \frac{e^{-2(a+b)}}{e^{-2a}} = e^{-2b}.$$

而 $P(X\ge b) = 1 - F(b) = e^{-2b}$，由此可见"设备的寿命至少为 b 年"的概率与"在已经使用了 a 年的前提条件下，还可以继续使用至少 b 年"的概率相等.即设备对它已使用过的 a 年没有记忆，在使用了 a 年后，不会影响以后的寿命值.这一特性称为**指数分布的无记忆性**.

3. 正态分布

如果连续型随机变量 X 的概率密度为

$$f(x) = \frac{1}{\sqrt{2\pi}\,\sigma}e^{-\frac{(x-\mu)^2}{2\sigma^2}}, \quad -\infty < x < +\infty,$$

其中 μ,σ 均为常数，且 $\sigma>0$，那么称 X 服从参数为 μ,σ 的**正态分布**，记作 $X\sim N(\mu,\sigma^2)$.其分布函数为

$$F(x) = \frac{1}{\sqrt{2\pi}\,\sigma}\int_{-\infty}^x e^{-\frac{(t-\mu)^2}{2\sigma^2}}\mathrm{d}t.$$

正态分布又称为高斯（Gauss）分布，是 19 世纪德国数学家高斯研究误差理论时首先发现的，正态分布的概率密度 $f(x)$ 称为正态曲线，它是一条两头低，中间高，左右对称的"钟"型曲线，它具有以下性质：

（1）$f(x)$ 是定义在全体实数上的非负连续函数，正态曲线是位于 x 轴上方的连续曲线；

（2）正态曲线与 x 轴之间的区域面积等于 1，即

$$\int_{-\infty}^{+\infty} \frac{1}{\sqrt{2\pi}\,\sigma}e^{-\frac{(x-\mu)^2}{2\sigma^2}}\mathrm{d}x = 1;$$

（3）因为 $f(x)>0$，$\lim\limits_{x\to\infty} f(x) = 0$，所以正态曲线以 x 轴为水平渐近线；

（4）正态曲线以 $x=\mu$ 为对称轴，即对于任意 $h>0$，总有 $f(\mu-h) = f(\mu+h)$.图 11-1 绘出了方差 σ^2 相同，期望 μ 分别为 $\mu_1<\mu_2$ 的两条正态曲线，可以看到，当 σ 固定，μ 变化时，正态曲线沿 x 轴左右平移，且曲线形状不变，所以也称 μ 为位置参数，当 $\mu=0$ 时，正态曲线关于 y 轴对称；

（5）正态曲线在 $x=\mu\pm\sigma$ 处有拐点，$f(x)$ 在 $x=\mu$ 处取最大值 $f_{\max}(x) = \dfrac{1}{\sqrt{2\pi}\,\sigma}$，图 11-2 绘出了期望 μ 相同，$\sigma_1<\sigma_2$ 的两条正态曲线，可以看到，当 μ 固定时，σ 越大，$f_{\max}(x)$ 越小，

即图形越平坦，X 落在 μ 附近的概率越小.反之，σ 越小，$f_{\max}(x)$ 越大，即图形越尖，X 落在 μ 附近的概率越大.

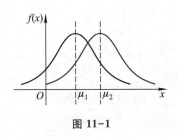

图 11-1

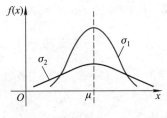

图 11-2

特别地，当 $\mu=0$ 且 $\sigma=1$ 时，正态分布被称为**标准正态分布**，对应的概率密度和分布函数分别用 $\varphi(x)$ 和 $\Phi(x)$ 表示，

$$\varphi(x)=\frac{1}{\sqrt{2\pi}}\mathrm{e}^{-\frac{x^2}{2}}, \quad -\infty<x<+\infty,$$

$$\Phi(x)=\frac{1}{\sqrt{2\pi}}\int_{-\infty}^{x}\mathrm{e}^{-\frac{t^2}{2}}\mathrm{d}t.$$

标准正态曲线如图 11-3 所示.

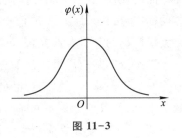

由 $\varphi(x)$ 关于 y 轴对称的性质可知：$\Phi(-x)=1-\Phi(x)$.

图 11-3

在计算一般正态分布的概率时，通常是先将其转化为标准正态分布，这一过程称为正态分布的标准化.设 $X\sim N(\mu,\sigma^2)$，将其标准化的转化公式为

$$P(X\leqslant x)=F(x)=\Phi\left(\frac{x-\mu}{\sigma}\right)$$

及

$$P(x_1<X\leqslant x_2)=F(x_2)-F(x_1)=\Phi\left(\frac{x_2-\mu}{\sigma}\right)-\Phi\left(\frac{x_1-\mu}{\sigma}\right),$$

然后在"标准正态分布表"中找到与 $\dfrac{x-\mu}{\sigma}$ 对应的概率值.

例 5 设 $X\sim N(5,2^2)$，求：(1) $P(X\leqslant7)$；(2) $P(X>-1)$；(3) $P(|X+1|<1)$.

解 依题意可知 $\mu=5,\sigma=2$.

(1) $P(X\leqslant7)=F(7)=\Phi\left(\dfrac{7-\mu}{\sigma}\right)=\Phi\left(\dfrac{7-5}{2}\right)=\Phi(1)=0.841\,3$；

(2) $P(X>-1)=1-P(X\leqslant-1)=1-\Phi\left(\dfrac{-1-5}{2}\right)$

$\qquad =1-\Phi(-3)=1-[1-\Phi(3)]=\Phi(3)=0.998\,7$；

(3) $P(|X+1|<1)=P(-1<X+1<1)=P(-2<X<0)=F(0)-F(-2)$

$\qquad =\Phi\left(\dfrac{0-5}{2}\right)-\Phi\left(\dfrac{-2-5}{2}\right)=\Phi(-2.5)-\Phi(-3.5)$

正态分布的概率计算

$$= [1-\Phi(2.5)]-[1-\Phi(3.5)] = \Phi(3.5)-\Phi(2.5)$$
$$= 0.999\ 8 - 0.993\ 8 = 0.006\ 0.$$

例6 已知 $X \sim N(\mu, \sigma^2)$，求 $P(\mu-k\sigma < X < \mu+k\sigma)$，$k=1,2,3$.

解 （1）$P(\mu-\sigma < X < \mu+\sigma) = F(\mu+\sigma) + F(\mu-\sigma) = \Phi\left(\dfrac{\mu+\sigma-\mu}{\sigma}\right) - \Phi\left(\dfrac{\mu-\sigma-\mu}{\sigma}\right)$
$$= \Phi(1) - \Phi(-1) = 2\Phi(1) - 1 = 68.26\%;$$

（2）$P(\mu-2\sigma < X < \mu+2\sigma) = F(\mu+2\sigma) + F(\mu-2\sigma) = 2\Phi(2) - 1 = 95.44\%;$

（3）$P(\mu-3\sigma < X < \mu+3\sigma) = F(\mu+3\sigma) + F(\mu-3\sigma) = 2\Phi(3) - 1 = 99.74\%.$

从例6可以看到，虽然 X 的取值范围是 $(-\infty, +\infty)$，但是 X 取值于区间 $(\mu-3\sigma, \mu+3\sigma)$ 内几乎是绝对的，这就是所谓的"3σ 法则"，在企业管理中，"3σ 法则"广泛应用于产品的质量控制，如果产品质量参数 $X \sim N(\mu, \sigma^2)$，μ 为质量参数的平均值，σ 为质量参数的标准差，几乎所有 X 取值于区间 $(\mu-3\sigma, \mu+3\sigma)$ 内，则说明产品的质量比较稳定，如果大量产品的质量参数在该区间之外，则说明生产工艺需要改进.

正态分布是应用最广泛的连续型概率分布，生产实践和生活实践中有很多量都可以看作服从正态分布，例如，产品的数量指标（体积、重量、直径、长度等）；人体生理特征的数量指标；弹着点沿某一方向的偏差；飞机材料的疲劳应力；某一地区的年降水量，等等．一般地，一个变量如果受到大量微小的独立的随机因素的影响，且每个因素所起的作用都不大，那么，就可将该变量视为服从正态分布的随机变量.

二、连续型随机变量的数字特征

1. 连续型随机变量的数学期望

离散型随机变量的数学期望

设连续型随机变量 X 的概率密度为 $f(x)$，若反常积分 $\displaystyle\int_{-\infty}^{+\infty} x f(x)\,\mathrm{d}x$ 绝对收敛，则称该积分为连续型随机变量 X 的**数学期望**，简称期望或均值，记为 $E(X)$，即

$$E(X) = \int_{-\infty}^{+\infty} x f(x)\,\mathrm{d}x.$$

例7 设随机变量 $X \sim U(a, b)$，求 $E(X)$.

解 $E(X) = \displaystyle\int_{-\infty}^{+\infty} x f(x)\,\mathrm{d}x = \int_a^b \dfrac{x}{b-a}\,\mathrm{d}x = \dfrac{x^2}{2(b-a)}\Big|_a^b = \dfrac{b^2-a^2}{2(b-a)} = \dfrac{a+b}{2}.$

可以推出：若 $X \sim N(\mu, \sigma^2)$，则 $E(X) = \mu$；

若 $X \sim e(\lambda)$，则 $E(X) = \dfrac{1}{\lambda}.$

例8 设随机变量 $X \sim N(-2, 9)$，$Y \sim e\left(\dfrac{1}{3}\right)$，$Z \sim U(2, 6)$，且 X, Y, Z 相互独立，求随机变量 $W = (2X+Y)(2Z-1)$ 的数学期望.

解 易知 $E(X) = -2$，$E(Y) = 3$，$E(Z) = 4$，由数学期望的性质和 X, Y, Z 相互独立的条件可得

$$E(W) = E\left[(2X+Y)(2Z-1)\right] = E(4XZ-2X+2YZ-Y)$$
$$= 4E(X)E(Z)-2E(X)+2E(Y)E(Z)-E(Y)$$
$$= 4\times(-2)\times4-2\times(-2)+2\times3\times4-3 = -7.$$

2. 连续型随机变量的方差

设连续型随机变量 X 的概率密度为 $f(x)$, 若反常积分 $\int_{-\infty}^{+\infty}\left[x-E(X)\right]^2 f(x)\mathrm{d}x$ 绝对

收敛, 则称该积分为连续型随机变量 X 的**方差**, 即

$$D(X) = E\left[X-E(X)\right]^2 = \int_{-\infty}^{+\infty}\left[x-E(X)\right]^2 f(x)\mathrm{d}x.$$

常用的连续型随机变量的方差

例 9 设 $X \sim U(a,b)$, 求 $D(X)$.

解 根据方差的一般计算公式 $D(X) = E(X^2)-[E(X)]^2$, 先求得

$$E(X^2) = \int_a^b x^2 \frac{1}{b-a}\mathrm{d}x = \frac{a^2+ab+b^2}{3},$$

已知 $E(X) = \frac{a+b}{2}$, 于是

$$D(X) = E(X^2)-\left[E(X)\right]^2 = \frac{a^2+ab+b^2}{3}-\left(\frac{a+b}{2}\right)^2 = \frac{(b-a)^2}{12}.$$

容易推出:(1) 若 $X \sim N(\mu,\sigma^2)$, 则 $D(X) = \sigma^2$, 且 X 的标准差 $\sqrt{D(X)} = \sigma$;

(2) 若 $X \sim e(\lambda)$, 则 $D(X) = \frac{1}{\lambda^2}$.

例 10 设随机变量 $X \sim N(-2,9)$, $Y \sim e\left(\frac{1}{3}\right)$, $Z \sim U(2,6)$, 且 X,Y,Z 相互独立, 求随机

变量 $W = 2X+Y-3Z$ 的方差.

解 易知 $D(X) = 9$, $D(Y) = 9$, $D(Z) = \frac{4}{3}$. 由方差的性质和 X,Y,Z 相互独立的条件

可得

$$D(W) = D(2X+Y-3Z) = D(2X)+D(Y)+D(-3Z)$$
$$= 4D(X)+D(Y)+9D(Z)$$
$$= 4\times9+9+9\times\frac{4}{3} = 57.$$

习题 11-4

1. 设连续型随机变量 X 的概率密度为

$$f(x) = \begin{cases} m\cos x, & |x| \leqslant \dfrac{\pi}{2}, \\ 0, & \text{其他}. \end{cases}$$

试确定常数 m 的值, 并求 $P\left(0 < x \leqslant \dfrac{\pi}{4}\right)$.

2. 设随机变量 X 在区间 $(2,8)$ 内连续取值,且取得区间内任意值的可能性相等,求 X 落在区间 $[3,5]$ 上的概率.

3. 设乘客在某火车站售票窗口买票的等待时间服从参数 $\lambda = \dfrac{1}{10}$ 的指数分布,求一位乘客买票的等待时间不超过 5 分钟的概率.

4. 设 $X \sim N(0,1)$,查表求下列概率值:

(1) $P(X \leqslant 0.5)$;   (2) $P(1 \leqslant X \leqslant 1.5)$;   (3) $P(|X| \leqslant 1)$;   (4) $P(|X| \geqslant 1.5)$.

5. 某工厂生产的一种零件的长度(mm)服从参数为 $\mu = 210$,$\sigma^2 = 0.64$ 的正态分布,规定零件长度的出厂标准为 210 ± 1.6(mm),不合标准的需要返工,求任意一个零件需要返工的概率.

6. 连续型随机变量 X 的概率密度为

$$f(x) = \begin{cases} \dfrac{1}{2}x, & 0 < x < 2, \\ 0, & \text{其他}. \end{cases}$$

求 $E(X)$,$D(X)$.

第五节　数学实验十一　用 MATLAB 求数字特征

对于常见的概率分布的计算,MATLAB 的统计工具箱中提供了以下两类函数(表 11-14、表 11-15).

一、累积分布函数(cdf)

表 11-14

概率分布	泊松分布	二项分布	均匀分布	指数分布	正态分布
函数关键字	poisscdf	binocdf	unifcdf	expcdf	normcdf

例 1 已知 $X \sim N(2,9)$,求 $P(X>1)$.

在 MATLAB 指令窗口中输入以下指令

$\gg$ 1-normcdf(1,2,3)

ans =

    0.6306

即 $P(X>1) = 0.630\,6$.

二、概率密度函数(pdf)

表 11-15

概率分布	泊松分布	二项分布	均匀分布	指数分布	正态分布
函数关键字	poisspdf	binopdf	unifpdf	exppdf	normpdf

例2 某厂的产品在出厂前必须通过抽样检测,并且每天抽样 200 件,假设次品率为 2%,求一天内没有发现次品的概率.

在 MATLAB 指令窗口中输入以下指令

≫ binopdf(0,200,0.02)

ans =

0.0176

即一天内没有发现次品的概率为 0.017 6.

三、运用 MATLAB 求均值与方差

在 MATLAB 的工具箱中,以 stat 结尾的函数可以计算给定参数的某种分布的均值与方差(表 11-16):

表 11-16

概率分布	泊松分布	二项分布	均匀分布	指数分布	正态分布
函数关键字	poissstat	binostat	unifstat	expstat	normstat

例3 已知随机变量 $X \sim N(5,9)$,求 $E(X)$,$D(X)$.

在 MATLAB 指令窗口中输入以下指令:

≫ [m,v]=normstat(5,3)

m =

5

v =

9

即 $E(X) = 5$,$D(X) = 9$.

习题 11-5

1. 运用 MATLAB 求解下列概率问题.

(1) $X \sim b(100,0.3)$,求 $P(X=20)$;　　　(2) $X \sim N(0,1)$,求 $P(-1 \leqslant X \leqslant 1)$.

2. 运用 MATLAB 求下列分布的均值与方差.

（1）$X \sim b(100, 0.3)$；　　　　　　　　　（2）$X \sim N(4, 25)$.

复习题十一

1. 选择题.

（1）设 A, B 为随机事件,且 $P(AB) > 0$,则下列说法正确的是(　　).

    A. A, B 互不相容　　　　　　　　　　B. A 与 B 为对立事件

    C. A 与 B 有可能相互独立　　　　　　D. A 或 B 为不可能事件

（2）设 $P(A) > 0, 0 < P(B) < 1$,且 $P(A \mid B) = P(A \mid \overline{B})$,则有(　　).

    A. $P(AB) \neq P(A)P(B)$　　　　　　　　B. $P(AB) = P(A)P(B)$

    C. $P(B \mid A) = P(B \mid \overline{A})$　　　　　　　D. $P(B \mid A) \neq P(B \mid \overline{A})$

（3）设 $X \sim \pi(\lambda)$,且 $P(X = 0) = \mathrm{e}^{-1}$,则 $P(X = 5) = ($　　$)$.

    A. e^{-5}　　　　B. $\dfrac{\mathrm{e}^{-1}}{5!}$　　　　C. $5\mathrm{e}^{-1}$　　　　D. $\dfrac{\mathrm{e}^{-5}}{5!}$

（4）某工人生产的零件废品率为 0.02,他生产的 20 个零件中不超过两件废品的概率为(　　).

    A. $\mathrm{C}_{20}^2 0.02^2\, 0.98^{18}$

    B. $\mathrm{C}_{20}^1 0.02^1\, 0.98^{19} + \mathrm{C}_{20}^2 0.02^2\, 0.98^{18}$

    C. $\mathrm{C}_{20}^0 0.02^0\, 0.98^{20} + \mathrm{C}_{20}^1 0.02^1\, 0.98^{19} + \mathrm{C}_{20}^2 0.02^2\, 0.98^{18}$

    D. $1 - \mathrm{C}_{20}^0 0.02^0\, 0.98^{20} + \mathrm{C}_{20}^1 0.02^1\, 0.98^{19} + \mathrm{C}_{20}^2 0.02^2\, 0.98^{18}$

（5）设随机变量 X, Y 独立,且 $X \sim N(\mu_1, \sigma_1^2)$, $X \sim N(\mu_2, \sigma_2^2)$,则 $D(X - Y)$, $D(aX \pm bY)$, $E(aX - bY)$ 分别等于(　　).

    A. $\sigma_1^2 + \sigma_2^2, a^2\sigma_1^2 - b^2\sigma_2^2, a\mu_1 - b\mu_2$　　　　　B. $\sigma_1^2 - \sigma_2^2, a^2\sigma_1^2 + b^2\sigma_2^2, a\mu_1 - b\mu_2$

    C. $\sigma_1^2 + \sigma_2^2, a^2\sigma_1^2 + b^2\sigma_2^2, a\mu_1 - b\mu_2$　　　　　D. $\sigma_1^2 + \sigma_2^2, a^2\sigma_1^2 + b^2\sigma_2^2, a\mu_1 + b\mu_2$

2. 填空题.

（1）已知 $P(A) = 0.2, P(B) = 0.4$.

当 A, B 互不相容时, $P(A + B) = $ _____, $P(AB) = $ _____;

当 A, B 相互独立时, $P(A + B) = $ _____, $P(AB) = $ _____;

当 $A \subset B$ 时, $P(A + B) = $ _____, $P(AB) = $ _____.

（2）已知 A, B 互为对立事件,则 $P(\overline{A} + \overline{B}) = $ _____.

（3）已知随机变量 X 的分布函数为 $F(x) = P(X \leqslant x)$,则 $P(a < X \leqslant b) = $ _____, $F(0) = $ _____, $P(X > 1) = $ _____.

（4）设 $X \sim N(8, 9)$,则 $P(14 < X < 20)$ 可用 $\varPhi(x)$ 表示为_____.

（5）随机变量 $X \sim \pi(\lambda)$,且 $P(X = 2) = 2\mathrm{e}^{-2}$,则 $D(3X) = $ _____.

3. 八位患者分别手持从 1 号到 8 号的号牌候诊,任选 3 人,求 3 人手中号牌的号码

（1）最小为 4 的概率；　　（2）最大为 4 的概率.

4. 一张圆桌围着九把椅子,九位好友聚餐,座位随意选择,求其中唯一一对兄弟座位相邻的概率.

5. 在数字通讯中,信号由数字 0 和 1 编码,假设按位传输,由于外部干扰的原因,发送 0 时可能接收到 1,发送 1 时可能接收到 0,已知发送 0 或 1 的概率相同,且接收到正确信号的概率为 0.9,求发送一位信号时,接收到的信号为 1 的概率.

6. 经验表明,当设备运行良好时,产品的合格率为 0.9,当设备出现非死机故障时,产品的合格率为 0.5,假设设备运行良好的概率为 0.8,求生产出的任一产品是合格品的概率.

7. 一份试卷上有 10 道是非判断题,求至少猜对 8 道题答案的概率.

8. 某工厂生产导水管的垫圈,假设垫圈内半径服从正态分布,以往的数据表明垫圈内半径的平均值为 25 mm,标准差为 0.2 mm,规定内半径的最大允许范围是从 24.6 mm 到 25.4 mm,否则认为不合格,求成品垫圈中的不合格率.

9. 设连续型随机变量 X 的概率密度为

$$f(x)=\begin{cases} \dfrac{3}{4}(2x-x^2), & 0<x<2, \\ 0, & \text{其他}. \end{cases}$$

求 $E(X),D(X)$.

10. 已知投资一个项目的收益率 R 是一个随机变量,其分布为(表 11-17)

表 11-17

R	1%	2%	3%	4%	5%	6%
p	0.1	0.1	0.2	0.3	0.2	0.1

一位投资者在该项目上投资 10 万元,求他预期获得的收入是多少? 收入的标准差是多少?

扫一扫,看答案

第十二章　数理统计初步

概率论是用已给的随机变量及其概率分布来全面描述随机现象的统计规律.然而,在实际问题中,对一个随机变量并不一定知道其分布,因此我们必须对某些研究对象进行观察,抽取其中一部分进行分析,然后根据其结果对全体的情况进行推断.这种由局部论及全体的方法即为统计方法,研究由局部特征推断全体的方法,是数理统计研究的主要内容.

数理统计研究的两个主要问题:一是抽样问题,二是如何对抽样得到的数据进行合理的分析,对全体作出科学的推断.

第一节　抽样及其分布

一、总体、个体、样本

引例 1　要了解 A 城市居民 2005 年收入情况,一般不会花费很多人力物力去——调查,而是采取抽样调查的方法,即抽查该城市一小部分居民的收入情况.例如抽取 1 000 个人,统计他们 2005 年的收入,由此推断该城市居民的年收入状况.

引例 2　测试某品牌电视机的开箱合格率,从一批产品中任意抽取 3 台开箱测试.

上面这些例子都有一个共同的特点,就是为了研究某个对象的性质,不是——研究对象包含的所有个体,而是只研究其中的一部分.通过对这部分个体的研究,推断对象全体的性质,这就引出了总体和样本的概念.

在数理统计学中,把研究对象的全体称为**总体**,而组成总体的基本单位称为**个体**.从总体中抽取出来的个体称为**样品**,若干样品组成的集合称为**样本**,一个样本中所含样品的个数称为**样本的容量**(或大小).总体中所含样本的个数可以是有限的,也可以是无限的.

如在引例 1 中,城市居民 2005 年的收入,是我们要研究的对象,就是总体.城市中每一个居民 2005 的年收入,就是一个个体.总体中随机抽取出来的一个城市居民的年收入,就是一个样品.抽取出来 1 000 个城市居民的年收入,就组成一个样本,这个样本的容量是 1 000.

为了能根据样本比较准确地推断总体的属性,所选取的样本应具有以下特性:

1. 随机性

即每个个体被抽到的机会均等.

2. 代表性

在选取样本时,不能只在小范围内抽取,而应从整体出发.

简单随机样本

3. 独立性

在相同的条件下,各次相互独立,上一次抽取不影响下一次抽取.

满足上述特性的样本称为**简单随机样本**.对于个数不多的有限总体,我们通常采取有放回的抽样,而对无限总体可采取不放回抽样.在实际工作中,只要被抽取的样品个数相对于总体个数很少,我们均采用不放回抽样,抽得的样本仍然当作简单随机样本使用.后面所指样本,无特殊说明均指简单随机样本.

在具体问题中,我们关心的往往是总体的某些方面特性的数值指标,它是一个随机变量,用 ξ 表示,此时 ξ 的一切可能取值的全体就构成总体,简称为"总体 ξ".某个体相对应的数值指标记为 ξ_i,一个容量为 n 的样本记为 $(\xi_1, \xi_2, \cdots, \xi_n)$,其中,$\xi_1, \xi_2, \cdots, \xi_n$ 是一组相互独立且与 ξ 有相同分布的随机变量.

若将第 k 次抽样的结果记作 x_k,则在进行 n 次抽样后,样本 $(\xi_1, \xi_2, \cdots, \xi_n)$ 得到一组对应的值 $(x_1, x_2, \cdots, x_n)$,这组值称为样本 $(\xi_1, \xi_2, \cdots, \xi_n)$ 的观测值,简称样本值.显然,样本值不再是随机变量了,后面我们就是根据所取得的样本值去推断总体 ξ.

二、总体分布的近似求法

1. 求经验分布函数

当总体 ξ 的分布 $F(x)$ 未知时,可以这样简单地估计,设从总体 ξ 中取得样本 $(\xi_1, \xi_2, \cdots, \xi_n)$,将 $\xi_1, \xi_2, \cdots, \xi_n$ 依大小次序排列起来,得 $\xi_1^* \leqslant \xi_2^* \leqslant \cdots \leqslant \xi_n^*$.令

$$F_n(x) = \begin{cases} 0, & x < \xi_1^*, \\ \dfrac{k}{n}, & \xi_k^* \leqslant x < \xi_{k+1}^*, \\ 1, & x \geqslant \xi_n^*. \end{cases}$$

可以验证,$F_n(x)$ 满足分布函数的三条性质,我们称它为 ξ 的经验分布函数(或样本分布函数).可以证明,当 $n \to \infty$ 时,$F_n(x)$ 依概率收敛于总体 ξ 的分布函数 $F(x)$,于是当样本容量 n 充分大时,可以用 $F_n(x)$ 来近似代替总体的分布函数.

例1 随机地观察总体 ξ,得到 10 个数据如下

$$3.2, 2.5, -4, 2.5, 0, 3, 2, 2.5, 4, 2.$$

将它们由小到大排列为

$$-4 < 0 < 2 = 2 < 2.5 = 2.5 = 2.5 < 3 < 3.2 < 4,$$

其样本分布函数为

$$F_{10}(x) = \begin{cases} 0, & x < -4, \\ 1/10, & -4 \leqslant x < 0, \\ 2/10, & 0 \leqslant x < 2, \\ 4/10, & 2 \leqslant x < 2.5, \\ 7/10, & 2.5 \leqslant x < 3, \\ 8/10, & 3 \leqslant x < 3.2, \\ 9/10, & 3.2 \leqslant x < 4, \\ 1, & x \geqslant 4. \end{cases}$$

2. 利用频率直方图求连续型总体 ξ 的密度函数

我们通过下面的例子来介绍这个方法.

例2 我们抽测 100 株川单 14 号玉米的穗位（单位：cm），得到如下数据

```
127   118   121   113   145   125    87    94   118   111
102    72   113    76   101   134   107   118   114   128
118   114   117   120   128    94   124    87    88   105
115   134    89   141   114   119   150   107   126    95
137   108   129   136    98   121    91   111   134   123
138   104   107   121    94   126   108   114   103   129
103   127    93    86   113   101   122    86    94   118
109    84   117   112   112   125    94    73    93    94
102   108   153    89   127   115   112    94   118   114
 88   111   111   104   101   129   144   128   131   142
```

初看起来它们杂乱无章，为了彻底弄清其内在的规律性，按如下步骤进行：

（1）找出最大值与最小值，本例最小值 72，最大值为 153.

（2）决定分组的组距和组数. 当样本较多时分成 10～20 组，样本少于 50 时分成 5～6 组，组距通常决定于极差（最大值-最小值）. 本例 153-72=81，可分成 9 组（根据具体情况有时可不等分）.

（3）决定分点，为了避免分点恰好是某一数据的值（因为这时该数据分在相邻两组均可），通常要将分点取得比原测量值精度多一位.

（4）数出频数. 像选举唱票一样，数出落在每个组的数据的数目，称为频数，而频数与样本容量之比称为频率，并列出分组频率表 12-1.

表 12-1

组序	起止点	频数	频率	组序	起止点	频数	频率
1	71.5～80.5	3	0.03	6	116.5～125.5	18	0.18
2	80.5～89.5	9	0.09	7	125.5～134.5	15	0.15
3	89.5～98.5	12	0.12	8	134.5～143.5	5	0.05
4	98.5～107.5	13	0.13	9	143.5～153.5	4	0.04
5	107.5～116.5	21	0.21				

（5）画出频率直方图. 在直角坐标系中，用随机变量的可能取值作为横坐标，在横坐标上标出分组的点，以频率/组距作纵坐标画出一系列矩形. 每一个矩形的底长是组距，高是频率/组距，从而每个矩形的面积是数据落在该矩形对应的组内的频率. 故所有面积之和等于频率的总和为 1. 将频率直方图连成一条光滑的曲线，即得分布密度曲线的一种近似（图 12-1）.

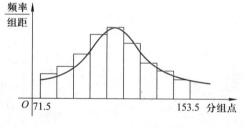

图 12-1

从图形看,它与正态分布总体的密度曲线相像,故可初步推断总体 ξ 是服从正态分布的, n 越大,直方图就越接近正态分布密度曲线下的图形.

三、统计量

样本是总体的反映,要利用样本提供的信息来估计或推断总体的某些性质或数字特征.然而,我们观察到的是样本值,是一些数据.我们希望样本加工成较简单的量以便使用.在数理统计中通常的做法是构造一个适当的样本函数.统计量就是一类样本函数.

定义 设 $(\xi_1, \xi_2, \cdots, \xi_n)$ 是来自总体 ξ 的一个样本,若样本的函数 $\eta = g(\xi_1, \xi_2, \cdots, \xi_n)$ 不包含任何未知参数,这个样本函数 η 称为**统计量**.

样本的函数是一个随机变量,若对于 $(\xi_1, \xi_2, \cdots, \xi_n)$ 的一个观测值,我们就可以得到统计量的一个观测值.

例如,设总体 $\xi \sim N(\mu, \sigma^2)$, $\xi_1, \xi_2, \cdots, \xi_n$ 是取自总体的一个样本,令 $g(\xi_1, \xi_2, \cdots, \xi_n) = \frac{1}{n} \sum_{i=1}^{n} (\xi_i - \mu)^2$. 若 μ 已知,则 g 为统计量;若 μ 未知,则 g 不是统计量.

下面介绍几个常用的统计量:

(1)称 $v_k = \frac{1}{n} \sum_{i=1}^{n} \xi_i^k$ 为样本的 k 阶原点矩(其中 k 为正整数),当 $k=1$ 时, $v_1 = \bar{\xi} = \frac{1}{n} \sum_{i=1}^{n} \xi_i$ 称为样本均值.

(2)称 $\mu_k = \frac{1}{n} \sum_{i=1}^{n} (\xi_i - \bar{\xi})^k$ 为样本的 k 阶中心矩,特别地,当 $k=2$ 时,称 $S^2 = \frac{1}{n} \sum_{i=1}^{n} (\xi_i - \bar{\xi})^2$ 为样本方差.

而称 $S^{*2} = \frac{1}{n-1} \sum_{i=1}^{n} (\xi_i - \bar{\xi})^2$ 为修正样本方差.

同时, $S^* = \sqrt{\frac{1}{n-1} \sum_{i=1}^{n} (\xi_i - \bar{\xi})^2}$ 称为样本标准差.

例 3 在血球计数器的 400 个方格的一次抽样检验中,清点的每个方格中的红细胞数如表 12-2 所示.

表 12-2

红细胞数(x_i)	0	1	2	3	4	5	Σ
方格数(n_i)	213	128	37	18	3	1	400

试计算样本均值、样本方差、修正样本方差.

解 样本均值为

统计量

$$\bar{\xi} = \frac{1}{n} \sum_{i=1}^{n} \xi_i = \frac{1}{400}(0 \times 213 + 1 \times 128 + 2 \times 37 + 3 \times 18 + 4 \times 3 + 5 \times 1) = 0.682\ 5;$$

样本方差为

$$S^2 = \frac{1}{n} \sum_{i=1}^{n} (\xi_i - \bar{\xi})^2$$

$$= \frac{1}{400} \big[(0-0.682\ 5)^2 \times 213 + (1-0.682\ 5)^2 \times 128 + (2-0.682\ 5)^2 \times 37 + $$

$$(3-0.682\ 5)^2 \times 18 + (4-0.682\ 5)^2 \times 3 + (5-0.682\ 5)^2 \times 1 \big]$$

$$= 0.811\ 7;$$

修正样本方差为

$$S^{*2} = \frac{1}{n-1} \sum_{i=1}^{n} (\xi_i - \bar{\xi})^2$$

$$= \frac{1}{400-1} \big[(0-0.682\ 5)^2 \times 213 + (1-0.682\ 5)^2 \times 128 + (2-0.682\ 5)^2 \times 37 + $$

$$(3-0.682\ 5)^2 \times 18 + (4-0.682\ 5)^2 \times 3 + (5-0.682\ 5)^2 \times 1 \big]$$

$$= 0.813\ 7.$$

四、几种常见的分布

1. χ^2 分布

若随机变量 $X_1, X_2, \cdots X_n$ 相互独立,都服从标准正态分布 $N(0,1)$,则随机变量

$$\xi = X_1^2 + X_2^2 + \cdots + X_n^2$$

服从自由度为 n 的 χ^2 分布,记为 $\xi \sim \chi^2(n)$.

χ^2 分布的概率密度为

$$p(x) = \begin{cases} \dfrac{1}{2^{\frac{n}{2}} \Gamma\left(\dfrac{n}{2}\right)} x^{\frac{n}{2}-1} e^{-\frac{x}{2}}, & x \geq 0, \\ 0, & x < 0. \end{cases}$$

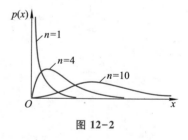

图 12-2

$p(x)$ 的图像如图 12-2 所示.

性质 (1) χ^2 分布的随机变量的取值总是大于等于 0;

(2) n 愈大,曲线愈平坦.当 n 无限增大时,χ^2 分布渐近于正态分布.

本书附录六中对不同的自由度 n 及不同的数 $\alpha(0<\alpha<1)$ 给出了满足等式

$$P(\chi^2 > \chi_\alpha^2) = \int_{\chi_\alpha^2}^{+\infty} p_{\chi^2}(x)\,\mathrm{d}x = \alpha$$

的值.如当 $n=10, \alpha=0.05$,可以查表得 $\chi_{0.05}^2(10) = 18.307$.

2. t 分布

若 $X \sim N(0,1)$,$Y \sim \chi^2(n)$,且相互独立,则随机变量

卡方分布

t 分布

$$T = \frac{X}{\sqrt{\dfrac{Y}{n}}}$$

服从自由度为 n 的 t 分布,记为 $T \sim t(n)$.

t 分布的概率密度为

$$p(x) = \frac{\Gamma\left(\dfrac{n+1}{2}\right)}{\sqrt{n\pi}\,\Gamma\left(\dfrac{n}{2}\right)}\left(1 + \frac{x^2}{n}\right)^{-\frac{n+1}{2}}, \quad -\infty < x < +\infty.$$

$p(x)$ 的图像如图 12-3 所示.

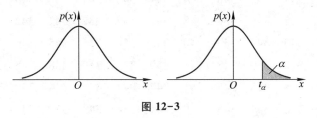

图 12-3

性质 (1) t 分布是关于纵轴对称的;

(2) 当 $n > 30$ 时,t 分布与标准正态分布接近.

本书附录五中,对不同的自由度 n 及不同的数 α($0 < \alpha < 1$) 给出满足

$$P(t > t_\alpha) = \int_{t_\alpha}^{+\infty} p_t(x)\,\mathrm{d}x = \alpha$$

的 t_α 的值,如 $n = 10$,$\alpha = 0.05$,可查表得 $t_{0.05}(10) = 1.812\,5$.

3. 样本平均值的分布

定理 1 设总体 $\xi \sim N(\mu, \sigma^2)$,$\xi_1, \xi_2, \cdots, \xi_n$ 为一个样本,则

$$\overline{\xi} = \frac{1}{n}\sum_{i=1}^{n}\xi_i \sim N\left(\mu, \frac{\sigma^2}{n}\right).$$

定理 2 设总体 ξ 有均值 μ,方差 σ^2,$\xi_1, \xi_2, \cdots, \xi_n$ 为取自总体的一个样本,则当 n 趋于无穷大时,$\overline{\xi}$ 以 $N\left(\mu, \dfrac{\sigma^2}{n}\right)$ 为其极限分布.

4. 几个统计量的分布

设总体 ξ 有期望 μ,方差 σ^2,$\xi_1, \xi_2, \cdots, \xi_n$ 为其样本,可以证明,当 n 充分大时,有

$$U = \frac{\overline{\xi} - \mu}{\sqrt{\dfrac{\sigma^2}{n}}} \sim N(0,1), \quad t = \frac{\overline{\xi} - \mu}{\sqrt{\dfrac{S^{*2}}{n}}} \sim t(n-1), \quad \chi^2 = \frac{(n-1)S^{*2}}{\sigma^2} \sim \chi^2(n-1),$$

其中 $S^{*2} = \dfrac{1}{n-1}\sum_{i=1}^{n}(\xi_i - \overline{\xi})^2$.

1. 已知下面两组样本值,计算样本均值和样本方差:

(1) 54,67,78,75,67,68,65,69;

(2) 110.3,99.7,101.5,102.2,99.3,100.7,105.

2. 某食品厂为加强质量管理,对某天生产的罐头抽查了 100 个(数据如下),试画出频率直方图,并判断它是否近似服从正态分布.

100 个罐头样品的净重数据(单位:g)

342	340	348	346	343	342	345	341	344	348	346	346	340
344	342	344	345	340	344	344	343	344	342	343	345	339
350	337	345	349	336	348	344	345	332	342	342	340	350
343	347	340	344	353	340	340	356	346	345	346	340	339
342	352	342	350	348	344	350	335	340	338	345	345	349
336	342	338	343	343	341	347	341	347	344	339	347	348
343	347	346	344	345	350	341	338	343	339	343	346	342
339	343	350	341	346	341	345	344	342				

第二节　参数估计

所谓统计推断,就是由样本来推断总体.从研究的问题和内容来看,统计推断可以分为参数估计和假设检验两种主要类型,本节将介绍参数估计.

引例 1　某工厂生产的冰箱,它的寿命是随机变量 ξ.要从总体上了解冰箱的质量,就要对它的均值 $E(\xi)$ 和方差 $D(\xi)$ 作出估计.

引例 2　已知一种高压绝缘子在一定条件下放电电压服从正态分布 $N(\mu,\sigma^2)$,其中 μ,σ^2 未知.若用参数估计方法估计 μ 和 σ^2,就能计算放电电压低于某值的概率.

从上面的引例可以看到,参数估计这个问题广泛存在.其中一种类型是总体分布类型未知,然而我们感兴趣的只是了解总体的主要数字特征,如总体方差、总体均值等;另一种类型是总体分布类型已知,但含有未知参数,对总体的未知参数进行估计以后,就可以近似确定总体分布,以上问题都归结为参数估计问题.

根据样本 $(\xi_1,\xi_2,\cdots,\xi_n)$ 所构成的统计量来估计总体 ξ 分布中未知参数或数字特征,这类统计方法称为**参数估计**.参数估计包括:点估计与区间估计.点估计是构造一个统计量作为参数的一个估计.区间估计是在一定的置信度(可靠性)下给出参数的一个取值区间.

一、点估计

设总体 ξ 的未知参数是 θ,来自总体的样本为 $(\xi_1,\xi_2,\cdots,\xi_n)$,构造统计量 $\hat{\theta}=\hat{\theta}(\xi_1,$

$\xi_2, \cdots, \xi_n$),用它作为总体量未知参数 θ 的估计,$\hat{\theta}$ 称为 θ 的**点估计量**;当 $(x_1, x_2, \cdots, x_n)$ 为样本值时,估计量 $\hat{\theta}$ 的值 $\hat{\theta}(x_1, x_2, \cdots, x_n)$ 称为 θ 的**点估计值**,仍记作 $\hat{\theta}$.

参数点估计方法主要有两种:**矩估计法**和**极大似然估计法**.本节只介绍一类简单实用的矩估计法,极大似然估计法不做介绍.

设总体 ξ 的 k 阶原点矩为 v_k,k 阶中心矩为 μ_k.v_k,μ_k 为未知.矩估计法就是用相应的样本 k 阶原点矩 $\hat{v}_k = \dfrac{1}{n} \sum\limits_{i=1}^{n} \xi_i^k$ 估计 v_k,用样本的 k 阶中心矩 $\hat{\mu}_k = \dfrac{1}{n} \sum\limits_{i=1}^{n} (\xi_i - \bar{\xi})^k$ 估计 μ_k.

在实际问题中,往往只需要了解总体 ξ 取值的平均水平和取值的分散程度,即对总体 ξ 的数学期望 $E\xi$ 和方差 $D\xi$ 做合适的估计.

通常,我们用样本均值 $\bar{\xi} = \dfrac{1}{n} \sum\limits_{i=1}^{n} \xi_i$ 来估计总体均值 $E(\xi)$,用修正样本方差 S^{*2} 来估计总体方差 $D(\xi)$.当样本 $\xi_1, \xi_2, \cdots, \xi_n$ 取值为 $x_1, x_2, \cdots, x_n$ 时 $E(\xi) \approx \hat{\mu} = \bar{x} = \dfrac{1}{n} \sum\limits_{i=1}^{n} x_i$,$D(\xi) \approx \hat{\sigma}^2 = S^{*2} = \dfrac{1}{n-1} \sum\limits_{i=1}^{n} (x_i - \bar{x})^2$.这种用样本数字特征估计总体数字特征的方法称为数字特征法.

例如,要估计某城市全体职工家庭人均年收入(即总体均值),通常的做法就是从该城市中选出一部分职工家庭的年收入作为样本,求出样本均值,并以此样本均值作为总体均值的估计值.

例 1　测得某自动车床加工的 10 个零件与规定尺寸(单位:mm)的偏差如下:

$$2, 1, -2, 3, 2, 4, -2, 5, 3, 4.$$

试用数字特征法估计零件尺寸偏差 ξ 的均值 $E(\xi)$ 和方差 $D(\xi)$.

解　根据所给的样本值,求得

$$\hat{\mu} = \bar{x} = \frac{1}{10} \sum_{i=1}^{10} x_i = \frac{1}{10} [2 + 1 + (-2) + 3 + 2 + 4 + (-2) + 5 + 3 + 4] = 2(\text{mm}),$$

$$\hat{\sigma}^2 = S^{*2} = \frac{1}{n-1} \sum_{i=1}^{n} (x_i - \bar{x})^2$$

$$= \frac{1}{9} [(2-2)^2 \times 2 + (1-2)^2 + (-2-2)^2 \times 2 + (3-2)^2 \times 2 + (4-2)^2 \times 2 + (5-2)^2]$$

$$\approx 5.8,$$

即 $E(\xi) \approx \hat{\mu} = 2$,$D(\xi) \approx \hat{\sigma}^2 \approx 5.8$.

注:后面所讲样本方差 S^2 如无特殊说明均指修正样本方差 S^{*2}.

二、区间估计

区间估计是对总体 ξ 的分布 $F(x, \theta)$ 中的未知参数 θ,给出它的变化范围 $[\theta_1, \theta_2]$ 以及 θ 取值在 $[\theta_1, \theta_2]$ 内的可靠性大小(即概率).一般而言,可靠性愈高,$[\theta_1, \theta_2]$ 愈宽,反之亦然.

定义 设总体 ξ 的分布中含有未知参数 θ,$(\xi_1,\cdots,\xi_n)$ 为一容量为 n 的样本,若对于事先给定的小概率 $\alpha(0<\alpha<1)$,存在两个统计量

$$\theta_1=\theta_1(\xi_1,\cdots,\xi_n),\theta_2=\theta_2(\xi_1,\cdots,\xi_n)$$

使得

$$P(\theta_1\leqslant\theta\leqslant\theta_2)=1-\alpha,$$

则称区间$[\theta_1,\theta_2]$为参数 θ 的**置信区间**(或参数 θ 的**区间估计**),$1-\alpha$ 为**置信度**(**置信水平**),α 称为**显著性水平**,θ_1,θ_2 分别称为**置信下限**与**置信上限**.

下面我们在给定置信度 $1-\alpha$ 的条件下,求 θ 的最小置信区间.

事实上,直接由 $P(\theta_1\leqslant\theta\leqslant\theta_2)=1-\alpha$ 求出 θ_1、θ_2 是困难的,通常区间估计的步骤为:

第一步,寻找包含待估参数 θ 的一个样本函数 $U(\theta;\xi_1,\cdots,\xi_n)$,并确定 U 的分布.

第二步,对给定的 $1-\alpha$,根据 U 的分布,找出(查表)两个值 u_1,u_2,使得 $P(u_1\leqslant U\leqslant u_2)=1-\alpha$,即 $P(U<u_1)+P(U>u_2)=\alpha$.一般来说,这样的 u_1,u_2 不唯一,我们约定选取的 u_1,u_2 满足 $P(U>u_2)=\dfrac{\alpha}{2}$,$P(U<u_1)=\dfrac{\alpha}{2}$(图 12-4).称这样的 u_1,u_2 为临界值.

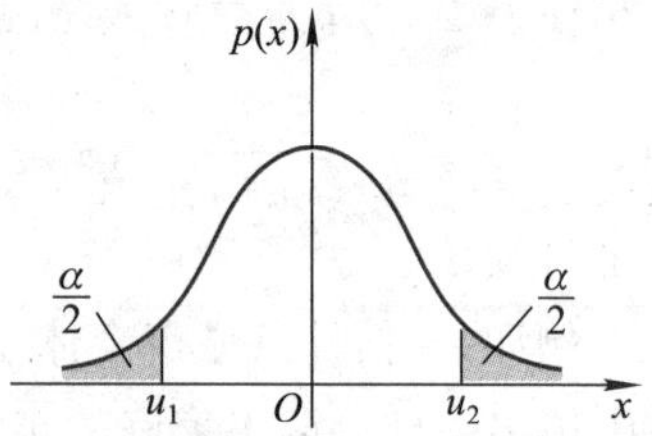

图 12-4

第三步,从“$u_1<U(\theta)<u_2$”等价地得到“$\theta_1<\theta<\theta_2$”,此即为 θ 的区间估计.

由于期望、方差对于随机变量 ξ 的重要性,这里只给出期望值与方差的区间估计公式.

下面要求总体 ξ 服从正态分布,否则,要求所取样本为大样本.

1. 已知方差为 σ^2,估计期望 μ 的置信区间

对取出的样本 $\xi_1,\cdots,\xi_n$,由 $E(\bar{\xi})=\mu,D(\bar{\xi})=\dfrac{\sigma^2}{n}$,令 $U=\dfrac{\bar{\xi}-\mu}{\sqrt{\dfrac{\sigma^2}{n}}}$知,$U\sim N(0,1)$.对给定的 α 查标准正态分布表得 $u_{\frac{\alpha}{2}}$,使得 $P(|U|<u_{\frac{\alpha}{2}})=1-\alpha$, 即

$$P\left(-u_{\frac{\alpha}{2}}<\frac{\bar{\xi}-\mu}{\sqrt{\dfrac{\sigma^2}{n}}}<u_{\frac{\alpha}{2}}\right)=1-\alpha,$$

$$P\left(\bar{\xi}-u_{\frac{\alpha}{2}}\sqrt{\frac{\sigma^2}{n}}<\mu<\bar{\xi}+u_{\frac{\alpha}{2}}\sqrt{\frac{\sigma^2}{n}}\right)=1-\alpha,$$

故所求

$$\theta_1=\bar{\xi}-u_{\frac{\alpha}{2}}\sqrt{\frac{\sigma^2}{n}},\theta_2=\bar{\xi}+u_{\frac{\alpha}{2}}\sqrt{\frac{\sigma^2}{n}}.$$

实际应用时,只需根据问题判断用何统计量,直接套用公式即可.

例 2 已知豌豆籽粒重量(g/100 粒)服从正态分布 $N(37.33,0.33^2)$,在改善栽培条件后,随机地抽取 9 粒,测得重量平均数 $\bar{\xi}=37.92$,在假定标准差不变的情况下,求改善栽

培条件后豌豆籽平均重量的置信区间（$\alpha = 0.05$）.

解 因为 $n = 9, \bar{\xi} = 37.92, \sigma = 0.33$. 当 $\alpha = 0.05$ 时，$1 - \alpha = 0.95$，查正态分布表得 $u_{\frac{0.05}{2}} = 1.96$，所以

$$\theta_1 = \bar{\xi} - u_{\frac{0.05}{2}}\sqrt{\frac{\sigma^2}{n}} = 37.92 - 1.96 \times \frac{0.33}{3} = 37.70,$$

$$\theta_2 = \bar{\xi} + u_{\frac{0.05}{2}}\sqrt{\frac{\sigma^2}{n}} = 37.92 + 1.96 \times \frac{0.33}{3} = 38.14.$$

故栽培条件改善后豌豆籽平均重量 95% 的置信区间为 $[37.70, 38.14]$.

2. 未知方差 σ^2，估计期望 μ 的置信区间

对取出的样本 $\xi_1, \cdots, \xi_n$，由 $E(\bar{\xi}) = \mu, D(\bar{\xi}) = \frac{\sigma^2}{n}, \sigma^2$ 未知时，用 S^2 代替，

令

$$t = \frac{\bar{\xi} - \mu}{\sqrt{\frac{S^2}{n}}},$$

可以证明，$t \sim t(n-1)$，对给定的 α，查 t 分布表得 $t_{\frac{\alpha}{2}}(n-1)$，使得

$$P\left(|t| < t_{\frac{\alpha}{2}}(n-1)\right) = 1 - \alpha,$$

即

$$P\left(-t_{\frac{\alpha}{2}}(n-1) < \frac{\bar{\xi} - \mu}{\sqrt{\frac{S^2}{n}}} < t_{\frac{\alpha}{2}}(n-1)\right) = 1 - \alpha,$$

故有

$$P\left(\bar{\xi} - t_{\frac{\alpha}{2}}\sqrt{\frac{S^2}{n}} < \mu < \bar{\xi} + t_{\frac{\alpha}{2}}\sqrt{\frac{S^2}{n}}\right) = 1 - \alpha,$$

从而有置信下限为 $\theta_1 = \bar{\xi} - t_{\frac{\alpha}{2}}(n-1)\sqrt{\frac{S^2}{n}}$，置信上限为 $\theta_2 = \bar{\xi} + t_{\frac{\alpha}{2}}(n-1)\sqrt{\frac{S^2}{n}}$.

例3 随机地从一批钉子中抽取 16 枚，测得长度（cm）为：

2.14　2.10　2.13　2.15　2.13　2.12　2.13　2.10

2.15　2.12　2.14　2.10　2.13　2.11　2.14　2.11

设钉长为正态分布，试给出钉子长度的 95% 置信区间（$\alpha = 0.05$）.

解 由已知，$n = 16, \bar{\xi} = 2.125, S = 0.017$. 当 $\alpha = 0.05$ 时，查 t 分布表得 $t_{\frac{0.05}{2}}(15) = 2.131\,5$，

$$t_{\frac{0.05}{2}}(15)\sqrt{\frac{S^2}{n}} = 2.131\,5 \times \frac{0.017}{4} = 0.009,$$

故

$$\theta_1 = 2.125 - 0.009 = 2.116(\text{cm}),$$

$$\theta_2 = 2.125 + 0.009 = 2.134(\text{cm}).$$

这批钉子的长度以 95% 的概率保证在 2.116 cm 到 2.134 cm 之间.

3. 未知期望 μ, 估计 σ^2 的置信区间

对取出的样本 $\xi_1, \cdots, \xi_n$, 令 $\chi^2 = \dfrac{(n-1)S^2}{\sigma^2}$, 可以证明, $\chi^2 \sim \chi^2(n-1)$, 对给定的 α, 查 χ^2 分布表, 得临界值 $\chi^2_{\alpha/2}(n-1)$ 及 $\chi^2_{1-\alpha/2}(n-1)$, 使得

$$P(\chi^2_{1-\alpha/2}(n-1) < \chi^2 < \chi^2_{\alpha/2}(n-1)) = 1-\alpha,$$

即

$$P\left(\chi^2_{1-\alpha/2}(n-1) < \frac{(n-1)S^2}{\sigma^2} < \chi^2_{\alpha/2}(n-1)\right) = 1-\alpha,$$

从而

$$P\left(\frac{(n-1)S^2}{\chi^2_{\alpha/2}} < \sigma^2 < \frac{(n-1)S^2}{\chi^2_{1-\alpha/2}}\right) = 1-\alpha.$$

故置信下限 $\theta_1 = \dfrac{(n-1)S^2}{\chi^2_{\alpha/2}}$, 置信上限为 $\theta_2 = \dfrac{(n-1)S^2}{\chi^2_{1-\alpha/2}}$.

例 4 从某种大批产品中抽取 25 件产品进行强力试验, 算出这 25 件产品的强力方差为 100. 设已知这大批产品的强力服从正态分布, 试对这大批产品的强力方差做区间估计 (置信度 $\alpha = 0.05$).

解 由 $n-1 = 25-1 = 24$, $\alpha = 0.05$, $S^2 = 100$, 查表得 $\chi^2_{\frac{0.05}{2}}(24) = 39.4$, $\chi^2_{1-\frac{0.05}{2}}(24) = 12.4$,

则有

$$\theta_1 = \frac{24 \times 100}{39.4} = 60.91, \quad \theta_2 = \frac{24 \times 100}{12.4} = 193.55.$$

即强力方差以 95% 的概率取值于 60.91 到 193.55 之间.

综合上述几种区间估计, 我们列表 12-3:

表 12-3

待估参数	已知条件	统计量	统计量的分布	区间估计公式
μ	已知 σ^2	$U = \dfrac{\overline{\xi} - \mu}{\sqrt{\dfrac{\sigma^2}{n}}}$	$U \sim N(0,1)$	$\overline{\xi} \pm u_{\frac{\alpha}{2}}\sqrt{\dfrac{\sigma^2}{n}}$
	未知 σ^2	$t = \dfrac{\overline{\xi} - \mu}{\sqrt{\dfrac{S^2}{n}}}$	$t \sim t(n-1)$	$\overline{\xi} \pm t_{\frac{\alpha}{2}}(n-1)\sqrt{\dfrac{S^2}{n}}$
σ^2	未知 μ	$\chi^2 = \dfrac{(n-1)S^2}{\sigma^2}$	$\chi^2 \sim \chi^2(n-1)$	$\left[\dfrac{(n-1)S^2}{\chi^2_{\frac{\alpha}{2}}}, \dfrac{(n-1)S^2}{\chi^2_{1-\frac{\alpha}{2}}}\right]$

习题 12-2

1. 从某灯泡厂生产的一批灯泡中任取 10 个进行寿命试验, 得到寿命 (单位: h) 如下:

1 050, 1 100, 1 080, 1 120, 1 200, 1 250, 1 040, 1 130, 1 300, 1 200.

试用数字特征法估计这批灯泡的平均寿命和寿命标准差.

2. 测量铅的密度 16 次, 测得 $\overline{x} = 2.705$, $S = 0.029$, 试求铅的密度的 95% 置信区间 (设

这 16 次测量结果可以看作一正态总体的样本).

3. 对某种型号飞机的飞行速度进行 15 次独立试验,测得飞机的最大飞行速度(单位:m/s)如下:

$$422.2 \quad 418.7 \quad 425.6 \quad 420.3 \quad 425.8 \quad 423.1 \quad 431.5 \quad 428.2$$

$$438.3 \quad 434.0 \quad 412.3 \quad 417.2 \quad 413.5 \quad 423.7 \quad 441.3$$

根据长期的经验,可以认为最大飞行速度服从正态分布,试求最大飞行速度的期望与标准差的置信区间($\alpha = 0.05$).

第三节 假设检验

在实际应用中,有一类问题,要求对总体参数的性质、总体分布的类型等做出结论性的判断.这类问题的共同处理方法是先把一些结论当作某种假设,然后选取适当的统计量,再根据实测资料对假设进行检验,判断是否可以认为假设成立.这类问题也属统计推断的一个方面,称为假设检验问题.

一、假设检验的基本原理

引例 根据医学结果知,正常人的脉搏为 72 次/分钟,现在,我们从医院测得 10 名患某种疾病的患者的平均脉搏为 66.8 次/分钟,并测得样本方差 $S^2 = 35$,现问这些患者的脉搏是否正常?

我们设总体 ξ 表示患某种疾病的患者的脉搏数.若脉搏正常,有"$E(\xi) = \mu = 72$ 次/分钟".现根据容量为 10 的样本判断它是否正确.一般分为以下四步:

第一步,根据问题提出假设

$$H_0 : \mu = 72 \text{ 次/分钟};$$

$$H_1 : \mu \neq 72 \text{ 次/分钟},$$

称 H_0 为原假设,H_1 为备择假设(即 H_0 被否定之后我们必须接受的假设).

第二步,在假定 H_0 成立的条件下构造一个已经知道分布的统计量.这里令

$$t = \frac{\overline{\xi} - \mu}{\sqrt{\dfrac{S^2}{n}}} \sim t(n-1).$$

第三步,构造小概率事件 $|t| > t_{\frac{\alpha}{2}}$.这里规定小概率 $\alpha = 0.05$,则

$$P\left[\left|\frac{\overline{\xi} - \mu}{\sqrt{\dfrac{S^2}{n}}}\right| > t_{\frac{\alpha}{2}}(n-1)\right] = \alpha,$$

查得 $t_{\frac{0.05}{2}}(9) = 2.262$.

第四步,得出结论.若计算得 $|t| > t_{\frac{\alpha}{2}}$,此时小概率事件发生,说明原假设 H_0 不正确,

故拒绝 H_0，应接受 H_1.否则，接受 H_0.就本题来说

$$|t| = \left| \frac{66.8-72}{\sqrt{\frac{35}{10}}} \right| = 2.78 > t_{\frac{0.05}{2}}(9) = 2.262,$$

故应拒绝 H_0，即认为这些患者的脉搏不正常.

上述小概率 α 我们称为显著性水平，它是事先给定的.假设检验也称为显著性检验.区间 $(-\infty, -t_{\frac{\alpha}{2}})$ 及 $(t_{\frac{\alpha}{2}}, +\infty)$ 称为拒绝域，区间 $(-t_{\frac{\alpha}{2}}, t_{\frac{\alpha}{2}})$ 称为接受域，接受域与拒绝域的分界点称为临界值.

从引例可以看出，假设检验实际上是一种具有概率意义的反证法，其基本依据是"小概率原则(小概率事件在一次试验中不可能发生)".

在假设检验中可能会出现两类错误：第一类错误是拒绝真实假设(弃真)，即本来是正确的假设，被拒绝了，犯此类错误的概率为 α，它可以通过控制 α 的值来减少；第二类错误是接受错误假设(纳伪)，即本来是错误的假设，而根据样本计算的结果却不在拒绝域内而被接受了.当 α 确定后，只有增加样本容量，才能使"纳伪"错误减少.通常犯第一类错误的可能性减少了，犯第二类错误的可能性就要增加.通过研究发现，当 α 取 0.05 或 0.01 时较好.

以下给出几种关于单个正态总体 $N(\mu, \sigma^2)$ 的未知参数的假设检验.

二、常用检验方法

1. U 检验法

设总体 $\xi \sim N(\mu, \sigma^2)$，已知 σ^2，检验 $\mu = \mu_0$(μ_0 为已知常数).

(1) 设 $H_0: \mu = \mu_0, H_1: \mu \neq \mu_0$.

(2) 在 H_0 成立的条件下，构造统计量

$$u = \frac{\bar{\xi} - \mu_0}{\sqrt{\frac{\sigma^2}{n}}} \sim N(0, 1),$$

对于给定的显著性水平 α，查标准正态分布表求临界值 $u_{\frac{\alpha}{2}}$ 满足 $\Phi(u_{\frac{\alpha}{2}}) = 1 - \frac{\alpha}{2}$，使得

$$P\left[\left| \frac{\bar{\xi} - \mu_0}{\sqrt{\frac{\sigma^2}{n}}} \right| > u_{\frac{\alpha}{2}} \right] = \alpha \text{ 成立.}$$

(3) 计算 $|u| = \left| \dfrac{\bar{\xi} - \mu_0}{\sqrt{\dfrac{\sigma^2}{n}}} \right|$ 的值与 $u_{\frac{\alpha}{2}}$ 比较.若 $|u| > u_{\frac{\alpha}{2}}$ 成立，则拒绝假设 H_0，否则接受 H_0.

因为构造的统计量为 u,故称此检验法为 U 检验法.

例 1 设包糖机正常工作时,糖的重量(单位:g) $\xi \sim N(\mu, \sigma^2)$,$\mu$ 为待检参数,其标准值 $\mu_0 = 500$,$\sigma^2 = 10^2$ 为已知.包糖机某日开工后包了 12 包糖,称得重量分别为

$$513, 500, 488, 506, 504, 486, 505, 495, 521, 520, 512, 485$$

问该天包糖机工作是否正常($\alpha = 0.05$)?

解 根据题意,已知 $\sigma^2 = 10^2$,用 U 检验法.

(1) 设 $H_0 : \mu = 500$,$H_1 : \mu \neq 500$.

(2) 在 H_0 成立的条件下,构造统计量

$$u = \frac{\bar{\xi} - \mu_0}{\sqrt{\dfrac{\sigma^2}{n}}} \sim N(0, 1),$$

$\alpha = 0.05$,查正态分布表得临界值 $u_{\frac{\alpha}{2}} = u_{0.025} = 1.96$.

(3) 经计算得 $\bar{x} = 502.92$,故统计量的观测值为

$$u = \frac{\bar{x} - \mu_0}{\sqrt{\dfrac{\sigma^2}{n}}} = \frac{502.92 - 500}{\sqrt{\dfrac{100}{12}}} \approx 1.011\,5,$$

因为 $|u| = 1.011\,5 < u_{\frac{\alpha}{2}} = 1.96$,所以接受 H_0,即该天包糖机工作正常.

2. t 检验法

设总体 $\xi \sim N(\mu, \sigma^2)$,未知 σ^2,检验 $\mu = \mu_0$ (μ_0 为已知常数).

(1) 设 $H_0 : \mu = \mu_0$,$H_1 : \mu \neq \mu_0$.

(2) 在 H_0 成立的条件下,未知 σ^2,构造统计量

$$t = \frac{\bar{\xi} - \mu_0}{\sqrt{\dfrac{S^2}{n}}} \sim t(n-1),$$

对于给定的显著性水平 α,查 t 分布表求临界值 $t_{\frac{\alpha}{2}}(n-1)$,使得

$$P\left(|t| > t_{\frac{\alpha}{2}}(n-1)\right) = \alpha$$

成立.

(3) 计算 $|t| = \left| \dfrac{\bar{\xi} - \mu_0}{\sqrt{\dfrac{S^2}{n}}} \right|$ 的值与 $t_{\frac{\alpha}{2}}(n-1)$ 比较.若 $|t| > t_{\frac{\alpha}{2}}(n-1)$ 成立,则拒绝假设 H_0,

否则接受 H_0.

因为构造的统计量为 t,故称此检验法为 t 检验法.

例 2 某厂生产钢筋,其标准强度为 52(单位:Pa),今抽取 6 炉样本,测得其样本强度分别为 49.0,49.5,48.5,56.0,53.5,52.5.已知钢筋强度 $\xi \sim N(\mu, \sigma^2)$,试判断这批产品是否合格($\alpha = 0.05$)?

解 根据题意，未知 σ^2，用 t 检验法.

(1) 设 $H_0:\mu=52,H_1:\mu\neq52$.

(2) 在 H_0 成立的条件下，构造统计量

$$t=\frac{\overline{\xi}-\mu_0}{\sqrt{\dfrac{S^2}{n}}}\sim t(n-1).$$

$\alpha=0.05$，查 t 分布表得临界值 $t_{\frac{\alpha}{2}}(n-1)=t_{0.025}(6-1)=2.570\,6$.

(3) 经计算得 $\overline{x}=51.5,S^2=2.983^2$，故统计量的观测值为

$$t=\frac{\overline{x}-\mu_0}{\sqrt{\dfrac{S^2}{n}}}=\frac{51.5-52}{\sqrt{\dfrac{2.983^2}{6}}}\approx-0.411.$$

因为 $|t|=0.411<t_{0.025}(5)=2.570\,6$，所以接受 H_0，即认为这批产品合格.

3. χ^2 检验法

设总体 $\xi\sim N(\mu,\sigma^2)$，μ 未知，检验 $\sigma^2=\sigma_0^2$（μ_0 为已知常数）.

(1) 设 $H_0:\sigma^2=\sigma_0^2,H_1:\sigma^2\neq\sigma_0^2$.

(2) 在 H_0 成立的条件下，未知 μ，构造统计量

$$\chi^2=\frac{(n-1)S^2}{\sigma_0^2}=\frac{\sum\limits_{i=1}^{n}(\xi_i-\overline{\xi})^2}{\sigma_0^2}\sim\chi^2(n-1),$$

对于给定的显著性水平 α，查 χ^2 分布表求临界值 $\chi_{\frac{\alpha}{2}}^2(n-1)$ 及 $\chi_{1-\frac{\alpha}{2}}^2(n-1)$，使得

$$P(\chi^2>\chi_{\frac{\alpha}{2}}^2(n-1))=\frac{\alpha}{2},P(\chi^2<\chi_{1-\frac{\alpha}{2}}^2(n-1))=\frac{\alpha}{2}$$

成立.

(3) 计算 $\chi^2=\dfrac{\sum\limits_{i=1}^{n}(\xi_i-\overline{\xi})^2}{\sigma_0^2}$ 的值并进行比较. 若 $\chi^2>\chi_{\frac{\alpha}{2}}^2(n-1)$ 或 $\chi^2<\chi_{1-\frac{\alpha}{2}}^2(n-1)$ 成立，则拒绝假设 H_0，否则接受 H_0.

因为构造的统计量为 χ^2，故称此检验法为 χ^2 检验法.

例 3 某工厂的维尼纶纤度在正常条件下服从正态分布 $N(\mu,0.048^2)$. 某日抽取 5 根纤维，测得其纤度为 1.32，1.55，1.36，1.40，1.44，问这天纤度的总体方差是否正常（$\alpha=0.10$）.

解 (1) 设 $H_0:\sigma^2=0.048^2,H_1:\sigma^2\neq0.048^2$.

(2) 在 H_0 成立的条件下，未知 μ，构造统计量

$$\chi^2=\frac{(n-1)S^2}{\sigma_0^2}\sim\chi^2(n-1).$$

对于给定的 $\alpha = 0.10$，查 χ^2 分布表得临界值 $\chi^2_{\frac{\alpha}{2}}(n-1) = \chi^2_{0.05}(4) = 9.488$ 及 $\chi^2_{1-\frac{\alpha}{2}}(n-1) = \chi^2_{0.95}(4) = 0.711$.

（3）经计算得 $\bar{x} = 1.414$，$S^2 = 0.088^2$，故统计量 χ^2 的观测值为

$$\chi^2 = \frac{(n-1)S^2}{\sigma_0^2} = \frac{4 \times 0.088^2}{0.048^2} = 13.44.$$

因为 $\chi^2 = 13.44 > \chi^2_{\frac{\alpha}{2}}(n-1) = 9.488$，故应拒绝 H_0，即认为这天纤度的总体方差不正常.

习题 12-3

1. 某种产品的重量 $\xi \sim N(12,1)$（单位：g），更新设备后，从新生产的产品中，随机地抽取 100 个，测得样本均值 $\bar{x} = 12.5$（g）.如果方差没有变化，问设备更新后，产品的平均重量是否有显著变化（$\alpha = 0.10$）?

2. 根据对过去几年考试成绩的统计，某校高等数学考试成绩分布接近于正态分布 $N(78.5, 7.6^2)$.今年某班 40 名学生的高等数学考试成绩如下

```
81   77   70   73   65   79   85   86   78   68
74   85   67   74   83   86   76   74   65   79
77   71   64   60   80   86   79   83   88   83
66   74   66   73   83   77   81   88   74   79
```

试问该班学生的高等数学平均水平与历届学生相比是否有显著差异?（$\alpha = 0.05$）

3. 5 名学生彼此独立地测量同一块土地，分别测得其面积（km^2）为

$$1.27, 1.24, 1.21, 1.28, 1.23.$$

设测定值服从正态分布.试根据这些数据检验假设 H_0：这块土地的实际面积为 1.23（km^2）.（$\alpha = 0.05$）

4. 某食品厂生产一种罐头，今在一天的批量成品中，随机地抽取其中的 5 个，测得防腐剂的平均含量为 $\bar{x} = 1.862$（mg），$S^2 = 0.015\,3$.设这类罐头中防腐剂含量 $\xi \sim N(\mu, \sigma^2)$，$\mu$ 为待检参数，$\mu_0 = 2$ 为 μ 的标准值，σ^2 为未知参数.试问在 $\alpha = 0.10$ 下，这一天生产的罐头中防腐剂含量是否合格?

5. 某钢绳厂生产一种专用钢绳，已知其折断力（单位：N）$\xi \sim N(\mu, \sigma^2)$，$\mu$ 为未知参数，σ^2 为待检参数，$\sigma_0^2 = 16$ 为 σ^2 的标准值.今抽查其中的 10 根测得折断力为

$$289, 286, 285, 284, 286, 285, 285, 286, 298, 292.$$

试问这批钢绳折断力的波动性有无显著变化?（$\alpha = 0.05$）

第四节　一元线性回归分析

现实生活中我们常常会遇到多个量同处于一个过程之中，这些变量与变量之间的关系可分为两类：一类是完全确定的函数关系；另一类是非确定性的关系，如正常人的血压与年

龄的关系,一般年龄大的人血压相对高一些,但是它们之间不能用一个确定的函数关系式表达出来.这些变量之间的这种非确定性的关系称为**相关关系**.数理统计中研究相关关系的一种有效的方法就是回归分析.

如果两个变量中的一个是人力可以控制的、非随机的,这个变量称为控制变量;另一个变量是随机的,而且随着控制变量的变化而变化,则这两个变量之间的关系称作回归关系.由一个或一组控制变量来估计或预测某一随机变量的观察值,并建立数学模型而进行的统计分析,叫作**回归分析**.如果这个模型是线性的,称为线性回归分析.只有一个控制变量的线性回归分析,称为一元线性回归分析.

一、一元线性回归方程

引例 水稻产量与化肥施用量之间的关系,在土质、面积、种子等相同条件下,由试验获得的数据如表 12-4 所示.

表 12-4

化肥用量 x(kg)	15	20	25	30	35	40	45
水稻产量 y(kg)	330	345	365	405	445	490	455

将数据(x_i, y_i)标在直角坐标系中表示一点,这样作出的图形称为散点图.如图 12-5.

从散点图上我们发现:随着化肥用量的增加水稻产量也增加,且这些点$(x_i, y_i)(i=1,2,\cdots,7)$近似在一条直线附近,但又不完全在一条直线上,这种关系就是回归关系,该直线称为回归直线,直线方程$y=ax+b$称为线性回归函数.

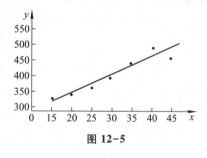

图 12-5

我们要求回归直线能够尽量客观地反映变量之间的关系,即要求该直线总的来说与实测的 n 个点都最近.

设所求直线方程为

$$\hat{y} = ax + b. \tag{12-1}$$

下面来求式中 a, b 的估计值.

对任意的 x_i,可得直线上一点$(x_i, \hat{y}_i)$,考虑误差

$$\Delta y_i = y_i - \hat{y}_i \quad (i = 1, 2, \cdots, n),$$

为了避免 $\sum\limits_{i=1}^{n} \Delta y_i$ 可能出现的正负抵消,令

$$Q = \sum_{i=1}^{n} (\Delta y_i)^2 = \sum_{i=1}^{n} (y_i - \hat{y}_i)^2 = \sum_{i=1}^{n} (y_i - a - bx_i)^2,$$

我们希望求 a, b,使得 Q 的值最小.由二元函数最小值的求法,令

$$\begin{cases} \dfrac{\partial Q}{\partial a} = -2 \displaystyle\sum_{i=1}^{n} (y_i - a - bx_i) = 0, \\[3mm] \dfrac{\partial Q}{\partial b} = -2 \displaystyle\sum_{i=1}^{n} (y_i - a - bx_i)x_i = 0. \end{cases}$$

解得

$$\hat{b} = \frac{\displaystyle\sum_{i=1}^{n} x_i y_i - \frac{1}{n}\left(\displaystyle\sum_{i=1}^{n} x_i\right)\left(\displaystyle\sum_{i=1}^{n} y_i\right)}{\displaystyle\sum_{i=1}^{n} x_i^2 - \frac{1}{n}\left(\displaystyle\sum_{i=1}^{n} x_i\right)^2} = \frac{\displaystyle\sum_{i=1}^{n} (x_i - \overline{x})(y_i - \overline{y})}{\displaystyle\sum_{i=1}^{n} (x_i - \overline{x})^2}, \qquad (12-2)$$

$$\hat{a} = \overline{y} - \hat{b}\,\overline{x}. \qquad (12-3)$$

式中 $\overline{x} = \dfrac{1}{n}\displaystyle\sum_{i=1}^{n} x_i$，$\overline{y} = \dfrac{1}{n}\displaystyle\sum_{i=1}^{n} y_i$，$\hat{a}$，$\hat{b}$ 为 a、b 的估计值. 代入 $\hat{y} = a + bx$ 后得到的直线

$$\hat{y} = \hat{a} + \hat{b}x$$

称为**一元线性回归方程**，$\hat{a}$，$\hat{b}$ 叫作**回归系数**，对应的直线称为 y 对 x 的**样本回归直线**. 上述求 $\hat{a}$、$\hat{b}$ 的方法称为**最小二乘法**.

例 1　某地 4.5 岁到 10.5 岁女孩 7 个年龄组的平均身高 y（单位：cm）的实测数据如表 12-5 所示.

表 12-5

女孩年龄 x	4.5	5.5	6.5	7.5	8.5	9.5	10.5
平均身高 y	101.1	106.1	112.1	116.1	121.0	125.5	129.2

试求女孩身高关于年龄的回归方程.

解　因为 $n = 7$，$\displaystyle\sum_{i=1}^{7} x_i = 52.5$，$\overline{x} = 7.5$，$\displaystyle\sum_{i=1}^{7} y_i = 811.1$，$\overline{y} = 115.87$，$\displaystyle\sum_{i=1}^{7} x_i^2 = 421.75$，$\displaystyle\sum_{i=1}^{7} x_i y_i = 6\ 215.25$. 所以

$$\hat{b} = \frac{\displaystyle\sum_{i=1}^{7} x_i y_i - \frac{1}{7}\left(\displaystyle\sum_{i=1}^{7} x_i\right)\left(\displaystyle\sum_{i=1}^{7} y_i\right)}{\displaystyle\sum_{i=1}^{7} x_i^2 - \frac{1}{7}\left(\displaystyle\sum_{i=1}^{7} x_i\right)^2} = \frac{6\ 215.25 - \frac{1}{7} \times 52.5 \times 811.1}{421.75 - \frac{1}{7} \times (52.5)^2} = 4.71,$$

$$\hat{a} = \overline{y} - \hat{b}\,\overline{x} = 115.87 - 4.71 \times 7.5 = 80.545.$$

故所求女孩身高关于年龄的回归方程为

$$\hat{y} = 80.545 + 4.71x.$$

二、线性相关关系的检验

从建立回归方程的过程来看，即使随机变量 y 与可控变量 x 之间实际上不存在线性

相关关系,对于给定的一组实测数据仍然可以按上述方法求出一个线性回归方程.但是这样的方程是毫无意义的.显然,只有当 y 与 x 之间大致有线性相关关系时,这样得到的回归方程才有意义.因此,我们有必要检验 y 与 x 之间是否真有近似线性相关关系,这种检验称为**相关性检验**.下面介绍其中的一种.

设

$$Q_{xx} = \sum_{i=1}^{n} x_i^2 - \frac{1}{n} \left(\sum_{i=1}^{n} x_i \right)^2,$$

$$Q_{yy} = \sum_{i=1}^{n} y_i^2 - \frac{1}{n} \left(\sum_{i=1}^{n} y_i \right)^2,$$

$$Q_{xy} = \sum_{i=1}^{n} x_i y_i - \frac{1}{n} \left(\sum_{i=1}^{n} x_i \right) \left(\sum_{i=1}^{n} y_i \right),$$

则由 $Q = \sum_{i=1}^{n} (y_i - \hat{y}_i)^2$ 和 $\hat{y} = \hat{a} + \hat{b}x$ 可得

$$Q = Q_{yy} \left(1 - \frac{Q_{xy}^2}{Q_{xx} Q_{yy}} \right).$$

对于实测数据对 $(x_i, y_i)(i = 1, 2, \cdots, n)$,我们把

$$\hat{r} = \frac{Q_{xy}}{\sqrt{Q_{xx} Q_{yy}}}$$

称为 y 与 x 的样本相关系数,它是描述两个变量线性相关关系密切程度的数量指标.

可以证明,$\hat{r}$ 有如下性质:

(1) $\hat{r}$ 的符号与 $\hat{b}$ 的符号相同;

(2) $|\hat{r}| \leq 1$.

由于 Q_{yy} 对于一组实测数据来讲始终是一个定值,因而有以下结论:

(1) 当 $\hat{r} = 0$ 时 $\hat{b} = 0$,回归直线为 $y = a$.此时 x 的取值不影响 y 的取值,即 y 与 x 不相关.

(2) 当 $|\hat{r}| = 1$ 时 $Q = 0$,此时 y 与 x 完全线性相关,即 y 与 x 有确定性线性关系.

(3) 当 $0 < |\hat{r}| < 1$ 时,$|\hat{r}|$ 越大,则 Q 越小,用线性方程表示 y 与 x 的线性关系越准确;$|\hat{r}|$ 越小,则 Q 越大,用线性方程表示 y 与 x 的线性关系就越不准确.

总之,$|\hat{r}|$ 越接近于 0,y 与 x 的线性相关程度越差,反之越好.那么究竟 $|\hat{r}|$ 大到什么程度,才可以认为 y 与 x 的线性相关关系显著?

附表七给出了相关系数显著性检验表,只要算出 $\hat{r}$ 的值及给定的显著性水平 α,可做如下判断:

当 $|\hat{r}| < r_\alpha(n-2)$,则说明在显著性水平 α 下,y 与 x 的线性相关关系不显著.此时,不能用回归直线近似表示 y 与 x 的关系.

当 $|\hat{r}| > r_\alpha(n-2)$,则说明在显著性水平 α 下,y 与 x 的线性相关关系显著.此时,可以用回归直线近似表示 y 与 x 的关系.

如例 1，$Q_{xy} = \sum_{i=1}^{7} x_i y_i - \frac{1}{7} \left(\sum_{i=1}^{7} x_i \right) \left(\sum_{i=1}^{7} y_i \right) = 132$，

$$Q_{yy} = \sum_{i=1}^{7} y_i^2 - \frac{1}{7} \left(\sum_{i=1}^{7} y_i \right)^2 = 624.61，$$

$$Q_{xx} = \sum_{i=1}^{7} x_i^2 - \frac{1}{7} \left(\sum_{i=1}^{7} x_i \right)^2 = 28，$$

$$\hat{r} = \frac{Q_{xy}}{\sqrt{Q_{xx} Q_{yy}}} = \frac{132}{\sqrt{28 \times 624.61}} = 0.998.$$

取 $\alpha = 0.01$，查表得 $r_{0.01}(5) = 0.874$，$\hat{r} = 0.998 > r_{0.01}(5)$，所以回归方程有效.

三、一元非线性回归

当变量 X 与 Y 显著线性相关时，可用最小二乘法求得回归方程，但当 X 与 Y 线性关系并不显著，而呈现出某种曲线关系时，应该如何解决呢？简单又常用的方法是将其化为线性回归问题来处理.

例 2　观察土壤水分渗透速度时，得到观测时间 t 与水的重量 W 的数据如下表 12-6：

表 12-6

$t(\mathrm{s})$	1	2	4	8	16	32	64
$W(\mathrm{g})$	4.22	4.02	3.85	3.59	3.44	3.02	2.59

试建立 t 与 W 之间的经验公式.

解　用描点法描出各点的位置（图 12-6），可见 t 与 W 之间不具有线性关系，而大致呈递减、下凹的形式，故我们考虑用幂函数

$$W = ct^d \tag{12-4}$$

近似表示 t 与 W 之间的关系.为确定其中的参数 c、d，我们对（12-4）两边取常用对数，得

$$\lg W = \lg c + d \lg t.$$

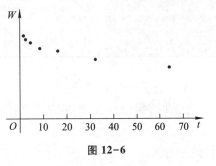

图 12-6

令 $y = \lg W, x = \lg t, a = \lg c, b = d$，则有 $y = a + bx$.

由原表计算得（表 12-7）

表 12-7

$x = \lg t$	0	0.3	0.6	0.9	1.2	1.5	1.8
$y = \lg W$	0.625	0.604	0.585	0.555	0.536	0.480	0.413

由公式（12-2）、（12-3）算出

$$\hat{a} = 0.643, \hat{b} = -0.111，$$

故 $$y = 0.643 - 0.111x.$$

又由 $a = \lg c, b = d$，解得

$$\hat{c} = 4.395, \hat{d} = -0.111.$$

将 $\hat{c}$、$\hat{d}$ 的值代入 $W = ct^d$ 中，得到

$$W = 4.395t^{-0.111}.$$

即为所求的 W 与 t 的近似关系式.

一般来说，选择曲线的方法可以依靠经验及有关问题的专业知识，也可以根据散点图的形状.同时必须熟悉一些函数及线性化方法.

例如：

(1) 幂函数 $y = ax^b$ 变形为 $\ln y = \ln a + b \ln x$.令 $y' = \ln y, x' = \ln x, a' = \ln a$，则有 $y' = a' + bx'$.

(2) 指数函数 $y = ae^{bx}$ 变形为 $\ln y = \ln a + bx$.令 $y' = \ln y, a' = \ln a$，则有 $y' = a' + bx$.

(3) 对数函数 $y = a + b\ln x$，令 $x' = \ln x$，则有 $y = a + bx'$.

(4) 双曲线 $\dfrac{1}{y} = a + \dfrac{b}{x}$，令 $y' = \dfrac{1}{y}, x' = \dfrac{1}{x}$，则有 $y' = a + bx'$.

例 3 出钢时所用的盛钢水的钢包，由于钢水对耐火材料的侵蚀，容积不断增大，我们希望找出使用次数与增大的容积之间的关系.试验数据如表 12-8：

表 12-8

x（使用次数）	2	3	4	5	6	7	8	9
y（增大的容积）	6.42	8.20	9.58	9.50	9.70	10.00	9.93	9.99
x（使用次数）	10	11	12	13	14	15	16	
y（增大的容积）	10.49	10.59	10.60	10.80	10.60	10.90	10.76	

解 用数据作散点图，得图 12-7，我们看到 x 与 y 之间不存在线性关系，但分析发现，开始时，钢包侵蚀速度快，然后逐渐减慢，显然钢包容积不会无限增加，它必有一条平行于 x 轴的渐近线.

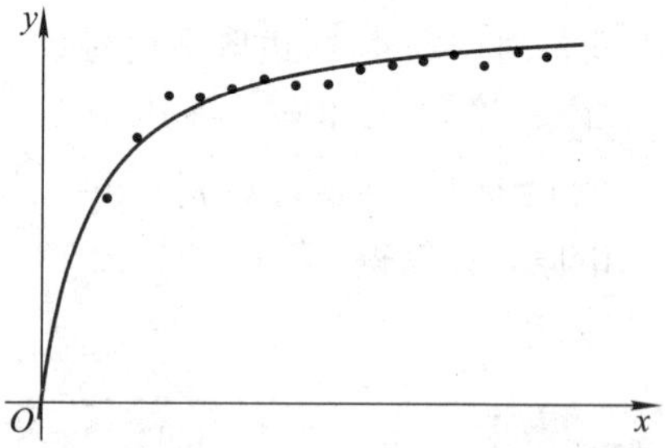

根据这些特点，我们选配双曲线

$$\frac{1}{y} = a + \frac{b}{x}.$$

令 $y' = \dfrac{1}{y}, x' = \dfrac{1}{x}$，得到 $y' = a + bx'$.由试验数据可算得

图 12-7

$$\hat{a} = 0.082\ 3, \hat{b} = 0.131\ 2.$$

回归直线方程为 $y' = 0.082\ 3 + 0.131\ 2x'$，则有

$$\frac{1}{y} = 0.082\ 3 + 0.131\ 2\frac{1}{x}.$$

即
$$y = \frac{x}{0.082\ 3x + 0.131\ 2}.$$

相关系数 $r = 0.967$，查表 $r_{0.01}(13) = 0.641$．且 $r > r_{0.01}$，说明 y' 与 x' 线性关系非常显著，拟合的曲线方程是合理的．

由表 12-7 看出，双曲回归曲线上的值与实测值比较起来，开始一段偏小，后来一段偏大．现考虑改配指数曲线 $y = a\mathrm{e}^{\frac{b}{x}}$．

变形为 $\ln y = \ln a + \dfrac{b}{x}$，令 $y' = \ln y$，$a' = \ln a$，$x' = \dfrac{1}{x}$，得

$$y' = a' + bx'.$$

由试验数据算得 $\hat{a}' = 2.458\ 7$，$\hat{a} = \mathrm{e}^{a'} = 11.678\ 9$，$\hat{b} = -1.110\ 7$，故

$$y = 11.678\ 9\mathrm{e}^{-\frac{1.110\ 7}{x}}.$$

相关系数 $r = -0.98$，说明 y' 与 x' 的线性关系非常显著，因此，我们这样配线也是合理的，由表 12-9 看出，指数曲线与试验结果的散点图更为吻合．

表 12-9

实测值	6.42	8.20	9.58	9.50	9.70	10.00	9.93	9.99
双曲线回归线预报值	6.761	7.934	8.678	9.212	9.599	9.896	10.131	10.322
指数曲线回归线预报值	6.702	8.065	8.847	9.353	9.705	9.965	10.165	10.323
实测值	10.49	10.59	10.60	10.90	10.60	10.90	10.76	
双曲线回归线预报值	10.479	10.612	10.725	10.823	10.908	10.983	11.049	
指数曲线回归线预报值	10.451	10.557	10.646	10.723	10.788	10.845	10.896	

习题 12-4

1. 某厂 2008~2009 年一季度资料如表 12-10 所列.

表 12-10

时间	工业产品产值（万元）	利润总额（万元）	时间	工业产品产值（万元）	利润总额（万元）
2008 年 1 月	84.1	19.4	2008 年 6 月	130.6	43.8
2008 年 2 月	64.5	16.2	2008 年 7 月	91.6	25.8
2008 年 3 月	114.3	26.6	2008 年 8 月	156.4	39.5
2008 年 4 月	141.8	38.7	2008 年 9 月	152.4	36.4
2008 年 5 月	126.1	31.4	2008 年 10 月	105.6	27.5

时间	工业产品产值(万元)	利润总额(万元)	时间	工业产品产值(万元)	利润总额(万元)
2008 年 11 月	111.2	31.3	2009 年 2 月	158.1	47.1
2008 年 12 月	122.9	33.8	2009 年 3 月	138.8	34.7
2009 年 1 月	165.2	39.1			

试求:(1) 求相关系数;(2) 求回归方程.

2. 在碳含量对于电阻的效应的研究中,得到如下一批数据(表 12-11).

表 12-11

碳含量 x(%)	0.10	0.30	0.40	0.55	0.70	0.80	0.95
电阻 y(20℃时,微欧)	15	18	19	21	22.6	23.8	26

设 y 为正态变量,求 y 对 x 的线性回归方程.

3. 设 x 固定时,y 为正态变量,x 与 y 有如下所列观察值(表 12-12).

表 12-12

x	-2.0	0.6	1.4	1.3	0.1	-1.6	-1.7	0.7	-1.8
y	-6.1	-0.5	7.2	6.9	-0.2	-2.1	-3.9	3.8	-7.5

(1) 求 y 对 x 的回归直线方程;(2) 求相关系数,检验线性关系的显著性.

4. 电容器充电达到某电压值为时间的计算原点,此后电容器串联一电阻放电,测定各时刻的电压值 u,测量结果见下表 12-13.

表 12-13

t	1	2	3	4	5	6	7	8	9	10
u	100	75	55	40	30	20	10	10	5	5

求 u 对 t 的回归方程(已知 u 与 t 有经验关系式 $u = u_0 e^{-ct}$,u_0 与 c 未知).

第五节 数学实验十二 用 MATLAB 作回归分析

对不含常数项的一元回归模型 $y = ax + \varepsilon$,x、y 都是 $n \times 1$ 向量,在 MATLAB 中进行回归分析的程序为:

① b=regress(y,x)

② [b,bint,r,rint,stats]=regress(y,x)

③ $[b,bint,r,rint,stats]=regress(y,x,alpha)$

说明：

$b=regress(y,x)$返回基于观测 y 和回归矩阵 x 的最小二乘拟合系数的结果.

$[b,bint,r,rint,stats]=regress(y,x)$则给出系数的估计值 b；系数估计值的置信度为 95% 的置信区间 bint；残差 r 及各残差的置信区间 rint；向量 stats 给出回归的 R^2 统计量和 F 以及 p 值.

$[b,bint,r,rint,stats]=regress(y,x,alpha)$给出置信度为 1-alpha 的结果，其他符号意义同上.

对含常数项的一元回归模型，可将 x 变为 n×1 矩阵，其中第一列全为 1.

例 2008 年某城镇居民的人均月收入和生活消费支出数据如下表 12-14：

表 12-14

| 人均月收入 x(元) | 1 241.36 | 1 255.7 | 1 461.2 | 1 572.9 | 1 682.8 | 1 796.7 |
| 人均月生活费支出 y(元) | 1 200.2 | 1 247.8 | 1 354.2 | 1 460.3 | 1 571.3 | 1 680.3 |

求 y 对 x 的回归直线方程，并检验线性关系的显著性.

解 在 MATLAB 命令窗口中输入

≫x=[1241.36　1255.7　1461.2　1572.9　1682.8　1796.7]'

y=[1200.2　1247.8　1354.2　1460.3　1571.3　1680.3]'

scatter(x,y)

击回车键后显示 x 与 y 的散点图如图 12-8 所示：

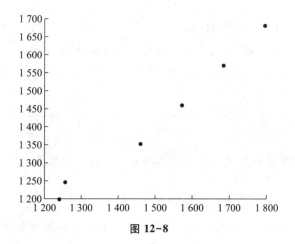

图 12-8

再进一步进行回归分析，在命令窗口中继续输入

x=[ones(6,1),x]

[b,bint,r,rint,stats]=regress(y,x)

击回车键后结果显示

b =

  185.4897

    0.8214

bint =

  -28.6936   399.6730

    0.6801   0.9627

r =

  -4.9160

  30.9054

  -31.4879

  -17.1358

   3.5947

  19.0397

rint =

  -66.4415   56.6094

   -8.9259   70.7367

  -86.8161   23.8404

  -86.1543   51.8826

  -65.3054   72.4947

  -30.0102   68.0896

stats =

  0.9849   260.4993   0.0001

从以上运行结果可以看出:人均月生活费支出 y 对人均月收入 x 的回归直线方程为 $y = 185.489\ 7 + 0.821\ 4x$，$R^2 = 0.984\ 9$，$p = 0.000\ 1 < 0.05$，说明线性关系显著,拟合程度相当高.

习题 12-5

1. 利用 MATLAB 求解第四节引例中水稻产量 y 与化肥用量 x 的回归方程,并验证线性关系的显著性.

2. 利用 MATLAB 重新解答第四节例 1.

3. 测得 16 名成年女子的身高 x(cm)与腿长 y(cm)所得数据如表 12-15.

表 12-15

身高	145	146	147	149	150	153	154	156	157	158	159	160	162	164
腿长	85	88	91	92	93	93	95	98	97	96	98	99	100	102

求 y 对 x 的线性回归方程,并检验线性关系的显著性.

复习题十二

1. 选择题.

(1) 设 $x_1, x_2, \cdots, x_n$ 是来自正态总体 $N(\mu, \sigma^2)(\mu, \sigma^2$ 均未知) 的样本值,则(　　)是统计量.

　A. x_1 　　　　　B. $x_1 + \mu$ 　　　　　C. $\dfrac{x_1^2}{\sigma^2}$ 　　　　　D. μx_1

(2) 设 $x_1, x_2, \cdots, x_n$ 是来自正态总体 $N(\mu, \sigma^2)$ 的样本, σ^2 已知而 μ 为未知,记 $\overline{x} = \dfrac{1}{n}\sum\limits_{i=1}^{n} x_i$,已知 $\Phi(x)$ 表示标准正态分布 $N(0,1)$ 的分布函数, $\Phi(1.96) = 0.975, \Phi(1.28) = 0.900$,则 μ 的置信水平为 0.95 的置信区间为(　　).

扫一扫,看答案

　A. $\left(\overline{x} - 0.975\dfrac{\sigma}{\sqrt{n}}, \overline{x} + 0.975\dfrac{\sigma}{\sqrt{n}}\right)$ 　　　　　B. $\left(\overline{x} - 1.96\dfrac{\sigma}{\sqrt{n}}, \overline{x} + 1.96\dfrac{\sigma}{\sqrt{n}}\right)$

　C. $\left(\overline{x} - 1.28\dfrac{\sigma}{\sqrt{n}}, \overline{x} + 1.28\dfrac{\sigma}{\sqrt{n}}\right)$ 　　　　　D. $\left(\overline{x} - 0.90\dfrac{\sigma}{\sqrt{n}}, \overline{x} + 0.90\dfrac{\sigma}{\sqrt{n}}\right)$

(3) 已知,某产品使用寿命 X 服从正态分布,要求平均使用寿命不低于 $1\,000\ \text{h}$,现从一批这种产品中随机抽出 25 只,测得平均使用寿命为 $950\ \text{h}$,样本均方差为 $100\ \text{h}$,则可用(　　)检验这批产品是否合格.

　A. t 检验法 　　　B. χ^2 检验法 　　　C. U 检验法 　　　D. F 检验法

(4) 总体未知参数 θ 的估计量 $\hat{\theta}$ 是(　　)

　A. 随机变量 　　　B. 总体 　　　C. 样本 　　　D. 均值

(5) 设 $(\hat{\mu}_1, \hat{\mu}_2)$ 为总体期望 μ 的置信区间,则(　　)

　A. $(\hat{\mu}_1, \hat{\mu}_2)$ 平均含总体 95% 的值 　　　　B. $(\hat{\mu}_1, \hat{\mu}_2)$ 平均含样本 95% 的值

　C. $(\hat{\mu}_1, \hat{\mu}_2)$ 有 95% 的机会包含 μ 　　　D. 95% 的期望值会落入 $(\hat{\mu}_1, \hat{\mu}_2)$ 内

2. 填空题.

(1) 已知样本值: $54, 67, 68, 78, 70, 66, 67, 70, 65, 69$.这组样本值的样本均值 $\overline{x} = $ ____ ,样本修正方差 $S^2 = $ ____ .

(2) 设正态总体 X 的方差为 1,根据来自 X 的容量为 100 的简单随机样本的样本值,算得样本均值 5,则 X 的数学期望的 95% 的置信区间为 ____ .

(3) 若 $\xi_1, \cdots, \xi_n$ 为正态总体 $N(\mu, \sigma^2)$ 的一组简单随机样本,则 $\xi = \dfrac{1}{n}\sum\limits_{i=1}^{n} \xi_i$ 服从 N ____ 分布.

3. 为了了解灯泡使用寿命的均值 μ 和标准差 σ,测量 10 个灯泡的使用寿命,得 $\overline{x} = $

1 500 h, $S = 20$ h, 假设灯泡的使用寿命服从正态分布, 求 μ 及 σ 的 95% 的置信区间.

4. 某炼铁厂的铁水含量为 $X \sim N(\mu, 0.108^2)$, 现对操作工艺做了某些改进, 然后抽测了 5 炉铁水, 测得 $S^2 = 0.228^2$. 由此是否可以认为新工艺炼出的铁水含碳量的方差 $\sigma^2 = 0.108^2$? ($\alpha = 0.05$)

5. 对某种溶液, 已知其水分的含量 X 服从 $N(\mu, \sigma^2)$, 要求平均水分的含量 μ 不低于 0.5%, 今测定 9 个样本, 得平均水分含量 $\overline{X} = 0.452\%$, 均方差 $S = 0.037\%$. (1) 试在显著性水平 $\alpha = 0.05$ 下, 检验该溶液的水分含量是否合格; (2) 求 μ 的 95% 置信区间.

6. 考查硫酸铜在水中的溶解度 y 与温度 x 的关系时, 做了 9 组试验, 其数据如表 12-16:

表 12-16

温度 x(℃)	0	10	20	30	40	50	60	70	80
溶解度(g)	14	17.5	21.2	26.1	29.2	33.3	40	48	54.8

第十二章 数理统计初步

求 y 对 x 的回归直线.

附录一　初等数学常用公式

一、代数式

1. 乘法公式

$(a+b)(a-b)=a^2-b^2$;　　　　　$(a\pm b)^2=a^2\pm 2ab+b^2$;

$(a\pm b)^3=a^3\pm 3a^2b\mp 3ab^2+b^3$;　　$(a\pm b)(a^2\mp ab+b^2)=a^3\pm b^3$.

2. 指数运算公式

$a^0=1$　$(a\neq 0)$;　$a^{-n}=\dfrac{1}{a^n}$　　$(a\neq 0)$;　$a^{\frac{m}{n}}=\sqrt[n]{a^m}$　　$(a\geqslant 0)$;

$a^{-\frac{m}{n}}=\dfrac{1}{\sqrt[n]{a^m}}$　　$(a>0)$;　$(a^m)^n=a^{mn}$; $(ab)^n=a^nb^n$;

$\left(\dfrac{b}{a}\right)^n=\dfrac{b^n}{a^n}$;　　$a^ma^n=a^{m+n}$.

3. 对数运算公式

$\log_a(M\cdot N)=\log_a M+\log_a N$;　$\log_a\dfrac{M}{N}=\log_a M-\log_a N$;

$\log_a N^b=b\log_a N$;　$\log_a\sqrt[n]{M}=\dfrac{1}{n}\log_a M$;

$a^{\log_a N}=N$; $\log_a N=\dfrac{\log_b N}{\log_b a}$;

$\log_a 1=0$;　$\log_a a=1$;　特别地,$\ln 1=0,\ln e=1$.

4. 一元二次方程求根公式

$ax^2+bx+c=0$　$(a\neq 0)$的求根公式 $x_{1,2}=\dfrac{-b\pm\sqrt{b^2-4ac}}{2a}$.

5. 一元二次不等式的解

一元二次不等式$(x-x_1)(x-x_2)>0(x_1<x_2)$的解为 $x<x_1$或 $x>x_2$;

一元二次不等式$(x-x_1)(x-x_2)<0(x_1<x_2)$的解为$x_1<x<x_2$.

6. 二项展开公式

$(a+b)^n=C_n^0a^n+C_n^1a^{n-1}b+C_n^2a^{n-2}b^2+\cdots+C_n^ia^{n-i}b^i+\cdots+C_n^nb^n$,其中 $C_n^i=\dfrac{n!}{i!(n-i)!}$, $C_n^0=C_n^n=1$.

7. 常用数列 $\{a_n\}$ $(n=1,2,\cdots)$ 前 n 项求和公式

等差数列: $s_n = \dfrac{(a_1+a_n)n}{2}$;   等比数列: $s_n = \dfrac{a_1(1-q^n)}{1-q}$, 其中 q 为公比;

特别地, (1) $1+2+3+\cdots+n = \dfrac{n(n+1)}{2}$;

(2) $1^2+2^2+3^2+\cdots+n^2 = \dfrac{1}{6}n(n+1)(2n+1)$.

8. 排列与组合公式
(1) 排列 $m \leqslant n$ 时 $P_n^m = n(n-1)\cdots(n-m+1)$;
(全排列) $P_n^n = n! = n(n-1)\cdots3\cdot2\cdot1$,   规定 $0! = 1$.

(2) 组合 $C_n^m = \dfrac{P_n^m}{m!} = \dfrac{n(n-1)\cdots(n-m+1)}{m!} = \dfrac{n!}{m!(n-m)!}$,   规定 $C_n^0 = 1$.

二、三角公式

1. 度与弧度 $1° = \dfrac{\pi}{180}\mathrm{rad}$, $1\mathrm{rad} = \dfrac{180°}{\pi}$.

2. 特殊角的三角函数值

三角函数	角及对应三角函数值				
	0°	30°	45°	60°	90°
弧度	0	π/6	π/4	π/3	π/2
$\sin \alpha$	0	$\dfrac{1}{2}$	$\dfrac{\sqrt{2}}{2}$	$\dfrac{\sqrt{3}}{2}$	1
$\cos \alpha$	1	$\dfrac{\sqrt{3}}{2}$	$\dfrac{\sqrt{2}}{2}$	$\dfrac{1}{2}$	0
$\tan \alpha$	0	$\dfrac{\sqrt{3}}{3}$	1	$\sqrt{3}$	不存在
$\cot \alpha$	不存在	$\sqrt{3}$	1	$\dfrac{\sqrt{3}}{3}$	0

3. 平方和关系
$\sin^2 x + \cos^2 x = 1$; $1+\tan^2 x = \sec^2 x$; $1+\cot^2 x = \csc^2 x$.

4. 倍角公式
$\sin2x = 2\sin x\cos x$; $\cos 2x = \cos^2 x - \sin^2 x = 1 - 2\sin^2 x = 2\cos^2 x - 1$;

$$\tan 2x = \frac{2\tan x}{1-\tan^2 x}.$$

5. 降幂公式

$$\sin^2 x = \frac{1-\cos 2x}{2}; \cos^2 x = \frac{1+\cos 2x}{2}.$$

6. 两角和差公式

$$\sin(x \pm y) = \sin x \cos y \pm \cos x \sin y; \cos(x \pm y) = \cos x \cos y \mp \sin x \sin y;$$

$$\tan(x \pm y) = \frac{\tan x \pm \tan y}{1 \mp \tan x \tan y}.$$

7. 和差化积公式

$$\sin x + \sin y = 2\sin\frac{x+y}{2}\cos\frac{x-y}{2}; \sin x - \sin y = 2\cos\frac{x+y}{2}\sin\frac{x-y}{2};$$

$$\cos x + \cos y = 2\cos\frac{x+y}{2}\cos\frac{x-y}{2}; \cos x - \cos y = -2\sin\frac{x+y}{2}\sin\frac{x-y}{2}.$$

8. 积化和差公式

$$\sin x \cos y = \frac{1}{2}\big[\sin(x+y)+\sin(x-y)\big]; \cos x \sin y = \frac{1}{2}\big[\sin(x+y)-\sin(x-y)\big];$$

$$\cos x \cos y = \frac{1}{2}\big[\cos(x+y)+\cos(x-y)\big]; \sin x \sin y = -\frac{1}{2}\big[\cos(x+y)-\cos(x-y)\big].$$

三、平面解析几何

(1) 直线方程： $y = kx + b$ (斜截式:斜率为 k, y 轴上截距为 b);

                          $y - y_0 = k(x - x_0)$ (点斜式:过点 (x_0, y_0), 斜率为 k);

                          $\dfrac{x}{a} + \dfrac{y}{b} = 1$ (截距式:x 与 y 轴上截距分别为 a 与 b);

                          $ax + by + c = 0$ (一般式).

两直线垂直 $\Leftrightarrow$ 它们的斜率为负倒数关系 $k_1 = -1/k_2$。

(2) 二次曲线：

① 圆: $x^2 + y^2 = R^2$ (圆心为 $(0,0)$, 半径为 R);

$(x - x_0)^2 + (y - y_0)^2 = R^2$ (圆心为 (x_0, y_0), 半径为 R).

② 椭圆: $\dfrac{x^2}{a^2} + \dfrac{y^2}{b^2} = 1$;

③ 双曲线: $\dfrac{x^2}{a^2} - \dfrac{y^2}{b^2} = 1$.

④ 抛物线: $y = x^2$(开口向上); $y^2 = x$(开口向右).

附录二 阅读材料

一、极限概念的产生与发展

极限概念的形成经历了漫长的岁月.

早在两千多年前,我国的惠施在庄子的《天下篇》中有一句著名的话:"一尺之棰,日取其半,万世不竭."惠施提出了无限变小的过程,这是我国古代极限思想的萌芽.

我国三国时期的大数学家刘徽(约225~约295)的割圆术,通过不断倍增圆内接正多边形的边数来逼近圆周,刘徽计算了圆内接正3 072边形的面积,从而推得 π 的近似值为3.141 6.南北朝时期的祖冲之将圆周率精确到小数点后七位,在国外一千多年以后欧洲人安托尼兹才算到同样精确度的小数."π"这扇窗口闪烁着我国古代数学家的数学水平和才能的光辉.

16世纪前后,欧洲资本主义的萌芽和文艺复兴运动促进了生产力和自然科学的发展.17世纪,牛顿(Newton)和莱布尼茨(Leibniz)在总结前人经验的基础上,创立了微积分.但他们当时也还没有完全弄清楚极限的概念,没能把他们的工作建立在严密的理论基础上,他们更多的是凭借几何和物理直观去开展研究工作.

到了18世纪,数学家们基本上弄清了极限的描述性定义.例如牛顿用路程的改变量 Δs 与时间的改变量 Δt 之比 $\Delta s/\Delta t$ 表示物体的平均速度,让 Δt 无限趋近于零,得到物体的瞬时速度,那时所运用的极限只是接近于直观性的语言描述:"如果当自变量 x 无限地趋近于 x_0 时,函数 $f(x)$ 无限地趋近于 A,那么就说 $f(x)$ 以 A 为极限."这种描述性语言虽然人们易于接受,但是这种定义没有定量地给出两个"无限过程"之间的联系,不能作为科学论证的逻辑基础.正因为当时缺少严格的极限定义,微积分理论受到人们的怀疑和攻击.起初微积分主要应用于力学、天文学和光学,而且出现的数量关系比较简单,因此在那个时候,极限理论方面的缺陷还没有构成严重障碍.

随着微积分应用的更加广泛和深入,遇到的数量关系也日益复杂,例如研究天体运行的轨道等问题已超出直观范围.在这种情况下,微积分的薄弱之处也越来越暴露,严格的极限定义就显得十分需要.克莱因(Morris Kline)在《古今数学思想》中说:"随着微积分的概念与技巧的扩展,人们努力去补充被遗漏的基础.在牛顿和莱布尼茨不成功地企图去解释概念并证明他们的程序是正确的之后,一些微积分方面的书出现了,他们试图澄清混乱,但实际上却更加混乱."经过100多年的争论,直到19世纪上半叶由于对无穷级数

的研究,人们对极限概念才有了较明确的认识.1821 年法国数学家柯西(Augustin-Louis Cauchy)在他的《分析教程》中进一步提出了极限定义的 ε 方法,把极限过程用不等式来刻画,后经德国数学家魏尔斯特拉斯(Karl Weierstrass)进一步加工,成为现在所说的柯西极限定义或叫"ε - δ"定义,即如果对于每一个预先给定的任意小的正数 ε,总存在一个正数 δ,使得对于满足不等式 $0 < |x-x_0| < \delta$ 的一切 x,其对应的函数值 $f(x)$ 都满足不等式 $|f(x)-A| < \varepsilon$,则常数 A 就叫作 $y=f(x)$ 当 $x \to x_0$ 时的极限,记作 $\lim\limits_{x \to x_0} f(x) = A$.这样的定义是严格的,至今还被微积分的教科书普遍采用.

极限理论的建立,在思想方法上深刻影响了近代数学的发展.

一个数学概念的形成经历了这样漫长的岁月,大家仅从这一点就可以想象出极限概念在微积分这门学科中多么重要了.

二、微积分学的建立

微分和积分的思想在古代就已经产生了,而微积分成为一门学科,是在 17 世纪.

17 世纪,有许多科学问题需要解决,这些问题也就成了促使微积分产生的因素.归结起来,大约有四种主要类型的问题:第一类是研究运动的时候直接出现的,也就是求瞬时速度的问题.第二类问题是求曲线的切线的问题.第三类问题是求函数的最大值和最小值问题.第四类问题是求曲线长、曲线围成的面积、曲面围成的体积、物体的重心、一个体积相当大的物体作用于另一物体上的引力.

17 世纪的许多著名的数学家、天文学家、物理学家都为解决上述几类问题做了大量的研究工作,如法国的费马、笛卡儿、罗伯瓦、德萨格;英国的巴罗、沃利斯;德国的开普勒;意大利的卡瓦列里等人都提出许多很有建树的理论,为微积分的创立做出了贡献.

17 世纪下半叶,在前人工作的基础上,英国大科学家牛顿和德国数学家莱布尼茨分别独自研究和完成了微积分的创立工作.

1665 年 5 月 20 日,在牛顿手写的一页文件中开始有"流数"的记载.微积分的诞生,不妨以这一天为标志.牛顿在《流数术》一书中把连续变量叫作流动量,把这些流动量的导数叫作流数,所研究的基本问题是"已知量的关系,要算出它们的流数;及反过来".正是这一点,使牛顿超过所有的微积分先驱者.牛顿完整提出微分和积分是一对逆运算,并且指出了换算的公式,这公式现在称为牛顿-莱布尼茨公式.

牛顿关于微积分的著作大多写于 1665—1676 年间,但这些著作发表很迟,流数术到 1687 年才在《自然哲学之数学原理》中以几何形式发表出来.《流数术》本身直到他去世后 9 年(1736)才公开发表.

牛顿
(1642—1727)

牛顿从力学导出流数术,而莱布尼茨则从几何学上考察切线问题而得出微分法.他的第一篇论文刊登于 1684 年的《教师期刊》上,这比牛顿公开发表早三年.这篇文章给一阶微分以明确的定义.1686 年,莱布尼茨发表了第一篇积分学的文献.他是历史上最伟大的符号学者之一,他所创设的微积分符号,远远优于牛顿的符号,这对微积分的发展有极大的影响.现在我们使用的微积分通用符号就是当时莱布尼茨精心选用的.

微积分学的创立,极大地推动了数学的发展,过去很多初等数学束手无策的问题,运用微积分,往往迎刃而解,显示出微积分学的非凡威力.

和历史上任何一项重大理论的完成都要经历一段时间一样,牛顿和莱布尼茨的工作也都是很不完善的.他们在无穷和无穷小量这个问题上,说法不一,十分含糊.牛顿的无穷小量,有时候是零,有时候不是零而是有限的小量;莱布尼茨的也不能自圆其说.这些基础方面的缺陷,最终导致了第二次数学危机的产生.

直到 19 世纪初,法国科学院的科学家以柯西为首,对微积分的理论进行了认真研究,建立了极限理论,后来又经过德国数学家魏尔斯特拉斯进一步的严格化,使极限理论成为微积分的坚实基础,微积分才进一步地发展开来.

莱布尼茨
(1646—1716)

任何新兴的、具有大量前途的科学成就都吸引着广大的科学工作者.在微积分的历史上也闪烁着这样的一些明星:瑞士的雅科布·伯努利和他的兄弟约翰·伯努利、欧拉、法国的拉格朗日、柯西……

欧氏几何也好,上古和中世纪的代数学也好,都是一种常量数学,微积分才是真正的变量数学,是数学中的大革命.

三、常微分方程的起源与发展简介

常微分方程已有悠久的历史,而且继续保持着进一步发展的活力,其主要原因是它的根源深扎在各种实际问题之中.

常微分方程是由人类生产实践的需要而产生的,其雏形的出现甚至比微积分的出现还早.纳皮尔发明对数、伽利略研究自由落体运动、笛卡儿在光学问题中由切线性质定出镜面的形状等等,实际上都需要建立和求解微分方程.

常微分方程最早的著作出现在数学家们彼此的通信中,莱布尼茨经常与牛顿在通信中互相提出求解微分方程的挑战.1676 年,莱布尼茨在给牛顿的信中第一次提出"微分方程"这个数学名词,1684 年以后开始在杂志上使用.其后直到 18 世纪中后期,许多数学家,例如伯努利(家族)、欧拉、高斯、拉格朗日等,把数学研究与当时许多重大的实际力学问题相结合,因为这些问题通常离不开常微分方程的求解,这一时期的研究内容主要是寻求常微分方程的通解.

在 19 世纪早期柯西给微积分学注入了严格性的要素,同时他也为微分方程的理论奠定了一个基石——解的存在性和唯一性定理,到 19 世纪末期,庞加莱和李雅普诺夫分别创立了常微分方程的定性理论和稳定性理论,这些工作代表了当时非线性力学的最新方法.20 世纪初,伯克霍夫继承并发展了庞加莱在天体力学中的分析方法,创立了拓扑动力系统理论,把常微分方程的研究提高到新水平.

20 世纪 20 年代(特别是第二次世界大战)以来,在众多应用数学家的共同努力下,常微分方程的应用范围不断扩大,并深入到机械、电讯、化工、生物、经济和其他社会学科的各个领域,各种成功的实例不胜枚举.自 20 世纪 60 年代以后,常微分方程定性理论发展到现代微分动力系统的理论,对研究一些奇异的非线性现象做出贡献,构成现代大范围分析学中出色的篇章.另外,现代的(最优)控制理论、微分对策论以及泛函微分方程理论的基本思想,都起源于常微分方程,而且在方法上也与常微分方程有密切的关系.

四、概率论的创立

概率论的产生

17 世纪中叶,当时在误差、人口统计、人寿保险等范畴中,需要整理和研究大量的随机数据资料,这就孕育出一种专门研究大量随机现象规律性的学科:概率论.但最初吸引数学家们思考概率论的诱因,却是来自赌博.

1494 年意大利数学家帕西奥尼(1445—1509)出版了一本有关算术技术的书.书中提出了著名的"赌金分配问题":在一场赌博中,某一方先胜 6 局便算赢家,那么,甲方胜了 4 局,乙方赢了 3 局的情况下,因出现意外,赌局被中断,无法继续,此时,赌金应该如何分配?帕西奥尼的答案是:应当按照 4∶3 的比例把赌金分给双方.显然帕西奥尼的分法并不是那么公平合理的.因为,已胜了 4 局的一方只要再胜 2 局就可以拿走全部的赌金,而另一方则需要胜 3 局,并且至少有 2 局必须连胜,这样要困难得多.但是,人们又提不出更好的解决方法.在此后 100 多年中,几代数学家都在研究这个问题,但均未得到过正确的答案.

直到 17 世纪中叶,法国有一位热衷于掷骰子游戏的贵族德·梅雷,他经常尝试用数学的思维思考赌博中的一些现象,并且发现了这样的事实:将一枚骰子连掷四次,至少出现一个六点的机会比较多,而将两枚骰子掷 24 次,至少出现一次双六的机会却很少.同时,他也对"赌金分配问题"产生了浓厚的兴趣,但是经过反复思考,仍然不能得出自己满意的答案.于是,他向法国"神童"数学家帕斯卡(1623—1662)请教,从此概率论历史上一个决定性的阶段开始了.帕斯卡接受了这个问题后,没有立即回答,而是把它寄给另一位法国数学家费马(1601—1665).帕斯卡和费马一边亲自做赌博实验,一边仔细分析计算赌博中出现的各种问题,并经常借助书信交流各自所做的工作,终于分别用自己的方法完整地解决了"赌金分配问题".

费马的解法是:如果继续赌局,最多只要再赌 4 轮便可决出胜负,并且甲最多只需再胜两局就能赢得赌局,而乙至少需要再胜三局才能赢得赌局.如果用"甲"表示甲方胜,用"乙"表示乙方胜,那么最后 4 轮的结果,就有以下 16 种可能:

甲甲甲甲　　　甲甲乙乙　　　甲乙乙乙　　　甲甲甲乙　　　甲乙甲乙　　　乙甲乙乙

甲甲乙甲　　　甲乙乙甲　　　乙乙甲乙　　　甲乙甲甲　　　乙乙甲甲　　　乙乙乙甲

乙甲甲甲　　　乙甲乙甲　　　乙乙乙乙　　　乙甲甲乙

在这 16 种可能中,甲胜两局及两局以上有 11 种可能,乙胜三局及三局以上有 5 种可能,因此,赌金应按 11∶5 的比例分配.

帕斯卡解决这个问题则利用了他的"算术三角形",欧洲人常称之为"帕斯卡三角形".事实上,早在北宋时期中国数学家贾宪就在《黄帝九章算法细草》中讨论过,后经南宋数学家杨辉加以完善,并载入其著作《详解九章算法》一书中.这就是我们常说的杨辉三角形.

```
                    1
                 1     1
              1     2     1
           1     3     3     1
        1     4     6     4     1
     1     5    10    10     5     1
    ......  ......  ......  ......  ......
```

贾宪对此三角形的研究比帕斯卡早了 600 余年,杨辉也比帕斯卡早了 400 余年.帕斯卡利用这个三角形求从 n 件物品中一次取出 r 件的组合数,由上图可知,三角形第五行上的数恰好是 1,4,6,4,1,从左至右,1 是甲出现 4 次的组合数,4 是甲出现 3 次的组合数,6 是甲出现 2 次的组合数,4 是乙出现 3 次的组合数,1 是乙出现 4 次的组合数,因此赌金应按照 11∶5 的比例分配,这与费马得到的结果完全一致.

帕斯卡和费马以"赌金分配问题"开始的讨论,开创了概率论研究的先河,后来荷兰数学家惠更斯(1629—1695)也参加了这场讨论,也用自己的方法解决了这一问题.帕斯卡、费马、惠更斯在概率论的创立阶段主要研究的是各种古典概型,这一阶段被称为组合概率时期.这三位伟大的数学家一起被誉为概率论的创始人.

五、20 世纪——迅速发展的统计学

统计学是应用数学的一个分支,主要研究利用概率论建立数学模型,收集所观察系统的数据,进行量化的分析、总结,并进而进行推断和预测,为相关决策提供依据和参考.它被广泛地应用在各门学科中,从物理和社会科学到人文科学,甚至被用在工商业及政府的情报决策中.

20 世纪初以来,科学技术迅猛发展,社会发生了巨大变化,统计学进入了快速发展时

期.归纳起来主要有以下几个方面:

1. 由记述统计向推断统计发展.记述统计是对所搜集的大量数据资料进行加工整理、综合概括,通过图示、列表和数字,如编制次数分布表、绘制直方图、计算各种特征数等,对资料进行分析和描述.而推断统计,则是在搜集、整理观测的样本数据基础上,对有关总体做出推断.其特点是根据带随机性的观测样本数据以及问题的条件和假定(模型),而对未知事物做出的以概率形式表述的推断.目前,西方国家所指的科学统计方法,主要就是指推断统计.

2. 由社会、经济统计向多分支学科发展.在 20 世纪以前,统计学主要是人口统计、生命统计、社会统计和经济统计.随着社会、经济和科学技术的发展,到今天,统计的范畴已覆盖了社会生活的一切领域,几乎无所不包,成为通用的方法论科学.它被广泛用于研究社会和自然界的各个方面,并发展成为有着许多分支学科的科学.

3. 统计预测和决策科学的发展.传统的统计是对已经发生和正在发生的事物进行统计,提供统计资料和数据.20 世纪 30 年代以来,特别是第二次世界大战以来,由于经济、社会、军事等方面的客观需要,统计预测和统计决策科学有了很大发展,使统计走出了传统的领域而被赋予新的意义和使命.

4. 信息论、控制论、系统论与统计学的相互渗透和结合,使统计科学进一步发展并日趋完善.信息论、控制论、系统论在许多基本概念、基本思想、基本方法等方面有着共同之处,三者从不同角度、侧面提出了解决共同问题的方法和原则.三论的创立和发展,彻底改变了世界的科学图景和科学家的思维方式,也使统计科学和统计工作从中吸取了营养,拓宽了视野,丰富了内容,出现了新的发展趋势.

5. 计算技术和一系列新技术、新方法在统计领域不断得到开发和应用.近几十年间,计算机技术不断发展,使统计数据的搜集、处理、分析、存储、传递、印制等过程日益现代化,提高了统计工作的效能.计算机技术的发展,日益扩大了传统的和先进的统计技术的应用领域,促使统计科学和统计工作发生了革命性的变化.如今,计算机科学已经成为统计科学不可分割的组成部分.随着科学技术的发展,统计理论和实践的深度和广度方面也不断发展.

6. 统计在现代化管理和社会生活中的地位日益重要.随着社会、经济和科学技术的发展,统计在现代化国家管理和企业管理中的地位,在社会生活中的地位,越来越重要了.人们的日常生活和一切社会生活都离不开统计.英国统计学家哈斯利特说:"统计方法的应用是这样普遍,在我们的生活和习惯中,统计的影响是这样巨大,以至统计的重要性无论怎样强调也不过分."甚至有的科学家还把我们的时代叫作"统计时代".显然,20 世纪统计科学的发展及其未来,已经被赋予了划时代的意义.

附录三 泊松分布表

$$P(X \geqslant c) = \sum_{k=c}^{\infty} \frac{\lambda^k}{k!} e^{-k}$$

λ	c									
	0.001	0.002	0.003	0.004	0.005	0.006	0.007	0.008	0.009	0.010
0	1.000 000 0	1.000 000 0	1.000 000 0	1.000 000 0	1.000 000 0	1.000 000 0	1.000 000 0	1.000 000 0	1.000 000 0	1.000 000 0
1	0.000 999 5	0.001 998 0	0.002 995 5	0.003 992 0	0.04 987 5	0.005 982 0	0.006 975 6	0.007 968 1	0.008 959 6	0.009 950 2
2	0.000 000 5	0.000 002 0	0.000 004 5	0.000 008 0	0.000 012 5	0.000 017 9	0.000 024 4	0.000 0318	0.000 040 3	0.000 049 7
3							0.000 000 1	0.000 000 1	0.000 000 1	0.000 000 2

λ	c									
	0.02	0.03	0.04	0.05	0.06	0.07	0.08	0.09	0.10	0.11
0	1.000 000 0	1.000 000 0	1.000 000 0	1.000 000 0	1.000 000 0	1.000 000 0	1.000 000 0	1.000 000 0	1.000 000 0	1.000 000 0
1	0.019 801 3	0.029 554 5	0.039 210 6	0.048 770 6	0.058 235 5	0.067 606 2	0.076 883 7	0.086 068 0	0.095 162 6	0.104 165 9
2	0.000 197 3	0.000 441 1	0.000 779 0	0.001 209 1	0.001 729 6	0.002 338 6	0.003 034 3	0.003 815 0	0.004 678 8	0.005 624 1
3	0.000 001 3	0.000 004 4	0.000 010 4	0.000 020 1	0.000 034 4	0.000 054 2	0.000 080 4	0.000 113 6	0.000 154 7	0.000 204 3
4		0.000 000 1	0.000 000 3	0.000 000 5	0.000 000 9	0.000 001 6	0.000 002 5	0.000 003 3	0.000 005 6
5										0.000 000 1

λ	c									
	0.12	0.13	0.14	0.15	0.16	0.17	0.18	0.19	0.20	0.21
0	1.000 000 0	1.000 000 0	1.000 000 0	1.000 000 0	1.000 000 0	1.000 000 0	1.000 000 0	1.000 000 0	1.000 000 0	1.000 000 0
1	0.113 079 6	0.121 904 6	0.130 641 8	0.139 292 0	0.147 856 2	0.156 335 2	0.164 729 8	0.173 040 9	0.181 269 2	0.189 415 8
2	0.006 649 1	0.007 522	0.008 931 6	0.010 185 8	0.011 513 2	0.012 912 2	0.014 381 2	0.015 918 7	0.017 523 1	0.019 193 1
3	0.000 263 0	0.000 332 3	0.000 411 9	0.000 502 9	0.000 605 8	0.000 721 2	0.000 849 8	0.000 992 0	0.001 148 5	0.001 319 7
4	0.000 007 9	0.000 010 7	0.000 014 3	0.000 018 7	0.000 024 0	0.000 030 4	0.000 037 9	0.000 046 7	0.000 056 3	0.000 068 5
5	0.000 000 2	0.000 000 3	0.000 000 4	0.000 000 6	0.000 000 8	0.000 001 0	0.000 001 4	0. 000 001 8	0.000 002 3	0.000 002 9
6								0.000 000 1	0.000 000 1	0.000 000 1

λ	c									
	0.22	0.23	0.24	0.25	0.26	0.27	0.28	0.29	0.30	0.40
0	1.000 000 0	1.000 000 0	1.000 000 0	1.000 000 0	1.000 000 0	1.000 000 0	1.000 000 0	1.000 000 0	1.000 000 0	1.000 000 0
1	0.197 481 2	0.205 466 1	0.213 372 1	0.221 199 2	0.228 948 4	0.236 620 5	0.244 216 3	0.251 736 4	0.259 181 8	0.329 680 0
2	0.020 927 1	0.022 723 7	0.024 581 5	0.026 499 0	0.028 475 0	0.030 508 0	0.032 596 8	0.034 740 0	0.036 936 3	0.061 551 9
3	0.001 506 0	0.001 708 3	0.001 926 6	0.002 161 5	0.002 413 5	0.002 682 9	0.002 970 1	0.003 275 5	0.003 599 5	0.007 926 3
4	0.000 081 9	0.000 097 1	0.000 114 2	0.000 133 4	0.000 154 8	0.000 178 6	0.000 204 9	0.000 233 9	0.000 265 8	0.000 776 3
5	0.000 003 6	0.000 004 4	0.000 005 4	0.000 006 6	0.000 008 0	0.000 009 6	0.000 011 3	0.000 013 4	0.000 015 8	0.000 061 2
6	0.000 000 1	0.000 000 2	0.000 000 2	0.000 000 3	0.000 000 3	0.000 000 4	0.000 000 5	0.000 000 6	0.000 000 8	0.000 004 0
7										0.000 000 2

λ	c									
	0.5	0.6	0.7	0.8	0.9	1.0	1.1	1.2	1.3	1.4
0	1.000 000	1.000 000	1.000 000	1.000 000	1.000 000	1.000 000	1.000 000	1.000 000	1.000 000	1.000 000
1	0.393 469	0.451 188	0.503 415	0.550 671	0.593 430	0.632 121	0.667 129	0.698 806	0.727 468	0.753 403
2	0.090 204	0.121 901	0.155 805	0.191 208	0.227 518	0.264 241	0.300 971	0.337 373	0.373 177	0.408 167
3	0.014 338	0.023 115	0.034 142	0.047 423	0.062 857	0.080 301	0.099 584	0.120 513	0.142 888	0.166 502
4	0.001 752	0.003 358	0.005 753	0.009 080	0.013 459	0.018 988	0.025 742	0.033 769	0.043 095	0.053 725
5	0.000 172	0.000 394	0.000 786	0.001 411	0.002 344	0.003 660	0.005 435	0.007 746	0.010 663	0.014 253
6	0.000 014	0.000 039	0.000 090	0.000 184	0.000 343	0.000 594	0.000 968	0.001 500	0.002 231	0.003 201
7	0.000 001	0.000 003	0.000 009	0.000 021	0.000 043	0.000 083	0.000 149	0.000 251	0.000 404	0.000 622
8		0.000 001	0.000 02	0.000 005	0.000 001 0	0.000 020	0.000 037	0.000 064	0.000 107
9					0.000 001	0.000 002	0.000 005	0. 000 009	0.000 016
10						0.000 001	0.000 001	0.000 002

λ	c									
	1.5	1.6	1.7	1.8	1.9	2.0	2.1	2.2	2.3	2.4
0	1.000 000	1.000 000	1.000 000	1.000 000	1.000 000	1.000 000	1.000 000	1.000 000	1.000 000	1.000 000
1	0.776 870	0.798 103	0.817 316	0.834 701	0.850 431	0.864 665	0.877 544	0.889 197	0.899 741	0.909 282
2	0.442 175	0.475 069	0.506 754	0.537 163	0.566 251	0.593 994	0.620 385	0.645 430	0.669 146	0. 691 559
3	0.191 153	0.216 642	0.242 777	0.269 379	0.269 280	0.323 324	0.350 369	0.377 286	0.403 961	0.430 291
4	0.065 642	0.078 813	0.093 189	0.108 708	0.125 298	0.142 877	0.161 357	0.180 648	0.200 653	0.221 277
5	0.018 576	0.023 682	0.029 615	0.036 407	0.044 031	0.052 653	0.062 126	0.072 496	0.083 751	0.095 869
6	0.004 456	0.006 040	0.007 999	0.010 378	0.013 219	0.016 564	0.020 449	0.024 910	0.029 976	0.035 673
7	0.000 926	0.001 336	0.001 875	0.002 569	0.003 446	0.004 534	0.005 862	0.007 461	0.009 362	0.011 594
8	0.000 170	0.000 260	0.000 388	0.000 562	0.000 793	0.001 097	0.001 486	0.001 978	0.002 589	0.003 339
9	0.000 028	0.000 045	0.000 072	0.000 110	0.000 163	0.000 237	0.000 337	0.000 470	0.000 642	0.000 862
10	0.000 004	0.000 007	0.000 012	0.000 019	0.000 030	0.000 046	0.000 069	0.000 101	0.000 144	0.000 202
11	0.000 001	0.000 001	0.000 002	0.000 003	0.000 005	0.000 008	0.000 013	0.000 020	0.000 029	0.000 043
12				0.000 001	0.000 001	0.000 002	0.000 004	0.000 006	0.000 008
13							0.000 001	0.000 001	0.000 00

λ	c									
	2.5	2.6	2.7	2.8	2.9	3.0	3.1	3.2	3.3	3.4
0	1.000 000	1.000 000	1.000 000	1.000 000	1.000 000	1.000 000	1.000 000	1.000 000	1.000 000	1.000 000
1	0.917 915	0.925 726	0.932 794	0.939 190	0.944 977	0.950 213	0.954 951	0.959 238	0.963 117	0.966 627
2	0.712 703	0.732 615	0.751 340	0.768 922	0.785 409	0.800 852	0.815 298	0.828 799	0.841 402	0.853 158
3	0.456 187	0.481 570	0.506 376	0.530 546	0.554 037	0.576 810	0.598 837	0.620 096	0.640 574	0.660 260
4	0.242 424	0.263 998	0.285 908	0.308 063	0.330 377	0.352 768	0.375 160	0.397 480	0.419 662	0.441 643
5	0.108 822	0.122 577	0.137 092	0.152 324	0.168 223	0.184 737	0.201 811	0.219 387	0.237 410	0.255 818
6	0.042 021	0.049 037	0.056 732	0.065 110	0.074 174	0.083 918	0.094 334	0.105 408	0.117 123	0.129 458

λ	c									
	2.5	2.6	2.7	2.8	2.9	3.0	3.1	3.2	3.3	3.4
7	0.014 187	0.017 170	0.020 569	0.024 411	0.028 717	0.033 509	0.038 804	0.044 619	0.050 966	0.057 853
8	0.004 247	0.005 334	0.006 621	0.008 131	0.009 885	0.011 905	0.014 213	0.016 830	0.019 777	0.023 074
9	0.001 140	0.001 487	0.001 914	0.002 433	0.003 058	0.003 803	0.004 683	0.005 714	0.006 912	0.008 293
10	0.000 277	0.000 376	0.000 501	0.000 660	0.000 858	0.001 102	0.001 401	0.001 762	0.002 195	0.002 709
11	0.000 062	0.000 037	0.000 120	0.000 164	0.000 220	0.000 292	0.000 383	0.000 497	0.000 638	0.000 810
12	0.000 013	0.000 018	0.000 026	0.000 037	0.000 052	0.000 071	0.000 097	0.000 129	0.000 171	0.000 223
13	0.000 002	0.000 004	0.000 005	0.000 008	0.000 011	0.000 016	0.000 023	0.000 031	0.000 042	0.000 057
14		0.000 001	0.000 001	0.000 002	0.000 002	0.000 003	0.000 005	0.000 007	0.000 010	0.000 014
15						0.000 001	0.000 001	0.000 001	0.000 002	0.000 003
16										0.000 001

λ	c									
	3.5	3.6	3.7	3.8	3.9	4.0	4.1	4.2	4.3	4.4
0	1.000 000	1.000 000	1.000 000	1.000 000	1.000 000	1.000 000	1.000 000	1.000 000	1.000 000	1.000 000
1	0.969 803	0.972 676	0.975 276	0.977 629	0.979 758	0.981 684	0.983 427	0.985 004	0.986 431	0.987 723
2	0.864 112	0.874 311	0.893 799	0.892 620	0.900 815	0.908 422	0.915 479	0.922 023	0.928 087	0.933 702
3	0.679 153	0.697 253	0.714 567	0.731 103	0.746 875	0.761 897	0.776 186	0.789 762	0.802 645	0.814 858
4	0.463 367	0.484 784	0.505 817	0.526 515	0.546 753	0.566 530	0.585 818	0.604 597	0.622 846	0.640 552
5	0.271 555	0.293 562	0.312 781	0.332 156	0.351 635	0.371 163	0.390 692	0.410 173	0.429 562	0.448 816
6	0.142 386	0.155 881	0.169 921	0.184 444	0.199 442	0.211 870	0.230 688	0.246 857	0.263 338	0.280 088
7	0.065 288	0.073 273	0.081 809	0.090 892	0.100 517	0.110 674	0.121 352	0.132 536	0.144 210	0.156 355
8	0.026 739	0.030 789	0.035 241	0.040 107	0.045 402	0.051 134	0.057 312	0.063 943	0.071 032	0.078 579
9	0.009 874	0.011 671	0.013 703	0.015 981	0.018 533	0.021 363	0.024 492	0.027 932	0.031 698	0.035 803
10	0.003 315	0.004 024	0.004 818	0.005 799	0.006 890	0.008 132	0.009 540	0.011 127	0.012 906	0.011 890
11	0.001 019	0.001 271	0.001 572	0.001 929	0.002 349	0.002 840	0.003 410	0.004 06	0.004 825	0.005 688
12	0.000 289	0.000 370	0.000 470	0.000 592	0.000 739	0.000 915	0.001 125	0.001 37	0.001 666	0.002 008
13	0.000 076	0.000 100	0.000 130	0.000 168	0.000 216	0.000 274	0.000 345	0.000 43	0.000 534	0.000 658
14	0.000 019	0.000 025	0.000 034	0.000 045	0.000 059	0.000 076	0.000 098	0.000 12	0.000 160	0.000 201
15	0.000 004	0.000 006	0.000 008	0.000 011	0.000 015	0.000 020	0.000 026	0.000 034	0.000 045	0.000 058
16	0.000 001	0.000 001	0.000 002	0.000 003	0.000 004	0.000 005	0.000 007	0.000 009	0.000 012	0.000 016
17				0.000 001	0.000 001	0.000 001	0.000 002	0.000 002	0.000 003	0.000 004
18									0.000 001	0.000 001

λ	c						
	4.5	5.0	6.0	7.0	8.0	9.0	10.0
0	1.000 000	1.000 000	1.000 000	1.000 000	1.000 000	1.000 000	1.000 000
1	0.988 891	0.993 262	0.997 521	0.999 088	0.999 665	0.999 877	0.999 955
2	0.938 901	0.959 572	0.982 648	0.992 705	0.996 981	0.998 766	0.999 501
3	0.826 422	0.875 348	0.938 030	0.970 364	0.986 246	0.993 768	0.997 231
4	0.657 704	0.734 974	0.848 795	0.918 235	0.957 620	0.978 774	0.989 664
5	0.467 896	0.559 507	0.714 942	0.827 009	0.900 368	0.945 037	0.970 747
6	0.297 070	0.384 039	0.554 319	0.699 292	0.808 764	0.884 310	0.932 914
7	0.168 949	0.237 817	0.393 696	0.550 289	0.686 626	0.793 220	0.869 859
8	0.086 586	0.133 372	0.256 019	0.401 286	0.547 039	0.676 104	0.779 780
9	0.040 257	0.068 094	0.152 761	0.270 909	0.407 452	0.544 348	0.667 181
10	0.017 093	0.031 828	0.083 923	0.169 504	0.283 375	0.412 592	0.542 071
11	0.006 669	0.013 695	0.042 620	0.098 521	0.184 113	0.294 012	0.416 961
12	0.002 404	0.005 453	0.020 091	0.053 350	0.111 923	0.196 992	0.303 225
13	0.000 805	0.002 019	0.008 829	0.027 000	0.037 96	0.124 227	0.208 445
14	0.000 252	0.000 698	0.003 630	0.012 812	0.034 180	0.073 851	0.135 537
15	0.000 074	0.000 226	0.001 402	0.005 718	0.017 256	0.041 467	0.083 460
16	0.000 020	0.000 069	0.000 511	0.002 407	0.008 230	0.022 036	0.048 742
17	0.000 005	0.000 020	0.000 177	0.000 959	0.003 699	0.011 103	0.027 042
18	0.000 001	0.000 005	0.000 058	0.000 363	0.001 575	0.005 317	0.014 277
19		0.000 001	0.000 018	0.000 131	0.000 631	0.002 424	0.007 186
20			0.000 005	0.000 046	0.000 252	0.001 054	0.003 454
21			0.000 001	0.000 015	0.000 093	0.000 438	0.001 588
22				0.000 004	0.000 033	0.000 175	0.000 699
23				0.000 001	0.000 012	0.000 067	0.000 295
24					0.000 004	0.000 025	0.000 119
25					0.000 001	0.000 009	0.000 046
26						0.000 003	0.000 017
27						0.000 001	0.000 006
28							0.000 002
29							0.000 001

附录四　标准正态分布表

$$\Phi(x) = \frac{1}{\sqrt{2\pi}} \int_{-\infty}^{x} e^{-\frac{t^2}{2}} dt \quad (x \geqslant 0)$$

x	.00	.01	.02	.03	.04	.05	.06	.07	.08	.09
0.0	0.500 00	50 399	50 798	51 197	51 595	51 994	52 392	52 790	53 188	53 586
0.1	53 983	54 380	54 776	55 172	55 567	55 962	56 356	56 749	57 142	57 535
0.2	57 926	58 317	58 706	59 095	59 483	59 871	60 257	60 642	61 026	61 409
0.3	61 791	62 172	62 552	62 930	63 307	63 683	64 058	64 431	64 803	65 173
0.4	65 542	65 910	66 276	66 640	67 003	67 364	67 724	68 082	68 439	68 793
0.5	69 146	69 497	69 847	70 194	73 540	70 884	71 226	71 566	71 904	72 240
0.6	72 575	72 907	73 237	73 565	73 891	74 215	74 537	74 857	75 175	75 490
0.7	75 804	76 115	76 424	76 730	77 035	77 337	77 637	77 935	78 230	78 524
0.8	78 814	79 103	79 389	79 673	79 955	80 234	80 511	80 785	71 057	81 327
0.9	81 594	81 859	82 121	82 381	82 639	82 894	83 147	83 398	83 646	83 891
1.0	84 134	84 375	84 614	84 850	85 083	85 314	85 543	85 769	85 993	86 214
1.1	86 433	86 650	86 864	87 076	87 286	87 493	87 698	87 900	88 100	88 298
1.2	88 493	88 686	88 877	89 065	89 251	89 435	89 617	89 796	89 973	90 147
1.3	90 320	90 490	90 658	90 824	90 988	91 149	91 309	91 466	91 621	91 774
1.4	91 924	92 073	92 220	92 364	92 507	92 647	92 786	92 922	93 056	93 189
1.5	93 319	93 448	93 574	93 699	93 822	93 943	94 062	94 179	94 295	94 408
1.6	94 520	94 630	94 738	94 845	94 950	95 053	95 154	95 254	95 352	95 449
1.7	95 543	95 637	95 728	95 818	95 907	95 994	96 080	96 164	96 246	96 327
1.8	96 407	96 485	96 562	96 638	96 712	96 784	96 856	96 926	96 995	97 062
1.9	97 128	97 193	97 257	97 320	97 381	97 441	97 500	97 558	97 615	97 670
2.0	97 725	97 778	97 831	97 882	97 932	97 982	98 030	98 077	98 124	98 169
2.1	98 214	98 257	98 300	98 341	98 382	98 442	98 461	98 500	98 537	98 574
2.2	98 610	98 645	98 679	98 713	98 745	98 778	98 809	98 840	98 870	98 899
2.3	98 928	98 956	98 983	99 010	99 036	99 061	99 086	99 111	99 134	99 158
2.4	99 180	99 202	99 224	99 245	99 266	99 286	99 305	99 324	99 343	99 361
2.5	99 379	99 396	99 413	99 430	99 446	99 461	99 477	99 492	99 506	99 520
2.6	99 534	99 547	99 560	99 573	99 585	99 598	99 609	99 621	99 632	99 643
2.7	99 653	99 664	99 674	99 683	99 693	99 702	99 711	99 720	99 728	99 736
2.8	99 744	66 752	99 760	99 767	99 774	99 781	99 788	99 795	99 801	99 807
2.9	99 813	99 819	99 825	99 831	99 836	99 841	99 846	99 851	99 856	99 861
x	.0	.1	.2	.3	.4	.5	.6	.7	.8	.9
3	0.99 865	99 903	99 931	99 952	99 966	99 977	99 984	99 989	99 993	99 995

附录五　*t* 分布临界值表

$$P(t(n) > t_\alpha(n)) = \alpha$$

n	α = 0.25	0.10	0.05	0.025	0.01	0.005
1	1.000 0	3.077 7	6.313 8	12.706 2	31.820 7	63.657 4
2	0.816 5	1.885 6	2.920 0	4.302 7	6.964 6	9.924 8
3	0.764 9	1.637 7	2.353 4	3.182 4	4.540 7	5.840 9
4	0.740 7	1.533 2	2.131 8	2.776 4	3.746 9	4.604 1
5	0.726 7	1.745 9	2.015 0	2.570 6	3.654 9	4.032 2
6	0.717 6	1.439 8	1.943 2	2.446 9	3.142 7	3.707 4
7	0.711 1	1.414 9	1.894 6	2.364 6	2.998 0	3.499 5
8	0.706 4	1.396 8	1.859 5	2.306 0	2.896 5	3.355 4
9	0.702 7	1.383 0	1.833 1	2.262 2	2.821 4	3.249 8
10	0.699 8	1.372 2	1.812 5	2.228 1	2.763 8	3.169 3
11	0.697 4	1.363 4	1.795 9	2.201 0	2.718 1	3.105 8
12	0.695 5	1.356 2	1.782 3	2.178 8	2.681 0	3.054 5
13	0.693 8	1.350 2	1.770 9	2.160 4	2.650 3	3.012 3
14	0.692 4	1.345 0	1.761 3	2.144 8	2.624 5	2.976 8
15	0.691 2	1.340 6	1.753 1	2.131 5	2.602 5	2.946 7
16	0.690 1	1.336 8	1.745 9	2.119 9	2.583 5	2.920 8
17	0.689 2	1.333 4	1.739 6	2.109 8	2.566 9	2.898 2
18	0.688 4	1.330 4	1.734 1	2.100 9	2.552 4	2.878 4
19	0.687 6	1.327 7	1.729 1	2.093 0	2.539 5	2.860 9
20	0.687 0	1.325 3	1.724 7	2.086 0	2.528 0	2.845 3
21	0.686 4	1.323 2	1.720 7	2.079 6	2.517 7	2.831 4
22	0.685 8	1.321 2	1.717 1	2.073 9	2.508 3	2.818 8
23	0.685 3	1.319 5	1.713 9	2.068 7	2.499 9	2.807 3
24	0.684 8	1.317 8	1.710 9	2.063 9	2.492 2	2.796 9
25	0.684 4	1.317 8	1.710 9	2.063 9	2.492 2	2.796 9

n	$\alpha = 0.25$	0.10	0.05	0.025	0.01	0.005
26	0.684 0	1.315 0	1.705 6	2.055 5	2.478 6	2.778 7
27	0.683 7	1.313 7	1.703 3	2.051 8	2.472 7	2.770 7
28	0.683 4	1.312 5	1.701 1	2.048 4	2.467 1	2.763 3
29	0.683 0	1.311 4	1.699 1	2.0452	2.462 0	2.756 4
30	0.682 8	1.310 4	1.697 3	2.042 3	2.457 3	2.750 0
31	0.682 5	1.309 5	1.695 5	2.039 5	2.452 8	2.744 0
32	0.682 2	1.308 6	1.693 9	2.036 9	2.448 7	2.738 5
33	0.682 0	1.307 7	1.692 4	2.304 5	2.444 8	2.733 3
34	0.681 8	1.307 0	1.690 9	2.032 2	2.441 1	2.728 4
35	0.681 6	1.306 2	1.689 6	2.030 1	2.437 7	2.723 8
36	0.681 4	1.305 5	1.688 3	2.028 1	2.434 5	2.719 5
37	0.681 2	1.304 9	1.687 1	2.026 2	2.431 4	2.715 4
38	0.681 0	1.304 2	1.686 0	2.024 4	2.428 6	2.711 6
39	0.680 8	1.303 6	1.684 9	2.022 7	2.425 8	2.707 9
40	0.680 7	1.303 1	1.683 9	2.021 1	2.423 3	2.704 5
41	0.680 5	1.302 5	1.682 9	2.019 5	2.420 8	2.701 2
42	0.680 4	1.302 0	1.682 0	2.018 1	2.418 6	2.698 1
43	0.680 2	1.301 6	1.681 1	2.106 7	2.416 3	2.695 1
44	0.680 1	1.301 1	1.680 2	2.015 4	2.212 1	2.692 3
45	0.680 0	1.300 6	1.679 4	2.014 1	2.412 1	2.689 6

附录六 χ^2 分布临界值表

$$P\ (\chi^2(n)\ >\ \chi_\alpha^2(n)\ )\ =\ \alpha$$

n	$\alpha = 0.995$	0.99	0.975	0.95	0.90	0.75
1	—	—	0.001	0.004	0.016	0.102
2	0.010	0.020	0.051	0.103	0.211	0.575
3	0.072	0.115	0.216	0.352	0.584	1.213
4	0.207	0.297	0.484	0.711	1.064	1.923
5	0.412	0.554	0.831	1.145	1.610	2.675
6	0.676	0.872	1.237	1.635	2.204	3.455
7	0.989	1.239	1.690	2.167	2.833	4.255
8	1.344	1.646	2.180	2.733	3.490	5.071
9	1.735	2.088	2.700	3.325	4.168	5.899
10	2.156	2.558	3.347	3.940	4.865	6.737
11	2.603	3.053	3.816	4.575	5.578	7.584
12	3.074	3.571	4.404	5.226	6.304	8.438
13	3.565	4.107	5.009	5.892	7.042	9.299
14	4.075	4.660	5.629	6.571	7.790	10.165
15	4.601	5.229	6.262	7.261	8.547	11.037
16	5.142	5.812	6.908	7.962	9.312	11.912
17	5.697	6.408	7.564	8.672	10.085	12.792
18	6.265	7.015	8.231	9.390	10.865	13.675
19	6.844	7.633	8.907	10.117	11.651	14.562
20	7.434	8.260	9.591	10.851	12.443	15.452
21	8.034	8.897	10.283	11.591	13.240	16.344
22	8.643	9.542	10.982	12.338	14.042	17.240
23	9.260	10.196	11.689	13.091	14.848	18.137
24	9.886	10.856	12.401	13.484	15.659	19.037
25	10.520	11.524	13.120	14.611	16.473	19.939
26	11.160	12.198	13.844	15.879	17.292	20.843
27	11.808	12.879	14.573	16.151	18.114	21.749
28	12.461	13.565	15.308	16.928	18.939	22.657

n	$\alpha = 0.995$	0.99	0.975	0.95	0.90	0.75
29	13.121	14.257	16.047	17.708	19.768	23.567
30	13.787	14.954	16.791	18.493	20.599	24.478
31	14.458	15.655	17.539	19.281	21.434	25.390
32	15.134	16.362	18.291	20.072	22.271	26.304
33	15.815	17.074	19.047	20.867	23.110	27.219
34	16.501	17.789	19.906	21.664	23.952	28.136
35	17.192	18.509	20.569	22.465	22.797	29.054
36	17.887	19.233	21.336	23.269	25.643	29.973
37	18.586	19.960	22.106	24.075	26.492	30.893
38	19.289	20.691	22.878	24.884	27.343	31.815
39	19.996	21.426	23.654	25.695	28.196	32.737
40	20.707	22.164	24.433	26.509	29.051	33.660
41	21.421	22.906	25.215	27.326	29.907	34.595
42	22.138	23.650	25.999	28.144	30.765	35.510
43	22.859	24.398	26.785	28.965	31.625	36.436
44	23.584	25.148	27.575	29.787	32.487	37.363
45	24.311	25.901	28.366	30.612	33.350	38.291
n	$\alpha = 0.25$	0.10	0.05	0.025	0.01	0.005
1	1.323	2.706	3.841	5.024	6.635	7.879
2	2.773	4.605	5.991	7.378	9.210	10.597
3	4.108	6.251	7.815	9.348	11.345	12.838
4	5.385	7.779	9.488	11.143	13.277	14.860
5	6.626	9.236	11.073	12.833	15.086	16.750
6	7.841	10.645	12.592	14.449	16.812	18.548
7	9.037	12.017	14.067	16.013	18.475	20.278
8	10.219	13.362	15.507	17.535	20.090	21.955
9	11.389	14.684	16.919	19.023	21.666	23.589
10	12.549	15.987	18.307	20.483	23.309	25.188
11	13.701	17.275	19.675	21.920	24.725	26.757
12	14.845	18.549	21.026	23.337	26.217	28.299
13	15.984	19.812	22.362	24.736	27.688	29.819
14	17.117	21.064	23.685	26.119	29.141	31.319
15	18.245	22.307	24.996	27.488	30.578	32.801

附录六 χ^2 分布临界值表

n	$\alpha = 0.25$	0.10	0.05	0.025	0.01	0.005
16	19.369	23.542	26.296	28.845	32.000	34.267
17	20.489	24.769	27.587	30.191	33.409	35.718
18	21.605	25.989	28.869	31.526	34.805	37.156
19	22.718	27.204	30.144	32.852	36.191	28.582
20	23.828	28.412	31.410	34.170	37.566	39.997
21	24.935	29.615	32.671	35.479	38.932	41.401
22	26.039	30.813	33.924	36.781	40.289	42.796
23	27.141	32.007	35.172	38.076	41.638	44.181
24	28.241	33.196	36.415	39.364	42.980	45.559
25	29.339	34.382	37.652	40.646	44.314	46.928
26	30.435	35.563	38.885	41.923	45.642	48.290
27	31.528	36.741	40.113	43.194	46.963	49.645
28	32.620	37.916	41.337	44.461	48.278	50.993
29	33.711	39.087	42.557	45.722	49.588	52.336
30	34.800	40.256	43.773	46.979	50.892	53.672
31	35.887	41.422	44.985	48.232	52.191	55.003
32	36.973	42.585	46.194	49.480	53.486	56.328
33	38.058	43.745	47.400	50.725	54.776	57.648
34	39.141	44.903	48.602	51.966	56.061	58.964
35	40.223	46.059	49.802	53.203	57.342	60.275
36	41.304	47.212	50.998	54.437	58.619	61.581
37	42.383	48.363	52.192	55.668	59.892	62.883
38	43.462	49.513	53.384	56.896	61.162	64.181
39	44.539	50.660	54.572	58.120	62.428	65.476
40	45.616	51.805	55.758	59.342	63.691	66.766
41	46.692	52.949	56.942	60.561	64.950	68.053
42	47.766	54.090	58.124	61.777	66.206	69.336
43	48.840	55.230	59.304	62.990	67.459	70.616
44	49.913	56.369	60.481	64.201	68.710	71.893
45	50.985	57.505	61.656	56.410	69.957	73.166

注:表中 n 为自由度.

附录七　相关系数显著性检验表

α	n-2		α	n-2	
	0.05	0.01		0.05	0.01
1	0.997	1.000	21	0.413	0.526
2	0.950	0.990	22	0.404	0.515
3	0.878	0.959	23	0.396	0.505
4	0.811	0.917	24	0.388	0.496
5	0.754	0.874	25	0.381	0.487
6	0.707	0.834	26	0.374	0.478
7	0.666	0.798	27	0.367	0.470
8	0.632	0.765	28	0.361	0.463
9	0.602	0.735	29	0.355	0.456
10	0.576	0.708	30	0.349	0.449
11	0.533	0.684	35	0.325	0.418
12	0.532	0.661	40	0.304	0.393
13	0.514	0.641	45	0.288	0.372
14	0.497	0.623	50	0.273	0.354
15	0.482	0.606	60	0.250	0.325
16	0.468	0.590	70	0.232	0.302
17	0.456	0.575	80	0.217	0.283
18	0.444	0.561	90	0.205	0.267
19	0.433	0.549	100	0.195	0.254
20	0.423	0.537	200	0.138	0.181

参考文献

［1］ 同济大学数学系.高等数学［M］.7版.北京:高等教育出版社,2014.

［2］ 侯风波.工科高等数学［M］.沈阳:辽宁大学出版社,2006.

［3］ 王信峰.计算机数学基础［M］.北京:高等教育出版社,2009.

［4］ 张克新,金燕.高等数学［M］.北京:中国农业出版社,2005.

［5］ 李冠云.经济应用数学［M］.北京:中国财政经济出版社,1999.

［6］ 蔡锁章.数学建模［M］.北京:中国林业出版社,2003.

［7］ 汪国柄.大学文科数学［M］.北京:清华大学出版社,2005.

［8］ 颜文勇,柯善军.高等应用数学［M］.北京:高等教育出版社,2004.

［9］ 曾庆柏.应用高等数学［M］.2版.北京:高等教育出版社,2014.

［10］ 李心灿.高等数学应用205例［M］.北京:高等教育出版社,2005.

［11］ 钱吉林.高等数学辞典［M］.武汉:华中师范大学出版社,1999.

［12］ 吉林工学院数学教研室.高等数学［M］.2版.武汉:华中理工大学出版社,1995.

［13］ 李修睦,李为政.数学规划引论［M］.武汉:华中师范大学出版社,1988.

［14］ 胡耀胜,汤茂林.高等数学［M］.北京:机械工业出版社,2008.

郑重声明

高等教育出版社依法对本书享有专有出版权。任何未经许可的复制、销售行为均违反《中华人民共和国著作权法》,其行为人将承担相应的民事责任和行政责任;构成犯罪的,将被依法追究刑事责任。为了维护市场秩序,保护读者的合法权益,避免读者误用盗版书造成不良后果,我社将配合行政执法部门和司法机关对违法犯罪的单位和个人进行严厉打击。社会各界人士如发现上述侵权行为,希望及时举报,本社将奖励举报有功人员。

反盗版举报电话　(010)58581999　58582371　58582488

反盗版举报传真　(010)82086060

反盗版举报邮箱　dd@ hep.com.cn

通信地址　北京市西城区德外大街 4 号
　　　　　高等教育出版社法律事务与版权管理部

邮政编码　100120